21世纪高等学校计算机专业
核心课程规划教材

C# 程序设计教程

（第3版）

◎ 李春葆 曾 平 喻丹丹 编著

清华大学出版社

北京

内 容 简 介

本书以 Visual Studio 2012 为平台介绍 C♯程序设计方法,包括. NET Framework 体系结构、C♯语言基础、数组和集合、面向对象程序设计、继承和接口设计、泛型和反射、枚举器和迭代器、Windows 窗体和控件设计、图形设计、文件操作、错误调试和异常处理、多线程和异步程序设计、ADO. NET 数据库访问技术、XML 应用、LINQ 和 Web 应用程序设计等。

本书循序渐进地介绍各个知识点,并提供了全面而丰富的教学资源,内容翔实,可作为各类高等院校计算机及相关专业"C♯程序设计"课程的教学用书,也适合计算机应用人员和计算机爱好者参考。

图书在版编目(CIP)数据

C♯程序设计教程/李春葆,曾平,喻丹丹编著. —3 版. —北京:清华大学出版社,2015(2023.3重印)
21 世纪高等学校计算机专业核心课程规划教材
ISBN 978-7-302-41328-8

Ⅰ. ①C… Ⅱ. ①李… ②曾… ③喻… Ⅲ. ①C 语言—程序设计—高等学校—教材 Ⅳ. ①TP312

中国版本图书馆 CIP 数据核字(2015)第 195413 号

责任编辑:魏江江　王冰飞
封面设计:杨　兮
责任校对:梁　毅
责任印制:沈　露

出版发行:清华大学出版社
　　　　网　　　址:http://www.tup.com.cn,http://www.wqbook.com
　　　　地　　　址:北京清华大学学研大厦 A 座　　　　　邮　　编:100084
　　　　社 总 机:010-83470000　　　　　　　　　　　　邮　　购:010-62786544
　　　　投稿与读者服务:010-62776969,c-service@tup.tsinghua.edu.cn
　　　　质量反馈:010-62772015,zhiliang@tup.tsinghua.edu.cn
　　　　课件下载:http://www.tup.com.cn,010-83470236

印 装 者:大厂回族自治县彩虹印刷有限公司
经　　销:全国新华书店
开　　本:185mm×260mm　　　　印　张:32.25　　　　字　数:804 千字
版　　次:2010 年 1 月第 1 版　　2015 年 10 月第 3 版　　印　次:2023 年 3 月第16次印刷
印　　数:61001~63000
定　　价:49.50 元

产品编号:064939-02

前　言

　　C♯是微软公司结合 C/C++和 Java 等语言的特点设计的一种新的程序设计语言，它基于. NET Framework 通用平台，C♯程序开发人员可以直接使用. NET Framework 中完整且丰富的类库设计出跨平台的软件系统。C♯具有简单易学、使用方便、采用可视化设计方法开发复杂软件系统的特点。本书以 Visual Studio 2012 为平台介绍 C♯程序的设计方法。

1. 本书读者

　　本书读者需具备简单的编程经验，并对 Windows 的基本操作有所了解。本书可以作为大专院校的计算机专业和非计算机专业学生学习 C♯编程的教材，尤其适合作为高职高专 C♯应用方向的教材，也可供具有 Windows 初步知识的计算机爱好者参阅。

2. 本书内容

　　本书分为 18 章，第 1 章为 C♯语言概述；第 2 章为 C♯程序设计基础；第 3 章为 C♯控制语句；第 4 章为数组和集合；第 5 章为面向对象程序设计；第 6 章为继承和接口设计；第 7 章为泛型和反射；第 8 章为枚举器和迭代器；第 9 章为 Windows 应用程序设计；第 10 章为用户界面设计；第 11 章为图形设计；第 12 章为文件操作；第 13 章为错误调试和异常处理；第 14 章为多线程和异步程序设计；第 15 章为 ADO. NET 数据库访问技术；第 16 章为 XML 及其应用；第 17 章为 LINQ 技术；第 18 章为 Web 应用程序设计。

　　与第 2 版相比，本书增加了枚举器、迭代器、异步程序设计和 LINQ 等内容，并结合 C♯2012 的特点对相关知识点进行了更新。

　　书中各章提供了大量的练习题和上机实验题供读者选用。

3. 本书特色

　　☑ 内容全面、知识点翔实：在内容讲授上力求翔实和全面，细致地解析每个知识点和各知识点之间的联系。

　　☑ 条理清晰、讲解透彻：从介绍 C♯的基本概念出发，由简单到复杂，循序渐进地介绍 C♯面向对象的程序设计方法。

　　☑ 实例丰富、实用性强：列举了大量的应用示例，读者通过上机模仿可以大大提高使用 C♯开发控制台应用程序、Windows 窗体应用程序和 Web 应用程序的能力。

4. 教学资源

　　为了方便教师教学和学生学习，本书提供了全面而丰富的教学资源，配套的教学资源包的内容如下。

　　① PPT：供任课教师在教学中使用。

　　② 源程序代码：存放在"\C♯程序"文件夹中，每章对应一个子文件夹，例如"\C♯程序\

ch2"文件夹包含第 2 章的所有例子程序。

③ 练习题—单项选择题答案：存放在"\单项选择题答案"文件夹中。

④ 练习题—编程题源程序代码：存放在"\C♯编程题"文件夹中，每章对应一个子文件夹，例如"\C♯编程题\ch2"文件夹包含第 2 章的所有编程题的程序。

⑤ 练习题—上机实验题源程序代码：存放在"\C♯实验"文件夹中，每章对应一个子文件夹，例如"\C♯实验\ch2"文件夹包含第 2 章的上机实验题的程序。

上述所有教学资源均可扫描封底课件二维码下载。

5. 致谢

本教材的编写工作得到武汉大学教务部的教改项目的资助，清华大学出版社给予了大力支持，连续 6 届选课的同学提出了许多宝贵的建议，编者在此表示衷心感谢！

编　者

2015 年 7 月

目　录

第 1 章

C# 语言概述

　　C#语言是微软公司推出的面向对象的编程语言,程序员可以使用C#快速地编写各种基于.NET Framework平台的应用程序。本章介绍C#语言的特点、.NET Framework体系结构、Visual Studio 2012集成开发环境和简单控制台应用程序的设计过程。

　　本章学习要点:
　　☑ 掌握C#语言的特点。
　　☑ 了解.NET Framework的体系结构。
　　☑ 掌握Visual C#集成开发环境的使用方法。
　　☑ 掌握简单控制台应用程序的设计过程。

1.1　什么是 C#语言

　　C#(读作"C sharp")是一种编程语言,其主要作者是微软的.NET首席架构师Anders Heilsberg(安德斯·海斯伯格),它源自C/C++家族,也吸收了Java语言的一些特点,其语法和C++、Java语言比较相似。

1.1.1　C#语言的发展历程

　　1995年,SUN公司正式推出了面向对象的开发语言Java,并提出了跨平台、跨语言的概念,之后Java逐渐成为企业级应用系统开发的首选工具,而且使越来越多的基于C/C++语言的应用开发人员转向了从事基于Java的应用开发。Java的先进思想使其在软件开发领域大有"山雨欲来风满楼"之势。

　　很快,在众多研发人员的努力下,微软也推出了自己基于Java语言的编译器Visual J++,并在最短的时间里由1.1版本升级到了6.0版本。集成在Visual Studio 6.0中的Visual J++ 6.0不仅虚拟机(JVM)的运行速度大大加快,而且增加了许多新特性,同时支持调用Windows API,这些特性使得Visual J++成为强有力的Windows应用开发平台,并成为业界公认的优秀Java编译器。

　　此时SUN公司认为Visual J++违反了Java的许可协议,即违反了Java开发平台的中立性,因而对微软公司提出了诉讼,这使得微软公司处于极为被动的局面。

　　为此,微软公司另辟蹊径,决定推出其进军互联网的庞大计划,即.NET计划,并设计应用在.NET Framework上的面向对象程序设计语言。

　　2000年2月,微软公司才正式将这种语言命名为C#(据说是因为C#开发小组的人员讨厌搜索引擎,所以把大部分搜索引擎无法识别的#字符作为该语言名字的一部分;还有一种说法是音乐中的#是升调记号,表达了微软公司希望它在C的基础上更上一层楼的美好愿望)。2000 年 7 月,微软公司发布了 C# 的第一个预览版。

2002 年 2 月,微软公司发布了 .NET Framework 开发平台 Visual Studio. NET 2002 和 C# 语言的第一个正式版本 C#1.0。

2007 年 8 月,微软公司发布了 .NET Framework 3.0 和 C#3.0。2007 年 11 月,微软公司推出了 Visual Studio. NET 2008,同时发布了 .NET Framework 3.5 和 C#3.5。

2010 年 4 月,微软公司推出了 Visual Studio. NET 2010,同时发布了 .NET Framework 4.0 和 C#4.0。

2012 年 9 月,微软公司推出了 Visual Studio. NET 2012,同时发布了 .NET Framework 4.5 和 C#5.0。

后续又推出了 Visual Studio. NET 2013(没有更新 C#5.0)和 Visual Studio. NET 2014 以及 C#6.0 等。

本书以 C#5.0 为背景介绍 C# 程序设计。在 C# 各版本的演化过程中,每个版本都新增了一些特性,图 1.1 给出了各版本新增的主要特性。

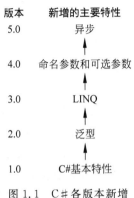

图 1.1 C# 各版本新增的主要特性

1.1.2 C# 语言的特点

C# 语言的设计目的是简化网络应用,使用 C# 语言能够快速地构建基于 Windows 和 Internet 的应用程序和组件,开发人员可以使用 C# 开发多种类型的应用程序。归纳起来,C# 语言具有以下几个主要的特点。

- 简洁的语法:和 Java 语言一样,C# 使用了统一的操作符,简化了 C++ 语言在类、命名空间、方法重载和异常处理等方面的操作,摒弃了 C++ 的复杂性,更易使用,更少出错。
- 完全面向对象:它不像 C++ 语言,既支持面向过程程序设计,又支持面向对象程序设计,C# 语言是完全面向对象的,具有面向对象的所有基本特性,例如封装、继承和多态性,不过在 C# 语言中只允许单继承,即一个类不会有多个基类,从而避免了类型定义的混乱。在 C# 中不再存在全局函数、全局变量,所有的函数、变量和常量都必须定义在类中,避免了命名冲突。
- 与 Web 紧密结合:在 C# 语言中,对于复杂的 Web 编程和其他网络编程更像是对本地对象进行操作,从而简化了大规模、深层次的分布式开发。用 C# 语言构建的组件能够方便地为 Web 服务,并可以通过 Internet 被运行在任何操作系统上的任何语言所调用。
- 充分的安全性与错误处理:C# 语言可以消除许多软件开发中的常见错误,例如不能使用未初始化的变量、不支持不安全的指向、不能将整数指向引用类型等。C# 语言还提供了包括类型安全在内的完整的安全性能。
- 灵活性:它将某些类或者类的方法声明为非安全的,这样就能够使用指针、结构和静态数组,并且调用这些非安全的代码不会带来任何其他问题。另外,C# 语言提供了委托方法来模拟指针的功能。
- 兼容性:C# 语言遵守 .NET Framework 公共语言规范(CLS),从而保证了 C# 组件与其他语言组件间的互操作性。
- 简化程序的生成过程:C# 程序的生成过程比 C/C++ 简单,比 Java 更灵活,没有单独的头文件,也不要求按照特定顺序声明方法和类型。

1.1.3　用 C♯ 编写的应用程序类型

采用 C♯ 语言可以编写 20 多种类型的应用程序,最常用的应用程序类型如下。

- 控制台应用程序:这类应用程序没有独立的窗口,一般在命令行中运行,输入/输出通过标准 I/O 进行,不能通过鼠标单击进行操作。通常,在后台运行的程序可作为控制台应用程序。
- Windows 窗体应用程序:这类应用程序是在用户计算机上运行的客户端应用程序,以 Windows 窗体作为可视界面,可显示信息、请求用户输入以及通过网络与远程计算机进行通信。
- ASP. NET Web 窗体应用程序:这类应用程序以 Web 页面(Web 窗体)作为用户界面。Web 页面在浏览器或客户端设备中向用户提供信息,并使用服务器端代码来实现应用程序逻辑。

1.2　.NET Framework

C♯ 语言和.NET Framework(.NET 框架)是相伴相生的,也就是说,C♯ 不是单独的一个开发环境,而是作为.NET Framework 的一种开发语言,并且是最好的一种语言。使用 C♯ 语言可以开发以.NET Framework 为平台的各种应用程序,同时.NET Framework 为 C♯ 语言开发的各种应用程序提供了运行环境。

1.2.1　什么是.NET Framework

1..NET Framework 的功能和目标

.NET Framework(.NET 框架)是微软公司为开发应用程序而创建的一个具有革命意义的平台,它通过先进的软件技术和众多的智能设备提供简单的、个性化的、有效的互联网服务。简而言之,.NET Framework 是一种面向网络支持各种用户终端的开发环境,其功能如图 1.2 所示。

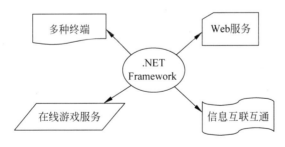

图 1.2　.NET Framework 的功能

.NET Framework 的目标如下:

- 提供一个一致的面向对象的编程环境,而无论对象代码是在本地存储和执行,还是在本地执行但在 Internet 上分布,或者是远程执行的。
- 提供一个将软件部署和版本控制冲突最小化的代码执行环境。
- 提供一个可提高代码(包括由未知的或不完全受信任的第三方创建的代码)执行安全性的代码执行环境。

- 提供一个可消除脚本环境或解释环境的性能问题的代码执行环境。
- 使开发人员的经验在面向类型大不相同的应用程序(如基于 Windows 的应用程序和基于 Web 的应用程序)时保持一致。
- 按照工业标准生成所有通信,确保基于.NET Framework 的代码可与其他代码集成。

2. 托管代码和非托管代码

托管代码(managed code)是指为.NET Framework 编写的代码,它在.NET Framework 的公共语言运行库(CLR)控制之下运行,类似于 Java 的虚拟机机制。托管代码应用程序可以获得 CLR 服务,例如自动垃圾回收、类型检查和安全支持等。

非托管代码(unmanaged code)是指不在 CLR 控制之下运行的代码,如 Win32 C/C++ DLL。非托管代码由操作系统直接运行,因此必须提供自己的垃圾回收、类型检查、安全支持等服务。

最简单的一个差别是,托管代码不能直接写内存,是安全的,而非托管代码是非安全代码,可以使用指针操作内存。

3. .NET Framework 的组成

.NET Framework 的组成如图 1.3 所示,严格地讲,.NET Framework 主要由 FCL 和 CLR 两部分组成(图中阴影部分),在后面会分别介绍。图中的编程工具涵盖了编码和调试需要的一切,主要有以下内容:

- Visual Studio 集成开发环境(IDE)。
- .NET 兼容的编译器(如 C♯、VB、F♯ 和托管的 C++ 等)。
- 调试器。
- 网站开发服务器端技术(如 ASP.NET 等)。

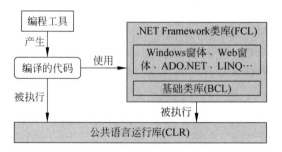

图 1.3 .NET Framework 的组成

4. .NET Framework 类库(FCL)

FCL(.NET Framework Class Library)是一个全面的类库,程序员可以十分方便地使用 FCL 中的类型及其成员,而不必编写大量代码来处理常见的低级编程操作。它是生成.NET Framework 应用程序、组件和控件的基础。

FCL 由命名空间组成。每个命名空间都包含可在程序中使用的类型,例如类、结构、枚举、委托和接口等,常见的命名空间如下。

- System 命名空间:包含基本类和基类,这些类定义常用的值和引用数据类型、事件和事件处理程序、接口、属性和异常处理。
- System.Windows 命名空间:包含在 Windows Presentation Foundation(WPF)应用程序中使用的类型,包括动画客户端、用户界面控件、数据绑定和类型转换。System.Windows.Forms 及其子命名空间用于开发 Windows 窗体应用程序。

- System.Web 命名空间：包含启用浏览器/服务器通信的类型。
- System.Data 命名空间：包含访问和管理多种不同来源的数据的类。
- System.IO 命名空间：包含支持输入和输出的类。
- System.Linq 命名空间：包含支持使用语言集成查询(LINQ)的类。

5. 公共语言运行库(CLR)

CLR 是.NET Framework 的核心组件,它位于操作系统的顶层,负责管理程序的执行。CLR 具有如下优点：

- 性能得到了改进。
- 能够轻松地使用由其他语言开发的组件。
- 类库提供的可扩展类型。
- 语言功能,例如面向对象的编程的继承、接口和重载。
- 允许创建多线程的可缩放应用程序的显式自由线处理支持。
- 支持结构化异常处理。
- 支持自定义特性。
- 垃圾回收。
- 使用委托取代函数指针,从而增强了类型安全和安全性。

CLR 主要由 CLS 和 CTS 两部分组成。

(1) 公共语言规范(Common Language Specification,CLS)

各种编程语言之间不仅仅是数据类型不同,语法也有非常大的区别,所以需要定义 CLS,它定义了所有编程语言必须遵守的共同标准,包括函数调用方式、参数传递方式、数据类型和异常处理方式等。

CLS 是一个最低标准集,所有面向.NET Framework 的编译器都必须支持它。程序只有遵守这个标准编写,才可以在只装有.NET Framework 运行环境的计算机中运行,还可以在.NET Framework 下实现互相操作。例如,在 C# 中变量名是区分大小写的,而 VB 不区分大小写,在这个时候,CLS 就规定编译后的中间语言除了大小写以外必须有其他区别。

(2) 通用类型系统(Common Type System,CTS)

CTS 定义了一套可以在中间语言中使用的预定义数据类型,所有面向.NET Framework 的语言都可以生成最终基于这些类型的编译代码。也就是说,通用类型系统用于解决不同编程语言的数据类型不同的问题,从而实现跨语言功能。例如,无论是 VB 中的 integer 类型 (VB 中的整型)还是 C# 中的 int 类型(C# 中的整型),在编译后都映射为 System.Int32,所以 CTS 实现了不同语言数据类型的最终统一。

6. 面向开发人员的.NET Framework 和面向用户的.NET Framework

(1) 面向开发人员的.NET Framework

对于开发人员,可以选择任何支持.NET Framework 的编程语言(如 C#、VB 和 C++等)来创建应用程序。

首先要安装应用程序面向的.NET Framework 版本,例如.NET Framework 4.5.2。其次要选择并安装用于创建应用程序并支持所选程序语言的开发环境,例如适用于.NET Framework 应用程序的 Microsoft 集成开发环境是 Visual Studio。

(2) 面向用户的.NET Framework

如果不开发.NET Framework 应用程序但要使用它们,则需要在计算机上安装应用程序特定版本的.NET Framework,可在一台计算机上同时加载.NET Framework 的多个版本,也就是说,可以不卸载旧版本安装更新的版本。

1.2.2 开发托管代码的过程

开发托管代码的过程有下列步骤。

1. 选择编译器

为发挥 CLR 的优点必须使用一个或多个针对 CLR 的语言编译器,例如 C♯、VB 或 C++ 等编译器。这些针对 CLR 的语言称为.NET Framework 兼容语言,相应的编译器称为.NET Framework 兼容编译器。

2. 将代码编译为中间语言

使用.NET Framework 语言编译器把源代码编译成与机器无关的中间语言 MSIL(Microsoft Intermediate Language[①]),它不是本机代码。如图 1.4 所示,这个编译过程产生程序集,程序集是在 CLR 中可执行的文件,存储在磁盘上,具有的扩展名通常为 exe、dll。

程序集(assembly)是.NET Framework 应用程序的构造块,是为协同工作而生成的类型和资源的集合,这些类型和资源构成了一个逻辑功能单元。程序集向 CLR 提供了解类型实现所需要的信息,主要内容如下。

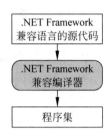

图 1.4 编译过程

- 程序集清单:包含程序集标识(程序集名称、版本号、区域性和强名称信息)、程序集中所有文件的列表、类型引用信息和有关被引用程序集的信息。
- 类型元数据:用于描述和引用 CTS 中定义的类型,它提供了操作程序的工具(如编译器和调试器)之间以及这些工具和 CLR 之间的一个共同的交换机制。
- MSIL 代码:每个程序集只能有一个入口点(即 Main、DllMain 或 WinMain)。
- 资源集:如位图、JPEG 文件等。

程序集可以为静态或动态。静态程序集可以包括.NET Framework 类型(接口和类)以及该程序集的资源,静态程序集存储在磁盘上的文件中。用户可以使用.NET Framework 创建动态程序集,动态程序集直接从内存运行并且在执行前不存储到磁盘上,可以在执行动态程序集后将它们保存在磁盘上。

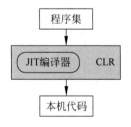

图 1.5 运行时被编译成
本机代码的过程

3. 将 MSIL 编译为本机代码

在运行 Microsoft 中间语言(MSIL)之前,必须先根据 CLR 将其编译为适合目标计算机体系结构的本机代码。.NET Framework 提供了 JIT 和 NGen.exe 两种方式来执行此类转换。

(1) 使用.NET Framework 实时(JIT)编译器进行编译

在应用程序运行时,JIT 编译器可以在加载和执行程序集内容的过程中根据需要将 MSIL 转换为本机代码,如图 1.5 所示。

JIT 编译器考虑了在执行过程中某些代码可能永远不会被调用的可能性。它不是耗费时间和内存将所有的 MSIL 都转换为本机

---

① 也称为 IL(Intermediate Language)或 CIL(Common Intermediate Language。)

代码,而是在执行期间根据需要转换 MSIL 并将生成的本机代码存储在内存中,以供该进程上下文中的后续调用访问。在加载并初始化类型时,加载程序将创建存根(stub)并将其附加到该类型的每个方法中。当首次调用某个方法时,存根会将控制权交给 JIT 编译器,后者会将该方法的 MSIL 转换为本机代码,并修改存根以使其直接指向生成的本机代码,这样对 JIT 编译的方法的后续调用将直接转到该本机代码。

　　(2) 使用 NGen.exe(本机映像生成器)的安装时代码生成

　　由于 JIT 编译器会在调用程序集中定义的单个方法时将该程序集的 MSIL 转换为本机代码,因而必定会对运行时的性能产生不利影响,可以使用 Ngen.exe 将 MSIL 程序集转换为本机代码,其作用和 JIT 编译器极为相似,但是,Ngen.exe 的操作与 JIT 编译器的操作有下面 3 点不同:

- 它在应用程序运行之前而不是在应用程序运行过程中执行从 MSIL 到本机代码的转换。
- 它一次编译一个完整程序集,而不是一次编译一个方法。
- 它将本机映像缓存中生成的代码以文件的形式持久保存在磁盘上。

　　(3) 代码验证

　　在编译为本机代码的过程中,MSIL 代码必须通过验证过程,验证过程检查 MSIL 和元数据以确定代码是否为类型安全的,包括以下条件:

- 对类型的引用与被引用的类型严格兼容。
- 在对象上只调用正确定义的操作。
- 标识与声称的要求一致。

类型安全帮助将对象彼此隔离,因而可以保护它们免遭无意或恶意的破坏。

4. 运行应用程序代码

　　运行应用程序代码的过程如图 1.6 所示。非托管代码直接由操作系统执行。

　　对于托管代码,由 CLR 提供其各种服务的基础结构,在运行方法之前,必须先将其编译为特定于处理器的代码。当首次调用已经为其生成 MSIL 的每个方法,然后运行该方法时,该方法将是 JIT 编译的。在下次运行该方法时,将运行现有的 JIT 编译的本机代码,这种进行 JIT 编译然后运行代码的过程一直重复到执行完成时为止。

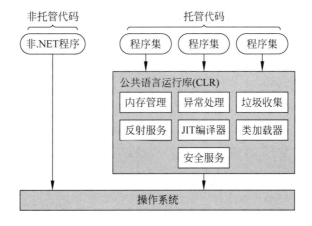

图 1.6　运行应用程序代码的过程

在执行过程中,托管代码接收若干服务,这些服务涉及垃圾回收、安全性、与非托管代码的互操作性、跨语言调试支持、增强的部署以及版本控制支持等。

1.2.3   C♯语言与. NET Framework

C♯语言是最主要的. NET Framework 兼容语言,它是为了和. NET Framework 一起使用而专门设计的。但是 C♯只是一种语言,尽管它用于生成面向. NET Framework 环境的代码,但它本身不是. NET Framework 的一部分。. NET Framework 支持的一些特性,C♯并不支持;而 C♯语言支持的一些特性,. NET Framework 并不支持(例如运算符重载)。

开发人员以 C♯项目作为基本开发单位,其过程与前面介绍的开发托管代码的过程类似。图 1.7 说明了 C♯项目、. NET Framework 类库、程序集和 CLR 的编译时与运行时的关系。

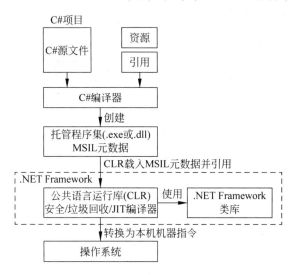

图 1.7   C♯源程序的编译运行环境

1.3   Visual Studio 2012 的安装、启动和退出

1.3.1   Visual Studio 2012 的安装

首先安装. NET Framework 4.5,如果用户的计算机上没有安装. NET Framework 4.5,可以从微软网站免费下载,其网址为"http://www. microsoft. com/zh-cn/download/details. aspx?id=30653",下载后直接进行安装。

然后安装 Visual Studio 2012,如果用户的计算机上没有安装 Visual Studio 2012,可以从微软网站免费下载,其网址为"http://www. microsoft. com/zh-cn/download/details. aspx?id=30682",下载后进行解压,再按照提示进行安装。

1.3.2   配置 Visual C♯开发环境

Visual Studio 2012 支持多种语言开发,为了支持 C♯语言,首先要将 Visual Studio 2012 配置成 Visual C♯开发环境,有下面两种方法:

① 安装 Visual Studio 2012,在出现"选择默认环境设置"对话框时选中"Visual C♯开发

设置"选项,单击"启动"按钮。

　　② 在安装 Visual Studio 2012 后,如果当前不是 C# 开发环境,选择"工具|导入导出设置"命令,在出现的对话框中选中"重置所有设置"项,出现如图 1.8 所示的"导入和导出设置向导"对话框,选中"Visual C# 开发设置"选项,单击"完成"按钮,即可完成配置。

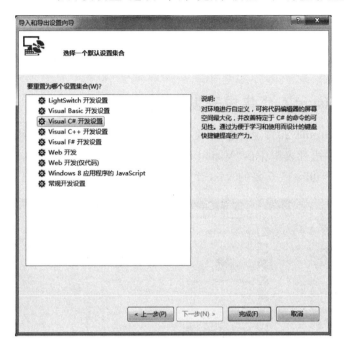

图 1.8　"导入和导出设置向导"对话框

1.3.3　Visual Studio 2012 的启动

　　在安装好 Visual Studio 2012 后,启动"开始"菜单,选择"所有程序|Microsoft Visual Studio 2012|Microsoft Visual Studio 2012"命令,即可启动 Visual Studio 2012 系统。

　　在启动 Visual Studio 2012 后,将出现一个包含许多菜单和窗口的开发环境,如图 1.9 所示。

图 1.9　Visual Studio 系统初始界面

1.3.4 Visual Studio 2012 的退出

在 Visual Studio 2012 集成开发环境中单击"关闭"按钮 ✖ 或者选择"文件|退出"命令时，Visual Studio 2012 会自动判断用户是否修改了项目的内容，并询问用户是否保存文件或直接退出。

1.4 Visual C♯集成开发环境

1.4.1 启动 Visual C♯集成开发环境

在启动 Visual Studio 2012 后，选择"文件|新建|项目"命令，打开"新建项目"对话框，如图 1.10 所示，选中左边列表框中的"Visual C♯"选项，表示新建的是 Visual C♯项目，中间窗口中列出了 Visual Studio 已安装的 Visual C♯模板，常用的模板如下。

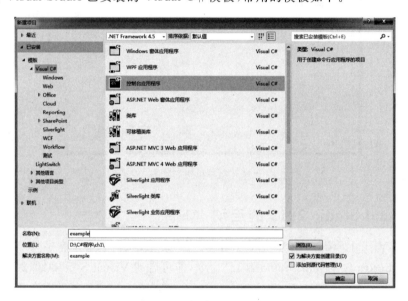

图 1.10 "新建项目"对话框

- Windows 窗体应用程序：创建具有 Windows 用户界面的应用程序。
- WPF 应用程序：创建使用 Windows Presentation Foundation（WPF，一种用户界面框架，可创建丰富的交互式客户端应用程序）的项目。
- 控制台应用程序：创建没有图形用户界面(GUI)的程序，并编译成可执行文件，通过在命令提示符处输入指令与控制台应用程序交互。
- ASP.NET Web 窗体应用程序：创建网站的 Web 应用程序。
- 类库：使用类库模板可快速创建能够与其他项目共享的可重用的类和组件。

当选中一个模板后（例如选中"控制台应用程序"），在下方的"名称"文本框中输入项目名称（例如 example），单击"浏览"按钮选择一个存放项目的位置（如"D:\C♯程序\ch1\"），再单击"确定"按钮，即可进入 Visual C♯集成开发环境，如图 1.11 所示。

Visual C♯集成开发环境和 Windows 的窗口界面类似，主要包括以下几个部分。

- 标题栏：显示当前正在编辑的项目名称和使用的应用程序的名称。

图 1.11　Visual C♯ 集成开发环境

- 菜单栏：显示 Visual Studio 所提供的能够执行各种任务的一系列命令。
- 工具栏：以图标按钮的形式显示常用的 Visual Studio 命令。
- 代码编辑窗口：用户可以在此窗口中编辑源代码、HTML 页、CSS 表单以及设计用户界面或网页界面等，使用哪种编辑器和设计器取决于所建立的文件或文档的类型。
- 解决方案资源管理器：用于显示解决方案、解决方案的项目及这些项目中的子项。解决方案是创建一个应用程序所需要的一组项目，包括项目所需的各种文件、文件夹、引用和数据连接等。通过解决方案资源管理器可以打开文件进行编辑、向项目中添加新文件，以及查看解决方案、项目和项属性。如果集成环境中没有显示解决方案资源管理器，可以通过选择"视图|解决方案资源管理器"命令来显示。

1.4.2　Visual C♯ 的菜单栏

Visual C♯ 的菜单栏中默认显示"文件"、"编辑"、"视图"、"窗口"和"帮助"等菜单，除此之外，Visual C♯ 还显示与当前正在执行任务相关的菜单，下面详细介绍 Visual C♯ 中的一些常用菜单。

1. "文件"菜单

"文件"菜单提供了"新建"、"打开"、"关闭"和"保存"等命令，另外还提供了将当前项目导出为模板以及对当前文件进行页面设置和打印的功能。

2. "编辑"菜单

"编辑"菜单提供了常用的"剪切"、"复制"、"粘贴"和"删除"等命令，用户还可以使用"撤消"和"重复"命令退回到最后一个操作之前的状态和重复最后一个操作，以及通过"查找符号"、"快速查找"、"快速替换"、"转到"和"书签"命令实现快速查找、替换和定位操作。

3. "视图"菜单

"视图"菜单提供了访问 Visual C♯ 中各种可用窗口和工具的命令，用户可以使用"视图"菜单打开"服务器资源管理器"、"解决方案资源管理器"、"对象浏览器"、"错误列表"、"属性窗口"、"工具箱"及"其他窗口"，还可以使用"视图"菜单控制各种工具栏的显示、控制窗口的显示方式及显示属性页等。

4. "团队"菜单

"团队"菜单用于连接到 Team Foundation Server,选择一个团队进行项目开发。

5. "工具"菜单

"工具"菜单提供了一些配置 Visual C♯集成开发环境的命令和链接到计算机已安装的外部应用程序的命令。

6. "测试"菜单

"测试"菜单提供了创建和编辑测试、管理测试、运行测试和使用测试结果的命令。

7. "调试"菜单

"调试"菜单提供了在 Visual C♯的集成开发环境下调试、定位及纠正应用程序错误的命令。使用该菜单可以启动和停止运行应用程序,设置断点和异常,还可以启动 Visual C♯的编辑器,进行逐句调试或逐过程调试等。

8. "分析"菜单

"分析"菜单用于启动项目性能向导和产生比较性能报告等。

9. "窗口"菜单

"窗口"菜单提供了处理集成开发环境中窗口的命令。例如,使用该菜单可以新建窗口、拆分窗口;可以设置窗口属性,如浮动、可停靠、选项卡式文档、自动隐藏、隐藏等;还可以设置整个界面的布局、切换窗口、关闭窗口等。

10. "帮助"菜单

"帮助"菜单提供了访问 Visual Studio . NET 2012 文档的方式,可以使用目录、索引、搜索等不同方式获取帮助,还可以链接到 Microsoft 网站注册产品、检查更新等。

1.4.3　Visual C♯的工具栏

为了方便操作,C♯将菜单中的常用命令按功能分组放入相应的工具栏中,通过工具栏用户可以快速地访问常用的菜单命令。

1. 常用的工具栏

常用的工具栏有"标准"工具栏、"调试"工具栏和"文本编辑器"工具栏。

(1)"标准"工具栏

选择"视图|工具栏|标准"命令打开"标准"工具栏(默认情况下出现该工具栏),它包括大多数常用命令按钮,如"新建项目"、"添加项目"、"打开文件"、"保存文件"、"全部保存"等,"标准"工具栏如图 1.12 所示。

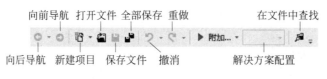

图 1.12　"标准"工具栏

(2)"调试"工具栏

选择"视图|工具栏|调试"命令打开"调试"工具栏,它包括对应用程序进行调试所使用的快捷方式,如图 1.13 所示。

(3)"文本编辑器"工具栏

选择"视图|工具栏|文本编辑器"命令打开"文本编辑器"工具栏(在编辑代码时自动出

现），它包含代码编辑器使用的一些常用菜单的按钮。"文本编辑器"工具栏如图 1.14 所示。

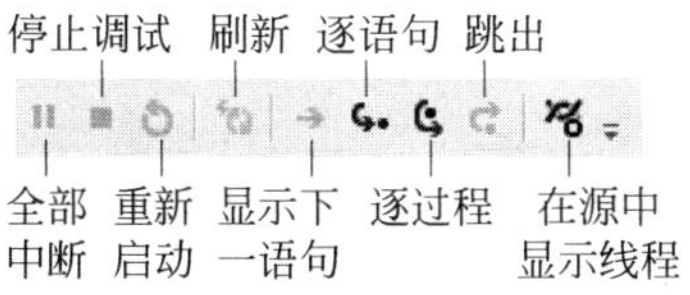

图 1.13　"调试"工具栏 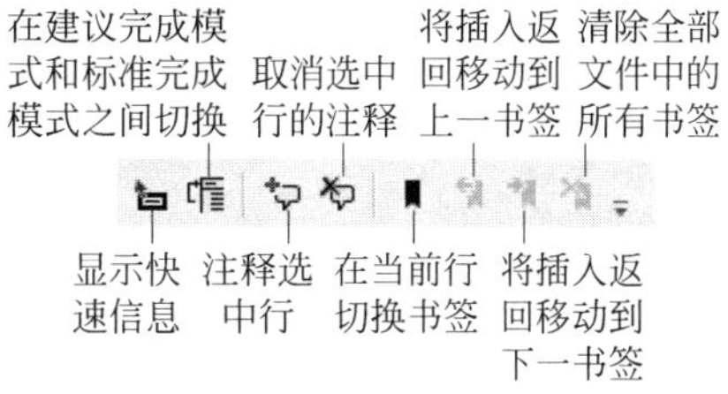　　　　　图 1.14　"文本编辑器"工具栏

2. 工具栏的显示与隐藏

除常用工具栏外，Visual C♯ 还提供了很多其他工具栏，如"格式设置"、"类设计器"、"布局"等工具栏，而默认只显示"标准"工具栏，其他工具栏是否显示取决于当前正在使用的设计器、工具或窗口，即 Visual C♯ 只显示与当前正在执行的任务相关的工具栏。

如果需要显示或隐藏某些工具栏，只要选择"视图|工具栏"命令，然后选中菜单项中相应的工具栏名称就可以了（也可以在工具栏上右击，在弹出的快捷菜单中选择相应的工具栏名称）。

1.4.4　解决方案资源管理器

在 Visual Studio 2012 中，项目是一个独立的编程单位，其中包含程序文件和其他若干相关文件，若干个项目组成了一个解决方案。如图 1.11 所示的解决方案资源管理器指出解决方案名称为 example，它以树状结构显示整个解决方案中包括哪些项目，以及每个项目的组成信息。包含在项目内的组件成员会依据建立它们所使用的开发语言而有所不同，这些成员包括引用、数据连接、数据夹和文件等。

说明：解决方案是管理 Visual Studio 配置、生成和部署相关项目集的方式。项目包含一组源文件以及相关的元数据，如组件引用和生成说明。一个解决方案可以包含由开发小组联合生成的多个项目，以及帮助在整体上定义解决方案的文件和元数据。在创建新项目时，Visual Studio 会自动生成一个解决方案，可以根据需要将其他项目添加到该解决方案中。解决方案资源管理器提供整个解决方案的图形视图，以帮助用户管理解决方案中的项目和文件。

在 Visual Studio 2012 中所有包含 C♯ 代码的源文件都是以 .cs 为扩展名的，不管它们是包含在窗体中，还是普通 C♯ 代码。在解决方案资源管理器中显示这个文件，双击就可以编辑它了。

1.4.5　编辑器的设置

用户还可以根据需要来配置自己个性化的开发环境的外观和行为，设置方法是选择"工具|选项"命令，显示如图 1.15 所示的"选项"对话框。

"选项"对话框分左、右两部分，左侧是设置项目的树形列表，右侧是当前项目的设置内容。左侧的设置项目有多个类别，每个类别都有若干项，常用的有"环境"、"项目和解决方案"、"文本编辑器"等。

1. "环境"选项

"环境"选项主要用于设置集成开发环境的外观，图 1.15 所示为"环境"选项中的"常规"设置。例如，对于"窗口"菜单中显示的项，可以输入 1～24 的任意一个数字，其默认值为 10，若改为 5，则在 Visual Studio 集成开发环境中只列出最近的 5 个项目。

在"文件"菜单的"最近使用的文件"中仅仅显示5项

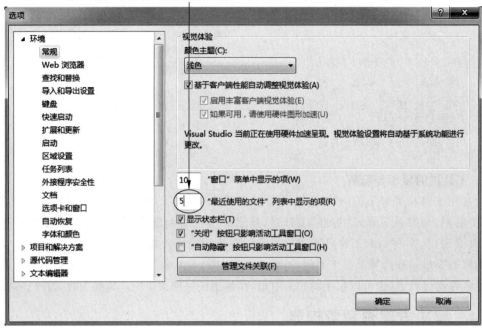

图 1.15 "选项"对话框

2. "项目和解决方案"选项

"项目和解决方案"选项主要用于设置 Visual C♯ 的项目和解决方案，其中"常规"可以设置项目的"项目位置"、"用户项目模板位置"、"用户项模板位置"等，例如将项目位置设为"D:\ C♯程序"文件夹，如图 1.16 所示。

指定项目的位置为"D:\C#程序"文件夹

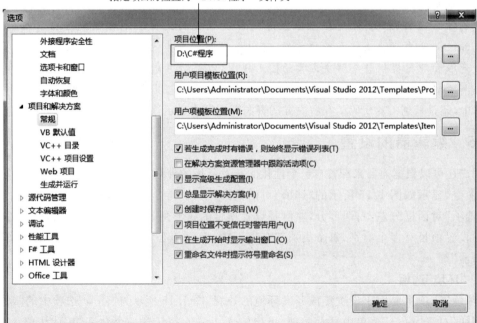

图 1.16 "项目和解决方案"的"常规"选项

3."文本编辑器"选项

"文本编辑器"选项主要用于对文本编辑工具进行设置,如图 1.17 所示。

在"选项"对话框中还有很多设置,用户可以根据自己的需要来定制,这里不再一一介绍。

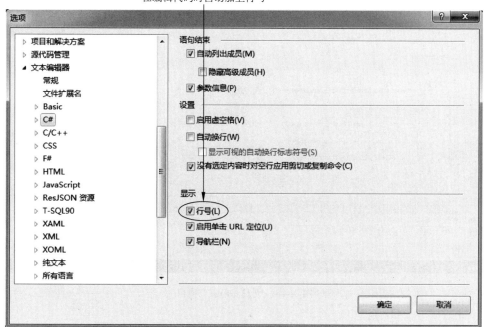

图 1.17　"文本编辑器"的 C# 选项

1.5　一个简单的 C# 程序

本节通过一个简单的示例介绍 C# 控制台应用程序的创建过程。

【例 1.1】　创建一个控制台应用程序,求用户输入的两个整数的和。

解:其设计过程如下。

① 启动 Visual Studio 2012。

② 在"文件"菜单上选择"新建项目",打开"新建项目"对话框,选择"控制台应用程序",出现如图 1.10 所示的界面,输入项目名称 proj1-1,指定位置为"D:\C# 程序\ch1",然后单击"确定"按钮。

③ 出现如图 1.11 所示的界面,将光标移到代码编辑窗口中的 Main 函数内输入程序代码,如图 1.18 所示。

④ 单击"标准"工具栏中的 📁 按钮保存项目,然后按 Ctrl＋F5 键执行程序,输入 10 和 12,输出结果如图 1.19 所示。

1.5.1　代码分析

和 C/C++ 语言一样,C# 中的每个语句以分号结尾。

第 1 行～第 6 行:引用部分,指出该项目所引用的命名空间,即引用.NET Framework 类

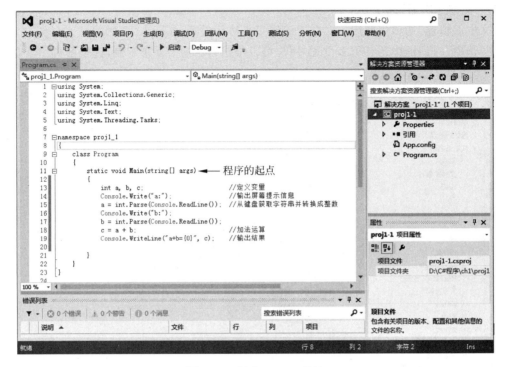

图 1.18　创建 proj1-1 项目

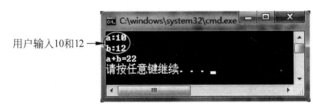

图 1.19　proj1-1 项目的运行结果

库。这里用 using 关键字引用了 5 个命名空间，是控制台应用程序默认的引用部分，如同在 C 语言程序中使用 printf 函数时需加上♯include ＜stdio.h＞（因为 printf 函数的声明包含在 stdio.h 头文件中）一样，在 C♯中使用 using 关键字导入命名空间。

对于本例来说，只有 System 命名空间是有用的，它包含一些基本类，例如 Console 类，后面的代码使用了 Console 类的 ReadLine 和 WriteLine 方法，所以应该使用 using System 语句导入 System 命名空间，如果不引入该命名空间，在使用 Console 的方法时需加上 System. 前缀，例如将 Console.ReadLine() 改为 System.Console.readLine()。

第 7 行：namespace proj1_1 定义项目的命名空间。C♯是一种纯面向对象的程序设计语言，设计一个程序就是设计一个或多个类，为了避免自己的类与系统中的类名发生重名冲突，每个项目的代码都包含在自己的命令空间中，默认的命令空间和项目名相同。

第 9 行：class Program 定义 Program 类。

第 11 行～第 19 行：定义 Program 类的 Main 方法（其首字母为大写，后面 3 个字母为小写），它是一个静态方法，包含要完成本控制台应用程序功能的语句，类似 C 语言程序的 main 函数。

在 Main 方法中,定义了 a、b、c 三个整型变量,通过 Console 类的 ReadLine 方法获取用户从键盘输入的一个整数字符串,用 int 类的 Parse 方法转换为整数,分别赋值给 a、b,在进行加法运算后赋值给 c,最后用 Console 类的 WriteLine 方法进行输出。

说明: 如果按 F5 键或单击工具栏中的 ▶ 启动 按钮运行程序,会发现程序执行完后没有停顿,可在 Main 方法最后加上 Console.ReadKey()语句。而按 Ctrl+F5 键程序执行完后会自动停顿。

1.5.2　项目的构成

在图 1.18 所示的解决方案资源管理器中指出了 proj1-1 项目的构成,各部分的说明如下。

1. Properties 部分

其中只有一个名称为 AssemblyInfo.cs 的 C# 文件(所有 C# 程序文件的默认扩展名为.cs),它的位置是"D:\C# 程序\ch1\proj1-1\proj1-1\Properties\AssemblyInfo.cs",用于保存程序集的信息,其中包含程序集版本号、说明和版权信息等,该程序的内容如下:

```
using System.Reflection;
using System.Runtime.CompilerServices;
using System.Runtime.InteropServices;
//有关程序集的常规信息通过以下
//特性集控制,更改这些特性值可修改
//与程序集关联的信息
[assembly: AssemblyTitle("proj1-1")]
[assembly: AssemblyDescription("")]
[assembly: AssemblyConfiguration("")]
[assembly: AssemblyCompany("Microsoft")]
[assembly: AssemblyProduct("proj1-1")]
[assembly: AssemblyCopyright("Copyright © Microsoft 2014")]
[assembly: AssemblyTrademark("")]
[assembly: AssemblyCulture("")]
//将 ComVisible 设置为 false,使此程序集中的类型
//对 COM 组件不可见。如果需要从 COM 访问此程序集中的类型,
//则将该类型上的 ComVisible 特性设置为 true
[assembly: ComVisible(false)]
//如果此项目向 COM 公开,则下列 GUID 用于类型库的 ID
[assembly: Guid("8cd7fe3e-eedb-47b1-bc07-eeef470e571e")]
//程序集的版本信息由下面 4 个值组成
//
//      主版本
//      次版本
//      生成号
//      修订号
//
//可以指定所有这些值,也可以使用"生成号"和"修订号"的默认值,
//方法是按如下所示使用 *
//[assembly: AssemblyVersion("1.0.*")]
[assembly: AssemblyVersion("1.0.0.0")]
[assembly: AssemblyFileVersion("1.0.0.0")]
```

上述代码包含程序集的设置信息,设置内容包含在一对中括号[]中,用户可以直接修改相关信息,如版本号等,也可以选择"项目|proj1-1 属性"命令,在出现的对话框中单击"程序集信息"按钮,再修改相关信息。

2. 引用部分

指出程序引用的命名空间,用户可以在此添加或移除命名空间。

3. Program. cs 部分

Program. cs 是 C# 应用程序文件,包含前面介绍的 C# 源代码,用户可以双击它进入代码编辑窗口进行代码的编辑和修改。

在本例中,整个解决方案 proj1-1 存储在"D:\C# 程序\ch1\proj1-1"文件夹中,其中有一个 proj1-1. sln 文件和一个 proj1-1 文件夹,前者是解决方案文件,后者对应 proj1-1 项目,用户可以双击 proj1-1. sln 文件打开该解决方案。

1.5.3　控制台应用程序中的基本元素

实际上不考虑类、命名空间等其他部分,例 2.1 程序就像一个简单的 C 语言程序,有关类的内容将在第 5 章"面向对象程序设计"介绍,下面仅介绍 C# 程序的基本元素。

1. 注释

在 C# 语言中提供了下面两种注释方法:

① 每一行中//后面的内容为注释部分,通常用于单行注释。

② / * 和 * /之间的内容为注释部分,通常用于多行注释。

2. Main 方法

它为入口主函数,其特点如下:

* Main 方法是. exe 程序的入口点,程序控制在该方法中开始和结束。
* Main 方法在类或结构的内部声明,它必须为静态方法,而不应为公共方法(在前面的例子中,它接受默认访问级别 private)。
* Main 方法具有 void 或 int 返回类型。
* 所声明的 Main 方法可以具有包含命令行实参的 string[]形参,也可以不具有这样的形参,形参读取为零索引的命令行参数。与 C/C++ 不同,C# 程序的名称不会被当作第一个命令行参数。

说明:一个 C# 控制台程序必须包含一个 Main 方法,它可以包含在任一类中,本例是包含在 Program 类中。

3. 输入方法 Console. ReadLine()

Console. ReadLine()方法用于获取从键盘输入的一行字符串(若只输入一个字符,可用 Console. Read()方法)。该方法类似于 C 语言中的 scanf 函数,但 ReadLine()方法只能输入字符串,若要输入数值,需将输入的字符串转换成相应的数值。Read()和 ReadLine()两个方法都在按 Enter 键时终止。

4. 输出方法 Console. WriteLine()

Console. WriteLine()方法将数据输出到屏幕并加上一个回车换行符(若不加回车换行符,可用 Console. Write()方法)。该方法类似于 C 语言中的 printf()函数,可以采用"{N[,M][:格式化字符串]}"的形式格式化输出字符串,其中的参数含义如下。

* 花括号({}):用来在输出字符串中插入变量的值。
* N:表示输出变量的序号,从 0 开始,例如当 N 为 0 时,对应输出第 1 个变量的值;当 N 为 2 时,对应输出第 3 个变量的值,依此类推。
* [,M]:可选项,其中 M 表示输出的变量所占的字符个数。当这个值为负数时,输出的

变量按照左对齐方式排列；如果这个值为正数，输出的变量按照右对齐方式排列。

- ［:格式化字符串］：可选项，因为在向控制台输出时常常需要指定输出字符串的格式。通过使用标准数字格式字符串，可以使用 X*n* 的形式来指定结果字符串的格式，其中 X 指定数字的格式，*n* 指定数字的精度，即有效数字的位数。这里提供了 8 个常用的格式字符，如表 1.1 所示。

表 1.1 常用的标准格式字符

格 式 字 符	含 义	示 例	输 出 结 果
c 或 c	将数据转换成货币格式	Console. WriteLine("{0,5:c}", 123.456);	￥123.46
D 或 d	整数数据类型格式	Console. WriteLine("{0:D4}", 123);	0123
E 或 e	科学记数法格式	Console. WriteLine("{0:E4}", 123.456);	1.2346E＋002
F 或 f	浮点数据类型格式	Console. WriteLine("{0:f4}", 123.456);	123.4560
G 或 g	通用格式	Console. WriteLine("{0:g}", 123.456);	123.456
N 或 n	自然数据格式	Console. WriteLine("{0:n}", 123.456);	123.46
X 或 x	十六进制数据格式	Console. WriteLine("{0:x}", 12345);	3039

注意在一个 Write/WriteLine 方法中，N 的序号是连续的，且从 0 开始。例如，以下语句都是错误的：

```
Console.WriteLine("{0} and {2}", 1, 2);      //序号不连续
Console.WriteLine("{1} and {2}", 1, 2);      //序号不是从 0 开始的
```

5. 数据的转换

由于 ReadLine()方法只能输入字符串，为了输入数值，需要进行数据的类型转换。在 C# 中每种数据类型都是一个类，它们都提供了 Parse()方法，用于将数字的字符串表示形式转换为等效整数。

在前面的示例中，int. Parse(x)就是调用 int 的 Parse 方法将数字的字符串表示形式 x 转换为它的等效 32 位有符号整数。同样，Single. Parse(x)将数字的字符串表示形式 x 转换为它的等效单精度浮点数字，double. Parse(x)将数字的字符串表示形式 x 转换为它的等效双精度浮点数字。

练 习 题 1

1. 单项选择题

(1) . NET Framework 将_____定义为一组规则，所有 . NET 语言都应该遵守这个规则，这样才能创建可以与其他语言互操作的应用程序。

    A. CLR   B. JIT   C. MSIL   D. ADO. NET

(2) 在 Visual Studio 中，从_____窗口中可以查看当前项目的类和类型的层次信息。

    A. 解决方案资源管理器   B. 类视图

    C. 资源视图   D. 属性

(3) 在 . NET Framework 中，MSIL 指_____。

    A. 接口限制   B. 中间语言   C. 核心代码   D. 类库

(4) _____是独立于 CPU 的指令集，它可以被高效地转换为本机机器代码。

    A. CLR   B. CLS   C. MSIL   D. Web 服务

(5) _____包含在 .NET Framework 的各语言之间兼容的数据类型。

    A. JIT   B. CTS   C. CLS   D. MSIL

(6) C♯ 源代码经过_____次编译才能在本机上执行。

    A. 1   B. 2   C. 3   D. 0

(7) 用所有 .NET 支持的编程语言编写的源代码经过一次编译后被编译成_____。

    A. 机器代码   B. C♯ 源代码   C. CLS 代码   D. MSIL 代码

(8) 在 .NET 中,对于 CLR 和 MSIL 的叙述正确的是_____。

    A. 应用程序在 CLR 环境被编译成 MSIL,MSIL 能够被任何计算机执行

    B. 应用程序被编译两次,第一次生成 MSIL,MSIL 在本机运行时被 CLR 快速编译

    C. 应用程序被编译两次,但是第二次 CLR 编译比第一次慢

    D. 以上都不对

(9) CLR 为 .NET 提供以下方面的功能或者服务,除了_____。

    A. 无用存储单元收集   B. 代码验证和类型安全

    C. 代码访问安全   D. 自动消除程序中的逻辑错误

(10) .NET Framework 有两个主要组件,分别是_____和 .NET 基础类库。

    A. 公共语言运行环境   B. Web 服务

    C. 命名空间   D. Main() 函数

(11) 控制台应用程序使用_____命名空间中的类处理输入和输出。

    A. System. IO   B. System. Web

    C. System. Windows. Forms   D. System. Data

(12) Windows 应用程序使用_____命名空间中的类处理输入和输出。

    A. System. IO   B. System. Web

    C. System. Windows. Forms   D. System. Data

(13) 以下_____类型的应用程序适合交互性操作较少的情况。

    A. Windows 应用程序   B. 控制台应用程序

    C. Web 应用程序   D. 以上都不是

(14) 以下对 Read() 和 ReadLine() 方法的叙述正确的是_____。

    A. Read() 方法一次只能从输入流中读取一个字符

    B. Read() 方法可以从输入流中读取一个字符串

    C. ReadLine() 方法一次只能从输入流中读取一个字符

    D. ReadLine() 方法只有当用户按下回车键时返回,而 Read() 方法不是

(15) 以下对 Write() 和 WriteLine() 方法的叙述正确的是_____。

    A. Write() 方法在输出字符串的后面添加换行符

    B. 在使用 Write() 方法输出字符串时光标将会位于字符串的后面

    C. 在使用 Write() 和 WriteLine() 方法输出数值变量时必须先把数值变量转换成字符串

    D. 在使用不带参数的 WriteLine() 方法时不会产生任何输出

(16) 对于以下的 C♯ 代码:

```
static void Main(string[] args)
```

```
{     Console.WriteLine("运行结果:{0}",Console.ReadLine());
      Console.ReadLine();
}
```

运行结果为_____。

  A. 在控制台窗口显示"运行结果:"

  B. 在控制台窗口显示"运行结果:{0}"

  C. 在控制台窗口显示"运行结果:,Console.ReadLine"

  D. 如果用户在控制台输入"A",那么程序将在控制台显示"运行结果:A"

（17）假设变量 x 的值为 25,要输出 x 的值,以下语句正确的是_____。

  A. System.Console.WriteLine("x")

  B. System.Console.WriteLine("x")

  C. System.Console.WriteLine("x={0}",x)

  D. System.Console.WriteLine("x={x}")

（18）以下关于控制台应用程序和 Windows 应用程序的叙述正确的是_____。

  A. 控制台应用程序中有一个 Main 静态方法,而 Windows 应用程序中没有

  B. Windows 应用程序中有一个 Main 静态方法,而控制台应用程序中没有

  C. 控制台应用程序和 Windows 应用程序中都没有 Main 静态方法

  D. 控制台应用程序和 Windows 应用程序中都有 Main 静态方法

2. 问答题

（1）简述 C# 语言的基本特点。

（2）简述 .NET Framework 的体系结构。

（3）简述 C# 源代码的编译过程。

（4）托管代码和非托管代码有什么区别?

（5）CLR 主要由 CLS 和 CTS 两部分组成,它们各有什么功能?

（6）简述 C# 控制台项目的基本构成。

3. 编程题

（1）两个整型变量的定义为"int a = 1234,b=-1234;",编写一个控制台项目 exec1-1,以如图 1.20 所示的形式输出它们的值。

（2）一个 double 变量的定义为"double d=123.456;",编写一个控制台项目 exec1-2,以如图 1.21 所示的形式输出它的值。

图 1.20　编程题（1）的运行结果

图 1.21　编程题（2）的运行结果

4. 上机实验题

  了解 Visual C# 2012 实验环境,了解 Visual C# 2012 系统的菜单功能和各工具栏的使用方法。

第 2 章

C# 程序设计基础

C# 程序是由一系列语句组成的,用于完成某一项任务。程序设计是指规划并创建程序的过程。在编写较复杂的 C# 程序之前必须掌握 C# 中的一些基本要素,包括标识符、数据类型、变量、常量、运算符和表达式等,此外还需了解 C# 中提供的一些常用类和结构的使用方法。

本章学习要点:

☑ 掌握 C# 标识符的概念。

☑ 掌握 C# 中数据类型的概念以及值类型和引用类型的异同。

☑ 掌握各种值类型之间的转换方式。

☑ 掌握常量和变量的使用方法。

☑ 掌握结构类型和枚举类型的声明和使用方法。

☑ 掌握 C# 提供的各种类型的运算符及其功能。

☑ 掌握 C# 中常用类和结构的使用方法。

2.1 标 识 符

标识符是在程序中用户定义的一些有意义的名称,例如变量和类的名称。C# 的标识符必须遵守以下规则:

- 所有的标识符只能由字母、数字和下划线 3 类字符组成,且第一个字符必须为字母或下划线。
- 标识符中不能包含空格、标点符号、运算符等。
- 标识符严格区分大小写。
- 标识符不能与 C# 关键字名相同,表 2.1 列出了 C# 的关键字。
- 标识符不能与 C# 中的类库名相同。

例如以下是合法的标识符:

_Stud、first、Name1、_234

以下是不合法的标识符及其出错原因说明:

```
2nd                    //标识符不能以数字开头
one + three            //标识符中不能使用" + "号
L.Mary                 //标识符中不能使用"."号
L Mary                 //标识符中不能有空格
```

表 2.1　C♯ 的关键字

关键字				
abstract	as	base	bool	break
byte	case	catch	char	checked
class	const	continue	decimal	default
delegate	do	double	else	enum
event	explicit	extern	false	finally
fixed	float	for	foreach	goto
if	implicit	in	int	interface
internal	is	lock	long	namespace
new	null	object	operator	out
override	params	private	protected	public
readonly	ref	return	sbyte	sealed
short	sizeof	stackalloc	static	string
struct	switch	this	throw	true
try	typeof	uint	ulong	unchecked
unsafe	ushort	using	virtual	void
volatile	while			

2.2　C♯ 中的数据类型

C♯ 是一种强类型语言,每个变量和常量都属于一种数据类型。C♯ 中数据类型的分类如图 2.1 所示,从中可以看到,C♯ 数据类型主要分为值类型(value type)和引用类型(reference type)两大类。

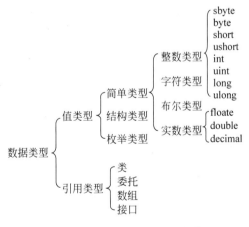

图 2.1　C♯ 中数据类型的分类

另外,将结构、类、数组、接口、委托和枚举类型称为自定义类型,将简单类型、object(对象)和 string(字符串)类型称为内置数据类型。在 C♯ 中,每个内置数据类型中存储的类型信息如下:

- 该类型的数据所需的存储空间大小。
- 该类型可以表示的最大值和最小值。

- 该类型包含的成员(字段、方法和事件等)。
- 该类型所继承的基类型。
- 将在运行时为其分配变量内存的位置。
- 允许的运算符种类。

C#编译器使用类型信息确保代码中执行的所有运算都是类型安全的,即类型安全代码只访问被授权可以访问的内存位置,使 CLR 将程序集彼此间完全隔离,从而提高了应用程序的可靠性。

2.2.1 值类型

C#的值类型分为简单类型、结构类型和枚举类型,本节仅介绍简单类型,对于后两种数据类型放在后面介绍。

所谓简单类型是指 C#语言中提供的无法再分解的一种具体类型。简单类型可以分为整数类型、实数类型、字符类型和布尔类型。

1. 整数类型

整数类型变量的值为整数。数学上的整数可以从负无穷大到正无穷大,但是由于计算机的存储单元是有限的,所以计算机语言提供的整数类型的值总是在一定的范围之内。

根据在内存中所占的二进制位数不同和是否有符号位,C#中整数类型分 8 种,每一种占的二进制位数不同,表示的数值的取值范围也不同,所占的二进制位数越多,表示的数值的取值范围越大,如表 2.2 所示。

表 2.2 整数类型及其取值范围

类型标识符	说　明	占用位数	取值范围	示　例
sbyte	带符号字节型	8	$-2^7 \sim 2^7-1$	sbyte i=10;
byte	无符号字节型	8	$0 \sim 2^8-1$	byte i=10;
short	带符号短整型	16	$-2^{15} \sim 2^{15}-1$	short i=10;
ushort	无符号短整型	16	$0 \sim 2^{16}-1$	ushort i=10;
int	带符号整型	32	$-2^{31} \sim 2^{31}-1$	int i=10;
uint	无符号整型	32	$0 \sim 2^{32}-1$	uint i=10; uint i=10U;
long	带符号长整型	64	$-2^{63} \sim 2^{63}-1$	long i=10; long i=10L;
ulong	无符号长整型	64	$0 \sim 2^{64}-1$	ulong i=16; ulong i=16U; ulong i=16L; ulong i=16UL;

2. 实数类型

在 C#中,实数类型包括单精度浮点数(float)、双精度浮点数(double)和固定精度的浮点数(decimal),它们的差别主要在于取值范围和精度不同。计算机对浮点数的运算速度大大低于对整数的运算,在对精度要求不是很高的情况下最好采用 float 型,如果对精度要求很高,应该采用 double 型,但这样会占用更多的内存单元,处理速度也会相对较慢。decimal 类型的取值范围比 double 型的范围要小得多,但它更精确,非常适合金融和货币方面的计算。各实数类型及其取值范围与精度如表 2.3 所示。

值得注意的是,小数类型数据的后面必须跟 m 或者 M 后缀来表示它是 decimal 类型的,例如 3.14m、0.28m 等,否则就会被解释成标准的浮点类型数据,导致数据类型不匹配。

表 2.3　实数类型及其取值范围与精度

类型标识符	说　明	取值范围	示　例
float	单精度浮点数	$\pm 1.5\times10^{-45}\sim3.4\times10^{38}$，精度为 7 位数	float f＝1.23F;
double	双精度浮点数	$\pm 5.0\times10^{-324}\sim1.7\times10^{308}$，精度为 15、16 位数	double d＝1.23;
decimal	固定精度的浮点数	$1.0\times10^{-28}\sim7.9\times10^{28}$，精度为 28、29 位有效数字	decimal d＝1.23M;

3. 字符类型

在 C♯中字符类型采用国际上公认的 Unicode 字符集表示形式,可以表示世界上大多数语言,其取值范围为'\u0000'～'\uFFFF',即 0～65 535。字符类型的标识符是 char,因此也可称之为 char 类型。例如,可以采用如下方式为字符变量赋值:

```
char c = 'H';              //字符 H
char c = '\x0048';         //字符 H,十六进制转义符(前缀为\x)
char c = '\u0048';         //字符 H,Unicode 表示形式(前缀为\u)
char c = '\r';             //回车,转义字符(用于在程序中指代特殊的控制字符)
```

在表示一个字符常数时,单引号内的有效字符数量只能是一个,并且不能是单引号或者反斜杠(\)。

为了表示单引号和反斜杠等特殊的字符常数,C♯提供了转义符,在需要表示这些特殊常数的地方可以使用这些转义符来替代字符,表 2.4 列出了 C♯常用的转义符。

表 2.4　C♯常用的转义符

转　义　符	字　符　名	转　义　符	字　符　名
\'	单引号	\f	换页
\"	双引号	\n	新行
\\	反斜杠	\r	回车
\0	空字符(null)	\t	水平 tab
\a	发出一个警告	\v	垂直 tab
\b	倒退一个字符		

4. 布尔类型

布尔类型数据用于表示逻辑真和逻辑假,布尔类型的类型标识符是 bool。

布尔类型常数只有两种值,即 true(代表"真")和 false(代表"假")。布尔类型数据主要应用在流程控制中,往往通过读取或设定布尔类型数据的方式来控制程序的执行方向。

注意:在 C♯语言中,bool 类型不能像在 C/C++语言中那样可以直接转换为 int 类型。例如"int a＝(2<3);"在 C/C++中都是正确的,但是在 C♯中不允许这样,会出现"无法将类型 bool 隐式转换为 int"的编译错误。

5. 简单类型对应的.NET Framework 系统类型的别名

所有的简单类型均为.NET Framework 系统类型的别名,即 CTS 的内置类型,例如 C♯的 int 类型是 System.Int32 的别名。表 2.5 给出了各类型对应的别名。

表 2.5　各类型对应的别名

C♯类型	.NET Framework 类型	C♯类型	.NET Framework 类型
bool	System.Boolean	uint	System.UInt32
byte	System.Byte	long	System.Int64

续表

C# 类型	.NET Framework 类型	C# 类型	.NET Framework 类型
sbyte	System. SByte	ulong	System. UInt64
char	System. Char	object	System. Object
decimal	System. Decimal	short	System. Int16
double	System. Double	ushort	System. UInt16
float	System. Single	string	System. String
int	System. Int32		

2.2.2　引用类型

引用类型也称为参考类型，和值类型相比，引用类型变量相当于 C/C++ 语言中的指针变量，它不直接存储所包含的值（对象），而是指向所要存储的对象。

值类型变量的内存开销小、访问速度快，而引用类型变量的内存开销大、访问速度稍慢。

引用类型共分 4 种，即类、接口、数组和委托，这些类型将在后面的章节中讨论，下面介绍 C# 中经常用到的 object（对象）类和 string（字符串）类。

1. object 类

object 是 C# 中所有类型（包括所有的值类型和引用类型）的基类，C# 中的所有类型都直接或间接地从 object 类中继承而来，因此，对于一个 object 的变量可以赋任何类型的值。例如：

```
float f = 1.23;
object obj1;                //定义 obj1 对象
obj1 = f;
object obj2 = "China";      //定义 obj2 对象并赋初值
```

对 object 类型的变量声明采用了 object 关键字，这个关键字是在 .NET Framework 的 System 命名空间中定义的，它是 System. Object 类的别名。

2. string 类

在 C# 中还定义了一个 string 类，表示一个 Unicode 字符序列，专门用于对字符串进行操作。同样，string 类也是在 .NET Framework 的 System 命名空间中定义的，它是 System. String 类的别名，所以在 C# 中 string 和 String 类型是等同的。

字符串在实际中应用非常广泛，利用 string 类中封装的各种内部操作可以很容易地完成对字符串处理。例如：

```
string str1 = "123" + "abc";   //" + "运算符用于连接字符串
char c = "Hello World!"[1];     //"[]"运算符可以访问 string 中的单个字符,c = 'e'
string str2 = "China";
string str3 = @"China\n";       //@后跟一个严格字符串,其中\n 不作为转义符而看成两个普通字符
bool b = (str2 == str3);        //" == "运算符用于两个字符串比较,b = true
```

在一个字符串中可以包含转义符，在输出时这些转义符将被转换为对应的功能。例如：

```
string mystr = "北京市于 2008 年 8 月 8 日举办\n 奥运会";
Console.WriteLine(mystr);
```

上述语句的输出结果为两行，如图 2.2 所示，因为 mystr 中间包含转义符\n，它表示换行

输出。如果不想把\n 当作转义符,而是作为\和 n 两个字符输出,这时需在字符串前加上@符号,后跟一对双引号,并在双引号中放入所有要输出的字符,这样的字符串称为**严格字符串**。例如:

```
string mystr = @"北京市于 2008 年 8 月 8 日举办\n 奥运会";
Console.WriteLine(mystr);
```

上述语句的输出结果为一行,如图 2.3 所示。

图 2.2　分两行输出

图 2.3　在一行输出

2.3　C#中的变量和常量

在程序执行的过程中其值不发生改变的量称为常量,其值可变的量称为变量,它们可与数据类型结合起来进行分类。

2.3.1　变量

变量是在程序的运行过程中其值可以发生变化的量,可以在程序中使用变量来存储各种各样的数据,并对它们进行读(取变量数据)、写(给变量赋值)、运算等操作。从用户的角度看,变量是用来描述一条信息的名称,在变量中可以存储各种类型的信息,例如某人的姓名、年龄等。而从系统的角度看,变量就是程序中的基本存储单元,它既表示这块内存空间的地址,也表示这块内存空间中存储的数据。

在 C#程序中使用某个变量之前必须要告诉编译器它是一个什么样的变量,因此要对变量进行定义。定义变量的语法格式如下:

[访问修饰符]数据类型 变量名[= 初始值];

例如:

```
string name = "王华";
int age = 20;
```

也可以同时声明一个或多个给定类型的变量,例如:

```
int a = 1,b = 2,c = 3;
```

从 C# 3.0 开始引入了新关键字 var,它可以在定义变量中替代"数据类型",其使用格式如下:

var 变量名 = 初始值;

这样定义的变量称为隐式类型的变量,必须同时初始化。例如:

```
var n = 10;                          //隐式类型的变量定义
```

在运行这行代码时,变量 *n* 隐式地类型化为 int 的类型,所以 var 不是类型名,也不是定义一个没有类型的变量,更不是定义一个类型可变的变量,否则,C♯ 就不再是强类型化的语言了。

定义任何一个变量,系统就会在内存中开辟相应大小的空间来存放数据,用户可以从下面 4 个层面来理解变量。

1. 变量的名称

变量的名称可以是任意合法的标识符。在定义一个变量时,系统根据它的数据类型为其分配相应大小的内存空间,这个内存空间可以存放数据,变量名称和该内存空间绑定在一起,对变量名称操作就是对该内存空间操作,也就是说,程序员是通过变量来使用计算机的内存空间的。

例如,在上面示例中用变量 name 来表示某个人的姓名所存储的内存空间,用变量 age 来表示某个人的年龄所存储的内存空间,通过 name 和 age 很方便地实现了对这个人的姓名和年龄的访问和修改。

2. 变量的值

变量的值表示变量的名称所指向的内存空间中存储的内容。变量必须先定义后使用,变量在使用之前必须被赋值。变量可以在定义时被赋值,也可以在定义时不赋值。如果在定义时没有赋值,可以在程序代码中使用赋值语句直接对变量进行赋值。

在 C♯ 中不允许使用未初始化的变量。例如:

```
int n;
Console.WriteLine(n);
```

执行上述代码时出现"使用了未赋值的局部变量 *n*"的错误信息。

但在 C♯ 中每种值类型均有一个隐式的默认构造函数来初始化该类型的默认值,在使用 new 运算符时,将调用特定类型的默认构造函数并对变量赋默认值。

例如,"int n＝new int();"语句不仅定义了整型变量 *n*,而且初始化为默认值 0,它等同于"int n＝0;"语句。C♯ 中各种类型默认的初始值如表 2.6 所示。

表 2.6　C♯ 各种类型默认的初始值

类　　　型	默认初始值
数值类型	0(0.0)
char	'\0'
object	null(表示不引用任何对象)
bool	false

3. 变量的数据类型

变量的数据类型决定了这个变量可以容纳什么类型的数据、数据的取值范围以及什么样的操作可以被执行。

4. 变量的作用域和生命周期

变量的作用范围称为变量的作用域,如果一个变量超过了其作用域,它就没有意义了,会被销毁。变量从定义开始到销毁的这段时间称为变量的生命周期。变量只有在它的生命周期内才是有效的,才可以被访问和使用,如果超过了它的生命周期,任何对它的访问和使用都会产生程序编译错误。

2.3.2　值类型变量和引用类型变量的区别

在程序运行时,系统会为其分配运行空间,用于存放临时数据。该内存空间又分为栈空间和堆空间,值类型的数据在栈空间中分配,引用类型数据(对象)在堆空间中分配。

1. 栈空间和堆空间

栈空间是一种先进后出的数据结构。栈空间用于存储以下类型的数据:

- 某些类型变量的值。
- 程序当前的执行环境。
- 传递给方法的参数。

由系统管理所有的栈空间操作,包括进栈和出栈等,如图 2.4 所示。当一个数据出栈后,其空间由系统自动收回。

堆空间是一块内存空间,在堆空间中可以分配大块的内存以存储某类型的数据对象。与栈不同的是,堆里的空间能够以任意顺序存入和移除。图 2.5 表示一个程序在一个堆里存放了 3 个数据。

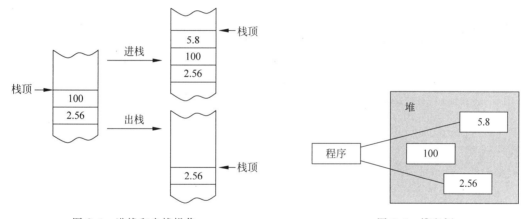

图 2.4　进栈和出栈操作　　　　　　　　图 2.5　堆空间

虽然程序可以在堆空间里保存数据,但不能显式地删除它们。CLR 的垃圾回收器在判断程序的代码不会再访问某数据时将自动清除无用的堆数据对象。

2. 理解值类型的变量

C# 中的值类型变量和 C/C++ 语言中的普通变量(非指针变量)相似,这类变量直接包含它们的值,所有的值类型均隐式派生自 System.ValueType。

在 C# 中,在内存的栈空间中为值类型变量分配空间,而且没有单独的堆分配或垃圾回收开销,因此值类型变量会随着方法调用后栈空间的消亡而自动清除(C# 中的值类型变量像 C/C++ 语言中函数内的局部变量,在函数执行完后由系统释放其存储空间)。

当定义一个值类型变量并且给它赋值的时候,这个变量只能存储相同类型的数据,所以,一个 int 类型的变量只能存放 int 类型的数据。另外,当把值赋给某个值类型的变量时,C# 会首先创建这个值的一个副本,然后把这个副本放在变量名所标记的存储位置上。例如:

```
int x;
```

```
int y = 2;
x = y;
```

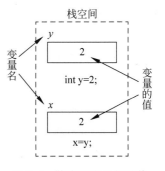

图 2.6 值类型变量的赋值

在这段代码中,当把变量 y 的值赋给 x 时,程序会创建变量 y 的值的副本,即 2,然后把这个值放到 x 中,如图 2.6 所示。如果后面的程序修改了 y 的值,不会影响 x 的值。这看起来是很显然的,但对于引用类型的变量来说不是这样。

3. 理解引用类型的变量

在 C/C++语言中可以定义指针变量,例如:

```
char * p;
```

其中,p 是一个指针变量,存放某个字符变量的地址,注意变量 p 和它所指向的字符变量是两个不同的概念。

在 C#中没有指针,而改为引用,引用表示某个对象的地址而不是变量或对象本身。在 C#中引用类型变量和它所指向的对象的关系如同前面 C/C++语言中的变量 p 和它所指向的字符变量的关系。

在 C#中,无论值类型变量还是引用类型变量,都是在栈空间中分配对应的存储空间,所不同的是,引用类型变量所指向的对象是在托管堆上分配内存空间的,为什么这样呢? 先看一个简单的 C/C++语言函数:

```
void fun()
{   char * p;                              //定义指针变量 p
    int i;                                 //定义整型变量 i
    p = (char * )malloc(11 * sizeof(char)); //为 p 分配指向 11 个字符的空间
    for (i = 0;i < 10;i++)                  //为 10 个字符单元分别赋值'a'~'j'
        * (p + i) = 'a' + i;
    * (p + i) = '\0';
    printf(" % s\n",p);                     //输出: abcdefghij
}
```

该函数被调用后,局部变量 p 和 i 的空间被收回,但 p 所指向的 11 个字符的空间并没有被收回,即便程序执行结束,该空间仍然没有被收回。这样可能出现内存泄露问题,解决的方法是在上述函数的末尾加上 free(p)语句收回 p 所指向的内存空间。

.NET Framework 改进了这一点,将 C#应用程序的执行置于 CLR 的监控之下,而且所有引用类型变量所指向的对象(其生命周期是全局性的)都在托管堆上分配空间,程序执行完毕,由 CLR 将堆空间全部收回,这样就不会出现像前面 C/C++程序出现的内存泄露问题。

所以,在 C#中定义一个引用类型变量时,系统在栈空间中为该引用变量分配存储空间,要想创建对象并把对象的存储地址赋给该变量,就需要使用 new 操作符。例如:

```
MyClass var;                    //MyClass 是已定义的类或类型
var = new MyClass();            //创建 var 引用的实例
```

第 2 个语句使用 new 操作符创建对象,C#会在堆存储空间中为这个对象分配足够的空间来存放 MyClass 类的一个实例,然后把这个实例的地址赋给这个引用类型变量 var,如图 2.7 所示,以后就可以通过这个引用类型变量 var 来操作堆中创建的那个对象。

说明:在 C/C++语言中,指针变量可以指向相应类型的某个变量,也可以指向某个没有变量名的内存空间,对于后者,只能通过该指针变量对这个内存空间进行操作。而在 C#中,引用类型变量指向的实例都是没有名称的,所以不再使用指针的概念,引用类型变量指向的实例统一在堆空间中分配存储空间,以便统一收回,这也是 C#语言更加安全的特性之一。

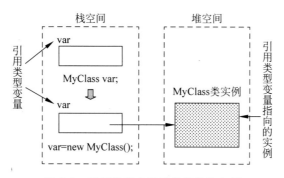

图 2.7　引用类型变量及其所指的实例

前面介绍过,在 C#中引用类型只有类、接口、数组和委托。下面以数组引用类型变量为例进一步说明引用类型变量和值变量的区别:

```
int[] a = new int[3] { 1, 2, 3};              //定义一个数组 a
for (int i = 0; i < 3; i++)                    //输出数组 a 的所有元素
    Console.Write("{0} ",a[i]);
Console.WriteLine();
int[] b = a;                                   //定义数组 b 并赋值为 a
for (int i = 0; i < 3; i++)                    //修改数组 b 的元素
    b[i] *= 2;
for (int i = 0; i < 3; i++)                    //再次输出数组 a 的所有元素
    Console.Write("{0} ", a[i]);
Console.WriteLine();
```

在上述代码中先定义了一个数组 a(引用类型变量)并初始化,实际上,数组{1,2,3}是在堆空间中分配的,并将其地址存放在变量 a 中。后面又定义了数组 b(引用类型变量),将 a 复制给 b,也就是将数组{1,2,3}在堆空间中的地址赋给 b,这样 a、b 中都存放该数组的地址(如图 2.8 所示),再通过 b 修改该数组的值,显然 a 数组也发生了改变。其执行结果如下:

```
1 2 3
2 4 6
```

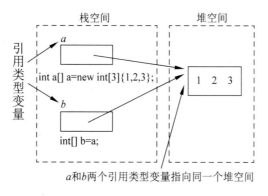

a 和 b 两个引用类型变量指向同一个堆空间

图 2.8　引用类型变量的复制

再看一个示例,有以下代码:

```
string s1 = null;
string s2 = "";
```

问这两个语句在内存分配上有什么区别? 对于第一个语句,定义了一个引用类型变量 s1,初始化为 null,表示 s1 不指向任何对象,所以仅在栈空间中分配 s1,不需要在堆空间中分配任何对象,即不占用堆空间。对于第 2 个语句,定义了一个引用类型变量 s2,初始化为 "" (即空字符串),空字符串也是一个字符串对象,需要分配其空间,所以不仅在栈空间中分配 s2,还要在堆空间中分配 "" 的存储空间,即占用堆空间。

2.3.3　常量

所谓常量,就是在程序执行中其值固定不变的量。常量一般分为直接常量和符号常量,常量的类型可以是任何一种值类型或引用类型。

1. 直接常量

直接常量是指把程序中不变的量直接硬编码为数值或字符串值。例如,以下都是直接常量:

```
100                                //整型直接常量
1.23e5                             //浮点型直接常量
true                               //布尔型直接常量
"中华人民共和国"                    //字符串型常量
null                               //对象引用常量,表示空
```

在程序中书写一个十进制的数值常数时,C♯默认按照如下方法判断一个数值常数据属于哪种 C♯数值类型:

- 如果一个数值常数不带小数点,例如 12345,则这个常数的类型是整型。
- 对于一个属于整型的数值常数,C♯ 按 int、uint、long、ulong 的顺序判断该数的类型。
- 如果一个数值常数带小数点,例如 3.14,则该常数的类型是浮点型中的 double 类型。

如果不希望 C♯ 使用上述默认的方式来判断一个十进制数值常数的类型,可以通过给数值常数加后缀的方法来指定数值常数的类型,可以使用的数值常数后缀有以下几种。

- u(或者 U)后缀:加在整型常数后面,代表该常数是 uint 类型或者 ulong 类型,具体是其中的哪一种,由常数的实际值决定。C♯优先匹配 uint 类型。
- l(或者 L)后缀:加在整型常数后面,代表该常数是 long 类型或者 ulong 类型,具体是其中的哪一种,由常数的实际值决定。C♯优先匹配 long 类型。
- ul 后缀:加在整型常数后面,代表该常数是 ulong 类型。
- f(或者 F)后缀:加在任何一种数值常数后面,代表该常数是 float 类型。
- d(或者 D)后缀:加在任何一种数值常数后面,代表该常数是 double 类型。
- m(或者 M)后缀:加在任何一种数值常数后面,代表该常数是 decimal 类型。

2. 符号常量

符号常量是通过关键字 const 声明的常量,包括常量的名称和它的值。常量的声明格式如下:

```
const 数据类型 常量名 = 初始值;
```

其中,"常量名"必须是 C#的合法标识符,在程序中通过常量名来访问该常量。"类型标识符"指示了所定义的常量的数据类型,而"初始值"是所定义的常量的值。

符号常量具有如下特点:

- 在程序中常量只能被赋予初始值,一旦赋予一个常量初始值,这个常量的值在程序的运行过程中就不允许改变,即无法对一个常量赋值。
- 在定义常量时,表达式中的运算符对象只允许出现常量和常数,不能有变量存在。

例如,以下语句定义了一个 double 型的常量 PI,它的值是 3.14159265:

```
const double PI = 3.14159265;
```

和变量的声明一样,也可以同时声明一个或多个给定类型的常量,例如:

```
const double x = 1.0, y = 2.0, z = 3.0;
```

以下代码是错误的,因为将一个常量的值用一个变量来初始化了:

```
int i = 10;
const int a = i;                        //给常量赋值错误
```

2.4　类型的转换

各种不同的数据类型在一定的条件下可以相互转换,例如将 int 型数据转换成 double 型数据。C#允许使用隐式转换和显式转换两种类型转换方式,另外,装箱和拆箱也属于一种类型转换。

2.4.1　隐式转换

隐式转换是系统默认的不需要加以声明就可以进行的转换。在隐式转换过程中,编译器不需要对转换进行详细的检查就能安全地执行转换,例如数据从 int 类型到 long 类型的转换。在 C#中支持的隐式转换如表 2.7 所示。

表 2.7　C#中支持的隐式转换

源 类 型	目 标 类 型
sbyte	short、int、long、float、double、decimal
byte	short、ushort、int、uint、long、ulong、float、double、decimal
short	int、long、float、double、decimal
ushort	int、uint、long、ulong、float、double、decimal
int	long、float、double、decimal
uint	long、ulong、float、double、decimal
long	float、double、decimal
ulong	float、double、decimal
char	ushort、int、uint、long、ulong、float、double、decimal
float	double

2.4.2　显式转换

显式转换又称为强制转换,与隐式转换相反,显式转换需要用户明确地指定转换类型,一般在不存在该类型的隐式转换时才使用。

显式转换可以将一种数值类型强制转换成另一种数值类型，格式如下：

(类型标识符) 表达式

其作用是将"表达式"值的类型转换为"类型标识符"的数据类型。例如：

(int)1.23   //把 double 类型的 1.23 转换成 int 类型,结果为 1

需要注意以下几点：

① 显式转换可能会导致错误，在进行这种转换时编译器将对转换进行溢出检测，如果有溢出说明转换失败，表明源类型不是一个合法的目标类型，转换无法进行。

② 对于从 float、double、decimal 到整型数据的转换将通过舍入得到最接近的整型值，如果这个整型值超出目标类型的范围，则出现转换异常。例如：

(int)2.58m

转换的结果为 2。如果将 float 的数据 2e10 转换成整数，例如：

(int)2e10f

将产生溢出错误，因为 2e10 超过了 int 类型所能表示的数值范围。

【例 2.1】 设计一个控制台程序说明类型转换的应用。

解：在"D:\C♯程序\ch2"文件夹中创建控制台应用程序项目 proj2-1，其代码如下。

```
using System;
namespace proj2_1
{   class Program
    {   static void Main(string[] args)
        {   int i = 65, i1, i2;
            double d = 66.3456,d1,d2;
            char c = 'A',c1,c2;
            Console.WriteLine("i={0:d5},d={1:f},c={2}", i, d, c);
            i1 = (int)d;            //强制类型转换
            d1 = i;                 //隐式类型转换
            c1 = (char)i;           //强制类型转换
            Console.WriteLine("i1={0:d5},d1={1:f},c1={2}", i1, d1, c1);
            i2 = c;                 //隐式类型转换
            d2 = (int)d;            //强制类型转换,转换成整数后再隐式转换为 double 类型
            c2 = (char)d;           //强制类型转换
            Console.WriteLine("i2={0:d5},d2={1:f},c2={2}", i2, d2, c2);
        }
    }
}
```

图 2.9 例 2.1 程序的执行结果

在上述程序中，double 类型到 int 类型、int 类型到 char 类型、double 类型到 char 类型的转换均为强制类型转换，而 int 类型到 double 类型、char 类型到 int 类型的转换均属隐式类型转换。程序的执行结果如图 2.9 所示。

说明：项目名称"proj2-1"中含有-，它不是合法的 C♯标识符，但是可以作为合法的操作系统文件名，由

CLR 转换为合法的 C♯ 标识符"proj2_1",所以该项目的命名空间名称为"proj2_1"。

2.4.3　装箱和拆箱

装箱和拆箱是 C♯ 类型系统中重要的概念,通过装箱和拆箱实现值类型和引用类型数据的相互转换。

1. 装箱转换

装箱转换是指将一个值类型的数据隐式地转换成一个对象类型的数据。把一个值类型装箱,就是创建一个 object 类型的实例,并把该值类型的值复制给这个 object 实例。

例如,下面的两条语句就执行了装箱转换:

```
int i = 10;
object obj = i;                      //装箱
```

在上面的两条语句中,第 1 条语句定义一个整型变量 i 并对其赋值,第 2 条语句先创建一个 object 类型的实例 obj,然后将 i 的值复制给 obj。

在执行装箱转换时,也可以使用显式转换,例如:

```
int i = 10;
object obj = (object)i;              //装箱
```

装箱转换过程如图 2.10 所示,变量 i 及其值 10 是在栈空间中分配的,obj 是引用类型变量,它也是在栈空间中分配的。当 i 装箱后变为引用类型数据,在堆空间中分配相应的空间,obj 中包含其地址。

2. 拆箱转换

拆箱转换是指将一个引用类型的数据显式地转换成一个值类型数据。

拆箱操作分为两步,首先检查对象实例,确保它是给定值类型的一个装箱值,然后把实例的值复制到值类型数据中。例如,下面的两条语句就执行了拆箱转换:

```
object obj = 10;
int i = (int)obj;                    //拆箱
```

拆箱转换过程如图 2.11 所示。拆箱转换需要(而且必须)执行显式转换,这是它与装箱转换的不同之处。

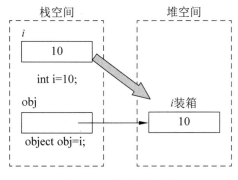

图 2.10　装箱转换过程

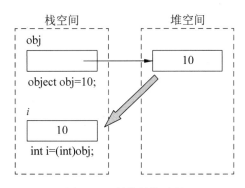

图 2.11　拆箱转换过程

2.5　结构类型和枚举类型

结构类型和枚举类型是 C♯ 中两种重要的构造数据类型，灵活地使用它们可以提高程序设计的效率。

2.5.1　结构类型

在实际问题中，一组数据往往具有不同的数据类型。例如在学生表中，姓名应为字符型，学号可为整型或字符型，年龄应为整型，性别应为字符型，成绩可为整型或浮点型。为了处理这类数据方便，C♯ 提供了结构类型，它是一种自定义类型，可以存储多个不同类型的数据。

实际上，C♯ 中的结构类型像类一样，除了包含数据外，还可以包含处理数据的方法。本节仅介绍结构类型，读者在学习面向对象程序设计后可以参照类来设计更复杂的结构类型。

结构类型是一种值类型，对应变量的值保存在栈内存区域。

1. 结构类型的声明

结构类型由若干"成员"组成，数据成员称为字段，每个字段都有自己的数据类型。声明结构类型的一般格式如下：

```
struct 结构类型名称
{   [字段访问修饰符] 数据类型 字段 1;
    [字段访问修饰符] 数据类型 字段 2;
         ⋮
    [字段访问修饰符] 数据类型 字段 n;
}[;]
```

其中，struct 是结构类型的关键字；"字段访问修饰符"主要取值 public 和 private（默认值），public 表示可以通过该类型的变量访问该字段，private 表示不能通过该类型的变量访问该字段。

例如，以下声明一个具有姓名和年龄等字段的结构类型 Student：

```
struct Student                    //声明结构类型 Student
{   public int xh;                //学号
    public string xm;             //姓名
    public string xb;             //性别
    public int nl;                //年龄
    public string bh;             //班号
}
```

在上述结构类型声明中，结构类型名称为 Student。该结构类型由 5 个成员组成，第 1 个成员是 xh，为整型变量；第 2 个成员是 xm，为字符串类型；第 3 个成员是 xb，为字符串类型；第 4 个成员是 nl，为整型变量；第 5 个成员是 bh，为字符串类型。

2. 结构类型变量的定义

在声明一个结构类型后，可以定义该结构类型的变量（简称为结构变量）。定义结构变量的一般格式如下：

```
结构类型 结构变量;
```

例如,在前面的结构类型 Student 声明后,定义它的两个变量如下:

```
Student s1,s2;
```

3. 结构变量的使用

结构变量的使用主要包括字段访问和赋值等,这些都是通过结构变量的字段来实现的。

(1)访问结构变量字段

访问结构变量字段的一般格式如下:

```
结构变量名.字段名
```

例如,s1. xh 表示结构变量 s1 的学号,s2. xm 表示结构变量 s2 的姓名。

结构变量的字段可以在程序中单独使用,与普通变量完全相同。

(2)结构变量的赋值

结构变量的赋值有下面两种方式。

- 结构变量的字段赋值:使用方法与普通变量相同。
- 结构变量之间的赋值:要求赋值的两个结构变量必须类型相同。例如:

```
s1 = s2;
```

这样 s2 的所有字段值就会赋给 s1 的对应字段。

【例 2.2】　设计一个控制台程序说明结构类型的应用。

解:在"D:\C#程序\ch2"文件夹中创建控制台应用程序项目 proj2-2,其代码如下。

```
using System;
namespace proj2_2
{   class Program
    {   struct Student                          //结构类型声明应放在 Main 函数的外面
        {   public int xh;                      //学号
            public string xm;                   //姓名
            public string xb;                   //性别
            public int nl;                      //年龄
            public string bh;                   //班号
        }
        static void Main(string[] args)
        {   Student s1,s2;                       //定义两个结构类型变量
            s1.xh = 101; s1.xm = "李明"; s1.xb = "男";
            s1.nl = 20; s1.bh = "07001";
            Console.WriteLine("学号:{0},姓名:{1},性别:{2},年龄:{3},班号:{4}",
                s1.xh, s1.xm, s1.xb, s1.nl, s1.bh);
            s2 = s1;                             //将结构变量 s1 赋给 s2
            s2.xh = 108;s2.xm = "王华";
            Console.WriteLine("学号:{0},姓名:{1},性别:{2},年龄:{3},班号:{4}",
                s2.xh, s2.xm, s2.xb, s2.nl, s2.bh);
            Console.WriteLine("学号:{0},姓名:{1},性别:{2},年龄:{3},班号:{4}",
                s1.xh, s1.xm, s1.xb, s1.nl, s1.bh);  //再次输出 s1
        }
    }
}
```

在上述程序中,先声明了 Student 结构类型,在 Main 中定义它的两个变量 s1 和 s2,给 s1 的各成员赋值并输入,再将 s1 赋给 s2,改变 s2 的两个成员值并输出,其执行结果如图 2.12 所示。从中看到,在执行 s2＝s1 并修改 s2 后,s1 没有改变,说明 s1、s2 存储在不同的位置。

图 2.12　例 2.2 程序的执行结果

需要说明的是，既可以像"Student s1,s2;"那样定义结构类型的变量，也可以采用引用类型的变量。例如，可以将本例中的"Student s1,s2;"语句改为引用类型的变量：

```
Student s1 = new Student();
Student s2 = new Student();
```

程序的执行结果是完全相同的。使用 new 运算符是为了在创建结构类型变量时调用结构类型中定义的构造函数给创建的变量动态分配存储空间，如果不使用 new 运算符，将不会调用构造函数。在该例中没有设计 Student 结构类型的构造函数，所以两者的输出结果没有差别。有关构造函数的相关内容将在后面介绍。

2.5.2　枚举类型

枚举类型也是一种自定义数据类型，它允许用符号代表数据。枚举是指程序中某个变量具有一组确定的值，通过"枚举"可以将其值一一列出来。这样，使用枚举类型就可以将常用颜色用符号 Red、Green、Blue、White、Black 来表示，从而提高了程序的可读性。

1. 枚举类型的声明

枚举类型使用 enum 关键字声明，其一般语法形式如下：

```
enum 枚举名 {枚举成员 1,枚举成员 2,…}[;]
```

其中，enum 是结构类型的关键字。例如，以下声明一个名称为 Color 的表示颜色的枚举类型：

```
enum Color {Red,Green,Blue,White,Black}
```

在声明枚举类型后，可以通过枚举名来访问枚举成员，其使用语法如下：

```
枚举名.枚举成员
```

2. 枚举成员的赋值

在声明的枚举类型中，每一个枚举成员都有一个相对应的常量值，在默认情况下，C♯ 规定第 1 个枚举成员的值取 0，它后面的每一个枚举成员的值按加 1 递增。例如在前面的 Color 中，Red 的值为 0、Green 的值为 1、Blue 的值为 2，依此类推。

用户可以为一个或多个枚举成员赋整型值，当某个枚举成员被赋值后，如果其后的枚举成员没有被赋值，则自动在前一个枚举成员值上加 1 作为其值。例如：

```
enum Color { Red = 0, Green, Blue = 3, White, Black = 1};
```

这些枚举成员的值分别为 0、1、3、4、1。

3. 枚举类型变量的定义

在声明一个枚举类型后，可以定义该枚举类型的变量（简称为枚举变量）。定义枚举类型变量的一般格式如下：

枚举类型 枚举变量；

例如,在前面的枚举类型 Color 声明后定义它的两个变量：

Color c1,c2;

4. 枚举变量的使用
枚举变量的使用包括赋值和访问等。

（1）枚举变量的赋值

为枚举变量赋值的语法格式如下：

枚举变量 = 枚举名.枚举成员

例如：

c1 = Color.Red;

（2）枚举变量的访问

枚举变量可以像普通变量一样直接访问。

【例 2.3】　设计一个控制台程序说明枚举类型的应用。

解：在"D:\C♯程序\ch2"文件夹中创建控制台应用程序项目 proj2-3,其代码如下。

```
using System;
namespace proj2_3
{   class Program
    {   enum Color { Red = 5, Green, Blue, White = 1, Black }
        //类型声明应放在 Main 函数的外面
        static void Main(string[] args)
        {   Color c1,c2,c3;
            Console.WriteLine("Red = {0},Green = {1},Blue = {2},White = {3},
                Black = {4}",Color.Red,Color.Green,Color.Blue,Color.White,
                Color.Black);
            Console.WriteLine("Red = {0},Green = {1},Blue = {2},White = {3},
                Black = {4}",(int)Color.Red,(int)Color.Green,
                (int)Color.Blue,(int)Color.White,(int)Color.Black);
            c1  = Color.Red;
            c2  = c1 + 1;                        //枚举变量可以像普通变量一样直接访问
            c3  = c2 + 1;
            Console.WriteLine("c1 = {0},c2 = {1},c3 = {2}", c1, c2,c3);
            Console.WriteLine("c1 = {0},c2 = {1},c3 = {2}", (int)c1, (int)c2,(int)c3);
        }
    }
}
```

在上述程序中,声明了一个枚举类型 Color,对其中的两个成员进行赋值,定义了它的 3 个变量,并通过赋值运算输出它们相应的值,其执行结果如图 2.13 所示。

图 2.13　例 2.3 程序的执行结果

2.6　C♯运算符和表达式

在程序中,运算符是表示进行某种运算的符号。运算数包含常量和变量等,C♯提供了很多预定义的运算符。

表达式由运算符、运算数和括号组成,其用来表示一个计算过程。表达式可以嵌套,其中运算符执行的先后顺序由它们的优先级和结合性决定。执行表达式所规定的运算,所得到的结果值便是表达式的返回值,使用不同的运算符连接运算对象,其返回值的类型是不同的。

2.6.1　算术运算符

算术运算符是指用来实现算术运算的符号,它是最简单的运算符。C♯提供的算术运算符如表 2.8 所示。

表 2.8　C♯中的算术运算符

符　　号	意　　义	示　　例
＋	加法运算	$a+b$
－	减法/取负运算	$a-b$
*	乘法运算	$a*b$
/	除法运算	a/b
%	取余数	$a\%b$
++	累加	$a++$
——	递减	$a--$

由算术运算符连接而成的表达式就是算术表达式,其值是一个数值,表达式的值的类型由运算符和运算数确定。

例如,已知"int n＝2；",那么 n * 2+1−10％3 就是一个算术表达式。

2.6.2　字符串运算符

字符串运算符只有一个,就是加号（＋）。它除了作为算术运算符之外,还可以将字符串连接起来,变成合并的新字符串。例如:

```
string s = "Hello";                     //定义一个字符串变量
s = s + ", World.";                     //连接字符串
Console.WriteLine(s);                   //输出: Hello, World.
```

2.6.3　赋值运算符

赋值运算符（＝）用于改变变量的值,它先求出右侧表达式的结果,然后将结果赋给左侧的变量。前面介绍过,每个变量都有一个名称、数据类型和值,当给该变量赋新的值时,这个新值会取代该变量内存单元中先前的值,先前的值就不存在了。

由赋值运算符构成的表达式称为赋值表达式。在赋值表达式中,左值是指出现在赋值运算符左边的各种变量,右值是指出现在赋值运算符右边的各种可求值的表达式。例如:

```
int i;
```

```
i = 4 * (1 + 2);                                    //赋值表达式,i 的值变为 12
```

赋值表达式本身的运算结果是右侧表达式的值,而结果的数据类型是左侧变量的数据类型。例如:

```
int i = (int)(2.8 * 4);                             //结果为 11,而不是 11.2
```

另外,还可以将赋值运算符与其他算术运算符写在一起,这样可以对一个给定的变量加、减、乘或除某个特定值从而改变变量的值,它们称为复合赋值运算符。C# 提供的复合赋值运算符如表 2.9 所示。

表 2.9　C# 中的复合赋值运算符

符　号	意　义	示　例
+=	加赋值	$a += b$ 等价于 $a = a + b$
-=	减赋值	$a -= b$ 等价于 $a = a - b$
*=	乘赋值	$a * = b$ 等价于 $a = a * b$
/=	除赋值	$a /= b$ 等价于 $a = a / b$
%=	取模赋值	$a \% = b$ 等价于 $a = a \% b$
<<=	左移赋值	$a << = b$ 等价于 $a = a << b$
>>=	右移赋值	$a >> = b$ 等价于 $a = a >> b$
&=	与赋值	$a \& = b$ 等价于 $a = a \& b$
^=	异或赋值	$a \wedge = b$ 等价于 $a = a \wedge b$
|=	或赋值	$a \| = b$ 等价于 $a = a \| b$

2.6.4　关系运算符

关系运算符是二元运算符,用于比较两个运算数,当结果为 true 或非零时,对应的值为 1,否则为 0。C# 中提供的关系运算符如表 2.10 所示。

表 2.10　C# 中的关系运算符

符　号	意　义	示　例
<	小于	2<3 为 true
<=	小于等于	2<=3 为 true
>	大于	2>3 为 false
>=	大于等于	2>=3 为 false
==	等于	2==3 为 false
!=	不等于	2!=3 为 true

例如,10>5 的结果为 true,2>3 的结果为 false。

关系运算符一般用于比较相同类型的数据,比较不同类型的数据会产生无法预测的结果,在程序中最好不要对包含不同类型的数据进行比较。例如,下面的关系表达式比较一个整数和一个字符:

```
8<'5'
```

C++ 编译系统将其转换成 8 和 '5' 的 ASCII(53)码的比较,其结果为 true。

2.6.5　逻辑运算符

逻辑运算符用于布尔值，由逻辑运算符构成的表达式称为逻辑表达式，其运算结果为 true 或 false。C♯ 中的逻辑运算符如表 2.11 所示。

表 2.11　C♯ 中的逻辑运算符

符　　号	意　　义	示　　例
！	逻辑非	!(2<3)为 false
&&.	逻辑与	(3<5)&&.(5>4)为 true
∥	逻辑或	(3<5)∥(5>4)为 true

其中，&&. 和 ∥ 是双目运算符，要求有两个运算对象，前者的优先级更高；而！是单目运算符，只要有一个运算对象，它的优先级最高。例如，下面的表达式都是逻辑表达式：

```
(n>= 0) && (n<= 100)        //n>= 0,同时 n<= 100 时为 true,否则为 false
(n>= 0) || (n<= 100)        //n>= 0 或者 n<= 100 时为 true,否则为 false
!(n== 0)                    //n 不等于 0 为 true,否则为 false
```

逻辑运算符的运算规则如下。

① &&.：当且仅当两个运算对象的值都为 true 时运算结果为 true，否则为 false。

② ∥：当且仅当两个运算对象的值都为 false 时运算结果为 false，否则为 true。

③ ！：当运算对象的值为 true 时运算结果为 false，当运算对象的值为 false 时运算结果为 true。

2.6.6　位运算符

位(bit)是计算机中表示信息的最小单位，一般用 0 和 1 表示，8 个位组成一个字节。通常将十进制数表示为二进制、八进制或十六进制数，从而理解对位的操作。位运算符的运算对象必须为整数，C♯ 中提供的位运算符如表 2.12 所示。

表 2.12　C♯ 中的位运算符

符　　号	意　　义	示　　例
～	按位求反	!2
<<	左移	8<<2
>>	右移	8>>2
&.	按位与	8&5
^	按位异或	8^5
∣	按位或	8∣5

【例 2.4】　设计一个控制台程序说明位运算符的应用。

解：在"D:\C♯程序\ch2"文件夹中创建控制台应用程序项目 proj2-4，其代码如下。

```
using System;
namespace proj2_4
{   class Program
    {   static void Main(string[] args)
        {   byte b1, b2, b3;
            b1 = 10;
            b2 = (byte) ~b1;          //~b1 的结果为 int,需强制转换成 byte 类型
            Console.WriteLine(b2);
```

```
            b3 = (byte)(b1 << 2);        //b1 << b2 的结果为 int 类型,需强制转换成 byte 类型
            Console.WriteLine(b3);
            b1 = 3; b2 = 6;
            b3 = (byte)(b1 & b2);        //b1&b2 的结果为 int 类型,需强制转换成 byte 类型
            Console.WriteLine(b3);
            b3 = (byte)(b1 ^ b2);        //b1^b2 的结果为 int 类型,需强制转换成 byte 类型
            Console.WriteLine(b3);
            b3 = (byte)(b1 | b2);        //b1|b2 的结果为 int 类型,需强制转换成 byte 类型
            Console.WriteLine(b3);
        }
    }
}
```

在上述程序中,b1=10,对应二进制数$[00001010]_2$,按位求反后,b2=$[11110101]_2$,对应十进制数 245。将 b1 左移两位后,b3=$[00101000]_2$,对应十进制数 40。b1=3=$[00000011]_2$,b2=6=$[00000110]_2$,b1 & b2=$[00000010]_2$=2,b1 ^ b2=$[00000101]_2$=5,b1 | b2=$[00000111]_2$=7。其结果如图 2.14 所示。

图 2.14　例 2.4 程序的执行结果

2.6.7　条件运算符

条件运算符是一个三元运算符,每个操作数同时又是表达式的值。由条件运算符构成的表达式称为条件表达式。条件运算符的使用格式如下:

表达式 1 ?表达式 2 :表达式 3

它的计算方式为先计算"表达式 1"(必须为布尔值)的值,如果其值为 true,则"表达式 2"的值作为整个表达式的最终结果,否则"表达式 3"的值作为整个表达式的值。例如,以下表达式返回 a 和 b 中的最大值:

max = a > b ? a : b

计算过程是,若 $a>b$,max= a,否则 max=b。

2.6.8　其他运算符

除上面介绍的各种运算符之外,C# 中还包括一些特殊的运算符。

1. sizeof 运算符

sizeof 运算符用于求值类型数据在内存中占用的字节数。sizeof 运算符的语法格式如下:

sizeof(类型标识符)

其结果为一个整数,表示指定类型的数据在内存分配的字节数。该运算符只能作用于值类型或值类型变量。

【例 2.5】 设计一个控制台程序输出常用数据类型所占的字节数。

解:在"D:\C# 程序\ch2"文件夹中创建控制台应用程序项目 proj2-5,其代码如下。

```
using System;
namespace proj2_5
{    class Program
```

```
{   static void Main(string[] args)
    {   Console.WriteLine("byte 类型所占字节数:{0}", sizeof(byte));
        Console.WriteLine("char 类型所占字节数:{0}", sizeof(char));
        Console.WriteLine("int 类型所占字节数:{0}", sizeof(int));
        Console.WriteLine("float 类型所占字节数:{0}", sizeof(float));
        Console.WriteLine("double 类型所占字节数:{0}", sizeof(double));
        Console.WriteLine("decimal 类型所占字节数:{0}",sizeof(decimal));
    }
  }
}
```

上述程序输出各种值类型在内存中占用的字节数,其结果如图 2.15 所示。

图 2.15　例 2.5 程序的执行结果

2. typeof 运算符

该运算符返回一个用于标识表达式的数据类型的字符串。例如,proj2-2 项目中声明了结构 Student,则以下语句:

```
Console.WriteLine(typeof(Student));
```

输出 Student 结构类型的程序名等,即"proj2-2. Program＋Student"。

3. new 运算符

该运算符用于创建一个类的对象。

4. checked 和 Unchecked

checked 关键字用于对整型算术运算和转换显式启用溢出检查。

在默认情况下,如果表达式仅包含常数值,且产生的值在目标类型范围之外,则会导致编译器错误。例如:

```
int i = int.MaxValue + 10;        //int.MaxValue 为 int 型的最大值 2147483647
Console.WriteLine(i);
```

上述代码在运行时会导致编译器错误。如果表达式包含一个或多个非常数值,则编译器不检测溢出。例如:

```
int n = 10;
int i = int.MaxValue + n;
Console.WriteLine(i);
```

在运行时不检查这些非常数表达式是否溢出,这些表达式不引发溢出异常。其输出为 2147483639,作为两个正整数之和。

用户可以通过编译器选项、环境配置或使用 checked 关键字来启用溢出检查。例如:

```
int n = 10;
```

```
Console.WriteLine(checked(int.MaxValue + n));
```

或者

```
checked                              //checked 块
{   int n = 10;
    int i = int.MaxValue + n;
    Console.WriteLine(i);
}
```

上述代码使用了 checked 表达式或 checked 块,在运行时检测求和计算导致的溢出,所以都会产生计算溢出。

unchecked 关键字用于取消整型算术运算和转换的溢出检查。例如:

```
Console.WriteLine(unchecked(int.MaxValue + 10));
```

或者

```
unchecked                            //unchecked 块
{   int i = int.MaxValue + 10;
    Console.WriteLine(i);
}
```

它们的输出都为 2147483639,因为 unchecked 关键字取消了溢出检查。如果移除 unchecked 环境,则会发生编译错误,因为表达式的各个项都是常数,所以可以在编译时检测到溢出。

默认情况下,在编译时和运行时不检查包含非常数项的表达式。因为溢出检查比较耗时,所以当无溢出危险时,不检查代码可以提高性能。但是,如果可能发生溢出,则应使用检查环境。

2.6.9　运算符的优先级

运算符的优先级是指在表达式中哪一个运算符应该首先计算。C♯ 根据运算符的优先级确定表达式的求值顺序:优先级高的运算先做,优先级低的操作后做,相同优先级的操作从左到右依次做,同时用小括号控制运算顺序,任何在小括号内的运算最优先进行。表 2.13 所示为按优先级顺序分组的 C♯ 运算符,每个组中的运算符具有相同的优先级。

表 2.13　C♯ 中运算符的优先级

运算符类别	运　算　符	运算符类别	运　算　符
基本	$x.y$、$f(x)$、$a[x]$、$x++$、$x--$、new、 typeof、 sizeof、 checked、 unchecked、$->$	逻辑"与"	$x \& y$
一元	$+x$、$-x$、$!x$、$\sim x$、$++x$、$--x$、$(T)x$	逻辑"异或"	$x \wedge y$
乘法	$x * y$、x / y、$x \% y$	逻辑"或"	$x \mid y$
加法	$x + y$、$x - y$	条件"与"	$x \&\& y$
移位	$x << y$、$x >> y$	条件"或"	$x \mid\mid y$
关系	$x > y$、$x <= y$、$x >= y$	条件运算	$?:$
相等	$x == y$、$x != y$	赋值	$x = y$、$x += y$、$x -= y$、$x *= y$、$x /= y$、$x \%= y$、$x \&= y$、$x \mid= y$、$x \wedge= y$、$x <<= y$、$x >>= y$

【例 2.6】 分析 10＋'a'＋2＊1.25－5.0/4L 表达式的计算过程。

解：该表达式中包含＋、－、＊和/4 种运算符，＊和/的优先级高于＋和－的优先级，因此整个表达式的计算顺序如图 2.16 所示。各步骤如下：

① 进行 2＊1.25 的运算，将 2 和 1.25 都转换成 double 型，结果为 double 型的 2.5。

② 将长整数 4L 和 5.0 转换成 double 型，5.0/4L 的结果为 double 型的 1.25。

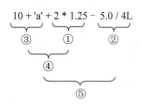

图 2.16　表达式的计算过程

③ 进行 10＋'a' 的运算，先将 'a' 转换成整数 97，运算结果为 107。

④ 整数 107 和 2.5（2＊1.25 的运算结果）相加，将 107 转换成 double 型再相加，结果为 double 型的 109.5。

⑤ 进行 109.5－1.25（5.0/4L 的运算结果）的运算，结果为 double 型的 108.25。

2.7　C♯中的常用类和结构

C♯是一种纯面向对象的语言，它使用类和结构来实现数据类型，而对象是给定数据类型的实例。在执行应用程序时，数据类型为创建（或实例化）的对象提供蓝图。

C♯中的一切都是对象，例如，int 数据类型就是一个类，它提供了相应的属性和方法，如图 2.17 所示（int 为类，n 看成是 int 类的一个对象，通过 n 可以使用 int 类的属性和方法），甚至常量也可以看成对象。

为了设计程序方便，C♯提供了各种功能丰富的内建类和结构，其中有些类和结构是经常使用的，本节将予以介绍。实际上，程序员不仅可以直接使用内建类或结构，还可以自己设计类，有关内容将在后面介绍。

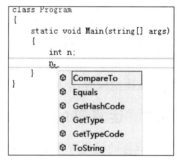

图 2.17　n 的方法

2.7.1　String 类

前面介绍过，string 类型表示字符串，实际上，string 是.NET Framework 中的 String 类的别名。string 类型定义了相等运算符（＝＝和！＝）用于比较两个 string 对象，另外，＋运算符用于连接字符串，[]运算符可以用来访问 string 中的各个字符。

String 类位于 System 命名空间中，用于处理字符串。String 类常用的属性如表 2.14 所示，常用的方法如表 2.15 所示，使用这些属性和方法会为字符串的处理带来极大的方便。

表 2.14　String 类的常用属性及其说明

属　　性	说　　明
Chars	获取此字符串中位于指定字符位置的字符
Length	获取此字符串中的字符数

表 2.15　String 类的常用方法及其说明

方法	方法类型	说　　明
Compare		比较两个指定的 String 对象
Concat	静态方法	连接 String 的一个或多个字符串
Format		将指定的 String 中的每个格式项替换为相应对象的值的文本等效项
Contains		返回一个值,该值指示指定的 String 对象是否出现在此字符串中
CompareTo		将此字符串与指定的对象或 String 进行比较,并返回两者相对值的指示
Equals		确定两个 String 对象是否具有相同的值
IndexOf		返回 String 或一个/多个字符在此字符串中的第一个匹配项的索引
Insert		在该 String 中的指定索引位置插入一个指定的 String
Remove		从该 String 中删除指定个数的字符
Replace	非静态方法	将该 String 中的指定 String 的所有匹配项替换为其他指定的 String
Split		返回包含该 String 中的子字符串(由指定 Char 或 String 数组的元素分隔)的 String 数组
Substring		从此字符串中检索子字符串
ToLower		返回该 String 转换为小写形式的副本
ToUpper		返回该 String 转换为大写形式的副本
Trim		从此字符串的开始位置和末尾移除一组指定字符的所有匹配项

注意:一个类的方法有静态方法和非静态方法之分。对于静态方法,只能通过类名来调用,而对于非静态方法,需通过类的对象来调用。

1. 比较字符串

比较字符串是指按照词典排序规则判断两个字符串的相对大小,使用的 String 方法有 Compare 和 CompareTo。

(1) Compare

Compare 方法是 String 类的静态方法,通过 String 调用。其基本格式如下:

```
String.Compare(String str1,String str2)
String.Compare(String str1,String str2,Boolean ignorCase)
```

其中,str1 和 str2 指出要比较的两个字符串。ignorCase 指出是否考虑大小,若为 true 表示忽略大小写,若为 false 表示大小写敏感。当 str1 小于 str2 时,返回一个负整数;当 str1 等于 str2 时,返回 0;当 str1 大于 str2 时,返回一个正整数。例如:

```
String str1 = "abc";
String str2 = "cde";
String.Compare(str1,str2);              //返回负整数 -1
```

(2) CompareTo

CompareTo 方法是 String 类的非静态方法,通过 String 的对象调用。其基本格式如下:

```
str1.CompareTo(str2)
```

其返回值的含义与 Compare 方法相同。例如:

```
String str1 = "abc";
String str2 = "cde";
str1.CompareTo(str2);                   //返回负整数 -1
```

2. 求子串位置

使用 String 类的 IndexOf 方法求子串位置,它是一个非静态方法。其基本格式如下:

```
String.IndexOf(Char)
String.IndexOf(String)
```

第 1 种格式返回指定字符在此字符串中的第一个匹配项的索引,第 2 种格式返回指定的子串在该串中的第一个匹配项的索引。例如:

```
String s1 = "abc";
String s2 = "bc";
char c = 'c';
Console.WriteLine("{0}",s1.IndexOf(s2));  //输出: 1
Console.WriteLine("{0}", s1.IndexOf(c));  //输出: 2
```

3. 格式化字符串

使用 String 类的 Format 方法格式化字符串,它也是一个静态方法。其基本格式如下:

```
String.Format(format, args)
```

其中,format 指出 String 的零个或多个格式项,其用法与第 2 章中介绍的 WriteLine 语句的格式项类似;args 指出要格式化的对象。例如:

```
String str1 = "abc";
String str2 = "cde";
String.Format("串 1:{0},串 2:{1}", str1, str2);    //结果为"串 1:abc,串 2:cde"
```

4. 分割字符串

String 类的 Split 方法用于分割字符串,它把一个整串按照某个分隔符分裂成一系列小的字符串。其基本格式如下:

```
mystr.Split(separator)
```

其中,separator 是指定分隔符的字符串数组,该方法返回 mystr 字符串中由 separator 分隔的字符串数组。例如:

```
String str1 = "abc,d,1,45"
String[] str2 = new String[10];     //声明字符数组
char[] sp = { ',' };
str2 = str1.Split(sp);              //str2[0] = "abc",str2[1] = "d",str2[2] = "1",str2[3] = "45"
```

【例 2.7】 设计一个控制台程序求用户输入的子串在主串中的位置。

解: 在"D:\C♯程序\ch2"文件夹中创建控制台应用程序项目 proj2-7,其代码如下。

```
using System;
namespace proj2_7
{   class Program
    {   static void Main(string[] args)
        {   String mstr,sstr;
            Console.Write("输入主串:");
            mstr = Console.ReadLine();
            Console.Write("输入子串:");
            sstr = Console.ReadLine();
            Console.WriteLine("主串长度 = {0},子串长度 = {1}",mstr.Length, sstr.Length);
```

```
            if (String.Compare(mstr, sstr) != 0)              //使用静态方法
                Console.WriteLine("位置:{0}", mstr.IndexOf(sstr));    //使用非静态方法
            else
                Console.WriteLine("两个字符串相同");
        }
    }
}
```

在上述程序中,先定义了 String 类的两个对象 mstr 和 sstr 接受用户的输入,再调用 String 类的方法输出它们的长度,在两个字符串不相同时求 sstr 在 mstr 中的位置。其执行结果如图 2.18 所示。

图 2.18　例 2.7 程序的执行结果

2.7.2　Math 类

Math 类位于 System 命名空间中,它包含了实现 C♯ 中常用算术运算功能的方法,这些方法都是静态方法,可通过"Math.方法名(参数)"来使用,其中常用的方法如表 2.16 所示。

表 2.16　Math 类的常用方法

方　　法	方 法 类 型	说　　　明
Abs	静态方法	返回指定数字的绝对值
Acos		返回余弦值为指定数字的角度
Asin		返回正弦值为指定数字的角度
Atan		返回正切值为指定数字的角度
Atan2		返回正切值为两个指定数字的商的角度
Ceiling		返回大于或等于指定数字的最小整数
Cos		返回指定角度的余弦值
Cosh		返回指定角度的双曲余弦值
DivRem		计算两个数字的商,并在输出参数中返回余数
Exp		返回 e 的指定次幂
Floor		返回小于或等于指定数字的最大整数
Log		返回指定数字的对数
Log10		返回指定数字以 10 为底的对数
Max		返回两个指定数字中较大的一个
Min		返回两个数字中较小的一个
Pow		返回指定数字的指定次幂
Round		将值舍入到最接近的整数或指定的小数位数
Sign		返回表示数字符号的值
Sin		返回指定角度的正弦值
Sinh		返回指定角度的双曲正弦值
Sqrt		返回指定数字的平方根
Tan		返回指定角度的正切值
Tanh		返回指定角度的双曲正切值
Truncate		计算一个数字的整数部分

2.7.3　Convert 类

Convert 类位于 System 命名空间中,用于将一个值类型转换成另一个值类型。这些方法

都是静态方法,可通过"Convert.方法名(参数)"来使用,其中常用的方法如表 2.17 所示。

表 2.17　Convert 类的常用方法

方　　法	方法类型	说　　明
ToBoolean	静态方法	将数据转换成 Boolean 类型
ToDataTime		将数据转换成日期时间类型
ToInt16		将数据转换成 16 位整数类型
ToInt32		将数据转换成 32 位整数类型
ToInt64		将数据转换成 64 位整数类型
ToNumber		将数据转换成 Double 类型
ToObject		将数据转换成 Object 类型
ToString		将数据转换成 string 类型

2.7.4　DateTime 结构

DateTime 结构类位于 System 命名空间中,DateTime 值类型表示值范围在公元 0001 年 1 月 1 日午夜 12:00:00 到公元 9999 年 12 月 31 日晚上 11:59:59 之间的日期和时间,可以通过以下语法格式定义一个日期时间变量:

```
DateTime 日期时间变量 = new DateTime(年,月,日,时,分,秒);
```

例如,以下语句定义了两个日期时间变量:

```
DateTime d1 = new DateTime(2015,10,1);
DateTime d2 = new DateTime(2015,10,1,8,15,20);
```

其中,d1 的值为 2015 年 10 月 1 日零点零分零秒,d2 的值为 2015 年 10 月 1 日 8 点 15 分 20 秒。

DateTime 结构的常用属性如表 2.18 所示,常用方法如表 2.19 所示。

表 2.18　DateTime 结构的常用属性

属　　性	说　　明
Date	获取此实例的日期部分
Day	获取此实例所表示的日期为该月中的第几天
DayOfWeek	获取此实例所表示的日期是星期几
DayOfYear	获取此实例所表示的日期是该年中的第几天
Hour	获取此实例所表示日期的小时部分
Millisecond	获取此实例所表示日期的毫秒部分
Minute	获取此实例所表示日期的分钟部分
Month	获取此实例所表示日期的月份部分
Now	获取一个 DateTime 对象,该对象设置为此计算机上的当前日期和时间,即为本地时间
Second	获取此实例所表示日期的秒部分
TimeOfDay	获取此实例的当天时间
Today	获取当前日期
Year	获取此实例所表示日期的年份部分

表 2.19　**DateTime 结构的常用方法**

方　　法	方法类型	说　　　　明
Compare	静态方法	比较 DateTime 的两个实例,并返回它们相对值的指示
DaysInMonth		返回指定年和月中的天数
IsLeapYear		返回指定的年份是否为闰年的指示
Parse		将日期和时间的指定字符串表示转换成其等效的 DateTime
AddDays	非静态方法	将指定的天数加到此实例的值上
AddHours		将指定的小时数加到此实例的值上
AddMilliseconds		将指定的毫秒数加到此实例的值上
AddMinutes		将指定的分钟数加到此实例的值上
AddMonths		将指定的月份数加到此实例的值上
AddSeconds		将指定的秒数加到此实例的值上
AddYears		将指定的年份数加到此实例的值上
CompareTo		将此实例与指定的对象或值类型进行比较,并返回两者相对值的指示

【**例 2.8**】　设计一个控制台程序说明 DataTime 结构的使用。

解：在"D:\C♯程序\ch2"文件夹中创建控制台应用程序项目 proj2-8,其代码如下。

```csharp
using System;
namespace proj2_8
{   class Program
    {   static void Main(string[] args)
        {   DateTime d1 = DateTime.Now;                 //定义当前日期时间变量
            DateTime d2 = new DateTime(2009, 10, 1);    //定义一个日期时间变量
            Console.WriteLine("d1:{0}",d1);
            int i = d1.Year;                            //求 d1 的年
            int j = d1.Month;                           //求 d1 的月
            int k = d1.Day;                             //求 d1 的日
            int h = d1.Hour;                            //求 d1 的时
            int m = d1.Minute;                          //求 d1 的分
            int s = d1.Second;                          //求 d1 的秒
            Console.WriteLine("d1:{0}年{1}月{2}日{3}时{4}分{5}秒",i,j,k,h,m,s);
            Console.WriteLine("d2:{0}",d2);
            Console.WriteLine("相距时间:{0}",d1 - d2);
            DateTime d3 = d1.AddDays(100);              //d3 为 d1 的 100 天后的日期
            Console.WriteLine("d3:{0}",d3);
            Console.WriteLine("d1 年是否为闰年:{0}", DateTime.IsLeapYear(i));
                                                        //静态方法调用
            Console.WriteLine("d2 年是否为闰年:{0}",DateTime.IsLeapYear(d2.Year));
        }
    }
}
```

本程序定义了 3 个日期时间变量 d1、d2 和 d3,然后调用相应的属性和方法。其执行结果如图 2.19 所示。

图 2.19　例 2.8 程序的执行结果

练 习 题 2

1. 单项选择题

(1) 在 C♯ 语言中,下列能够作为变量名的是_____。

　　A. if　　　　　　　　B. 3ab　　　　　　　C. a_3b　　　　　　D. a-bc

(2) C♯ 的数据类型分为_____。

　　A. 值类型和调用类型　　　　　　　　B. 值类型和引用类型

　　C. 引用类型和关系类型　　　　　　　D. 关系类型和调用类型

(3) 在下列选项中,_____是引用类型。

　　A. enum 类型　　　B. struct 类型　　　C. string 类型　　　D. int 类型

(4) 在以下类型中,不属于值类型的是_____。

　　A. 整数类型　　　B. 布尔类型　　　C. 字符类型　　　D. 类类型

(5) _____是将值类型转换成引用类型。

　　A. 装箱　　　　　　B. 拆箱　　　　　　C. 赋值　　　　　　D. 实例化

(6) _____是将引用类型转换成值类型。

　　A. 装箱　　　　　　B. 拆箱　　　　　　C. 赋值　　　　　　D. 实例化

(7) 在 C♯ 中,每个 int 类型的变量占用_____个字节的内存。

　　A. 1　　　　　　　B. 2　　　　　　　C. 4　　　　　　　D. 8

(8) 在 C♯ 中,以下常量定义正确的是_____。

　　A. const double PI 3.1415926;　　　　B. const double e=2.7;

　　C. define double PI 3.1415926;　　　　D. define double e=2.7;

(9) 在 C♯ 中,表示一个字符串的变量应使用以下_____语句定义。

　　A. CString str;　　　　　　　　B. string str;

　　C. Dim str as string;　　　　　D. char * str;

(10) 在 C♯ 中,新建一个字符串变量 str,并将字符串"Tom's Living Room"保存到串中,应该使用_____语句。

　　　A. string str = "Tom\\'s Living Room";

　　　B. string str = "Tom's Living Room";

　　　C. string str("Tom's Living Room");

　　　D. string str("Tom"s Living Room");

(11) 有以下 C♯ 程序:

```
using System;
namespace aaa
{   public struct Person
    {    string name;
        int age;
    }
    class Program
    {   static void Main(string[] args)
        {    string a;
            Person b;
```

```
        //其他处理代码
        }
    }
}
```

以下说法正确的是_____。

    A. a 为引用类型的变量，b 为值类型的变量

    B. a 为值类型的变量，b 为引用类型的变量

    C. a 和 b 都是值类型的变量

    D. a 和 b 都是引用类型的变量

（12）在 C♯ 中可以通过装箱和拆箱实现值类型与引用类型之间的相互转换，在下列代码中，有_____处实现了拆箱。

```
int age = 5;
object o = age;
o = 10;
age = (int)o;
object oAge = age;
```

    A. 0　　　　　　　B. 1　　　　　　　C. 2　　　　　　　D. 3

（13）在 C♯ 中，下列代码运行后，变量 Max 的值是_____。

```
int a = 5,b = 10,c = 15,Max = 0;
Max = a > b?a:b;
Max = c < Max?c:Max;
```

    A. 0　　　　　　　B. 5　　　　　　　C. 10　　　　　　D. 15

（14）以下程序的输出结果是_____。

```
using System;
namespace aaa
{   class Example1
    {   static void Main(string[] args)
        {   int a = 5,b = 4,c = 6,d;
            Console.WriteLine("{0}",d = a > b?(a > c?a:c):b);
        }
    }
}
```

    A. 5　　　　　　　B. 4　　　　　　　C. 6　　　　　　　D. 不确定

（15）以下对枚举类型的声明正确的是_____。

    A. enum a＝{one,two,three};　　　　B. enum b {a1,a2,a3};

    C. num c＝{'1','2','3'};　　　　　　D. enum d {"one","two","three"};

（16）有以下 C♯ 程序：

```
using System;
namespace aaa
{   class Program
    {   static void Main(string[] args)
        {   byte a = 2, b = 5;
            Console.WriteLine("{0}",a ^ b);
        }
```

```
        }
    }
```

该程序的输出结果是_____。

    A. 2　　　　　　　B. 5　　　　　　　C. 7　　　　　　　D. 9

(17) 有以下 C♯ 程序：

```
using System;
namespace aaa
{   class Program
    {   static void Main()
        {   String str;
            str = Console.ReadLine();
            bool a = str.Equals("a");
            Console.WriteLine(a.ToString());
            int b = str.Length;
            Console.WriteLine(b.ToString());
        }
    }
}
```

在程序运行时输入"AAAAA(3 个空格加 5 个 A)"，则程序的输出为_____。

    A. 0 8　　　　　　B. False 8　　　　C. -1 8　　　　　D. False 5

2. 问答题

(1) 简述 C♯ 中有哪些数据类型。

(2) 简述 C♯ 中结构类型和枚举类型的声明方法。

(3) 简述 C♯ 中常用类的静态方法和非静态方法的差异。

3. 编程题

(1) 设计控制台程序 exci2-1，定义变量"int a＝2,b＝3;float x＝3.5f,y＝2.5f;"，并求表达式 $(float)(a+b)/2+(int)x\%(int)y$ 的值。

(2) 设计控制台程序 exci2-2，定义变量"int a＝3,b＝4,c＝5;"，并求表达式 $(++a-1)\&b+c/2$ 的值。

4. 上机实验题

设计控制台程序 experment2，声明一个学生结构类型 Stud，包含学号、姓名和出生日期成员；定义 Stud 结构的两个学生变量 s1 和 s2 并赋值，求它们出生在星期几以及它们出生相差的天数，类似图 2.20。

图 2.20　上机实验题的执行结果

第3章

C# 控制语句

一个 C# 程序是由若干语句组成的,每个语句以分号作为结束符。C# 语句可以很简单,也可以很复杂,其中改变程序正常流程的语句称为控制语句。归纳起来,程序的控制语句有 3 种,即顺序控制语句、选择控制语句和循环控制语句。其中,顺序控制语句是指所有语句按顺序执行,每一条语句只执行一遍,不重复执行,也没有语句不执行,由于它十分简单,这里不做介绍,本章主要讨论选择控制语句和循环控制语句。

本章学习要点:

☑ 掌握 C# 中各种 if 语句和 switch 语句的使用方法。

☑ 掌握 C# 中 while、do…while 和 for 循环语句的使用方法。

☑ 掌握 C# 中 break、continue 语句的使用方法。

☑ 使用 C# 中的各种控制语句设计较复杂的程序。

3.1 选择控制语句

C# 中的选择控制语句有 if 语句、if…else 语句、if…else if 语句和 switch 语句,它们根据指定条件的真假值确定执行哪些简单语句,其中,简单语句既可以是单个语句,也可以是用{}括起来的复合语句。

3.1.1 if 语句

if 语句用于在程序中有条件地执行某一语句序列,其基本语法格式如下:

if (条件表达式) 语句;

其中,"条件表达式"是一个关系表达式或逻辑表达式,当"条件表达式"为 true 时执行后面的"语句"。其执行流程如图 3.1 所示。

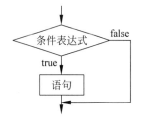

图 3.1 if 语句的执行流程

【例 3.1】 编写一个程序,用 if 语句显示用户所输入数值的绝对值。

解:在"D:\C# 程序\ch3"文件夹中创建控制台应用程序项目 proj3-1,其代码如下。

```
using System;
namespace proj3_1
{   class Program
    {   static void Main(string[] args)
        {   int x;
```

```
          x = int.Parse(Console.ReadLine());
          if (x < 0) x = - x;
          Console.WriteLine("绝对值为{0}",x);
        }
     }
 }
```

注意：与 C/C++语言不同，C# 的条件表达式必须返回 bool 型值，数字在 C# 中没有 bool 意义。另外，不要将 if (x==1)错误地书写为 if (x=1)，也不要将 if (x==1 || x==2)错误地书写为 if (x==1 || 2)，否则会出现编译错误。

3.1.2 if…else 语句

如果希望 if 语句在"条件表达式"为 true 和为 false 时分别执行不同的语句，用 else 引入"条件表达式"为 false 时执行的语句序列，这就是 if…else 语句，它根据不同的条件分别执行不同的语句序列，其语法形式如下：

```
if(条件表达式)
    语句 1;
else
    语句 2;
```

其中的"条件表达式"是一个关系表达式或逻辑表达式，当"条件表达式"为 true 时执行"语句 1"；当"条件表达式"为 false 时执行"语句 2"。其执行流程如图 3.2 所示。

if…else 语句可以嵌套使用。但当多个 if…else 语句嵌套时，else 与哪个 if 匹配呢？为解决语义上的这种二义性，在 C# 中规定，else 总是和最后一个出现的还没有 else 与之匹配的 if 匹配。

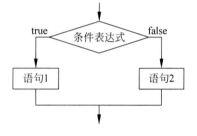

图 3.2 if…else 语句的执行流程

【例 3.2】 用 if…else 语句编写一个程序，显示用户所输入数值的绝对值。

解：在"D:\C#程序\ch3"文件夹中创建控制台应用程序项目 proj3-2，其代码如下。

```
using System;
namespace proj3_2
{   class Program
    {   static void Main(string[] args)
        {   int x;
            x = int.Parse(Console.ReadLine());
            if (x < 0) Console.WriteLine("绝对值为{0}", - x);
            else Console.WriteLine("绝对值为{0}", x);
        }
    }
}
```

在所执行的语句十分简单的情况下，if…else 语句可以用"?:"运算符代替。例如，求 x 的绝对值可以使用以下语句：

```
x = (x<0)? - x:x;
```

【例 3.3】　编写一个程序,判断输入的年份是否为闰年。

解:能被 400 整除的,或不能被 100 整除但能被 4 整除的年份为闰年。在"D:\C♯程序\ch3"文件夹中创建控制台应用程序项目 proj3-3,其代码如下。

```
using System;
namespace proj3_3
{   class Program
    {   static void Main(string[] args)
        {   int year, rem4, rem100, rem400;
            Console.Write("输入年份:");
            year = int.Parse(Console.ReadLine());
            rem400 = year % 400;
            rem100 = year % 100;
            rem4 = year % 4;
            if ((rem400 == 0) || ((rem4 == 0) && (rem100 != 0)))
                Console.WriteLine("{0}是闰年",year);
            else
                Console.WriteLine("{0}不是闰年", year);
        }
    }
}
```

本程序的一次执行结果如图 3.3 所示,表示 2012 年是闰年。

图 3.3　例 3.3 程序的执行结果

3.1.3　if…else if 语句

if…else if 语句用于进行多重判断,其语法形式如下:

```
if (条件表达式 1) 语句 1;
else if (条件表达式 2) 语句 2;
    ⋮
else if (条件表达式 n) 语句 n;
else 语句 n+1;
```

该语句的功能是先计算"条件表达式 1"的值,如果为 true,则执行"语句 1",执行完毕后跳出该 if…else if 语句;如果"条件表达式 1"的值为 false,则继续计算"条件表达式 2"的值。如果"条件表达式 2"的值为 true,则执行"语句 2",执行完毕后跳出该 if…else if 语句;如果"条件表达式 2"的值为 false,则继续计算"条件表达式 3"的值,依此类推。如果所有条件中给出的表达式值都为 false,则执行 else 后面的"语句 n+1"。如果没有 else,则什么也不做,转到该 if…else if 语句后面的语句继续执行。其执行流程如图 3.4 所示。

【例 3.4】　编写一个程序,将用户输入的分数转换成等级 A($\geqslant$90)、B(80~89)、C(70~79)、D(60~69)、E(<60)。

解:在"D:\C♯程序\ch3"文件夹中创建控制台应用程序项目 proj3-4,其代码如下。

```
using System;
namespace proj3_4
{   class Program
    {   static void Main(string[] args)
        {   float x;
            Console.Write("分数:");
            x = float.Parse(Console.ReadLine());
```

```
        if (x>= 90) Console.WriteLine("等级为 A");
        else if (x>= 80) Console.WriteLine("等级为 B");
        else if (x>= 70) Console.WriteLine("等级为 C");
        else if (x>= 60) Console.WriteLine("等级为 D");
        else Console.WriteLine("等级为 E");
        }
    }
}
```

本程序的一次执行结果如图 3.5 所示，表示 82 分的等级为 B。

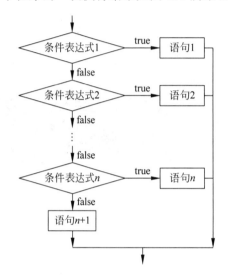

图 3.4　if…else if 语句的执行流程　　　　　图 3.5　例 3.4 程序的执行结果

3.1.4　switch 语句

switch 语句也称为开关语句，用于有多重选择的场合，测试某一个变量具有多个值时所执行的动作。switch 语句的语法形式如下：

```
switch (表达式)
{   case 常量表达式 1:语句 1;
    case 常量表达式 2:语句 2;
     ⋮
    case 常量表达式 n:语句 n;
    default:语句 n+1;
}
```

switch 语句将控制传递给与"表达式"值匹配的 case 块。switch 语句可以包括任意数目的 case 块，但是任何两个 case 块都不能具有相同的"常量表达式"值。语句体从选定的语句开始执行，直到 break 语句将控制传递到 case 块以外。在每一个 case 块（包括 default 块）的后面都必须有一个跳转语句（如 break 语句），因为 C# 不支持从一个 case 块显式地贯穿到另一个 case 块。但有一个例外，当 case 语句中没有代码时可以不包含 break 语句，这种情况通常用于一次判断多个条件，如果满足这些条件中的任何一个，就会执行后面的代码。

如果没有任何 case 表达式与开关值匹配，则将控制传递给跟在可选 default 标签后的语句。如果没有 default 标签，则将控制传递到 switch 语句以外。

switch 语句的执行流程如图 3.6 所示。

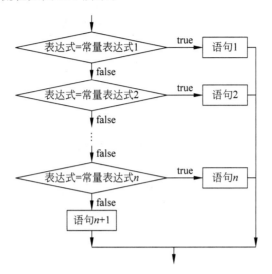

图 3.6　带 break 语句的 switch 控制流程

注意：在 C/C++ 中 switch 执行完一个 case 语句后，可以继续执行下一个 case 语句，而 C# 中的 switch 不能这样。

【**例 3.5**】　编写一个程序，要求输入课程后显示相应的学分：数学（代号为 m，8 学分）、物理（代号为 p，5 学分）、化学（代号为 c，5 学分）、语文（代号为 w，8 学分）、英语（代号为 e，6 学分）。

解：在"D:\C# 程序\ch3"文件夹中创建控制台应用程序项目 proj3-5，其代码如下。

```
using System;
namespace proj3_5
{   class Program
    {   static void Main(string[] args)
        {   char ch;
            Console.Write("课程代号:");
            ch = (char)Console.Read();
            switch (ch)
            {
            case 'm':case 'M':case 'w':case 'W':
                Console.WriteLine("8 学分");
                break;
            case 'p':case 'P':case 'c':case 'C':
                Console.WriteLine("5 学分");
                break;
            case 'e':case 'E':
                Console.WriteLine("6 学分");
                break;
            default:
                Console.WriteLine("输入的课程代号不正确");
                break;
            }
        }
    }
}
```

本程序的一次执行结果如图 3.7 所示，表示代号为 e 的课程的学分为 6。

图 3.7   例 3.5 程序的执行结果

3.2   循环控制语句

循环控制语句提供重复处理的能力,当某一指定条件为 true 时,循环体内的语句重复执行,并且每循环一次就会测试一下循环条件,如果为 false,则结束循环,否则继续循环。C# 支持 3 种格式的循环控制语句,即 while、do-while 和 for 语句。三者可以完成类似的功能,不同的是它们控制循环的方式。

3.2.1   while 语句

while 语句的一般语法格式如下:

while(条件表达式)语句;

当"条件表达式"的运算结果为 true 时,重复执行"语句"。每执行一次"语句",就会重新计算一次"条件表达式",当该表达式的值为 false 时,while 循环结束。其执行流程如图 3.8 所示。

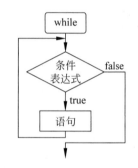

图 3.8   while 语句的执行流程

【例 3.6】   编写一个程序,将用户输入的整数反向显示出来。

解:对于用户输入的正整数 num,采用辗转相除法(while 语句实现)求出所有位对应的数字并输出。在"D:\C# 程序\ch3"文件夹中创建控制台应用程序项目 proj3-6,其代码如下。

```
using System;
namespace proj3_6
{   class Program
    {   static void Main(string[] args)
        {   int digit,num;
            Console.Write( "输入一个整数:");
            num = int.Parse(Console.ReadLine());
            Console.Write( "反向显示结果:");
            while (num!= 0)
            {   digit = num % 10;            //依次求个位、十位、…上的数字 digit
                num = num / 10;
                Console.Write(digit);
            }
            Console.WriteLine();
        }
    }
}
```

本程序的一次执行结果如图 3.9 所示。

图 3.9　例 3.6 程序的执行结果

3.2.2　do…while 语句

do…while 语句的一般语法格式如下：

```
do
    语句;
while (条件表达式);
```

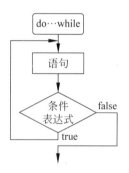

图 3.10　do…while 语句
的执行流程

do…while 语句每一次循环执行一次"语句"，就计算一次"条件表达式"是否为 true，如果是，则继续执行循环，否则结束循环。与 while 语句不同的是，do…while 循环中的"语句"至少会执行一次，而 while 语句如果条件第一次就不满足，语句一次也不会执行。其执行流程如图 3.10 所示。

【**例 3.7**】　采用 do…while 语句重新编写例 3.6 的程序。

解：采用 do…while 语句实现辗转相除法求各位上的数字。
在"D:\C♯程序\ch3"文件夹中创建控制台应用程序项目 proj3-7，其代码如下。

```
using System;
namespace proj3_7
{   class Program
    {   static void Main(string[] args)
        {   int digit,num;
            Console.Write("输入一个整数:");
            num = int.Parse(Console.ReadLine());
            Console.Write("反向显示结果:");
            do
            {   digit = num % 10;
                num = num/10;
                Console.Write(digit);
            } while (num!= 0);
            Console.WriteLine();
        }
    }
}
```

3.2.3　for 语句

for 语句通常用于预先知道循环次数的情况，其一般语法格式如下：

for (表达式 1;表达式 2;表达式 3) 语句;

其中，"表达式 1"可以是一个初始化语句，一般用于对一组变量进行初始化或赋值。"表达式 2”用于循环的条件控制，它是一个条件或逻辑表达式，当其值为 true 时，继续下一次循环，当其值为 false 时，则终止循环。“表达式 3”在每次循环执行完后执行，一般用于改变控制循环的变量。“语句”在“表达式 2”为 true 时执行。具体来说，for 循环的执行过程如下：

① 执行“表达式 1”。

② 计算“表达式 2”的值。

③ 如果“表达式 2”的值为 true，先执行后面的“语句”，再执行“表达式 3”，然后转向步骤(1)；如果“表达式 2”的值为 false，则结束整个 for 循环。

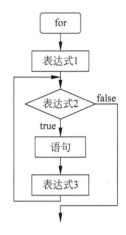

for 语句的执行流程如图 3.11 所示。

for
表达式1
表达式2
false
true
语句
表达式3

图 3.11 for 语句的执行流程

另外，C＃还提供了与 for 语句功能类似的 foreach 循环语句，用来循环处理一个集合中的元素，这将在后面介绍。

注意，在 for 语句内定义的变量，其作用域仅限于该 for 语句。例如：

```
for (int i = 0;i<10;i++)                    //i 的作用域仅限于第一个 for 语句
    语句;
//前面的变量 i 已超出作用域
for (int i = 0;i<10;i++)                    //需要定义一个新的变量 i
    语句;
```

【例 3.8】 编写一个程序，输出如图 3.12 所示的九九乘法表。

解： 在“D:\C＃程序\ch3”文件夹中创建控制台应用程序项目 proj3-8，其代码如下。

```
using System;
namespace proj3_8
{   class Program
    {   static void Main(string[] args)
        {   int i,j;
            for (i = 1; i <= 9; i++)
            {   for (j = 1; j <= i; j++)
                    Console.Write("{0}×{1} = {2} ", i, j, i * j);
                Console.WriteLine();
            }
        }
    }
}
```

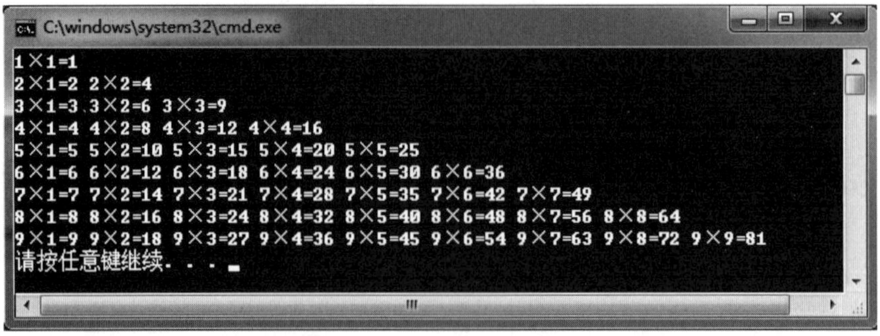

C:\windows\system32\cmd.exe
1×1=1
2×1=2 2×2=4
3×1=3 3×2=6 3×3=9
4×1=4 4×2=8 4×3=12 4×4=16
5×1=5 5×2=10 5×3=15 5×4=20 5×5=25
6×1=6 6×2=12 6×3=18 6×4=24 6×5=30 6×6=36
7×1=7 7×2=14 7×3=21 7×4=28 7×5=35 7×6=42 7×7=49
8×1=8 8×2=16 8×3=24 8×4=32 8×5=40 8×6=48 8×7=56 8×8=64
9×1=9 9×2=18 9×3=27 9×4=36 9×5=45 9×6=54 9×7=63 9×8=72 9×9=81
请按任意键继续. . .

图 3.12 九九乘法表

3.3　跳 转 语 句

除了顺序执行和选择、循环控制外,有时需要中断一段程序的执行,跳转到其他地方继续执行,这时需要用到跳转语句。跳转语句包括 break、continue 和 goto 语句。

3.3.1　break 语句

break 语句使程序从当前的循环语句(do、while 和 for)内跳转出来,接着执行循环语句后面的语句。

【例 3.9】　编写一个程序,判断从键盘输入的大于 3 的正整数是否为素数。

解:采用 for 循环语句,当 n 能被 $3\sim\sqrt{n}$ 中的任何整数整除时,用 break 语句退出循环,表示 n 不是素数,否则 n 为素数。在“D:\C♯程序\ch3”文件夹中创建控制台应用程序项目 proj3-9,其代码如下。

```
using System;
namespace proj3_9
{   class Program
    {   static void Main(string[ ] args)
        {   int n, i;
            bool prime = true;
            Console.Write("输入一个大于 3 的正整数:");
            n = int.Parse(Console.ReadLine());
            for (i = 3; i <= Math.Sqrt(n); i++)
                if (n % i == 0)
                {   prime = false;
                    break;
                }
            if (prime) Console.WriteLine("{0}是素数", n);
            else Console.WriteLine("{0}不是素数", n);
        }
    }
}
```

在前面介绍的 switch 语句中也用到了 break 语句,它表示终止当前 switch 语句的执行,接着运行 switch 语句后面的语句。

3.3.2　continue 语句

continue 语句也用于循环语句,它类似于 break,但它不是结束循环,而是结束循环语句的当前循环,接着执行下一次循环。在 while 和 do…while 循环结构中,执行控制权转至对“条件表达式”的判断,在 for 结构中,转去执行“表达式 2”。

【例 3.10】　编写一个程序,对用户输入的所有正数求和,如果输入的是负数,则忽略该数。程序每读入一个数,判断它的正负,如果为负,则利用 continue 语句结束当前循环,继续下一次循环,否则将该数加到总数上。

解:使用 while 循环语句,当输入的数 n 为 0 时退出循环,当 n 小于 0 时使用 continue 语句重新开始下一轮循环,当大于 0 时将其累计加到 sum 中。在“D:\C♯程序\ch3”文件夹中创建控制台应用程序项目 proj3-10,其代码如下。

```
using System;
namespace proj3_10
{   class Program
    {   static void Main(string[] args)
        {   int sum = 0, n = 1;
            while (n!= 0)                    //循环
            {   Console.Write("输入一个整数(以 0 表示结束):");
                n = int.Parse(Console.ReadLine());
                if (n < 0) continue;         //开始下一次循环
                sum += n;
            }
            Console.WriteLine("所有正数之和 = {0}", sum);
        }
    }
}
```

3.3.3 goto 语句

使用 goto 语句也可以跳出循环和 switch 语句。goto 语句用于无条件转移程序的执行控制,它总是和一个标号相匹配,其形式如下:

goto 标号;

"标号"是一个用户自定义的标识符,它可以处于 goto 语句的前面,也可以处于其后面,但是标号必须和 goto 语句处于同一个函数中。在定义标号时,由一个标识符后面跟一个冒号组成。

【例 3.11】 编写一个程序,求满足条件 $1^2 + 2^2 + \cdots + n^2 \leqslant 1000$ 的最大的 n。

解: 在"D:\C♯程序\ch3"文件夹中创建控制台应用程序项目 proj3-11,其代码如下。

```
using System;
namespace proj3_11
{   class Program
    {   static void Main(string[] args)
        {   int sum = 0, n = 0;
            while (true)
            {   sum += n * n;
                if (sum > 1000) goto end;
                n++;
            }
            end:Console.WriteLine( "最大的 n 为:{0}", n - 1);
        }
    }
}
```

本程序的执行结果如图 3.13 所示,表示求出的最大的 n 为 13。

图 3.13 例 3.11 程序的执行结果

注意：由于 goto 语句会严重破坏程序的结构，完全可以将使用 goto 语句的程序修改为更加合理的结构，所以一般不推荐使用该语句。

【例 3.12】　不使用 goto 语句重新编写例 3.11 的程序。

解：在"D:\C# 程序\ch3"文件夹中创建控制台应用程序项目 proj3-12，其代码如下。

```
using System;
namespace proj3_12
{   class Program
    {   static void Main(string[ ] args)
        {   int sum = 0,n = 0;
            do
            {   sum += n * n;
                if (sum > 1000) break;
                n++ ;
            } while (sum < 1000);
            Console.WriteLine("最大的 n 为:{0}",n - 1);
        }
    }
}
```

练 习 题 3

1. 单项选择题

（1）if 语句后面的表达式应该是_____。

　　A. 字符串表达式　　　B. 条件表达式　　　C. 算术表达式　　　D. 任意表达式

（2）有以下 C# 程序：

```
using System;
namespace aaa
{   class Program
    {   static void Main()
        {   int x = 2, y = -1, z = 2;
            if (x < y)
                if (y < 0) z = 0;
                else z += 1;
            Console.WriteLine("{0}",z);
        }
    }
}
```

该程序的输出结果是_____。

　　A. 3　　　　　　　　B. 2　　　　　　　　C. 1　　　　　　　　D. 0

（3）有以下 C# 程序，在执行时从键盘输入 9，则输出结果是_____。

```
using System;
namespace aaa
{   class Program
    {   static void Main()
        {   int n;
            n = int.Parse(Console.ReadLine());
            if (n++< 10)
```

```
            Console.WriteLine("{0}", n);
        else
            Console.WriteLine("{0}",n-- );
    }
    }
}
```

　　A. 11　　　　　　　　B. 10　　　　　C. 9　　　　　D. 8

（4）有以下 C♯ 程序：

```
using System;
namespace aaa
{   class Example1
    {   static void Main(string[ ] args)
        {   int x = 1,a = 0,b = 0;
            switch(x)
            {   case 0:b++;break;
                case 1:a++;break;
                case 2:a++;b++;break;
            }
            Console.WriteLine("a = {0},b = {1}",a,b);
        }
    }
}
```

该程序的输出结果是_____。

　　A. a＝2,b＝1　　　B. a＝1,b＝1　　　C. a＝1,b＝0　　　D. a＝2,b＝2

（5）有以下 C♯ 程序：

```
using System;
namespace aaa
{   class Program
    {   static void Main()
        {   int a = 15, b = 21, m = 0;
            switch (a % 3)
            {
            case 0: m++; break;
            case 1: m++;
                    switch (b % 2)
                    {
                    case 0: m++; break;
                    default: m++; break;
                    }
                    break;
            }
            Console.WriteLine("{0}",m);
        }
    }
}
```

该程序的输出结果是_____。

　　A. 1　　　　　　　　B. 2　　　　　　C. 3　　　　　D. 4

（6）以下叙述正确的是_____。

　　A. do…while 语句构成的循环不能用其他语句构成的循环来代替

B. do…while 语句构成的循环只能用 break 语句退出

C. 用 do…while 语句构成的循环,在 while 后的表达式为 true 时结束循环

D. 用 do…while 语句构成的循环,在 while 后的表达式应为关系表达式或逻辑表达式

(7) 以下关于 for 循环的说法不正确的是_____。

A. for 循环只能用于循环次数已经确定的情况

B. for 循环是先判定表达式,后执行循环体语句

C. 在 for 循环中可以用 break 语句跳出循环体

D. 在 for 循环体语句中可以包含多条语句,但要用花括号括起来

(8) 有以下 C♯程序:

```
using System;
namespace aaa
{   class Program
    {   static void Main()
        {   int i,j,s = 0;
            for(i = 2;i < 6;i++,i++)
            {   s = 1;
                for(j = i;j < 6;j++)
                    s += j;
            }
            Console.WriteLine("{0}",s);
        }
    }
}
```

该程序的输出结果是_____。

  A. 9   B. 1   C. 11   D. 10

(9) 有以下 C♯程序:

```
using System;
namespace aaa
{   class Program
    {   static void Main()
        {   int i = 0, s = 0;
            do
            {   if(i % 2 == 1)
                {   i++;
                    continue;
                }
                i++;
                s += i;
            } while(i < 7);
            Console.WriteLine("{0}",s);
        }
    }
}
```

该程序的输出结果是_____。

  A. 16   B. 12   C. 28   D. 21

(10) 有以下 C♯程序：

```csharp
using System;
namespace aaa
{   class Program
    {   static void Main()
        {   int i = 0, a = 0;
            while(i < 20)
            {   for (; ; )
                {   if (i % 10 == 0) break;
                    else i-- ;
                }
                i += 11;
                a += i;
            }
            Console.WriteLine("{0}", a);
        }
    }
}
```

该程序的输出结果是_____。

  A. 21   B. 32   C. 33   D. 11

2. 问答题

(1) 简述 C♯中的 3 种控制结构语句。

(2) 简述 C♯中 do…while 和 while 两种循环语句的不同之处。

(3) 简述 C♯中 continue 语句的作用。

(4) 简述 C♯中 break 语句的作用。

3. 编程题

(1) 设计控制台应用程序项目 exci3-1,读入一组整数(以输入 0 结束),分别输出其中奇数和偶数的和。

(2) 设计控制台应用程序项目 exci3-2,输入正整数 n,计算 $s=1+(1+2)+(1+2+3)+\cdots+(1+2+3+\cdots+n)$。

图 3.14 $n=10$ 时的杨辉三角形

(3) 设计控制台应用程序项目 exci3-3,输出如图 3.14 所示的 n 阶杨辉三角形(这里 $n=10$),其中 n 由用户输入,该值不能大于 13。

(4) 设计控制台应用程序项目 exci3-4,利用下列公式编程计算 π 的值。

$$\frac{\pi}{4} = 1 - \frac{1}{3} + \frac{1}{5} - \frac{1}{7} + \cdots + \frac{1}{4n-3} - \frac{1}{4n-1} \quad (n = 2000)$$

4. 上机实验题

编写控制台应用程序项目 experment3,输出所有这样的三位数：这个三位数本身恰好等于其每个数字的立方和(例如 $153=1^3+5^3+3^3$)。

第 4 章

数组和集合

数组是 C♯ 的引用类型,它是一组在逻辑上相互关联的值,这些值通过一个名称(即数组名)来存取,数组中的值称为数组的元素,所有这些值存放在内存中的一段连续的空间中。为了区分不同的值,添加一些"索引"或"下标"。集合也是由相同类型的数据元素组成的,但和数组不同,集合中的元素可以动态地增加和减少,也就是说,集合的容量会根据需要自动扩展。使用数组和集合可以简化程序设计,提高编程效率。

本章学习要点:

☑ 掌握 C♯ 中数组的声明和使用方法。

☑ 掌握 C♯ 中交错数组的声明和使用方法。

☑ 掌握 C♯ 中集合的声明和使用方法。

☑ 灵活使用各种类型的数组和集合解决较复杂的应用问题。

4.1 一 维 数 组

数组分为一维数组、二维数组和三维及以上的数组,通常把二维数组称为矩阵,把三维及以上的数组称为多维数组。

4.1.1 一维数组的定义

定义一维数组的语法格式如下:

数组类型[]　数组名;

其中,"数据类型"为 C♯ 中合法的数据类型,"数组名"为 C♯ 中合法的标识符。

例如,以下定义了 3 个一维数组,即整型数组 a、双精度数组 b 和字符串数组 c。

```
int[] a;
double[] b;
string[] c;
```

在定义数组后,必须对其进行初始化才能使用。初始化数组有两种方法,即动态初始化和静态初始化。

4.1.2 一维数组的动态初始化

动态初始化需要借助 new 运算符为数组元素分配内存空间,并为数组元素赋初值,数值类型初始化为 0,布尔类型初始化为 false,字符串类型初始化为 null。

动态初始化数组的格式如下:

数组类型[]　数组名 = new 数据类型[n]{元素值$_0$,元素值$_1$,…,元素值$_{n-1}$};

其中，"数组类型"是数组中数据元素的数据类型，n 为"数组长度"，可以是整型常量或变量，后面一层花括号里为初始值部分。

1. 不给定初始值的情况

如果不给出初始值部分，各元素取默认值。例如：

```
int[] a = new int[10];
```

该数组在内存中的存储方式如图 4.1 所示，各数组元素均取默认值 0。

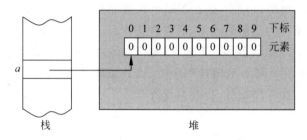

图 4.1　数组 a 在内存中的存储方式

在这种情况下，"数组长度"可以是已初始化的变量。例如：

```
int n = 5;                          //定义变量 n
int[] myarr = new int[n];           //指定数组 myarr 的长度为 n
```

2. 给定初始值的情况

如果给出初始值部分，各元素取相应的初值，而且给出的初值个数与"数组长度"相等。此时可以省略"数组长度"，因为后面的花括号中已列出了数组中的全部元素。例如：

```
int[] b = new int[10]{1,2,3,4,5,6,7,8,9,10};
```

或

```
int[] b = new int[]{1,2,3,4,5,6,7,8,9,10};
```

该数组在内存中的存储方式如图 4.2 所示。

下标	0	1	2	3	4	5	6	7	8	9
b的元素	1	2	3	4	5	6	7	8	9	10

图 4.2　数组 b 在内存中的存储方式

在这种情况下不允许"数组长度"为变量，即使变量先赋值也不行。例如：

```
int n = 5;                              //定义变量 n
int[] myarr = new int[n] {1,2,3,4,5};   //错误，在 n 处应输入常量值
```

如果给出"数组长度"，则初始值的个数应与"数组长度"相等，否则出错。例如：

```
int[] mya = new int[2] {1,2};           //正确
int[] mya = new int[2] {1,2,3};         //错误
int[] mya = new int[2] {1};             //错误
```

4.1.3　一维数组的静态初始化

在静态初始化数组时，必须与数组定义结合在一起，否则会出错。静态初始化数组的格式如下：

数据类型[]　数组名 = {元素值$_0$, 元素值$_1$, …, 元素值$_{n-1}$};

用这种方法对数组进行初始化时，无须说明数组元素的个数，只需按顺序列出数组中的全部元素即可，系统会自动计算并分配数组所需的内存空间。

例如，以下是对整型数组 c 的静态初始化：

int[] c = {1,2,3,4,5};

在这种情况下，不能将数组定义和静态初始化分开。例如，以下代码是错误的。

```
int[] c;                          //将数组定义和静态初始化分开是错误的
c = {1,2,3,4,5};                  //错误的数组静态初始化
```

4.1.4　访问一维数组中的元素

为了访问一维数组中的某个元素，需指定数组名称和数组中该元素的下标（或索引）。所有元素的下标从 0 开始，直到数组长度减 1 为止。例如，以下语句输出数组 d 的所有元素值：

```
int[] d = {1,2,3,4,5};
for (int i = 0;i < 5;i++)
    Console.Write("{0} ",d[i]);
Console.WriteLine();
```

C#还提供了 foreach 语句，该语句提供一种简单、明了的方式来循环访问数组的元素。其使用格式有如下两种：

```
foreach(类型 迭代变量 in 数组或集合)     //显式迭代变量格式
    语句;
foreach(var 迭代变量 in 数组或集合)     //隐式迭代变量格式
    语句;
```

foreach 语句的说明如下：

- 迭代变量是临时的，并且与数组或集合中元素的类型相同。foreach 语句使用迭代变量来相继表示数组或集合中的每一个元素。
- 迭代变量是只读的，所以变量改变它的值。
- 在使用 var 的隐式迭代变量格式时，由编译器根据数组或集合元素的类型来确定其类型。
- foreach 语句从数组或集合的第一个元素开始并把值赋给迭代变量，然后执行语句，在执行语句中，迭代变量作为数组或集合元素的只读别名。在执行一次语句后，foreach 语句选择下一个元素并重复处理。

例如，以下代码定义一个名称为 e 的数组，并用 foreach 语句循环访问该数组。

```
int[] e = {1,2,3,4,5,6};
foreach (int i in e)                    //也可以使用 foreach (vari in e)
    System.Console.Write("{0} ",i);
```

```
Console.WriteLine();
```

其输出为：1 2 3 4 5 6。

而以下代码是错误的：

```
int[] e = { 1, 2, 3, 4, 5, 6 };
foreach (var i in e)
    e++;                              //改变迭代变量出错
```

4.1.5 一组数组的越界

若有如下语句定义并初始化数组 f：

```
int[] f = new int[10]{1,2,3,4,5,6,7,8,7,9,10};
```

数组 f 的合法下标为 $0\sim9$，如果程序中使用 $f[10]$ 或 $f[50]$，则超过了数组规定的下标，因此越界了，此时 C# 系统会提示以下出错信息。

未处理的异常：Syatem.IndexOutOfRangeException：索引超出了数组界限。

下面通过一个示例介绍 C# 中一维数组的应用。

【例 4.1】 设计一个控制台应用程序，采用二分查找方法在给定的有序数组 a 中查找用户输入的值，并提示相应的查找结果。

解：在"D:\C# 程序\ch4"文件夹中创建控制台应用程序项目 proj4-1，其代码如下。

```
using System;
namespace proj4_1
{   class Program
    {   static void Main(string[] args)
        {   double [] a = new double[10]{0,1.2,2.5,3.1,4.6,5.0,6.7,7.6,8.2,9.8};
            double k;
            int low = 0,high = 9,mid;
            Console.Write("k:");
            k = double.Parse(Console.ReadLine());
            while (low <= high)
            {   mid = (low + high)/2;
                if (a[mid] == k)
                {   Console.WriteLine("a[{0}] = {1}", mid, k);
                    return;              //返回
                }
                else if (a[mid] > k)
                    high = mid − 1;
                else
                    low = mid + 1;
            }
            Console.WriteLine("未找到{0}",k);
        }
    }
}
```

按 Ctrl＋F5 组合键执行本程序，其结果如图 4.3 所示。

图 4.3 例 4.1 程序的运行结果

4.2 二 维 数 组

二维数组可以看成是数组的数组,它们的每一个元素又是一个维数组,因此需要两个下标才能标识某个元素的位置,二维数组经常用来按行和按列存放信息。这种思想可以推广至二维以上的多维数组,本节主要介绍二维数组。

4.2.1 二维数组的定义

定义二维数组的语法格式如下:

数组类型[,] 数组名;

其中,"数据类型"为 C♯ 中合法的数据类型,"数组名"为 C♯ 中合法的标识符。

例如,以下语句定义了 3 个二维数组,即整型数组 x、双精度数组 y 和字符串数组 z。

```
int[,] x;
double[,] y;
string[,] z;
```

对于多维数组,可以做类似的推广。例如,以下语句定义了一个三维数组 p。

```
int[,,] p;
```

4.2.2 二维数组的动态初始化

动态初始化二维数组的格式如下:

数据类型[,] 数组名 = new 数据类型[m][n]{{元素值$_{0,0}$,元素值$_{0,1}$,…,元素值$_{0,n-1}$},
{元素值$_{1,0}$,元素值$_{1,1}$,…,元素值$_{1,n-1}$},
$\vdots$
{元素值$_{m-1,0}$,元素值$_{m-1,1}$,…,元素值$_{m-1,n-1}$}};

其中,"数组类型"是数组中数据元素的数据类型;m、n 分别为行数和列数,即各维的长度,可以是整型常量或变量;后面两层花括号中为初始值部分。

1. 不给定初始值的情况

如果不给出初始值部分,各元素取默认值。例如:

```
int[,] a = new int[2,3];
```

该数组中各数组元素均取默认值 0。

2. 给定初始值的情况

如果给出初始值部分,各元素取相应的初值,而且给出的初值个数与对应的"数组长度"相等,此时可以省略"数组长度",因为后面的花括号中已列出了数组中的全部元素。例如:

```
int[,] a = new int[2,3]{{1,2,3},{4,5,6}};
```

或

```
int[,] a = new int[,]{{1,2,3},{4,5,6}};
```

4.2.3　二维数组的静态初始化

静态初始化数组时，必须与数组定义结合在一起，否则会出错。静态初始化数组的格式如下：

数据类型[,]　数组名 = {{元素值$_{0,0}$,元素值$_{0,1}$,…,元素值$_{0,n-1}$},
　　　　　　　　　　　{元素值$_{1,0}$,元素值$_{1,1}$,…,元素值$_{1,n-1}$},
　　　　　　　　　　　　　　　　　⋮
　　　　　　　　　　　{元素值$_{m-1,0}$,元素值$_{m-1,1}$,…,元素值$_{m-1,n-1}$}};

例如，以下语句对整型数组 b 静态初始化。

```
int[ , ] b = {{1,2,3},{4,5,6}};
```

4.2.4　访问二维数组中的元素

为了访问二维数组中的某个元素，需指定数组名称和数组中该元素的行下标和列下标。例如，以下语句输出数组 b 的所有元素值。

```
for (i = 0;i < 2;i++)
    for (j = 0;j < 3;j++
        Console.Write("{0} ",b[i,j]);
Console.WriteLine();
```

对于多维数组，也可以使用 foreach 语句来循环访问每一个元素，例如：

```
int[ , ] c = new int[3, 2]{{1,2},{3,4},{5,6}};
foreach (int i in c)
    Console.Write("{0} ", i);
Console.WriteLine();
```

其输出为：1 2 3 4 5 6。然而，对于多维数组，使用嵌套的多重 for 循环可以更好地控制数组元素。

下面通过一个示例介绍 C# 中二维数组的应用。

【例 4.2】　设计一个控制台应用程序，输出如图 4.4 所示的 9 行杨辉三角形。

图 4.4　9 行杨辉三角形

解：用二维数组 a（两维长度均设为 10，为了简单，二维数组 a 中行下标为 0 的行不用）存放杨辉三角形元素，初始时，1 列（列下标为 1 的列）和对角线元素均为 1，然后使用两重 for 循环求解，数组元素的关系如下。

$$a[i,j] = a[i-1,j-1] + a[i-1,j]$$

在"D:\C♯程序\ch4"文件夹中创建控制台应用程序项目 proj4-2,其代码如下。

```
using System;
namespace proj4_2
{   class Program
    {   const int N = 10;
        static void Main(string[] args)
        {   int i,j;
            int[,] a = new int[N,N];
            for (i = 1;i < N;i++)                    //1 列和对角线元素均为1
            {   a[i,i] = 1;a[i,1] = 1;}
            for (i = 3;i < N;i++)                    //求第 3~N 行的元素值
                for (j = 2;j <= i - 1;j++)
                    a[i,j] = a[i-1,j-1] + a[i-1,j];
            for (i = 1;i < N;i++)                    //输出数字
            {   for (j = 1;j <= i;j++)
                    Console.Write("{0, - 2} ",a[i,j]);
                Console.WriteLine();
            }
        }
    }
}
```

4.3　交　错　数　组

交错数组是元素为数组的数组,它与多维数组类似,所不同的是,交错数组元素的维度和大小可以不同,而多维数组的均相同。

4.3.1　交错数组的定义和初始化

交错数组的特点如下:
- 每一个子数组都是独立的多维数组。
- 可以有不同长度的子数组。
- 为数组的每一维使用一对中括号。

以下语句定义了一个由 3 个元素组成的交错数组 a,其中每个元素都是一个一维整数数组:

```
int[][] a = new int[3][];                    //实例化时第二维定义为[]
```

必须在初始化 a 的元素后才可以使用它,可以如下初始化该元素:

```
a[0] = new int[5];                           //定义 5 个元素
a[1] = new int[4];                           //定义 4 个元素
a[2] = new int[2];                           //定义两个元素
```

交错数组 a 的每个元素都是一个一维整数数组。第 1 个元素是由 5 个整数组成的数组,第 2 个是由 4 个整数组成的数组,而第 3 个是由两个整数组成的数组。它在内存中的存储方式如图 4.5 所示。

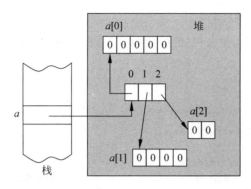

图 4.5　交错数组 a 在内存中的存储方式

也可以使用初始值设定项用值填充数组元素，在这种情况下不需要数组大小。例如：

```
a[0] = new int[]{1,3,5,7,9};
a[1] = new int[]{0,2,4,6};
a[2] = new int[]{11,22};
```

还可以在声明数组 b 时将其初始化，例如：

```
int[][] b = new int[][]{new int[]{1,3,5,7,9},new int[]{0,2,4,6},new int[]{11,22}};
```

还可以使用下面的速记格式。注意不能从元素初始化中省略 new 运算符，因为不存在元素的默认初始化。

```
int[][] c = {new int[] {1,3,5,7,9},new int[]{0,2,4,6},new int[]{11,22}};
```

注意，不能在交错数组的初始化中指定除顶层数组之外的数组大小。例如，以下语句是错误的：

```
int [][] b = new int[3][4];                    //第 2 个中括号指定 4 是错误的
```

应该改为：

```
int [][] b = new int[3][];
```

4.3.2　访问交错数组中的元素

交错数组元素的访问方式与多维数组类似，通常使用 Length 方法返回包含在交错数组中的数组的数目。例如，以下程序定义一个交错数组 d 并初始化，最后输出所有元素的值。

```
int[][] d = new int[3][];
d[0] = new int[] {1,2,3,4,5,6};
d[1] = new int[] {7,8,9,10};
d[2] = new int[] {11,12};
for (int i = 0; i < d.Length; i++)
{   Console.Write("d({0}): ", i);
    for (int j = 0; j < d[i].Length; j++)
        Console.Write("{0} ", d[i][j]);
    Console.WriteLine();
}
```

程序的执行结果如下:

```
d(0): 1 2 3 4 5 6
d(1): 7 8 9 10
d(2): 11 12
```

4.4　Array 类

Array 类是所有数组类型的抽象基类,它提供了创建、操作、搜索和排序数组的方法。在 C# 中,数组实际上是对象,而不是像 C/C++ 中那样的可寻址连续内存区域,可以使用 Array 具有的属性以及其类成员。

说明:由于 Array 类是抽象类,不能创建它的对象,例如"Array arr＝new Array();"语句是错误的,但它提供了一些静态方法,通过类名来调用这些静态方法,例如 Array.Sort(a)是对数组 *a* 进行排序。

4.4.1　Array 类的属性和方法

Array 类的常用属性如表 4.1 所示,其常用方法如表 4.2 所示。

表 4.1　Array 类的常用属性及其说明

属　　性	说　　明
Length	获得一个 32 位整数,该整数表示 Array 的所有维数中元素的总数
LongLength	获得一个 64 位整数,该整数表示 Array 的所有维数中元素的总数
Rank	获取 Array 的秩(维数)

表 4.2　Array 类的常用方法及其说明

方法	方法类别	说　　明
Copy	静态方法	将一个 Array 的一部分元素复制到另一个 Array 中,并根据需要执行类型强制转换和装箱
IndexOf		返回一维 Array 或部分 Array 中某个值的第一个匹配项的索引
Resize		将数组的大小更改为指定的新大小
Reverse		反转一维 Array 或部分 Array 中元素的顺序
Sort		对一维 Array 对象中的元素进行排序
Find		搜索与指定谓词定义的条件匹配的元素,然后返回整个 Array 中的第一个匹配项
CopyTo	非静态方法	将当前一维 Array 的所有元素复制到指定的一维 Array 中
GetLength		获取一个 32 位整数,该整数表示 Array 的指定维中的元素数
GetLongLength		获取一个 64 位整数,该整数表示 Array 的指定维中的元素数
GetLowerBound		获取 Array 中指定维度的下限
GetUpperBound		获取 Array 的指定维度的上限
GetValue		获取当前 Array 中指定元素的值
SetValue		将当前 Array 中的指定元素设置为指定值

4.4.2　Array 类中方法的使用

由于 Array 类是数组的抽象基类,抽象基类不能定义其对象,所以 Array 类不能像 String

类那样定义它的对象。实际上可以对定义的任何数组使用 Array 类的方法和属性，也就是说，采用前面所述方式定义的数组均可看成是 Array 对象。

Array 类的常用方法的使用格式如下。

- Array. BinarySearch(Array, item)：在整个一维排序数组 Array 中搜索特定元素 item。
- Array. Copy (Array1, Array2, n)：从第一个元素开始复制 Array1 中的一系列元素，将它们粘贴到 Array2 中（从第一个元素开始），共复制 n 个元素。
- Array. Find(Array, match)：搜索与指定条件 match 相匹配的元素，然后返回整个 Array 中的第一个匹配项。
- 数组. GetLowerBound(dimension)：返回指定维的下界，dimension 为数组的从零开始的维度。
- 数组. GetUpperBound(dimension)：返回指定维的上界，dimension 为数组的从零开始的维度。
- 数组. GetValue(index)：获取一维数组中指定位置 index 的值。
- 数组. SetValue (data, index)：将某值 data 设置给一维数组中指定位置 index 的元素。
- Array. Sort(Array)：对整个一维 Array 中的元素进行排序。
- Array. Sort (Array1，Array2)：对两个一维数组进行排序，Array1 包含要排序的关键字，Array2 包含对应的项。
- Array. Sort(Array, m, n)：对一维 Array 中起始位置为 m 的 n 个元素进行排序。

【例 4.3】　设计一个控制台应用程序，产生 10 个 0～19 的随机整数，对它们递增排序并输出。

解：用一个一维数组 a 存放产生的随机数（其中，Random 类是随机类，定义 randobj 为其对象，randobj. Next()返回一个大于等于 0 的正整数），调用 Array 类的 Sort 静态方法对数组 a 排序，最后输出 a 中的元素。在"D:\C♯程序\ch4"文件夹中创建控制台应用程序项目 proj4-3，其代码如下：

```
using System;
namespace proj4_3
{   class Program
    {   static void Main(string[] args)
        {   int i,k;
            int[] myarr = new int[10];            //定义一个一维数组
            Random randobj = new Random();        //定义一个随机对象
            for (i = myarr.GetLowerBound(0);i <= myarr.GetUpperBound(0); i++)
            {   k = randobj.Next() % 20;          //返回一个 0～19 的正整数
                myarr.SetValue(k, i);             //给数组元素赋值
            }
            Console.Write("随机数序:");
            for (i = myarr.GetLowerBound(0);i <= myarr.GetUpperBound(0);i++)
                Console.Write("{0} ", myarr.GetValue(i));
            Console.WriteLine();
            Array.Sort(myarr);                    //数组的排序
            Console.Write("排序数序:");
            for (i = myarr.GetLowerBound(0); i <= myarr.GetUpperBound(0);i++)
                Console.Write("{0} ", myarr.GetValue(i));
            Console.WriteLine();
        }
```

```
    }
}
```

按 Ctrl＋F5 组合键执行本程序，其结果如图 4.6 所示。

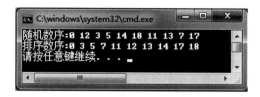

图 4.6　例 4.3 程序的运行结果

4.5　ArrayList 类

C#提供了一个 ArrayList 类（该类位于命名空间 System. Collections 中），它实际上是 Array 类的优化版本，区别在于 ArrayList 类提供了大部分集合类具有而 Array 类没有的功能，下面给出 ArrayList 类的部分特点：

- Array 的容量或元素个数是固定的，而 ArrayList 的容量可以根据需要动态扩展，通过设置 ArrayList. Capacity 的属性值可以执行重新分配内存和复制元素等操作。
- 可以通过 ArrayList 提供的方法在集合中追加、插入或移除一组元素，而在 Array 中一次只能对一个元素进行操作。
- 在 ArrayList 中可以存放多种数据类型，此时的取值操作要强制转换，即拆箱。

但 Array 也具有 ArrayList 没有的灵活性，例如：

- Array 的起始下标是可以设置的，而 ArrayList 的起始下标始终是 0。
- Array 可以是多维的，而 ArrayList 始终是一维的。

4.5.1　定义 ArrayList 类的对象

定义 ArrayList 类的对象的语法格式如下：

```
ArrayList 数组名 = new ArrayList([初始容量]);
```

例如，以下语句定义一个 ArrayList 类的对象 myarr，可以将它作为一个数组使用：

```
ArrayList myarr = new ArrayList();
```

4.5.2　ArrayList 类的属性

ArrayList 类的常用属性如表 4.3 所示。

表 4.3　ArrayList 类的常用属性

属　　　性	说　　　明
Capacity	获取或设置 ArrayList 可包含的元素个数
Count	获取 ArrayList 中实际包含的元素个数
Item	获取或设置指定索引处的元素

4.5.3 ArrayList 类的方法

ArrayList 类的常用方法如表 4.4 所示(均为非静态方法)。

表 4.4 ArrayList 类的常用方法

方 法	说 明
Add	将对象添加到 ArrayList 的结尾处
AddRange	将一个元素添加到 ArrayList 的末尾
BinarySearch	使用二分检索算法在已排序的 ArrayList 或它的一部分中查找特定元素
Clear	从 ArrayList 中移除所有元素
Contains	确定某元素是否在 ArrayList 中
CopyTo	将 ArrayList 或它的一部分复制到一维数组中
IndexOf	返回 ArrayList 或它的一部分中某个值的第一个匹配项的从零开始的索引
Insert	将元素插入 ArrayList 的指定索引处
InsertRange	将集合中的某个元素插入 ArrayList 的指定索引处
LastIndexOf	返回 ArrayList 或它的一部分中某个值的最后一个匹配项的从零开始的索引
Remove	从 ArrayList 中移除特定对象的第一个匹配项
RemoveAt	移除 ArrayList 的指定索引处的元素
RemoveRange	从 ArrayList 中移除一定范围的元素
Reverse	将 ArrayList 或它的一部分中元素的顺序反转
SetRange	将集合中的元素复制到 ArrayList 中一定范围的元素上
Sort	对 ArrayList 或它的一部分中的元素进行排序

【例 4.4】 设计一个控制台应用程序,定义一个 ArrayList 对象,用于存放若干个姓名,对其进行排序,并输出排序后的结果。

解:在"D:\C♯程序\ch4"文件夹中创建控制台应用程序项目 proj4-4,其代码如下。

```
using System;
using System.Collections;                    //新增
namespace proj4_4
{   class Program
    {   static void Main(string[] args)
        {   ArrayList myarr = new ArrayList();
            myarr.Add("Smith");
            myarr.Add("Mary");
            myarr.Add("Dava");
            myarr.Add("John");
            Console.Write("排序前序列:");
            foreach(String sname in myarr)
                Console.Write(sname + " ");
            Console.WriteLine();
            myarr.Sort();
            Console.Write("排序后序列:");
            foreach(String sname in myarr)
                Console.Write(sname + " ");
            Console.WriteLine();
        }
    }
}
```

在上述程序中,"using System. Collections;"语句引入包含 ArrayList 类定义的命名空间 System. Collections。该程序先定义一个 ArrayList 对象 myarr,使用 Add 方法向其中添加 4 个姓名,然后使用 Sort 方法进行排序并输出。

按 Ctrl＋F5 组合键运行程序,其结果如图 4.7 所示。

图 4.7　例 4.4 程序的运行结果

4.6　List＜T＞类

List＜T＞类提供了用于对列表进行搜索、排序和操作的方法。该类的定义放在命名空间 System. Collections. Generic 中,其中 T 为列表中元素的类型。

List＜T＞类是 ArrayList 类的泛型等效类,该类使用大小可按需动态增加的数组实现 IList 泛型接口,有关泛型的设计将在后面介绍。

4.6.1　定义 List＜T＞类的对象

定义 List＜T＞类的对象的语法格式如下:

List＜T＞数组名 = new List＜T＞();

例如,以下语句定义一个 List＜string＞类的对象 myset,其元素类型为 string,可以将它作为一个数组使用:

List＜string＞ myset = new List＜string＞();

4.6.2　List＜T＞类的属性

List＜T＞类的常用属性如表 4.5 所示。

表 4.5　List＜T＞类的常用属性

属　　性	说　　明
Capacity	获取或设置该内部数据结构在不调整大小的情况下能够保存的元素总数
Count	获取 List 中实际包含的元素数
Item	获取或设置指定索引处的元素

4.6.3　List＜T＞类的方法

List＜T＞类的常用方法如表 4.6 所示(均为非静态方法)。

表 4.6　List＜T＞类的常用方法

方　　法	说　　明
Add	将对象添加到 List 的结尾处
AddRange	将指定集合的元素添加到 List 的末尾
BinarySearch	使用二分检索算法在已排序的 List 或它的一部分中查找特定元素

方　　法	说　　明
Clear	从 List 中移除所有元素
Contains	确定某元素是否在 List 中
CopyTo	将 List 或它的一部分复制到一个数组中
Exists	确定 List 是否包含与指定谓词所定义的条件相匹配的元素
Find	搜索与指定谓词所定义的条件相匹配的元素，并返回整个 List 中的第一个匹配元素
FindAll	检索与指定谓词所定义的条件相匹配的所有元素
FindIndex	搜索与指定谓词所定义的条件相匹配的元素，返回 List 或它的一部分中第一个匹配项的从零开始的索引
FindLast	搜索与指定谓词所定义的条件相匹配的元素，并返回整个 List 中的最后一个匹配元素
FindLastIndex	搜索与指定谓词所定义的条件相匹配的元素，返回 List 或它的一部分中最后一个匹配项的从零开始的索引
ForEach	对 List 的每个元素执行指定操作
IndexOf	返回 List 或它的一部分中某个值的第一个匹配项的从零开始的索引
Insert	将元素插入 List 的指定索引处
InsertRange	将集合中的某个元素插入 List 的指定索引处
LastIndexOf	返回 List 或它的一部分中某个值的最后一个匹配项的从零开始的索引
Remove	从 List 中移除特定对象的第一个匹配项
RemoveAll	移除与指定的谓词所定义的条件相匹配的所有元素
RemoveAt	移除 List 的指定索引处的元素
RemoveRange	从 List 中移除一定范围的元素
Reverse	将 List 或它的一部分中元素的顺序反转
Sort	对 List 或它的一部分中的元素进行排序

【例 4.5】 设计一个控制台应用程序，定义一个 List<T>对象，用于添加若干个学生的学号和姓名，输出后再插入一个学生记录。

解：在"D:\C♯程序\ch4"文件夹中创建控制台应用程序项目 proj4-5，其代码如下。

```
using System;
namespace proj4_5
{   struct Stud                                   //结构类型声明
    {   public int sno;                           //学号
        public string sname;                      //姓名
    };
    class Program
    {   static void Main(string[] args)
        {   int i;
            List<Stud> myset = new List<Stud>();    //定义集合 myset
            Stud s1 = new Stud();
            s1.sno = 101;s1.sname = "李明";
            myset.Add(s1);                          //向集合 myset 中添加一个结构变量
            Stud s2 = new Stud();
            s2.sno = 103; s2.sname = "王华";
            myset.Add(s2);                          //向集合 myset 中添加一个结构变量
            Stud s3 = new Stud();
            s3.sno = 108; s3.sname = "张英";
            myset.Add(s3);                          //向集合 myset 中添加一个结构变量
            Stud s4 = new Stud();
```

```
            s4.sno = 105; s4.sname = "张伟";
            myset.Add(s4);                          //向集合myset中添加一个结构变量
            Console.WriteLine("元素序列:");
            Console.WriteLine("  下标 学号 姓名");
            i = 0;
            foreach(Stud st in myset)               //输出集合myset中的所有元素
            {   Console.WriteLine("  {0}    {1}    {2}",i,st.sno, st.sname);
                i++;
            }
            Console.WriteLine("容量:{0}", myset.Capacity);
            Console.WriteLine("元素个数:{0}", myset.Count);
            Console.WriteLine("在索引2处插入一个元素");
            Stud s5 = new Stud();
            s5.sno = 106; s5.sname = "陈兵";
            myset.Insert(2, s5);                     //向集合myset中插入一个结构变量
            Console.WriteLine("元素序列:");
            Console.WriteLine("  下标 学号 姓名");
            i = 0;
            foreach(Stud st in myset)                //输出集合myset中的所有元素
            {   Console.WriteLine("  {0}    {1}    {2}", i, st.sno, st.sname);
                i++;
            }
        }
    }
}
```

在上述程序中定义了学生结构类型 Stud,并定义了 List<Stud>对象 myset,用来存放学生记录,程序的执行结果如图 4.8 所示。

图 4.8　例 4.5 程序的运行结果

练习题4

1. 单项选择题

(1) 在 C # 中定义一个数组,以下正确的是_____。

    A. int arraya = new int[5];   B. int[] arrayb = new int[5];

    C. int arrayc = new int[];   D. int[5] arrayd = new int;

(2) 以下数组定义语句中不正确的是_____。

    A. int a[]=new int[5]{1,2,3,4,5};   B. int[,] a=new inta[3][4];

    C. int[][] a=new int [3][0];   D. int [] a={1,2,3,4};

(3) 以下定义并初始化一维数组的语句中正确的是_____。

    A. int arr1 []={6,5,1,2,3};   B. int [] arr2=new int[];

    C. int[] arr3=new int[]{6,5,1,2,3};   D. int[] arr4;arr4={6,5,1,2,3};

(4) 以下定义并动态初始化一维数组的语句中正确的是_____。

    A. int [] arr1=new int[];   B. int arr2=new int[4];

    C. int[] arr3=new int[i]{6,5,1,2,3};   D. int[] arr4=new int[]{6,5,1,2,3};

(5) 以下定义并初始化数组的语句中正确的是_____。

    A. int arr1[][]=new int[4,5];   B. int [][] arr2=new int[4,5];

    C. int arr3[,]=new int[4,5]   D. int[,] arr4=new int[4,5];

(6) 有定义语句"int [,]a=new int[5,6];",则下列数组元素的引用正确的是_____。

    A. a(3,4)   B. a(3)(4)   C. a[3][4]   D. a[3,4]

(7) 假定 int 类型变量占用 4 个字节,若有定义"int[] x = new int[] {1,2,3,4,5,6};",则数组 x 在内存中所占的字节数是_____。

    A. 4   B. 12   C. 24   D. 48

(8) 在 C♯ 中,关于 Array 和 ArrayList 的维数,以下说法正确的是_____。

    A. Array 可以有多维,而 ArrayList 只能是一维

    B. Array 只能是一维,而 ArrayList 可以有多维

    C. Array 和 ArrayList 都只能是一维

    D. Array 和 ArrayList 都可以是多维

(9) 以下程序的输出结果是_____。

```
using System;
namespace aaa
{   class Example1
    {   static void Main()
        {   int i;
            int [] a = new int[10];
            for(i = 9;i >= 0;i-- )
                a[i] = 10 - i;
            Console.WriteLine("{0},{1},{2}",a[2],a[5],a[8]);
        }
    }
}
```

    A. 2,5,8   B. 7,4,1   C. 8,5,2   D. 3,6,9

(10) 以下程序的输出结果是_____。

```
using System;
using System.Collections;
namespace aaa
{   class Example1
```

```
    {    static void Main()
    {    int[] num = new int[]{1,3,5};
         ArrayList arr = new ArrayList();
         for(int i = 0;i < num.Length;i++)
             arr.Add(num[i]);
         arr.Insert(1,4);
         Console.WriteLine(arr[2]);
    }
    }
}
```

　　A. 1　　　　　　　B. 3　　　　　　　C. 4　　　　　　　D. 5

(11) 以下程序的输出结果是＿＿＿＿＿。

```
using System;
using System.Collections;
namespace aaa
{   class Example1
    {    static void Main()
    {    int [] num = new int[5]{1,3,2,0,0};
         Array.Reverse(num);
         foreach(int i in num)
             Console.Write("{0} ",i);
         Console.WriteLine();
    }
    }
}
```

　　A. 0 0 1 2 3　　　　B. 1 2 3 0 0　　　　C. 0 0 1 3 2　　　　D. 0 0 2 3 1

(12) 以下程序的输出结果是＿＿＿＿＿。

```
using System;
using System.Collections;
namespace aaa
{   class Example1
    {    static void Main()
        {    int s = 0;
             int[][] a = new int[2][];          //交错数组
             a[0] = new int[3] { 1, 2, 3 };
             a[1] = new int[4] { 4, 5, 6, 7 };
             for (int i = 0; i < a.Length; i++)
                 for (int j = 0; j < a[i].Length; j++)
                     s += a[i][j];
             Console.WriteLine(s);
        }
    }
}
```

　　A. 1　　　　　　　B. 6　　　　　　　C. 22　　　　　　　D. 28

2. 问答题

(1) 简述 C♯中一维数组的定义和初始化方法。

(2) 简述 C♯中二维数组的定义和初始化方法。

(3) 简述 C♯中交错数组和二维数组的差别。

（4）简述 C♯ 中交错数组的声明和使用方法。

（5）简述 C♯ 中集合的定义和使用方法。

3. 编程题

（1）设计控制台应用程序项目 exci4-1，假设 10 个整数用一个一维数组存放，求其最大值和次大值。

（2）设计控制台应用程序项目 exci4-2，用一个二维数组存放 5 个考生 4 门功课的考试成绩，求每位考生的平均成绩。

4. 上机实验题

编写控制台应用程序项目 experment4，用两个一维数组分别存放 5 个学生的学号和姓名，分别按学号和姓名进行排序，并输出排序后的结果，如图 4.9 所示。

图 4.9　上机实验题的执行结果

第5章

面向对象程序设计

面向对象程序设计是 C# 的基本特征,包括命名空间、类声明,以及对象定义、构造函数、析构函数、静态成员、属性、方法、索引器、委托和事件等,本章介绍这些内容的实现方式。

本章学习要点:

☑ 掌握 C# 中的类声明和对象定义方法。

☑ 掌握 C# 中命名空间的概念。

☑ 掌握 C# 中类构造函数和析构函数的设计方法。

☑ 掌握 C# 中类静态成员的设计方法。

☑ 掌握 C# 中类属性的设计方法。

☑ 掌握 C# 中索引器的设计方法。

☑ 掌握 C# 中委托的设计方法。

☑ 掌握 C# 中事件的设计方法。

☑ 掌握 C# 中运算符重载的设计方法。

☑ 掌握利用 C# 中的类设计较复杂的面向对象的程序的方法。

5.1 面向对象程序设计概述

面向对象的程序设计是一种基于结构分析的、以数据为中心的程序设计,其总体思路是将数据及处理这些数据的操作封装到一个被称为类的数据结构中,在程序中使用的是类的实例,即对象。对象是代码和数据的集合,是一个封装好了的整体,对象具有一定的功能。程序是由一个个对象构成的,对象之间通过一定的"相互操作"传递信息,在消息的作用下完成特定的功能。

5.1.1 面向对象的基本概念

本节介绍面向对象的程序设计方法的基本概念。

1. 类和对象

通常把具有相同性质和功能的事物所构成的整体叫作类,也可把具有相同内部存储结构和相同操作的对象看成同一个类。在指定一个类后,往往把属于这个类的对象称为类的实例,即对象。

假设一栋房子是一个对象,所有的房子就可以归纳成一类东西并可制成模板,这个模板就是一个房子类,每栋房子都是该类的实例,并且可以使用类中提供的方法。

2. 属性、方法和事件

属性是对象的状态和特点,例如,对于学生类的实体——学生来说有学号、姓名等特征。方法是对象能够执行的一些操作,它体现了对象的功能,例如,增加一个学生对象的操作就是一个方法。

事件是对象能够识别和响应的某些操作,在一般情况下事件是由用户的操作引起的。例如用户单击命令按钮 button1 就发生了对应的 Click 事件,如果存在相应的事件处理过程,如 button1_Click(),就会引发 button1_Click()事件处理过程的执行,如图 5.1 所示,这里的事件是 Click,事件源为 button1,在 C♯中默认的事件处理过程名称为 button1_Click(事件源,事件)。

图 5.1　用户单击引发执行相应的事件过程

3. 封装

封装就是将用来描述客观事物的一组数据和操作封装在一起,形成一个类。被封装的数据和操作必须通过所提供的公共接口才能够被外界访问,具有私有访问权限的数据和操作是无法从外界直接访问的,只有通过封装体内的方法才可以访问,这就是封装的隐藏性,隐藏性增加了数据的安全性。

4. 继承

若一个新类继承了原来类所有的属性和操作,并且增加了属于自己的新属性和新操作,则称这个新类为派生类。原来的类是派生类的基类,派生类和基类之间存在着继承关系。

5. 重载与重写

重载就是方法名称相同,但参数类型或参数个数不同就会有不同的具体实现。

重写就是不仅方法名称相同,同时参数类型和参数个数也相同,但有不同的具体实现。

在基类中定义可重写(Overridable)的方法,在派生类中利用覆盖(Override)可以对基类中已声明的可重写的方法重新实现。

5.1.2　面向对象的优点

结合 C♯语言,面向对象技术的主要优点如下。

① 维护简单:一个类中封装了某一功能,类和类之间具有一定的独立性,从而使类的修改更容易实现。

② 可扩充性:面向对象编程从本质上支持扩充性。如果有一个具有某种功能的类,就可以很快地扩充这个类,创建另一个具有扩充功能的类。

③ 代码重用:由于功能是被封装在类中的,并且类是作为一个独立实体存在的,提供一个类库就非常简单了。事实上,任何一个.NET Framework 编程语言的程序员都可以使用.NET Framework 类库。

④ 多态性:多态性也是面向对象程序设计代码重用的一个强大的机制,多态性的概念也可以被说成“一个接口,多个方法”。C♯实现运行时多态性的基础是动态方法调度,它是一种在运行时而不是在编译期调用重载方法的机制,主要体现在继承和接口实现两个方面。

5.2　类

从计算机语言角度来说,类是一种数据类型,而对象是具有这种类型的变量。在面向对象程序设计中,类的设计非常重要,是软件开发中关键的一步,如果设计合理,既有利于扩充程序,又可以提高代码的可重用性。

5.2.1　类的声明

声明类的基本语法格式如下:

```
[类的访问修饰符] class 类名
{
    //类的成员;
}[;]
```

其中,class 是声明类的关键字,"类名"必须是合法的 C♯ 标识符。"类的访问修饰符"有多种,其说明如表 5.1 所示,有关 abstract 和 sealed 修饰符的作用将在下一章介绍。

表 5.1　类的访问修饰符

类的修饰符	说　　明
public	公有类,表示对该类的访问不受限制
protected	保护类,表示只能从所在类和所在类派生的子类进行访问
internal	内部类(默认值),访问仅限于当前程序集
private	私有类,访问仅限于包含类
abstract	抽象类,表示该类是一个不完整的类,不允许建立类的实例
sealed	密封类,不允许从该类派生新的类

例如,以下声明了一个 Person 类:

```
public class Person                          //声明 Person 类
{   public int pno;                          //编号字段
    string pname;                            //姓名字段
    public void setdata(int no,string name)  //定义 setdata 方法
    {   pno = no; pname = name;    }
    public void dispdata()                   //定义 disdata 方法
    {   Console.WriteLine("{0} {1}", pno, pname);    }
}
```

说明:在 C++ 中,成员函数的实现代码可以放在类中,称为内联函数,也可以放在类外。而 C♯ 中方法的实现代码必须放在类中,并不具备 C++ 中内联函数的特性。

5.2.2　类的成员

1. 类有哪些类别的成员

类是一种活动的数据结构。程序的数据和功能被组织为逻辑上相关的数据和函数的封装集合,这就是类。

类的成员可以分为两大类,即数据成员和函数成员。数据成员存储与类或类的实例相关的数据,通常用数据成员模拟该类所表示的现实世界事物的特性。函数成员执行代码,通常用函数成员模拟该类所表示的现实世界事物的功能和操作。

一个类拥有的成员类别如表 5.2 所示,其中字段和常量为数据成员,其他为函数成员。

表 5.2　类的成员类别

类 的 成 员	说　　明
字段	字段存储类要满足其设计所需要的数据,也称为数据成员
常量	常量存储类的常量数据成员
属性	属性是类中可以像类中的字段一样被访问的方法。属性可以为类字段提供保护,避免字段在对象不知道的情况下被更改
方法	方法定义类可以执行的操作。方法可以接受提供输入数据的参数,并且可以通过参数返回输出数据。方法还可以不使用参数直接返回值
委托	委托定义了方法的类型,使得可以将方法当作另一个方法的参数来进行传递,这种将方法动态地赋给参数的做法,使得程序具有更好的可扩展性
事件	事件是向其他对象提供有关事件发生(如单击按钮或成功完成某个方法)通知的一种方式
索引器	索引器允许以类似于数组的方式为对象建立索引
运算符	运算符是对操作数执行运算的术语或符号,例如＋、＊、＜等
构造函数	构造函数是在第一次创建对象时调用的方法,它们通常用于初始化对象的数据
析构函数	析构函数是当对象即将从内存中移除时由运行库执行引擎调用的方法,它们通常用来确保需要释放的所有资源都得到了适当的处理

　　类的成员可以使用不同的访问修饰符,从而指定它们的访问级别,类成员的访问修饰符及其说明如表 5.3 所示。

表 5.3　类成员的访问修饰符

类成员的修饰符	说　　明
public	公有成员,提供了类的外部接口,允许类的使用者从外部进行访问,这是限制最少的一种访问方式
private	私有成员(默认值),仅限于类中的成员访问,从类的外部访问私有成员是不合法的,如果在声明中没有出现成员的访问修饰符,按照默认方式成员为私有的
protected	保护成员,这类成员不允许外部访问,但允许其派生类成员访问
internal	内部成员,同一程序集中的类才能访问该成员
protected internal	内部保护成员,访问仅限于从包含类派生的当前程序集或类

2. 字段

　　这里仅介绍字段类成员,其他类别的成员将在后面分节讨论。字段是隶属于类的变量,它可以是任何类型,和所有变量一样,字段用来保存数据,并具有两个特征,即可以被写入和可以被读取。

　　(1) 定义字段

　　定义一个字段的格式如下:

　　访问修饰符 类型 字段名;

　　与其他类成员一样,字段的默认访问修饰符为 private。例如,前面声明的 Person 类有两个字段,其中 pno 为 int 类型,是公有的,而 pname 为 string 类型,是私有的。

　　与 C++ 语言相比,C# 语言的字段有以下两个重要的差别:

　　① C# 中的字段可以赋初值。例如,在前面的 Person 类声明中可以将 pno 字段的定义改为:

```
public int pno = 101;
```

这样 Person 类的每个对象的 pno 字段都有默认值 101。

② C♯ 在类的外面不能定义全局变量（也就是变量或字段），所有的字段都属于类，而且必须在类内部定义。

（2）常量字段

用户可以在定义字段时使用 const 关键字定义常量字段（也就是类中的符号常量），并且要在同一个语句中给常量字段赋初值。常量字段不是变量，并且不能修改，不允许在常量字段定义中使用 static 修饰符。

例如，以下类中定义了两个常量字段：

```
class MyClass
{    public const int N = 10;              //公有常量字段
     const double M = 3.14;                //私有常量字段
     …
}
```

（3）只读字段

用户可以在定义字段时使用 readonly 关键字定义只读字段。在定义只读字段时，可以在同一个语句中给只读字段赋初值，或者在该类的构造函数中给只读字段赋值，在其他地方不能更改只读字段的值。例如，以下包含只读字段的 MyClass 类声明是正确的：

```
class MyClass
{    public readonly int f1 = 10;          //允许只读字段初始化
     readonly double f2;                   //只读字段
     MyClass()                             //构造函数
     {    f2 = 2.58; }                      //允许在构造函数中给只读字段赋值
}
```

若在该类中增加以下方法：

```
public void fun()
{    f1 = 100;                             //更改了只读字段 f1 的值
     f2 += 5.0;                            //更改了只读字段 f2 的值
}
```

由于该方法更改了只读字段的值，导致出现编译错误。

readonly 关键字和 const 关键字不同。const 字段只能在该字段的定义中初始化，readonly 字段可以在定义或构造函数中初始化。因此，根据所使用的构造函数，readonly 字段可能具有不同的值。另外，const 字段为编译时常数，而 readonly 字段可用作运行时常数。

5.2.3　分部类

分部类可以将类（结构或接口等）的声明拆分到两个或多个源文件中。若要拆分类的代码，被拆分类的每一个部分在声明时用 partial 关键字修饰。分部类的每一个部分都可以存放在不同的文件中，在编译时会自动将所有部分组合起来构成一个完整的类声明。

5.2.4　类和结构类型的差异

类和结构类型很相似，两者都可以定义字段和方法等成员，两者默认的成员可访问性均为 private，但也有很大的不同，声明结构类型用 struct 关键字，而声明类用 class 关键字。归纳起来,类和结构类型的主要差异如表 5.4 所示。

表 5.4　类和结构类型的主要差异

类	结　构
引用类型	值类型
可以有参数的构造函数	不能有参数的构造函数
创建对象必须用 new 关键字	创建对象可以不用 new 关键字
可以被继承	不能被继承

5.3　对　　象

类和对象是不同的概念。类声明对象的类型,但它不是对象本身。对象是基于类的具体实体,有时称为类的实例。在定义类对象时会在堆空间中给该对象分配相应的内存空间。

5.3.1　定义类的对象

一旦声明了一个类,就可以用它作为数据类型来定义类对象(简称为对象)。定义类的对象分以下两步:

(1) 定义对象引用变量

其语法格式如下:

类名 对象名;

例如,以下语句定义 Person 类的对象引用变量 p:

Person p;

(2) 创建类的实例

其语法格式如下:

对象名 = new 类名();

例如,以下语句创建 Person 类的对象实例,称为实例化:

p = new Persone();

以上两步也可以合并成一步。其语法格式如下:

类名 对象名 = new 类名();

例如:

Person p = new Person();   //创建 Person 类的一个实例,并将地址赋给 p

说明: 在 C# 中,当定义一个对象引用变量并实例化后,只能通过该对象引用变量来操作相应的实例。也就是说,对象引用变量和相应的实例是不可分离的,就像 C/C++ 语言中的指针变量和它所指向的数据一样。在不需要特别区分的情况下,将对象引用变量 p 和它指向的实例统称为 p 对象。

5.3.2　访问对象的字段

访问对象字段的语法格式如下：

对象名.字段名

其中，"."是一个运算符，该运算符的功能是表示对象的成员。例如，前面定义的 p 对象的 pno 字段表示为 p.pno。

5.3.3　调用（或访问）对象的方法

调用对象的方法的语法格式如下：

对象名.方法名(参数表)

例如，调用前面定义的 p 对象的成员方法 setdata 如下：

p.setdata(101,"Mary");

5.3.4　访问对象成员的限制

对于类的私有成员，只能从声明它的类的内部访问，其他类不能看见或访问它们，也不能从类的外部（即通过该类的对象）访问它们。例如，对于前面定义并实例化的 Person 类对象 p，使用 p.pname 是错误的，因为 Person 类中的 pname 字段是私有字段。

对于类的公有成员，可以从类的外部（即通过该类的对象）访问它们，所以类的公有成员提供了类的外部接口。

一种类及其成员的常见表示方式如图 5.2 所示，将私有成员封闭在类框内，公有成员部分伸出到类框外，表示为类的外部接口。

至于保护的成员，只有在类继承时能体现出与私有成员不同，这将在下一章介绍。

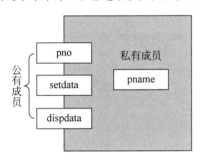

图 5.2　Person 类及其成员的表示

【例 5.1】　设计一个控制台应用程序，说明调用对象方法的过程。

解：在"D:\C♯程序\ch5"文件夹中创建控制台项目 proj5-1，其代码如下。

```
using System;
namespace proj5_1
{   public class TPoint                          //声明类 TPoint
    {   int x,y;                                 //默认为类私有字段
        public void setpoint(int x1,int y1)
        {   x = x1;y = y1;    }
        public void dispoint()
        {   Console.WriteLine("({0},{1})",x,y);    }
    }
    class Program
    {   static void Main(string[] args)
        {   TPoint p1 = new TPoint();             //定义对象 p1
            p1.setpoint(2,6);
            Console.Write("第一个点 =>");
            p1.dispoint();
```

```
        TPoint p2 = new TPoint();                //定义对象 p2
        p2.setpoint(8,3);
        Console.Write("第二个点 =>");
        p2.dispoint();
    }
  }
}
```

在上述程序中，先声明了 Tpoint 类，在 Main() 中定义了该类的对象 p1 和 p2，分别调用公有成员方法 setpoint() 和 dispoint()。程序的执行结果如图 5.3 所示。

图 5.3　例 5.1 程序的执行结果

在 Main() 中直接使用 p1.x = 2 是错误的，因为在 TPoint 类中 x 是私有成员，不能通过该类的对象访问它。而 p1.setpoint(2,6) 是正确的，因为在 TPoint 类中 setpoint 方法是公有的，可以通过该类的对象直接调用该方法。

在 C# 中提供了对象浏览器查看项目中类的信息，可以从"视图"菜单中打开"对象浏览器"，也可以单击主工具栏上的"对象浏览器"按钮打开。对象浏览器主要有 3 个窗格，即"对象"（左侧）、"成员"（中上方）和"说明"（中下方），图 5.4 所示为查看例 5.1 中的 TPoint 类。

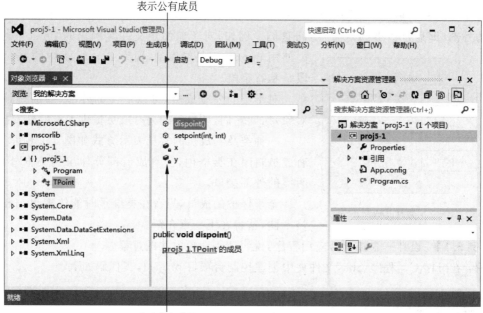

图 5.4　在对象浏览器中查看 proj5-1 项目的 TPoint 类

图 5.5　Person 类的类图

另外，C# 还提供了查看类图的功能。例如，在解决方案资源管理器中的项目名上右击，在出现的快捷菜单中选择"查看类图"命令，即可显示相应类的类图。图 5.5 所示为前面声明的 Person 类的类图。

对象浏览器和类图方便程序员进行面向对象的程序设计。

5.3.5 类对象的内存空间分配方式

对象引用变量是一个引用类型的变量,和值类型变量一样,对象引用变量的空间也是在栈空间中分配的。对象实例的空间是在堆空间中分配的,在对象引用变量中可以存放对象实例的地址,这样通过对象引用变量来操作对象实例,读者务必要了解对象引用变量和对象实例之间的差异。

例如,对于前面声明的 Person 类执行如下语句:

```
Person p1 = new Person();
Person p2 = new Person();
p1.setdata(1,"Mary");                    //p1.pno = 1, p1.pname = "Mary"
p2.setdata(1,"Smith");                   //p2.pno = 2, p2.pname = "Smith"
```

这样创建了 Person 类的两个对象引用变量 p1 和 p2,同时实例化,并通过调用 setdata 方法给它们所指实例的字段赋值。这两个 Person 类对象的内存存储方式如图 5.6 所示。

类的每个实例都是不同的实体,它们有自己的一组数据成员,不同于同一类的其他实例。因为这些数据成员都和类的实例相关,所以称为实例成员。

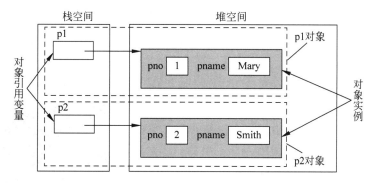

图 5.6 两个 Person 类对象的内存存储方式

实际上,两个或多个对象引用变量可以引用同一个对象实例,例如:

```
Person p1 = new Person();
Person p2 = p1;
```

这样,p1 和 p2 两个对象引用变量都指向 Person 类的同一个实例,如图 5.7 所示,可以通过 p1 或 p2 对该实例进行操作。所有类都是从 object 类派生的,它的静态方法 ReferenceEquals 用于判断两个对象引用变量所指的实例是否相同,在执行以下语句时输出 true:

```
Console.WriteLine(object.ReferenceEquals(p1,p2));
```

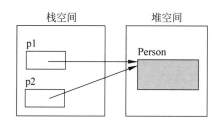

图 5.7 p1 和 p2 均指向一个 Person 类的实例

【例 5.2】　分析如下程序（对应控制台应用程序项目 proj5-2，存储在"D:\C♯程序\ch5"文件夹中）的执行结果。

```
using System;
namespace proj5_2
{   class MyClass
    {   string str;                              //私有字段
        public void setstr(string mystr)
        {   str = mystr; }
        public string getstr()
        {   return str; }
    }
    class Program
    {   static void Main(string[ ] args)
        {   MyClass s = new MyClass();
            s.setstr("Mary");
            Console.WriteLine("s.str={0}",s.getstr());
            MyClass t = new MyClass();
            t.setstr("Smith");
            Console.WriteLine("t.str={0}",t.getstr());
            t = s;
            Console.WriteLine("执行t=s");
            Console.WriteLine("t.str={0}", t.getstr());
        }
    }
}
```

解：MyClass 类有一个私有字段 str 和对其操作的两个公有方法。在 Main 方法中，先定义 MyClass 类的两个对象引用变量 s、t，并各自调用 setstr 和 getstr 方法设置 str 值，然后输出。执行 $t=s$，让对象引用变量 t 指向 s 对象的实例，即 s、t 指向同一个实例，程序的执行结果如图 5.8 所示。此时，t 原来所指的实例丢失了，其堆空间被 CLR 收回。

图 5.8　例 5.2 程序的执行结果

5.4　命　名　空　间

C♯面向对象程序设计的一个重要的特征是引入了命名空间的概念，即采用命名空间来组织众多的类，本节介绍定义和使用命名空间的方法。

5.4.1　命名空间概述

在应用程序的开发设计中，程序设计人员可以根据实际需要创建更多的类，为此采用命名空间（namespace）的方法来组织类。命名空间提供了可以将类分成逻辑组的方法，将系统中的大量类库有序地组织起来，使得类更容易使用和管理。在每个命名空间下，所有的类都是"独立"且"唯一"的。

5.4.2　使用命名空间

在 C♯中，要创建应用程序必须使用命名空间。使用命名空间有两种方式，一种是明确地指出命名空间的位置,另一种是通过 using 关键字引用命名空间。直接定位在应用程序中,任何一个命名空间都可以在代码中直接使用。例如:

```
System.Console.WriteLine("ABC");
```

这个语句调用了 System 命名空间中 Console 类的 WriteLine()方法。这种直接定位的方法对应用程序中的所有命名空间都是适用的,但使用这种方法在输入程序代码时往往需要输入较多的字符。

1. 使用 using 指令

在应用程序中要使用一个命名空间,还可以采取引用命名空间的方法,引用后,在应用程序中就可以使用该命名空间内的任意一个类。引用命名空间的方法是利用 using 指令,其使用格式如下:

using [别名 =] 命名空间

或

using [别名 =] 命名空间. 成员

例如,在一个控制台应用程序中有如下代码:

```
using System;
namespace myProj
{   class Program
    {   static void Main(string[] argvs)          //Main 方法
        {   Console.WriteLine(Math.Sin(0.5)); }
    }
}
```

由于 Math 类包含在 System 命名空间中,所以通过 using System 语句引入该命名空间, Math. 前缀就是使用 Math 类的成员。

用户也可以将命名空间中的成员定义为一个别名,这样在使用时需将该别名作为前缀,上述代码可以等价地改为:

```
using System;
using myns = System.Math;                         //声明命名空间中某个类的别名
namespace myproj
{   class Program
    {   static void Main(string[] argvs)          //Main 方法
        {   Console.WriteLine(myns.Sin(0.5)); }   //以别名为前缀
    }
}
```

注意:使用 using System. Math 是错误的,因为 System. Math 是一个类而不是命名空间,但可以为某命名空间中的类指定别名。

2. 自定义命名空间

在 C♯ 中,除了可以使用系统的命名空间外,用户还可以在应用程序中自己声明命名空间。其使用语法格式如下:

```
namespace 命名空间名称
{   命名空间定义体      }
```

其中，"命名空间名称"指出命名空间的唯一名称，必须是有效的 C♯ 标识符。例如，在应用程序中声明命名空间 Ns1：

```
namespace Ns1                          //声明命名空间 Ns1
{    class A { … }                     //声明类 A
     class B { … }                     //声明类 B
}
```

在上述代码的 Ns1 命名空间中声明了两个类 A 和 B，这样在应用程序中需要加上"Ns1."前缀引用这些类。例如，以下语句定义这两个类的对象：

```
Ns1.A a = new Ns1.A();
Ns1.B b = new Ns1.B();
```

又如，声明两个命名空间 Ns1 和 Ns2，它们含有相同名称的类：

```
namespace Ns1                          //声明命名空间 Ns1
{
     class A { … }                     //声明类 A
}
namespace Ns2                          //声明命名空间 Ns2
{
     class A { … }                     //声明类 A
}
```

那么，在应用程序中这两个类可以使用不同的命名空间来引用，定义它们的对象如下：

```
Ns1.A a = new Ns1.A();
Ns2.A b = new Ns2.A();
```

命名空间可以嵌套，即在命名空间中可以声明其他的命名空间，例如：

```
namespace Ns1
{    namespace Ns2
     {
          class A { … }
     }
}
```

这样在引用类 A 时应加上两层的命名空间，即 Ns1.Ns2，定义其对象如下：

```
Ns1.Ns2.A a =   new Ns1.Ns2.A();
```

在 C♯ 中开发项目时，每个项目都会自动附加一个默认的命名空间。如果在应用程序中没有自定义的命名空间，那么在应用程序中定义的所有类都属于一个默认的命名空间，其名称就是项目的名称，这个命名空间称为根命名空间，可以通过"项目"菜单打开"项目属性"对话框来查看或修改此命名空间。

注意：namespace 语句只能出现在文件级或命名空间级中。

5.5　构造函数和析构函数

构造函数和析构函数是类的两种 public 成员方法，与普通方法相比，它们有各自的特殊性，它们都是被自动调用的。

5.5.1　构造函数

1. 什么是构造函数

构造函数是在创建指定类型的对象时自动执行的类方法。构造函数具有以下性质:

- 构造函数的名称与类的名称相同。
- 构造函数尽管是一个函数,但没有任何返回类型,即它既不属于返回值函数,也不属于 void 函数。
- 一个类可以有多个构造函数,但所有构造函数的名称必须相同,它们的参数各不相同, 即构造函数可以重载。
- 当创建类对象时,构造函数会自动地执行。由于它们没有返回类型,因此不能像其他 函数那样进行调用。
- 当声明类对象时,调用哪一个构造函数取决于传递给它的参数类型。
- 构造函数不能被继承。

2. 调用构造函数

当定义类对象时,构造函数会自动执行。因为一个类可能会有包括默认构造函数在内的 多个构造函数,下面讨论如何调用特定的构造函数。

(1) 调用默认构造函数

不带参数的构造函数称为默认构造函数。无论何时,只要使用 new 运算符实例化对象, 并且不为 new 提供任何参数,就会调用默认构造函数。假设一个类包含有默认构造函数,调 用默认构造函数的语法如下:

　　类名 对象名 = new 类名();

如果没有为类提供构造函数,则 C♯编译器将创建一个默认的不包含任何语句的无参数 构造函数,该构造函数实例化对象,并将所有字段设置为相应的默认值。

如果为类提供了带参数的构造函数,则 C♯编译器就不会自动提供无参数构造函数,需要 程序员手工编写一个无参数构造函数。

(2) 调用带参数的构造函数

假设一个类中包含带参数的构造函数,调用这种带参数的构造函数的语法如下:

　　类名 对象名 = new 类名(参数表);

其中,"参数表"中的参数可以是变量或表达式。

【例 5.3】　设计一个控制台应用程序,说明调用构造函数的过程。

解:在"D:\C♯程序\ch5"文件夹中创建控制台项目 proj5-3,其代码如下。

```
using System;
namespace proj5_3
{   class Program
    {   public class TPoint1                    //声明类 TPoint1
        {   int x, y;                           //类的私有变量
            public TPoint1() { }                //默认的构造函数
            public TPoint1(int x1, int y1)      //带参数的构造函数
            {   x = x1; y = y1;}
```

```
        public void dispoint()
        {   Console.WriteLine("({0},{1})", x, y);}
    }
    static void Main(string[] args)
    {   TPoint1 p1 = new TPoint1();          //调用默认的构造函数
        Console.Write("第一个点=>");
        p1.dispoint();
        TPoint1 p2 = new TPoint1(8, 3);      //调用带参数的构造函数
        Console.Write("第二个点=>");
        p2.dispoint();
    }
  }
}
```

在上述程序中，类 TPoint1 有一个默认构造函数和一个带参数的构造函数，当定义对象 p1 并用 new 实例化时会自动调用默认构造函数，当定义对象 p2 并用 new 实例化时会自动调用带参数的构造函数。程序的执行结果如图 5.9 所示。

图 5.9　例 5.3 程序的执行结果

5.5.2　析构函数

1. 什么是析构函数

当对象不再需要时，希望它所占的存储空间能被收回。在 C♯ 中提供了析构函数用于释放被占用的系统资源，析构函数具有以下性质：

- 析构函数在类对象销毁时自动执行。
- 一个类只能有一个析构函数，而且析构函数没有参数，即析构函数不能重载。
- 析构函数的名称是"～"加上类的名称（中间没有空格）。
- 与构造函数一样，析构函数也没有返回类型。
- 析构函数不能被继承。

2. 调用析构函数

当一个对象被系统销毁时自动调用类的析构函数。

【**例 5.4**】 设计一个控制台应用程序，说明调用析构函数的过程。

解：在"D:\C♯程序\ch5"文件夹中创建控制台项目 proj5-4，其代码如下。

```
using System;
namespace proj5_4
{   class Program
    {   public class TPoint2                   //声明类 TPoint2
        {   int x, y;
            public TPoint2(int x1, int y1)      //带参数的构造函数
            {   x = x1; y = y1;}
            ~TPoint2()
            {   Console.WriteLine("点=>({0},{1})", x, y); }
        }
        static void Main(string[] args)
        {   TPoint2 p1 = new TPoint2(2,6);
            TPoint2 p2 = new TPoint2(8,3);
```

图 5.10 例 5.4 程序的执行结果

```
        }
    }
}
```

在上述程序中，通过带参数的构造函数给对象字段赋值，通过析构函数输出对象字段的值。其执行结果如图 5.10 所示。

5.6 静 态 成 员

静态成员包括静态字段和静态方法。静态成员属于类所有，而非静态成员属于类的对象所有，所以静态成员也称为类成员，非静态成员也称为对象成员。提出静态成员概念的目的是为了解决数据共享的问题。

说明：静态成员是属于整个类的，不针对该类的某个对象，称为类成员，所以静态方法是通过类名来调用的。

5.6.1 静态字段

静态字段是类中所有对象共享的成员，而不是某个对象的成员，也就是说，静态字段的存储空间不是放在每个对象中，而是和方法一样放在类公共区中。

对静态字段的操作和一般字段一样，被定义为私有的静态字段不能从外部访问。静态字段的定义和访问方式如下：

- 静态字段的定义与一般字段相似，但前面要加上 static 关键词。
- 在外部访问静态字段时采用格式"类名.静态字段名"。

例如，有如下类 D：

```
class D
{   int f1;                                 //非静态字段
    static int f2;                          //静态字段
    public D() { }
    public D(int a, int b)
    {   f1 = a; f2 = b; }
    public void disp()
    {   Console.WriteLine("f1:{0},f2:{1}",f1,f2); }
};
```

执行以下语句：

```
D d1 = new D(2,6);
D d2 = new D(5,10);
d1.disp();
d2.disp();
```

由于类 D 的 f2 字段是静态字段，它由类 D 的所有对象共享，而 f1 是实例字段，每个对象都有自己的副本。在执行前两个语句后，d1 和 d2 的内存存储方式如图 5.11 所示，所以执行两个语句后输出结果如下：

```
f1:2 f2:10
f1:5 f2:10
```

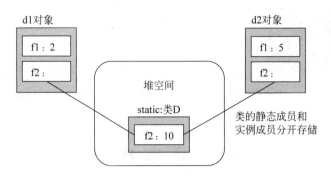

图 5.11　静态字段和非静态字段的存储方式

　　静态成员的生命周期和实例成员不同。实例成员在实例创建后才产生，在实例销毁后实例成员也就不存在了。但是即使没有实例，也存在类的静态成员，并且可以访问它们，例如，可以对静态字段初始化。

　　【例 5.5】　设计一个控制台应用程序，说明静态字段的使用。

　　解：在"D:\C♯程序\ch5"文件夹中创建控制台项目 proj5-5，其代码如下。

```
using System;
namespace proj5_5
{   class MyClass1
    {   int n;
        public MyClass1(int i) {n = i; }
        public void add() { s += n;}
        static public int s = 0;                    //定义静态字段并初始化
    };
    class Program
    {   static void Main(string[ ] args)
        {   MyClass1 a = new MyClass1(2);
            MyClass1 b = new MyClass1(5);
            MyClass1 c = new MyClass1(8);
            a.add();Console.WriteLine("s = {0}",MyClass1.s);
            b.add();Console.WriteLine("s = {0}",MyClass1.s);
            c.add();Console.WriteLine("s = {0}", MyClass1.s);
        }
    }
}
```

　　在上述程序中，类 MyClass1 中的静态字段 s（初值置为 0）不属于某个对象 a、b 或 c，而是属于所有的对象。程序的执行结果如图 5.12 所示。

图 5.12　例 5.5 程序的执行结果

5.6.2　静态方法

　　静态方法与静态字段类似，都是类的静态成员，独立于类的实例。只要类存在，静态方法就可以使用，静态方法的定义是在一般方法的定义前加上 static 关键字。调用静态方法的格式如下：

　　类名.静态方法名(参数表);

　　注意：静态方法只能访问静态字段、其他静态方法和类以外的方法及数据，不能访问类中的非静态成员(因为非静态成员只有在对象存在时才有意义)。但静态字段和静态方法可以由任意访问权限许可的成员访问。

【例 5.6】 设计一个控制台应用程序,说明静态方法的使用。

解: 在"D:\C♯程序\ch5"文件夹中创建控制台项目 proj5-6,其代码如下。

```
using System;
namespace proj5_6
{   class MyClass2
    {   int n;
        public MyClass2(int i) { n = i; }
        static public void add() { s ++; }          //定义静态方法
        static public int s = 0;                      //定义静态字段并初始化
    };
    class Program
    {   static void Main(string[] args)
        {   MyClass2 a = new MyClass2(2);
            MyClass2 b = new MyClass2(5);
            MyClass2 c = new MyClass2(8);
            MyClass2.add();Console.WriteLine("s = {0}", MyClass2.s);
            MyClass2.add();Console.WriteLine("s = {0}", MyClass2.s);
            MyClass2.add();Console.WriteLine("s = {0}", MyClass2.s);
        }
    }
}
```

在上述程序中,类 MyClass2 中定义了一个静态字段 s (初值置为 0)和一个静态方法 add,每调用一次 add,s 的值递增 1。程序的执行结果如图 5.13 所示。

图 5.13　例 5.6 程序的执行结果

【例 5.7】 设计一个控制台应用程序,定义若干个学生对象,每个学生对象包括学号、姓名、语文成绩、数学成绩和英语成绩,采用静态成员求各学生的平均分和各门课程的平均分。

解: 设计一个学生类 Student,包括 no(学号)、name(姓名)、deg1(语文成绩)、deg2(数学成绩)、deg3(英语成绩)成员变量以及 4 个静态字段 sum1(累计语文总分)、sum2(累计数学总分)、sum3(累计英语总分)和 sn(累计学生人数),另外有一个构造函数、3 个求 3 门课程平均分的静态方法和一个 disp()成员方法。在"D:\C♯程序\ch5"文件夹中创建控制台项目 proj5-7,其代码如下。

```
using System;
namespace proj5_7
{   class Student                                    //声明 Student 类
    {   int no;                                      //学号
        string name;                                 //姓名
        int deg1;                                    //语文成绩
        int deg2;                                    //数学成绩
        int deg3;                                    //英语成绩
        static int sum1 = 0;                         //语文总分
        static int sum2 = 0;                         //数学总分
        static int sum3 = 0;                         //英语总分
        static int sn = 0;                           //总人数
        public Student(int n, string na, int d1, int d2, int d3)    //构造函数
        {   no = n;   name = na;
```

```
            deg1 = d1;deg2 = d2;deg3 = d3;
            sum1 += deg1;sum2 += deg2;sum3 += deg3;
            sn++;
        }
        public void disp()                                //定义 disp()方法
        { Console.WriteLine("学号:{0}姓名:{1}语文:{2}数学:{3}英语:{4}
            平均分:{5:f}",no,name,deg1,deg2,deg3,(double)(deg1 + deg2 + deg3)/3);
        }
        public static double avg1() { return (double)sum1/sn; }   //静态方法
        public static double avg2() { return (double)sum2/sn; }   //静态方法
        public static double avg3() { return (double)sum3/sn; }   //静态方法
    };
    class Program
    {   static void Main(string[] args)
        {   Student s1 = new Student(1,"王华",67,89,90);
            Student s2 = new Student(2,"李明",68,90,91);
            Student s3 = new Student(3,"张兵",69,89,92);
            Student s4 = new Student(4,"王超",70,92,93);
            Console.WriteLine("输出结果");
            s1.disp();s2.disp();s3.disp();s4.disp();
            Console.WriteLine("语文平均分:{0} 数学平均分:{1} 英语平均分:{2}",
                Student.avg1(), Student.avg2(),Student.avg3());
        }
    }
}
```

本程序的执行结果如图 5.14 所示。

在 C# 中,除了字段和方法外,还可以将属性、构造函数、运算符和事件等类成员声明为静态成员,只需在声明时加上"static"关键字即可,而常量和索引器不能声明为静态成员。

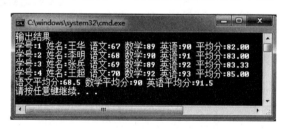

图 5.14   例 5.7 程序的执行结果

在一个类中还允许定义静态构造函数,即在构造函数的名称之前使用"static"。它具有以下特点:

- 在一个类中最多有一个静态构造函数,且不带参数。
- 静态构造函数不会被继承。
- 在类的任何实例被创建之前或任一静态成员被引用之前自动调用静态构造函数。
- 在所有的构造函数中静态构造函数最先被执行。

例如,声明以下类:

```
class MyClass
{   public static int sf;
    static MyClass()
    {   sf = 10; }
}
```

有以下 Main 函数：

```
static void Main()
{
    Console.WriteLine(MyClass.sf);
}
```

在输出 MyClass.sf 之前先执行静态构造函数,将其赋值为 10,所以最后输出 10。

5.7　属　　　性

属性提供灵活的机制来读取、设置或计算私有字段的值,这使得相关数据在被轻松访问的同时能提供方法的安全性和灵活性。

5.7.1　什么是属性

属性与字段相似,都是类成员,都有类型,可以被赋值和读取。属性提供了对类或对象成员的访问。通常情况下,将字段设计为私有的,设计一个对其进行读或写的属性。因此,属性更充分地体现了对象的封装性。

5.7.2　属性的声明及使用

属性是在一个类里采用以下方式定义的类成员,即指定变量的访问修饰符(通常为public)、属性的数据类型和属性名称,然后是 get 访问器或者 set 访问器代码块。其语法格式如下：

```
public   数据类型 属性名称
{   get 访问器
    set 访问器
}
```

set 和 get 访问器有预定义的语法格式,可以把 set 访问器想象成一个方法,带有单一的参数,用于设置属性的值。get 访问器没有参数,并从属性返回一个值。

set 访问器总是拥有一个单独的、隐式的值参数,名称为 value,与属性的类型相同,在 set 访问器内部可以像普通变量那样使用 value,其返回类型为 void。

get 访问器总是没有参数,拥有一个与属性类型相同的返回类型。get 访问器最后必须执行一条 return 语句,返回一个与属性类型相同的值。

set 和 get 访问器可以以任何顺序声明,除此之外,属性不允许有其他方法。

注意：在属性的声明中,只有 get 访问器表明属性的值只能读出不能写入,称为只读属性;只有 set 访问器表明属性的值只能写入不能读出,称为只写属性;同时具有 set 访问器和 get 访问器表明属性的值读、写都是允许的,称为可读可写属性。

例如,有以下类：

```
class TimePeriod
{   private double seconds;              //表示秒数,为私有字段
    public double Hours                  //属性
    {   get { return seconds/3600; }
        set { seconds = value * 3600; }
```

```
    }
  }
```

　　在该类中定义了一个以秒数为单位表示时间的私有字段 seconds，属性 Hours 用于对 seconds 字段进行读/写操作，但以小时为单位表示时间，所以 set 和 get 访问器包含秒数和小时数相互转换的代码。

　　属性的使用十分简单，和类的公有字段一样使用，带有 set 访问器的属性可以直接通过"对象. 属性"赋值，带有 get 访问器的属性可以通过"对象. 属性"检索其值。例如，执行以下语句：

```
TimePeriod t = new TimePeriod();
t.Hours = 5;
Console.WriteLine("以小时为单位的时间: " + t.Hours);
```

　　输出的结果为"以小时为单位的时间：5"。

　　【例 5.8】　设计一个控制台应用程序，说明属性的使用。

　　解：在"D:\C#程序\ch5"文件夹中创建控制台项目 proj5-8，其代码如下。

```
using System;
namespace proj5_8
{   public class TPoint3                                    //声明类 TPoint3
    {   int x, y;
        public int px
        {   get                                             //get 访问器
            {   return x; }
            set                                             //set 访问器
            {   x = value; }
        }
        public int py
        {   get                                             //get 访问器
            {   return y; }
            set                                             //set 访问器
            {   y = value; }
        }
    };
    class Program
    {   static void Main(string[] args)
        {   TPoint3 p = new TPoint3();
            p.px = 3; p.py = 8;                             //属性的写操作
            Console.WriteLine("点 =>({0},{1})", p.px, p.py); //属性的读操作
        }
    }
}
```

　　在上述代码中，TPoint3 类有两个属性 px 和 py，它们都有 get 和 set 访问器，表示它们都可以进行读/写操作。本程序的执行结果如图 5.15 所示。

图 5.15　例 5.8 程序的执行结果

从以上可以看到,属性在外观和行为上都类似于字段。但字段是数据成员,属性是特殊的方法成员,因此存在一些特定的局限:

- 不能使用 set 访问器初始化一个 struct 或者 class 的属性。
- 在一个属性中最多只能包含一个 get 访问器和一个 set 访问器,属性不能包含其他方法、字段或属性。
- get 和 set 访问器不能获取任何参数,所赋的值会使用 value 变量自动传给 set 访问器。
- 不能声明 const 或者 readonly 属性。

5.7.3　自动实现的属性

属性通常用来关联某个私有字段(称为后备字段)。在 C♯ 3.0 和更高版本中,当属性的访问器中不需要其他逻辑时,自动实现的属性可使属性的声明更加简洁。

所谓自动实现的属性是指只声明属性而不定义其后备字段,编译器会创建隐藏的后备字段,并自动挂接到 get 和 set 访问器上。

自动实现的属性具有以下特点:

- 不定义后备字段,编译器根据属性的类型分配存储。
- 不能提供 get 和 set 访问器的方法体。
- 除非提供访问器,否则不能访问后备字段。

例如,有以下代码:

```
class MyClass
{    public int f                                        //自动实现的属性
        {    set; get; }
}
class Program
{    static void Main()
    {    MyClass s = new MyClass();
        s.f = 100;
        Console.WriteLine(s.f);
    }
}
```

在类 MyClass 中定义了一个自动实现的属性 f,它是可读可写的。在 Main 方法中定义了 MyClass 类对象 s,通过 s.f 实现属性 f 的读/写。程序的输出为 100。

5.8　方　　法

方法是类中最重要的成员之一,例如 Main()方法是每个 C♯ 应用程序的入口点,在启动程序时由公共语言运行库(CLR)调用。本节介绍类中方法的相关内容。

5.8.1　方法的定义

方法类似于 C 语言中的函数,它包含一系列代码块,可以使用方法的名称从其他地方执行代码,也可以把数据传入方法并处理。从本质上讲,方法就是和类相关联的动作,可以作为类的外部接口,用户可以通过外部接口来操作类的私有字段等。

方法在类或结构中定义,在定义方法时需要指定访问级别、返回值、方法名称以及任何方

法参数。方法参数放在括号中,并用逗号隔开。空括号表示方法不需要参数。定义方法的基本格式如下:

```
修饰符 返回类型 方法名(参数列表)          //方法头部
{                                      //大括号内的语句构成方法体
    //方法的具体实现;
}
```

其中,如果省略"修饰符",方法默认为 private。"返回类型"指定该方法返回数据的类型,它可以是任何有效的类型。如果方法不需要返回一个值,其返回类型必须是 void。"参数列表"是用逗号分隔的类型、标识符。这里的参数是形参,本质上是变量,它用来在调用方法时接收实参传给方法的值,如果方法没有参数,那么"参数列表"为空。

5.8.2　方法的返回值

方法可以向调用方返回某一个特定的值。如果返回类型不是 void(表示该方法不返回值),则该方法可以用 return 语句返回值,同时 return 还停止方法的执行。例如,以下类 SampleClass1 中的 addnum 方法用 return 语句返回值:

```
class SampleClass1                     //声明类 SampleClass1
{   int num = 10;
    public int addnum(int num1)        //定义公共方法 addnum()
    {   int sum = num + num1;
        return sum;
    }
}
```

一个方法还可以返回类对象。例如,以下方法 method 返回一个类型为 MyClass 的对象:

```
MyClass method()
{   MyClasss mc = new MyClass();
    …
    return mc;
}
```

5.8.3　方法的参数类型

方法中的参数是保证不同方法间互动的重要"桥梁",方便用户对数据进行操作。方法头部的"参数列表"中定义的参数称为形参(形式参数),它是本地变量。当调用一个方法时,形参的值必须在方法的代码开始执行之前被初始化,用于初始化形参的表达式或变量称为实参。每一个实参必须与对应形参的类型相匹配,或是编译器必须能够把实参隐式转换为那个类型。在 C♯ 中方法的形参有下面 4 种类型。

1. 值参数

使用值参数,通过将实参的值复制到形参的方式把数据传递给方法。在调用方法时,系统做如下操作:

- 在栈中为形参分配空间。
- 计算实参的值,并把该值复制给形参。

调用值参数的方法不会修改内存中对应实参的值,所以在使用值参数时可以保证实参的安全性。

例如,前面 SampleClass1 类的 addnum 方法中的参数就是值参数,有以下 Main 方法:

```
static void Main()
{   SampleClass1 s = new SampleClass1();
    int n = 5;
    Console.WriteLine(s.addnum(n));                              //输出 15
}
```

在执行 Main 方法时,为对象 s 和变量 n 分配空间,如图 5.16(a)所示;调用 s.addnum(n),为值形参 num1 分配空间,如图 5.16(b)所示;执行方法体,为本地变量 sum 分配空间并计算它的值,如图 5.16(c)所示。执行完方法后,其形参和本地变量退栈,如图 5.16(d)所示,实参的值没有改变。

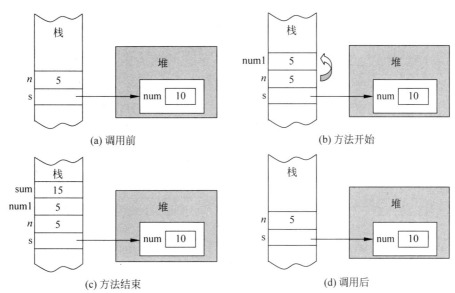

图 5.16　值参数

2. 引用参数

在方法的形参中以 ref 修饰符声明的参数属引用参数。当引用参数为值类型时,具有以下特点:

- 不会为这类形参在栈上分配空间。
- 形参的参数名将作为实参变量的别名,指向相同的内存位置。

在调用方法前,引用形参对应的实参必须被初始化。另外,在调用方法时,引用形参对应的实参必须使用 ref 修饰。

例如,下面声明的 SampleClass2 类中的 addnum 方法使用了一个引用型参数 num2:

```
public class SampleClass2                         //声明类 SampleClass2
{   int num = 10;                                 //私有字段
    public void addnum( int num1, ref int num2)   //定义公共方法 addnum
    {   num2 = num + num1; }
}
```

有以下 Main 方法:

```
static void Main(string[ ] args)
```

```
{   int x = 0, n = 5;
    SampleClass2 s = new SampleClass2();
    s.addnum(n, ref x);                              //调用 addnum 方法
    Console.WriteLine(x);                            //输出 15
}
```

在执行 Main 方法时，为对象 s 和变量 x、n 分配空间，如图 5.17(a)所示；调用 s.addnum $(n, \text{ref } x)$，为值形参 num1 分配空间，而引用形参 num2 和实参 x 共享同一空间，如图 5.17(b)所示；执行方法体，计算 num2 的值，如图 5.17(c)所示。执行完方法后，其形参 num1 和 num2 消失，如图 5.17(d)所示，实参 x 的值发生改变了。

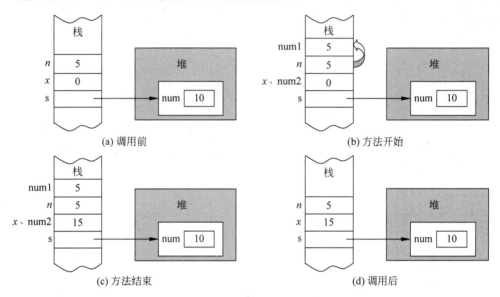

图 5.17　引用参数为值类型

当前面方法的引用参数为值类型时，如果方法的引用参数为引用类型时会怎样呢？例如，有以下类 SampleClass3：

```
public class SampleClass3                            //声明类 SampleClass3
{   int num = 10;                                     //私有字段
    public void method(ref SampleClass3 s1)           //定义公共方法 method
    {   s1.num = 20;
        s1 = new SampleClass3();
        s1.num = 30;
    }
    public void dispnum()                             //输出 num
    {   Console.WriteLine(num); }
}
```

有以下 Main 方法：

```
static void Main(string[] args)
{   SampleClass3 s = new SampleClass3();              //创建对象 s
    s.method(ref s);                                  //调用 method 方法
    s.dispnum();                                      //输出 30
}
```

在执行 Main 方法时，为对象 s 分配空间，如图 5.18(a)所示；调用 s.method(ref s)，引用

形参 s1 和实参 s 共享同一空间,如图 5.18(b)所示;执行方法体,执行"s1.num＝20;"语句的结果如图 5.18(c)所示,执行"s1＝new SampleClass3();"语句的结果如图 5.18(d)所示,执行"s1.num＝30;"语句的结果如图 5.18(e)所示。执行完方法后,其形参 s1 消失(s 原来所指的实例变为无主实例被 CLR 收回),如图 5.18(f)所示,实参 s 的 num 字段变为 30。

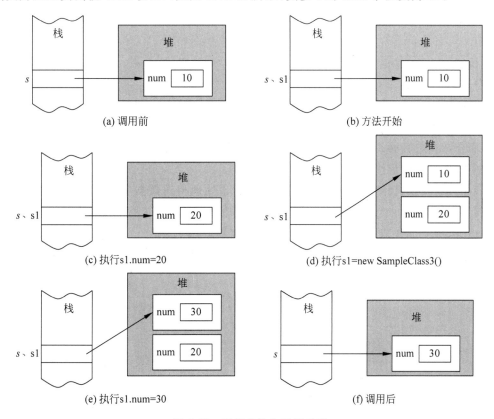

图 5.18　引用参数为引用类型

3. 输出参数

以 out 修饰符声明的参数属输出参数。与引用型参数类似,输出型参数也不开辟新的内存区域。同样,在调用时输出参数对应的实参前面要加上 out 修饰符。

输出参数与引用参数的差别如下:

- 在调用方法前无须对输出参数进行初始化,但在方法内部,输出参数在读取之前必须赋值。
- 在方法返回之前,方法内部必须为所有输出参数至少赋值一次。
- 因为方法内部在读取输出参数之前必须对其写入,所以不可能使用输出参数把数据传入方法。

例如,下面声明的 SampleClass4 类中的 addnum 方法使用了一个输出参数 num2:

```
public class SampleClass4                              //声明类 SampleClass4
{    int num = 10;                                     //私有字段
     public void addnum( int num1, out int num2)       //定义公共方法 addnum()
     {    num2 = num + num1; }
}
```

有以下 Main 方法：

```
static void Main(string[] args)
{   int x;
    SampleClass4 s = new SampleClass4();              //创建对象 s
    s.addnum(5, out x);                               //调用 addnum 方法
    Console.WriteLine(x);                             //输出 15
}
```

在执行 Main 方法时，为对象 s 和变量 x 分配空间；调用 s.addnum(5,out x)，为值形参 num1 分配空间并赋值为 5，而输出形参 num2 和实参 x 共享同一空间；执行方法体，计算 num2 为 15。执行完方法后，其形参 num2 消失，实参 x 的值发生改变了。

4. 参数数组

前面介绍的参数必须严格地一个实参对应一个形参。参数数组不同，它允许零个或多个实参对应一个特殊的形参。

以 params 修饰符声明的参数为参数数组，用于处理相同数据类型但参数个数可变的情况。在方法声明中 params 关键字之后不允许有任何其他参数，并且在方法声明中只允许有一个 params 关键字。参数数组不能再有 ref 和 out 修饰符。

例如，下面声明的 SampleClass5 类中的 addnum 方法使用了一个数组型参数 b：

```
public class SampleClass5                             //声明类 SampleClass5
{   public void addnum(ref int sum, params int[] b)   //定义公共方法 addnum()
    {   sum = 0;
        foreach (int item in b)
            sum += item;
    }
}
class Program
{   static void Main(string[] args)                   //Main 方法
    {   int x = 0;
        SampleClass5 s = new SampleClass5();          //创建对象 s
        s.addnum(ref x, 1,2,3,4,5);                   //调用 addnum 方法
        Console.WriteLine(x);                         //输出 15
    }
}
```

其中，方法头部为 public void addnum(ref int sum, params int[] b)，调用方法的形式可以为：

```
addnum(ref x)                                         //零个实参
addnum(ref x,1)                                       //一个实参
addnum(ref x,1,2)                                     //两个实参
addnum(ref x,1,2,3,4,5)                               //5 个实参
```

上述程序用 5 个实参调用，结果输出 $1+2+3+4+5=15$。实际上，在使用一个参数数组分离实参的调用时，编译器所做的工作如下：

① 接受实参列表，用它们在堆中创建并初始化一个数组。

② 把数组的引用保存到栈的形参里。

③ 如果在对应的形参数组的位置没有形参，编辑器会创建一个有零个元素的数组来使用。

用户也可以直接用数组作为实参。例如，前面的 Main 方法可以等效地改为：

```
static void Main(string[] args)                        //Main 方法
{    int[] a = new int[5] {1,2,3,4,5 };                 //定义一维数组 a
     int x = 0;
     SampleClass5 s = new SampleClass5();               //创建对象 s
     s.addnum(ref x,a);                                 //调用 addnum 方法
}
```

当然，如果实参和形参都是数组，也可以不使用 params 参数数组形式。

5.8.4　可选参数

所谓可选参数是指在调用方法时可以包含这个参数，也可以忽略它。为了表明每个参数是可选的，需要在定义方法时为它提供参数默认值。指定默认值的语法和初始化本地变量的语法一样。例如，声明以下类：

```
class MyClass
{    public int add(int a, int b = 1, int c = 2)
     {    return a + b + c;}
}
```

该类中的 add 方法有两个可选参数，有如下 Main 方法：

```
static void Main(string[] args)
{    MyClass s = new MyClass();
     int x = s.add(5);
     int y = s.add(5, 6);
     int z = s.add(5, 6, 7);
     Console.WriteLine("x = {0},y = {1},z = {2}",x,y,z);
}
```

计算过程是"$x=5+1+2=8, y=5+6+2=13, z=5+6+7=18$"。从中可以看到，当可选参数没有给出实参时自动取可选参数的默认值。

不是所有的参数类型都可以作为默认值，其规定如下：

- 只有值类型的默认值在编译的时候可以确定，就可以使用值类型作为可选参数。
- 只有在默认值是 null 的时候，引用类型才可以作为可选参数使用。

如果一个方法包含必填参数、可选参数和 params 参数，则必填参数必须在可选参数之前声明，而 params 参数必须在可选参数之后声明。其一般格式如下：

$$\underbrace{\mathrm{fun}(\mathrm{int}\ x, \mathrm{double}\ y, \cdots,}_{\text{必填参数}}\ \underbrace{\mathrm{int}\ op1=1, \mathrm{double}\ op2=2.5, \cdots,}_{\text{可选参数}}\ \underbrace{\mathrm{params}\ \mathrm{int}\ [\ ]\ \mathrm{arr})}_{\text{params参数}}$$

5.8.5　this 关键字

this 关键字在类中使用，是对当前实例的引用。在声明一个类后，当创建该类的一个对象时，该对象隐含有一个 this 引用，其作用是引用当前正在操作的对象。this 关键字用在方法、构造函数或属性中，用于区分类的成员和本地变量或参数。

【例 5.9】　设计一个控制台应用程序，说明 this 关键字的使用。

解：在"D:\C♯程序\ch5"文件夹中创建控制台项目 proj5-9，其代码如下。

```
using System;
namespace proj5_9
```

```
{   class Student                                    //声明 Student 学生类
    {   private string name;                         //姓名
        private float score;                         //分数
        public Student(string name, float score)     //构造函数
        {                                            //使用 this 给同名的字段赋值
            this.name = name;
            this.score = score;
        }
        public void display()                        //显示方法
        {   Console.WriteLine("姓名：{0}", name);
            Console.WriteLine("等级：{0}", Degree.getDegree(this));
                //用 this 传递当前调用 display 方法的对象
        }
        public float pscore                          //分数属性
        {
            get { return score; }
        }
    }
    class Degree                                     //声明 Degree 类
    {   public static string getDegree(Student s)    //求分数对应等级的静态方法
        {   if (s.pscore >= 90)
                return "优秀";
            else if (s.pscore >= 80)
                return "良好";
            else if (s.pscore >= 70)
                return "中等";
            else if (s.pscore >= 60)
                return "及格";
            else
                return "不及格";
        }
    }
    class Program
    {   static void Main()
        {   Student st = new Student("王华", 88);     //创建一个学生对象
            st.display();
        }
    }
}
```

该程序中有两个地方使用了 this 关键字，一是在 Student 类的构造函数中使用 this 给同名的字段赋值（如果不加 this，执行 name＝name 时不知哪个是字段哪个是形参，这样在程序执行时会出错，而加上 this 后，this.name 表示字段，name 表示形参）；另一是在 Student 类的 display 方法中用 this 引用当前调用该方法的学生对象，将该学生对象传递给 Degree 类的 getDegree 静态方法，从而返回该学生对象 score 字段对应的等级。本程序的执行结果如图 5.19 所示。

图 5.19   例 5.9 程序的执行结果

5.8.6   方法的重载

方法的重载是指调用同一个方法名，但是使用不同的数据类型参数或者次序不一致的参数。只要一个类中有两个以上的同名方法，且使用的参数类型或者个数不同，编译器就可以判

断在哪种情况下调用哪种方法。

为此,在 C♯ 中引入了成员签名的概念。成员签名包含成员的名称和参数列表,每个成员签名在类型中必须是唯一的,只要成员的参数列表不同即可,成员的名称可以相同。如果同一个类有两个或多个这样的成员(方法、属性、构造函数等),它们具有相同的名称和不同的参数列表,则称该同类成员进行了重载,因为它们的成员签名是不同的。

注意:成员方法的返回类型不是签名的一部分。

【例 5.10】 设计一个控制台应用程序,说明方法重载的使用。

解:在"D:\C♯ 程序\ch5"文件夹中创建控制台项目 proj5-10,其代码如下。

```
using System;
namespace proj5_10
{   class AddClass
    {   public int addvalue( int a, int b)                  //方法重载 1
        {   return a + b; }
        public int addvalue( int a, int b, int c)           //方法重载 2
        {   return a + b + c; }
        public double addvalue( double a, double b)         //方法重载 3
        {   return a + b; }
        public double addvalue( double a, double b, double c) //方法重载 4
        {   return a + b + c; }
    }
    class Program
    {   static void Main( string[ ] args)
        {   AddClass s = new AddClass();
            Console.WriteLine( s.addvalue( 1,2));
            Console.WriteLine( s.addvalue( 1,2,3));
            Console.WriteLine( s.addvalue( 2.5,3.5));
            Console.WriteLine( s.addvalue( 1.2,2.8,8.5));
        }
    }
}
```

在上述程序中,AddClass 类中的 addvalue 方法重载了 4 次,它们具有不同的成员签名。程序的执行结果如图 5.20 所示。

图 5.20　例 5.10 程序的执行结果

5.8.7　运算符重载

在 C♯ 语言中除了方法可以重载外,还可以设计运算符重载。运算符重载和 C++ 语言中的基本相似,其目的是将常用的运算符作用于类对象。从本质上讲,运算符重载就是设计运算符重载方法。

1. 运算符重载概述

运算符重载是指同名运算符可用于运算不同类型的数据。C♯ 允许重载运算符,以供自己的类使用,其目的是让使用类对象像使用基本数据类型一样自然、合理。例如,设计一个名称为 MyAdd 的类,其中对"+"运算符进行了重载,这样对于该类的两个对象 a 和 b 就可以进行 a+b 的运算。

若要重载某个运算符,需要编写一个函数,其基本语法格式如下:

```
public static 返回类型 operator 运算符(参数列表)
{    ...    }
```

所有运算符重载均为类的静态方法。在 C# 中不是所有的运算符都允许重载,以下是可重载的运算符。

- 一元运算符:+、-、!、~、++、--、true、false。
- 二元运算符:+、-、*、/、%、&、|、^、<<、>>、==、!=、>、<、>=、<=。

此外应注意,在重载相等运算符(==)时,还必须重载不相等运算符(!=)。<和>运算符以及<=和>=运算符也必须成对重载。

2. 一元运算符的重载

重载一元运算符时需注意以下几点:

- 一元运算符+、-、!、~必须使用类型 T 的单个参数,可以返回任何类型。
- 一元运算符++、--必须使用类型 T 的单个参数,并且要返回类型 T。
- 一元运算符 true、false 必须使用类型 T 的单个参数,并且要返回类型 bool。

例如设计以下类 MyOp,其中对一元运算符"++"进行了重载:

```
class MyOp
{    private int n;
     public MyOp(int n1) { n = n1;}
     public static MyOp operator ++(MyOp obj)          //重载运算符++
     {    return new MyOp(obj.n + 1);     }
     public void dispdata()
     {    Console.WriteLine("n = {0}",n);     }
}
```

执行以下语句:

```
MyOp a = new MyOp(2);
a++;
a.dispdata();
```

由于类 MyOp 中对运算符"++"进行了重载,所以可以执行 a++,其功能是将 a 的私有字段 n 增 1,上述语句的输出结果为"n=3"。

3. 二元运算符的重载

一个二元运算符必须有两个参数,而且其中至少有一个必须是声明运算符的类或结构的类型。二元运算符可以返回任何类型。

二元运算符的签名由运算符符号和两个形式参数组成。

例如设计以下类 MyOp1,其中对二元运算符"+"进行了重载:

```
class MyOp1
{    private int n;
     public MyOp1() {}
     public MyOp1(int n1) { n = n1;}
     public static MyOp1 operator + (MyOp1 obj1,MyOp1 obj2)        //重载运算符 +
     {    return new MyOp1(obj1.n + obj2.n);}
     public void dispdata()
     {    Console.WriteLine("n = {0}",n);     }
}
```

执行以下语句:

```
MyOp1 a = new MyOp1(2),b = new MyOp1(3),c;
c = a + b;
c.dispdata();
```

由于在类 MyOp1 中对运算符"＋"进行了重载,所以可以执行 $c=a+b$,其功能是将 c 的私有字段 n 赋值为 $a.n$ 和 $b.n$ 之和,上述语句的输出结果为"n＝5"。

5.9　对象的复制

类对象是对象引用变量和它所指实例的总称,当声明一个类 Person 后,Person p1＝new Person()语句的功能是定义对象引用变量 p1 并实例化,而 Person p2 ＝ p1 语句的功能是定义对象引用变量 p2 并指向 p1 的同一实例,并没有创建 p2 的另一个实例,也就是说,p2＝p1 并不是对象复制。那么如何实现对象复制呢? 在 C♯中有浅复制和深复制两种对象复制方式。

5.9.1　浅复制

浅复制是创建一个新对象,并复制原始对象中所有非静态值类型成员和所有引用类型成员的引用,也就是说,原始对象和新对象将共享所有引用成员的实例。

浅复制是通过调用 object 类的非静态方法 MemberwiseClone 实现的,该方法创建一个新对象,然后将当前对象的非静态字段复制到该新对象。如果字段是值类型的,则对该字段执行逐位复制;如果字段是引用类型的,则复制引用但不复制引用的对象。

例如,有以下 tmp 项目:

```
using System;
namespace tmp
{   public class Tel                                    //电话类
    {   public long telno;                              //电话号码
        public Tel(long telno)
        {   this.telno = telno; }
    }
    public class Person                                 //人员类
    {   public int id;                                  //编号
        public string name;                             //姓名
        public Tel tel;                                 //电话
        public Person ShallowCopy()                     //浅复制方法
        {   return (Person)this.MemberwiseClone(); }
        public void display()
        {   Console.WriteLine("编号{0},姓名{1}, 电话{2}",id,name,tel.telno);}
    }
    class Program
    {   static void Main(string[] args)
        {   Person p1 = new Person();
            p1.id = 101; p1.name = "Mary"; p1.tel = new Tel(13912345678);
            Console.Write("p1:"); p1.display();
            Console.WriteLine("由 p1 复制到 p2");
            Person p2 = (Person)p1.ShallowCopy();
            Console.WriteLine("p1 和 p2 是否指向同一实例:{0}",
                object.ReferenceEquals(p1, p2));
            Console.Write("p2:"); p2.display();
            Console.WriteLine("修改 p2 的信息");
```

```
        p2.id = 820; p2.name = "Smith"; p2.tel.telno = 68775500;
        Console.Write("p1:"); p1.display();
        Console.Write("p2:"); p2.display();
    }
  }
}
```

其中，Tel 是一个电话类，Person 是一个人员类，它有一个 Tel 类对象的字段 tel，属于引用类型，ShallowCopy 方法通过调用 object 类的 MemberwiseClone()方法返回当前 Person 对象的复制对象。程序的执行结果如图 5.21 所示，从中可以看到，由 p1 复制到 p2 采用的是浅复制，两者指向不同的 Person 实例，而 p1. tel 和 p2. tel 总是指向 Tel 类的同一实例，p2. tel 修改了，p1. tel 也同步发生了改变。

图 5.21　浅复制程序的执行结果

5.9.2　深复制

在很多情况下浅复制会带来问题，为了克服浅复制可能出现的问题，就有了深复制的概念。深复制和浅复制的区别是对于对象引用成员的处理不同。深复制要在新对象中创建一个与原始对象中对应字段相同的新字段，此引用和原始对象的引用是不同的。

例如，将前面的 tmp 项目改为深复制的程序如下：

```
using System;
namespace tmp
{   public class Tel                                      //电话类
    {   public long telno;                                //电话号码
        public Tel(long telno)
        {   this.telno = telno; }
    }
    public class Person                                   //人员类
    {   public int id;                                    //编号
        public string name;                               //姓名
        public Tel tel;                                   //电话
        public Person DeepCopy()                          //深复制方法
        {   Person other = (Person)this.MemberwiseClone();
            other.tel = new Tel(this.tel.telno);
            return other;
        }
        public void display()
        {   Console.WriteLine("编号{0},姓名{1},电话{2}", id, name, tel.telno); }
    }
    class Program
    {   static void Main(string[] args)
        {   Person p1 = new Person();
```

```
            p1.id = 101; p1.name = "Mary"; p1.tel = new Tel(13912345678);
            Console.Write("p1:"); p1.display();
            Console.WriteLine("由 p1 复制到 p2");
            Person p2 = (Person)p1.DeepCopy();
            Console.WriteLine("p1 和 p2 是否指向同一实例:{0}",
                object.ReferenceEquals(p1, p2));
            Console.Write("p2:"); p2.display();
            Console.WriteLine("修改 p2 的信息");
            p2.id = 820; p2.name = "Smith"; p2.tel.telno = 68775500;
            Console.Write("p1:"); p1.display();
            Console.Write("p2:"); p2.display();
        }
    }
}
```

在 Person 类的深复制方法 DeepCopy 中为 Person 的引用类型的字段 tel 重新创建了一个 Tel 实例，这样在 Main 方法中 p1.tel 和 p2.tel 指向不同的 Tel 实例，两者相互独立。程序的执行结果如图 5.22 所示。

图 5.22　深复制程序的执行结果

说明：object 类的非静态方法 MemberwiseClone 执行的是浅复制。为了实现深复制，需要分析类的成员，对于每个引用类型的字段，都要为新对象的该字段创建新的实例。

5.10　嵌　套　类

类的声明是可以嵌套的，嵌套类是类声明完全包含在另一个类的类声明中的类。一旦类声明完全包含在另一个类声明中，该类即被视为嵌套类，包含嵌套类声明的类称为包含类，嵌套类只能通过包含类访问它。

5.10.1　嵌套类的声明

在包含类的类声明中直接添加嵌套类的类声明。例如，以下声明了包含类 A，其中包含嵌套类 B：

```
class A                                              //声明包含类 A
{   …
    private class B                                  //声明嵌套类 B
    {
        //嵌套类的成员
    }
    …
}
```

嵌套类默认为 private,但是可以设置为 public、protected、internal、protected、internal 或 private。

5.10.2　嵌套类和包含类的关系

嵌套类可以访问包含类,若要访问包含类,需将其作为构造函数传递给嵌套类。例如,有以下程序:

```
using System;
namespace Proj
{   class A                              //声明包含类 A
    {   string stra = "A";               //类 A 的私有字段
        public void funa1()              //定义类 A 的公有方法 funa1()
        {   B b = new B(this);           //将 this(即类 A 的对象)传递给类 B 的构造函数
            b.funb1();
        }
        public void funb2()              //定义类 A 的公有方法 funa2()
        {   B b = new B(this);           //将 this(即类 A 的对象)传递给类 B 的构造函数
            b.funb2();
        }
        class B                          //声明嵌套类 B
        {   private A m_parent;          //类 B 的私有字段
            string strb = "B";           //类 B 的私有字段
            public B(){ }
            public B(A parent)           //定义类 B 的公有方法 funb1()
            {   m_parent = parent;   }
            public void funb1()          //定义类 B 的公有方法 funb1()
            {   Console.WriteLine(m_parent.stra);   }
            public void funb2()
            {   Console.WriteLine(strb);   }
        }
    }
    class Program
    {   static void Main()
        {   A a = new A();
            a.funa1();
            a.funb2();
        }
    }
}
```

在上述程序中,包含类 A 中声明了一个嵌套类 B,类 B 的带参数构造函数传递一个类 A 的对象,在类 B 中可以通过该对象访问类 A 的私有成员 stra。本程序的执行结果如下:

```
A
B
```

嵌套类可访问包含类的私有成员和受保护的成员(包括所有继承的私有成员和受保护的成员)。另外,嵌套类的完整名称为"包含类名.嵌套类名",当要定义嵌套类的对象时,嵌套类应为 public 或 protected。创建嵌套类的新实例的基本格式如下:

```
包含类.嵌套类 对象名 = new 包含类.嵌套类();
```

例如,有以下程序:

```
using System;
namespace Proj
{   class A                            //声明包含类 A
    {   string stra = "A";            //类 A 的私有字段
        public class B                //声明嵌套类 B
        {   public void disp()        //定义类 B 的公有方法 disp()
            {   Console.WriteLine(stra);   }
        }
    }
    class Program
    {   static void Main()
        {   A.B b = new A.B();        //定义嵌套类的对象 b
            b.disp();                 //调用 disp()方法
        }
    }
}
```

在上述程序中,包含类 A 中声明了一个嵌套类 B,类 B 的 disp()方法可以直接访问类 A 的私有成员 stra。本程序的执行结果如下:

```
A
```

5.11　索　引　器

索引器允许类或结构的实例按照和数组相同的方式进行索引。索引器类似于属性,不同之处在于它们的访问器采用参数。实际上,索引器提供一种特殊的方法,用于编写可使用中括号运算符调用的 get 和 set 访问器,而不用传统的方法调用语法。

5.11.1　什么是索引器

索引器提供了一种访问类或结构的方法,即允许按照和数组相同的方式对类、结构或接口进行索引。它的引入是为了使程序更加直观、易于理解。

例如有一个大学名称类 University,其中有一个 name 数组字段可能包含一些大学名称,un 是该类的一个对象,通过类中的索引器允许访问这些大学名称:

```
un[0] = "清华大学";
un[1] = "北京大学";
un[3] = "武汉大学";
```

5.11.2　声明索引器

要在类或结构上声明索引器,需要使用 this 关键字,声明索引器的语法格式如下:

```
public int this[索引类型 index]        //声明索引器
{
    // get 和 set 访问器
}
```

其中,this 关键字引用类的当前实例。从中可以看到,对索引器和对普通属性一样,为它提供 get 和 set 访问器,这些访问器指定使用该索引器时将引用什么内部成员。

例如，带有索引器的 University 类设计如下：

```
public class University
{   const int MAX = 5;
    private string[] name = new string[MAX];
    public string this[int index]          //声明索引器
    {   get                                //get 访问器
        {   if (index >= 0 && index < MAX)
                return name[index];        //当索引正确时返回该索引的元素
            else
                return name[0];            //当索引不正确时返回索引为 0 的元素
        }
        set                                //set 访问器
        {   if (index >= 0 && index < MAX)
                name[index] = value;       //当索引正确时设置该索引的元素值
        }
    }
}
```

从定义可以看到，索引器和属性类似。它们的相似点如下：

- 它们都属于函数成员，都不用分配内存来存储。
- 它们都主要被用来访问其他数据成员，与这些数据成员关联，并为它们提供获取和设置访问。

索引器和属性之间有以下差别：

- 属性允许调用方法，如同它们是公共数据字段；索引器允许调用对象的方法，如同对象是一个数组。
- 属性可通过简单的名称进行访问；索引器可通过索引器进行访问。
- 属性可以作为静态成员或实例成员；索引器必须作为实例成员。
- 属性的 get 访问器没有参数；索引器的 get 访问器具有与索引器相同的形参表。
- 属性的 set 访问器包含隐含 value 参数；索引器的 set 访问器除了 value 参数外，还具有与索引器相同的形参表。

5.11.3 使用其他非整数的索引类型

C#并不将索引类型限制为整数。例如可以对索引器使用字符串，通过搜索集合内的字符串并返回相应的值，可以实现此类的索引器。由于访问器可被重载，字符串和整数版本可以共存。

【例 5.11】 设计一个控制台应用程序，说明索引器使用字符串的方式。

解：在"D:\C♯程序\ch5"文件夹中创建控制台项目 proj5-11，其代码如下。

```
using System;
namespace proj5_11
{   class DayCollection
    {   string[] days = { "Sun", "Mon", "Tues", "Wed", "Thurs", "Fri", "Sat" };
        private int GetDay(string testDay)
        {   int i = 0;
            foreach (string day in days)
            {   if (day == testDay)
                    return i;
```

```
                    i++;
                }
                return - 1;
            }
            public int this[string day]        //索引器
            {   get
                {    return (GetDay(day));}
            }
        }
        class Program
        {   static void Main(string[] args)
            {   DayCollection week = new DayCollection();
                Console.WriteLine("Fri:{0}",week["Fri"]);
                Console.WriteLine("ABC:{0}",week["ABC"]);
            }
        }
    }
```

在上述程序中声明了存储星期的类,其中声明了一个
get 访问器,它接受字符串(英文星期名)并返回相应的整
数。例如,星期日将返回 0,星期一将返回 1,等等,不正确
的星期名返回-1。程序的执行结果如图 5.23 所示。

图 5.23　例 5.11 程序的执行结果

5.12　委　　托

委托(delegate)类型和类相似,也是一种引用类型,由委托类型定义委托对象(简称为委
托),委托与 C/C++中的函数指针相似,与 C/C++中的函数指针不同的是,委托是面向对象的、
类型安全的和保险的。一旦为委托分配了方法,委托将与该方法具有完全相同的行为。委托
的使用可以像其他任何方法一样,具有参数和返回值。

5.12.1　什么是委托

C++、Pascal 和其他语言支持函数指针的概念,允许在运行时选择要调用的函数。Java 不
提供任何具有函数指针功能的结构,但 C♯提供这种构造,通过使用 Delegate 类(即委托类),
委托实例可以封装属于可调用实体的方法。通过委托可以间接地调用一个方法(实例方法或
静态方法都可以)。委托包含对方法的引用,使用委托可以在运行时动态地设定要调用的方
法,执行或调用一个委托将执行该委托引用的方法。

说明:委托类型与类也存在明显的差异,类可以包含数据,而委托类型包含的只是指向方
法的返回类型和参数列表。

委托具有以下特点:

* 委托类似于 C/C++函数指针,但它是类型安全的。
* 委托允许将方法作为参数进行传递。
* 委托可用于定义回调方法。
* 委托可以将多个方法关联在一起。例如,可以对一个事件调用多个方法。
* 委托所指向的方法不需要与委托签名精确匹配(这涉及委托中的协变和逆变,本章不
做介绍)。

说明：委托类 Delegate 是密封的，不能从 Delegate 类中派生委托类型，也不可能从中派生自定义类。

5.12.2 定义和使用委托

定义和使用委托有 3 个步骤，即声明委托类型、实例化委托对象和调用委托方法。

1. 声明委托类型

声明委托类型就是告诉编译器这种类型代表了哪种类型的方法，使用以下语法声明委托类型：

[修饰符] delegate 返回类型 委托类型名(参数列表);

在声明一个委托类型时，每个委托类型都描述参数的个数和类型以及它可以引用的方法的返回类型，每当需要一组新的参数类型或新的返回类型时都必须声明一个新的委托类型。例如：

private delegate void mydelegate(int n); //声明委托类型

上述代码声明了一个委托类型 mydelegate，该委托类型可以引用一个采用 int 作为参数并返回 void 的方法。

说明：在一般情况下，委托类型必须与后面引用的方法具有相同的签名，即委托类型的参数个数、数据类型和顺序以及返回值必须与后面引用的方法相一致。

2. 实例化委托对象

在声明了委托类型后，必须创建一个它的实例，即创建委托对象并使之与特定的方法关联。定义委托对象的语法格式如下：

委托类型名 委托对象名 = new 委托类型名(静态方法或实例方法);

例如，以下语句创建了 mydelegate 委托类型的一个委托对象 p：

mydelegate p;   //定义委托对象

另外，委托对象还需要实例化为调用的方法，通常将这些方法放在一个类中(也可以将这些方法放在程序的 Program 类中)。假设一个 MyDeClass 类如下：

```
class MyDeClass
{    public void fun1(int n)              //定义方法 fun1
     {    Console.WriteLine("{0}的 2 倍 = {1}",n,2 * n);}
     public void fun2(int n)              //定义方法 fun2
     {    Console.WriteLine("{0}的 3 倍 = {1}", n, 3 * n);}
}
```

可以通过以下语句实例化委托对象 p：

```
MyDeClass obj = new MyDeClass();         //创建 MyClass 类实例
mydelegate p = new mydelegate(obj.fun1); //实例化委托对象并与 obj.fun1()方法相关联
```

其中，MyDeClass 类中的 fun1 方法有一个 int 形参，其返回类型为 void，它必须与 mydelegate 类型的声明相一致。

3. 调用委托方法

在创建委托对象后，通常将委托对象传递给将调用该委托的其他代码。通过委托对象的

名称(后面跟要传递给委托的参数,放在括号内)调用委托对象,其使用语法格式如下:

委托对象名(实参列表);

例如,以下语句调用委托 p:

p(100);

委托对象是不可变的,即设置与其匹配的签名后就不能再更改签名了。但是,如果其他方法具有同一签名,也可以指向该方法。例如:

```
MyDeClass obj = new MyDeClass();          //定义 obj 并实例化
mydelegate p = new mydelegate(obj.fun1);//定义委托对象 p 并与 obj.fun1()方法关联
p(5);                                      //调用委托对象 p
p = new mydelegate(obj.fun2);             //定义委托对象 p 并与 obj.fun2()方法关联
p(3);                                      //调用委托对象 p
```

其执行结果如下:

```
5 的 2 倍 = 10
3 的 3 倍 = 9
```

p(5)语句的执行过程是,p 是一个委托对象,它已指向 obj.fun1 事件处理方法,现在将参数 5 传递给 obj.fun1 方法,然后执行该方法,相当于执行 obj.fun1(5)。

【例 5.12】　设计一个控制台应用程序,说明委托的使用。

解:在"D:\C♯程序\ch5"文件夹中创建控制台项目 proj5-12,其代码如下。

```
using System;
namespace proj5_12
{   delegate double mydelegate(double x, double y);         //声明委托类型
    class MyDeClass                                          //声明含有方法的类
    {   public double add(double x, double y)
        {    return x + y;     }
        public double sub(double x, double y)
        {    return x − y;     }
        public double mul(double x, double y)
        {    return x ∗ y;     }
        public double div(double x, double y)
        {    return x/y;       }
    }
    class Program
    {   static void Main(string[] args)
        {   MyDeClass obj = new MyDeClass();                 //创建 MyDeClass 类实例
            mydelegate p = new mydelegate(obj.add);         //委托对象与 obj.add()相关联
            Console.WriteLine("5 + 8 = {0}", p(5,8));       //调用委托对象 p
            p = new mydelegate(obj.sub);                    //委托对象与 obj.sub()相关联
            Console.WriteLine("5 − 8 = {0}", p(5,8));       //调用委托对象 p
            p = new mydelegate(obj.mul);                    //委托对象与 obj.mul()相关联
            Console.WriteLine("5 ∗ 8 = {0}", p(5,8));       //调用委托对象 p
            p = new mydelegate(obj.div);                    //委托对象与 obj.div()相关联
            Console.WriteLine("5/8 = {0}", p(5,8));         //调用委托对象 p
        }
    }
}
```

在上述程序中先声明委托类型 mydelegate,定义一个包含委托方法的类 MyDeClass,其中含有 4 个方法,分别实现两个参数的加法、减法、乘法和除法。然后在主函数中定义 MyDeClass 类的一个对象 obj 并实例化,定义一个 mydelegate 委托对象 p,将其实例化并分别关联到 obj 的 4 个方法,每次实例化后都调用该委托对象。程序的执行结果如图 5.24 所示。

图 5.24　例 5.12 程序的执行结果

当然,也可以直接把方法名赋值给委托对象来创建一个委托实例,上例的主函数可以等价地改为:

```
static void Main(string[ ] args)
{   MyDeClass obj = new MyDeClass();
    mydelegate p = obj.add;                      //直接把 obj.add 赋值给委托对象
    Console.WriteLine("5 + 8 = {0}", p(5, 8));   //调用委托对象
    p = obj.sub;                                 //直接把 obj.sub 赋值给委托对象
    Console.WriteLine("5 - 8 = {0}", p(5, 8));   //调用委托对象
    p = obj.mul;                                 //直接把 obj.mul 赋值给委托对象
    Console.WriteLine("5 * 8 = {0}", p(5, 8));   //调用委托对象
    p = obj.div;                                 //直接把 obj.div 赋值给委托对象
    Console.WriteLine("5/8 = {0}", p(5, 8));     //调用委托对象
}
```

5.12.3　委托对象封装多个方法

和 C/C++中的函数指针不同的是,一个委托对象可以指向多个事件处理方法(称为多路广播委托,即多播),这多个事件处理方法构成调用列表,从而激活多个事件处理方法的执行,因此,可以把一个委托对象看成一系列的方法,如图 5.25 所示。用户可以使用"+"、"-"、"+="和"-="等运算符向调用列表中增加或移除方法。

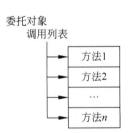

图 5.25　把一个委托对象看成一系列方法

【例 5.13】　设计一个控制台应用程序,说明委托对象封装多个方法的使用。

解:在"D:\C♯程序\ch5"文件夹中创建控制台项目 proj5-13,其代码如下。

```
using System;
namespace proj5_13
{   delegate void mydelegate(double x, double y);     //声明委托类型
    class MyDeClass                                   //声明含有多个方法的类
    {   public void add(double x, double y)
        {   Console.WriteLine("{0} + {1} = {2}", x, y, x + y);   }
        public void sub(double x, double y)
```

```
    {    Console.WriteLine("{0} - {1} = {2}", x, y, x - y);    }
         public void mul(double x, double y)
    {    Console.WriteLine("{0} * {1} = {2}", x, y, x * y);    }
         public void div(double x, double y)
    {    Console.WriteLine("{0}/{1} = {2}", x, y, x/y);        }
    }
    class Program
    {    static void Main(string[ ] args)
    {    MyDeClass obj = new MyDeClass();
         mydelegate p, a;
         a = obj.add;                          //直接把 obj.add 赋值给委托对象
         p = a;                                //将 add 方法添加到调用列表中
         a = obj.sub;                          //直接把 obj.sub 赋值给委托对象
         p += a;                               //将 sub 方法添加到调用列表中
         a = obj.mul;                          //直接把 obj.mul 赋值给委托对象
         p += a;                               //将 mul 方法添加到调用列表中
         a = obj.div;                          //直接把 obj.div 赋值给委托对象
         p += a;                               //将 div 方法添加到调用列表中
         p(5, 8);
    }
    }
    }
```

在本程序的主函数中,将 4 个方法添加到调用列表 p 中。p(5.8)语句的执行过程是,p 是一个委托对象,它已指向 obj 对象的 4 个事件处理方法,将参数 5 和 8 传递给这 4 个事件处理方法,分别执行这些方法,如图 5.26 所示,相当于执行 obj.add(5,8)、obj.sub(5,8)、obj.mul(5,8)和 obj.div(5,8)。其执行结果与例 5.12 的相同。

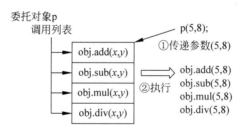

图 5.26 执行委托对象的一系列方法

5.12.4 委托与匿名方法

所谓匿名方法就是没有方法名称的方法,可以将委托与匿名方法关联,即直接给出方法体。其一般语法格式如下:

```
delegate 返回类型 委托类型名(参数列表);
委托类型名 委托对象名 = delegate(参数列表) { / * 匿名方法代码 * / };
委托对象名(实参列表);                                //调用委托对象
```

第 1 个语句声明委托类型,第 2 个语句定义匿名方法并将其与委托对象关联,第 3 个语句调用委托。

例如,以下程序段就是将委托与匿名方法关联,并调用该委托:

```
delegate void mydelegate(string mystr);                    //声明委托类型
```

```
class Program
{   static void Main(string[] args)
    {   mydelegate p = delegate(string mystr)          //实例化并关联到匿名方法
        {   Console.WriteLine(mystr);   };
        p("String");                                    //输出 String
    }
}
```

5.12.5 委托和 Lambda(λ)表达式

从 C#3.0 开始引入了 λ 表达式，λ 表达式为匿名方法提供了一个新的语法。

λ 表达式是使用 λ 运算符"=>"的表达式。在运算符"=>"的左边是输入参数（可选），右边包含表达式和语句块，下面给出几个示例。

示例 1：

```
x => x * x;                                             //读作 x goes to x * x
```

如果只有一个输入参数，可以省略小括号。该 λ 表达式等价于以下代码：

```
T 方法名(x)
{   return x * x; }
```

其中，T 的类型由编译器推出。

示例 2：

```
(x, y) => x + y;
```

在有多个输入参数时，必须将它们包含在一个括号中，并用逗号分隔。该 λ 表达式等价于以下代码：

```
T 方法名(T x, T y)
{   return x + y; }
```

示例 3：

```
(int x, int y) => x + y;
```

如果编译器无法推出类型，可以显式地指定类型。

示例 4：

```
() => Console.WriteLine("Hello");
```

使用空括号指定 0 个输入参数。

示例 5：

```
(int x, int y) => { return(x + y);   }
```

当右边有 return 语句时，需要使用花括号将这些语句括起来。

示例 6：

```
(int x, int y) => { int z = x + y; return z;   }
```

当右边有多个语句时，需要使用花括号将这些语句括起来。

λ 表达式可以用于委托类型。前面介绍过可以将委托与匿名方法关联，如果使用 λ 表达式就不会有匿名方法。在匿名方法的语法中,delegate 关键字是多余的,因为编译器知道是在将方法赋值给委托。可以采用以下步骤把匿名方法转换为 λ 表达式:

① 删除 delegate 关键字。

② 在参数列表和匿名方法的方法体之间放入一个"=>"。

例如,可以将前面委托与匿名方法关联的代码等价地改为:

```
delegate void mydelegate(string mystr);                    //声明委托类型
class Program
{    static void Main(string[] args)
     {    mydelegate p = mystr => Console.WriteLine(mystr);
          //或 mydelegate p = (mystr => Console.WriteLine(mystr));
          p("String");                                     //输出 String
     }
}
```

λ 表达式左边的输入参数列表必须在个数、类型和位置上与委托类型相匹配。例如,声明了以下委托类型:

```
delegate int mydelegate(int x);
```

以下语句的功能是等价的:

```
mydelegate p1 = (int x) => { return(x + 1); };
mydelegate p2 = (x) => { return(x + 1); };
mydelegate p3 = x => { return(x + 1); };
mydelegate p4 = (x) => x + 1;
mydelegate p5 = x => x + 1;
```

而以下语句是错误的:

```
mydelegate p1 = (int x) => return(x + 1);          //return 语句应包含在花括号中
mydelegate p2 = x => x++;                           //x 没有变,应改为 mydelegate p2 = x =>++x;
mydelegate p3 = (ref x) => x++;                     //输入参数不是 ref 类型
mydelegate p4 = (out x) => x++;                     //输入参数不是 out 类型
delegate int mydelegate1(int x, int y);            //声明 mydelegate1 委托类型
mydelegate1 p5 = x, y => x + y;                     //应改为 mydelegate p5 = (x,y) => x + y;
mydelegate1 p6 = (x,y) =>{ int z = x * y; z + 1; };
          //应改为 mydelegate1 p6 = (x,y) =>{ int z = x * y; return(z + 1); };
```

5.13　事　　件

事件程序设计是开发 Windows 应用程序和 Web 应用程序的主要方法,它以事件处理机制为核心,委托是事件的基础。本节介绍事件及其相关概念。

5.13.1　事件处理机制

事件是类在发生其关注的事情时用来提供通知的一种方式。例如,封装用户界面控件的类可以定义一个在用户单击时发生的事件。控件类不关心单击按钮时发生了什么,但是它需要告知派生类单击事件已经发生,然后派生类可以选择如何响应。

当发生与某个对象相关的事件时,该类会使用事件将这一对象通知给用户。这种通知即

为引发事件,引发事件的对象称为事件源或者发行者。对象引发事件的原因有很多,如单击某个命令按钮或者选择菜单项等。接收事件的对象称为订阅者,订阅者之所以会接到通知,是因为订阅者订阅了事件源的该事件。

这里以课堂讲课为例,某教室里有若干个学生,当上课教师宣布"开始上课"时,该教室里的学生听到后做各种上课准备,有的认真听课,有的认真看书,有的做笔记,而不在该教室的学生则不会。从程序的角度看,当教师宣布"开始上课"时发生了一个事件,是该教师通知该事件发生,所以该教师是事件源,该教室的学生(称为订阅者)接到通知后开始做上课准备(事件的订阅者对事件的处理),如图 5.27 所示。

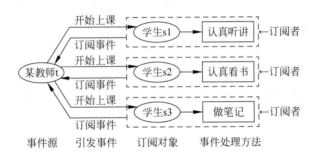

图 5.27　教师宣布"开始上课"事件的执行过程

在事件通信中,事件源类不知道哪个对象或方法将接收到(处理)它引发的事件,所需要的是在源和接收方之间存在一个媒介(或类似指针的机制)。.NET Framework 定义了一个特殊的类型(Delegate),该类型提供函数指针的功能。另外,如果要在应用程序中使用事件,必须提供一个事件处理程序(事件处理方法),该处理程序执行程序逻辑以响应事件,并向事件源注册事件处理程序。事件委托是多路广播的,这意味着它们可以对多个事件处理方法进行引用。

归纳起来,事件处理机制如图 5.28 所示。事件处理过程大致分为以下 4 个步骤:

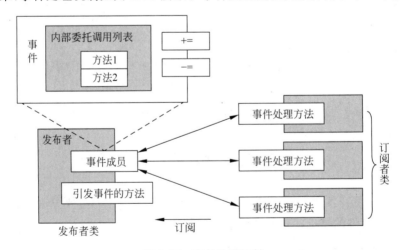

图 5.28　事件处理机制

① 在事件源类(发布者类)中声明一个事件成员,即某种事件处理委托的实现(多路广播事件委托实例)。

② 在接收事件的类(或订阅者类)中或其他地方定义与事件委托相匹配的事件处理方法。通常情况下,所有接收事件的对象呈现不同的行为,则将事件处理过程放在接收事件的类中,若

所有接收事件的对象呈现相同的行为,则可以将事件处理过程放在其他地方(如 Main 函数中)。

③ 通过"＋＝"向多路广播事件委托实例封装的事件调用列表中添加事件处理方法,或通过"－＝"从多路广播事件委托实例封装的事件调用列表中删除事件处理方法。

④ 在事件源类(发布者类)中添加发生事件的有关代码,即当满足某个条件时(发生事件),调用多路广播委托实例封装的调用列表中添加订阅者类的事件处理方法。如果没有订阅,即事件实例为 null,则不做任何处理。

5.13.2　事件的创建和使用

下面介绍在 C♯ 中创建和使用事件的步骤。

1. 在事件源类的声明中为事件创建一个委托类型和声明事件

在事件源类中声明一个事件委托类型,该委托类型的返回值类型通常为 void。其一般语法格式如下:

```
delegate void 委托类型名([引发事件的对象名,事件参数]);
```

例如在课堂讲课例子中,设计事件源类为教师类 Teacher,其中通过以下语句声明一个委托类型 delegateType,其委托的事件处理方法的返回类型为 void,不带任何参数:

```
public delegate void delegateType();          //声明委托类型
```

事件是事件源类的成员。在事件源类中以关键字 event 声明一个事件,其一般语法格式如下:

```
[修饰符] event 委托类型名 事件名;
```

其中,"修饰符"指出类的用户访问事件的方式,可以为 public、private、protected、internal、protectedinternal、static、virtual 等。

例如,在 Teacher 类中包含以下语句声明一个上课事件:

```
public event delegateType ClassEvent;          //声明一个上课事件
```

2. 在订阅者类中创建事件处理方法

当事件引发时需要调用事件处理方法,需设计相应的事件处理方法,既可以将事件处理方法放在订阅者类中,也可以将事件处理方法放在单独的类中。

例如,在课堂讲课例子中,设计订阅者类为学生类 Student,在该类中设计以下 3 个事件处理方法(也可以有多个订阅者类,每个类中包含事件处理方法):

```
public void Listener()                         //听课方法
{   Console.WriteLine("  学生" + sname + "正在认真听课");}
public void Record()                           //做笔记方法
{   Console.WriteLine("  学生" + sname + "正在做笔记");}
public void Reading()                          //看书方法
{   Console.WriteLine("  学生" + sname + "正在认真看书");}
```

3. 订阅事件

向事件源类的事件中添加事件处理方法中的一个委托,这个过程称为订阅事件。这个过程通常是在主程序中进行的,首先必须定义一个包含事件的类的对象,然后将事件处理方法和该对象关联起来。其格式如下:

事件类对象名.事件名 += new 委托类型名(事件处理方法);

其中,还可以使用"－＝"、"＋"、"－"等运算符添加或删除事件处理方法。

例如,以下语句是订阅者 s1(s1 是 Student 类对象)向事件源 t(Teacher 类对象)订阅 ClassEvent 事件,其中事件处理方法是 Student 类的 Listener 方法:

```
t.ClassEvent += new Teacher.delegateType(s1.Listener);
```

4. 创建引发事件的方法

如果要通知订阅了某个事件的所有对象,需要引发该事件,引发事件与调用方法相似,其语法格式如下:

事件名([参数表]);

通常在事件源中包含引发事件的方法。例如,在 Teacher 类中包含以下方法:

```
public void Start()                         //定义引发事件的方法
{   Console.WriteLine(tname + "教师宣布开始上课:");
    if (ClassEvent != null)
        ClassEvent();                       //当事件不空时引发该事件
}
```

5. 引发事件

在需要的时候通过调用引发事件的方法来引发事件,引发事件方法包含引发事件的语句。例如,以下语句调用引发事件方法:

```
t. Start();                                 //开始上课
```

其中 t 为事件源对象,Start()为引发事件的方法。事件源对象既可以是发布者类的对象,也可以是其他类的对象。

在前面介绍的课堂讲课例子的完整程序如下:

```
using System;
using System.Collections;
namespace proj
{   public class Teacher                     //发布者教师类
    {   private string tname;                 //教师姓名
        public delegate void delegateType(); //声明事件委托类型
        public event delegateType ClassEvent; //声明一个上课事件
        public Teacher(string name)          //构造函数
        {   this.tname = name; }
        public void Start()                   //定义引发事件的方法
        {   Console.WriteLine(tname + "教师宣布开始上课:");
            if (ClassEvent != null)           //引发事件的语句
                ClassEvent();                 //当事件不空时引发该事件
        }
    }
    public class Student                      //订阅者学生类
    {   private string sname;                 //学生姓名
        public Student(string name)          //构造函数
        {   this.sname = name;   }
        public void Listener()                //事件处理方法:听课方法
        {   Console.WriteLine("  学生" + sname + "正在认真听课");   }
        public void Record()                  //事件处理方法:做笔记方法
```

```
    { Console.WriteLine("  学生" + sname + "正在做笔记"); }
    public void Reading()                  //事件处理方法：看书方法
    { Console.WriteLine("  学生" + sname + "正在认真看书"); }
    }
    class Program
    {   static void Main(string[] args)
        {   Teacher t = new Teacher("李明");
            Student s1 = new Student("许强");
            Student s2 = new Student("陈兵");
            Student s3 = new Student("张英");
            //以下是 3 个学生订阅同一个事件
            t.ClassEvent += new Teacher.delegateType(s1.Listener);
            t.ClassEvent += new Teacher.delegateType(s2.Reading);
            t.ClassEvent += new Teacher.delegateType(s3.Record);
            t.Start();                       //引发事件
        }
    }
}
```

该程序的执行结果如下：

```
李明教师宣布开始上课：
  许强正在认真听课
  陈兵正在认真看书
  张英正在做笔记
```

说明：在应用程序中使用事件，必须提供一个事件处理方法，该处理方法执行程序逻辑以响应事件，并向事件源注册事件处理方法，该过程称为事件连接。后面介绍的 Windows 窗体和 Web 窗体的可视化设计器所提供的应用程序快速开发工具简化（或者说隐藏）了事件连接的详细信息，从而大大简化了程序员的事件设计过程。

【例 5.14】 设计一个控制台应用程序，说明事件的使用。

解：在"D：\C♯程序\ch5"文件夹中创建控制台项目 proj5-14，其代码如下。

```
using System;
namespace proj5_14
{   public delegate void mydelegate(int c, int n);     //声明一个事件委托类型
    public class Shape                                  //声明引发事件的类
    {   protected int color;                            //定义保护字段 color
        protected int size;                             //定义保护字段 size
        public event mydelegate ColorChange;           //定义一个事件
        public event mydelegate GetSize;               //定义一个事件
        public int pcolor                              //定义属性 pcolor
        {   set
            {   int ocolor = color;                    //保存原来的颜色
                color = value;
                ColorChange(ocolor, color);            //在 color 的值发生改变后引发事件
            }
        }
        public int psize                               //定义属性 psize
        {   get
            {   GetSize(size,10);
                return size;
            }
        }
```

```
        public Shape()                                    //构造函数
        {    color = 0; size = 10;}
        public Shape(int c, int s)                         //重载构造函数
        {    color = c;size = s;   }
    }
    class Program                                          //接收事件的类
    {    static void Main(string[] argvs)
        {    Shape obj = new Shape();
            obj.ColorChange += new mydelegate(CCHandler1);  //订阅事件
            obj.GetSize += new mydelegate(CCHandler2);       //订阅事件
            Console.WriteLine("obj 对象的操作:");
            obj.pcolor = 3;                                  //改变颜色时引发事件
            Console.WriteLine("大小为:{0}", obj.psize);       //获取大小时引发事件
            Shape obj1 = new Shape(5,20);
            obj1.ColorChange += new mydelegate(CCHandler1);  //订阅事件
            obj1.GetSize += new mydelegate(CCHandler2);       //订阅事件
            Console.WriteLine(" =================== ");
            Console.WriteLine("obj1 对象的操作:");
            obj1.pcolor = 3;                                 //改变颜色时引发事件
            Console.WriteLine("大小为:{0}",obj1.psize);        //获取大小时引发事件
        }
        static void CCHandler1(int c, int n)                //事件处理方法
        {    Console.WriteLine("颜色从{0}改变为{1}", c, n); }
        static void CCHandler2(int s, int n)                //事件处理方法
        {    if (s == n)
                Console.WriteLine("大小没有改变");
            else
                Console.WriteLine("大小已改变");
        }
    }
}
```

上述程序中的事件处理机制如图 5.29 所示。该程序先声明一个事件委托类型 mydelegate，它委托的事件处理方法的返回类型为 void，带有两个 int 型参数。在发布者 Shape 类中声明了两个事件成员 ColorChange 和 GetSize，前者在 color 值改变时引发，后者在获取 size 值时引发。事件处理方法 CCHandler1 和 CCHandler2 放在 Program 类中，它们都被设计为静态方法。

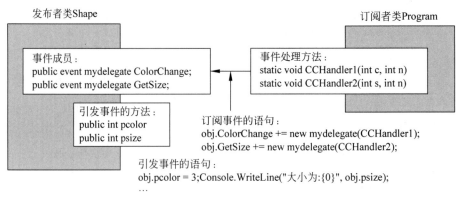

图 5.29　例 5.14 的事件处理机制

在订阅者 Program 类中包含订阅事件，当执行 obj
.pcolor＝3 和 obj1.pcolor＝3（它们都是引发事件的语
句）时，执行 pcolor 属性的 set 访问器，导致引发
ColorChange（）事件，并调用静态事件处理方法
CCHandler1；当获取 obj.psize 和 obj1.psize 时，执行
psize 属性的 get 访问器，导致引发 GetSize（）事件，并调
用静态事件处理方法 CCHandler2。程序的执行结果如
图 5.30 所示。

图 5.30　例 5.14 程序的执行结果

　　说明：该例是为了说明事件程序设计的一般过程，
实际上，在设计 Windows 和 Web 应用程序时，像本例的
声明引发事件的类 Shape 和事件类型等都已由 C♯系统设计好了，程序开发人员只需要设计
像 Program 的类即可，这样可以大大简化应用程序的开发过程。

练 习 题 5

1. 单项选择题

（1）在 C♯中，_____访问修饰符修饰的字段只能由当前程序集访问。

　　A. public　　　　　B. protected　　　　C. internal　　　　D. private

（2）类 ClassA 有一个名称为 M1 的方法，在程序中有以下一段代码，假设该段代码是可
以执行的，则修饰 M1 方法时一定使用了_____修饰符。

```
ClassA obj = new ClassA();
ClassA.M1();
```

　　A. public　　　　　B. static　　　　　C. public static　　　D. virtual

（3）在 C♯中，属性从读/写特性上进行分类，可以划分为 3 种，除了_____。

　　A. 只读属性　　　　　　　　　　　B. 只写属性

　　C. 读/写属性　　　　　　　　　　　D. 不可读不可写的属性

（4）在类的定义中，类的_____描述了该类的对象的行为特征。

　　A. 类名　　　　　　　B. 方法　　　　　　C. 所属的命名空间　D. 私有域

（5）在 C♯中，以下关于属性的描述正确的是_____。

　　A. 属性是以 public 关键字修饰的字段，以 public 关键字修饰的字段也可称为属性

　　B. 属性是访问字段值的一种灵活机制，属性更好地实现了数据的封装和隐藏

　　C. 要定义只读属性，只需在属性名前加上 readonly 关键字即可

　　D. 在 C♯的类中不能自定义属性

（6）以下类 MyClass 的属性 count 属于_____属性。

```
class MyClass
{   int i;
    int count
    {   get{ return i; }}
}
```

　　A. 只读　　　　　　　B. 只写　　　　　　C. 可读/写　　　　D. 不可读不可写

（7）以下关于 C# 中方法重载的说法正确的是_____。

　　A. 如果两个方法名称不同，而参数的个数不同，那么它们可以构成方法重载

　　B. 如果两个方法名称相同，而返回值的数据类型不同，那么它们可以构成方法重载

　　C. 如果两个方法名称相同，而参数的数据类型不同，那么它们可以构成方法重载

　　D. 如果两个方法名称相同，而参数的个数相同，那么它们一定不能构成方法重载

（8）以下_____不是构造函数的特征。

　　A. 构造函数的函数名和类名相同　　　　B. 构造函数可以重载

　　C. 构造函数可以带有参数　　　　　　　D. 可以指定构造函数的返回值

（9）在 C# 中，以下有关索引器的参数个数的说法正确的是_____。

　　A. 索引器只能有一个参数　　　　　　　B. 索引器可以有多个参数

　　C. 索引器可以没有参数　　　　　　　　D. 索引器至少要有两个参数

（10）在类 MyClass 中有下列方法定义：

```
public void testParams(params int[] arr)
{   Console.Write ("使用 Params 参数!");}
public void testParams(int x, int y)
{   Console.Write ("使用两个整型参数!");}
```

请问上述方法重载有无二义性？若没有，则下列语句的输出为_____。

```
MyClass x = new MyClass();
x.testParams(0);
x.testParams(0,1);
x.testParams(0,1,2);
Console.WriteLine();
```

　　A. 有语义二义性

　　B. 使用 Params 参数!使用两个整型参数!使用 Params 参数!

　　C. 使用 Params 参数!使用 Params 参数!使用 Params 参数!

　　D. 使用 Params 参数!使用两个整型参数!使用两个整型参数!

（11）以下程序的输出结果是_____。

```
using System;
namespace aaa
{   class Example1
    {   static long sub(int x, int y)
        {   return x * x + y * y;   }
        public static void Main()
        {   int a = 30;
            sub(5,2);
            Console.WriteLine("{0}",a);
        }
    }
}
```

　　A. 0　　　　　　　　B. 29　　　　　　　　C. 30　　　　　　　　D. 无定值

（12）C# 中的 MyClass 是一个自定义类，其方法定义为 public void Hello(){…}。然后
创建该类的对象，并使用变量 obj 引用该对象，语句为"MyClass obj＝new MyClass();"，那么

可访问类 MyClass 的 Hello 方法的语句是_____。

  A. obj. Hello();   B. obj::Hello();

  C. MyClass. Hello();   D. MyClass::Hello();

(13) 分析以下 C♯ 语句,注意类 MyClass 没有显式地指定访问修饰符:

```
namespace aaa
{   class MyClass
    {    public class subclass
        {    int i; }
    }
}
```

类 MyClass 的默认访问修饰符是_____。

  A. private   B. protected   C. internal   D. public

(14) 分析下列程序:

```
public class MyClass
{   private string _sData = "";
    public string sData
    {   set{ _sData = value; }}
}
```

在 Main 函数中成功创建该类的对象 obj 后,以下_____语句是合法的。

  A. obj. sData = "It is funny!";   B. Console. WriteLine(obj. sData);

  C. obj. _sData = 100;   D. obj. set(obj. sData);

(15) 以下_____关键字用于委托类型。

  A. delegate   B. event   C. this   D. value

(16) 以下关于委托和委托类型的叙述正确的是_____。

  A. 委托不是一种类的成员   B. 委托必须在类中定义

  C. 定义委托需要使用 delegate 关键字 D. 委托类型是一种数据类型

(17) 分析下列语句:

```
namespace NS
{   public delegate void Hello(string target);   }
```

该语句的作用是_____。

  A. 在 NS 命名空间中定义了一个名称为 Hello 的全局方法

  B. 在 NS 命名空间中声明了函数 Hello 的原型

  C. 在 NS 命名空间中声明了一个名称为 Hello 的函数指针

  D. 在 NS 命名空间中声明了一个名称为 Hello 的委托类型

(18) 有以下 C♯ 代码:

```
class App
{   public static void Main()
    {   mydelegate p = new mydelegate(CheckStatus);
        p("string…");
        …
    }
    static void CheckSatus(string state)
```

```
    {   Console.WriteLine(state); }
    }
```

其中 mydelegate 是一个_____。

    A. 委托类型　　　　B. 结构类型　　　　C. 函数　　　　D. 类名

(19) 以下 C♯程序的执行情况是_____。

```
using System;
namespace aaa
{   delegate void delep(int i);
    class Program
    {   public static void Main()
        {   funb(new delep(funa));   }
        public static void funa(int t)
        {   funb(21); }
        public static void funb(int i)
        {   Console.WriteLine(i.ToString());   }
    }
}
```

    A. 代码中存在错误,"delegate void delep(int i);"不能定义在名称空间或者类之外

    B. 代码中存在错误,代码行 funb(new delep(funa))使用委托错误

    C. 程序正常运行,输出为 0

    D. 程序正常运行,输出为 21

(20) 已知委托类型 DoSomething 的定义如下:

```
public delegate void DoSomething();
```

a、b、c 和 d 都是 DoSomething 的变量,分别有以下调用列表:

a：objA. Func1、objA. Func2

b：objA. Func1、Class1. StaticFunc

c：objA. Func1、Class2. StaticFunc

d：objB. Fun1

其中 objA 为类 Class1 的对象,objB 为类 Class2 的对象,则执行 $b=b+c$ 后,变量 b 关联的方法个数为_____。

    A. 2　　　　B. 3　　　　C. 4　　　　D. 5

(21) 以下_____关键字用于定义事件。

    A. delegate　　　　B. event　　　　C. this　　　　D. value

(22) 将发生的事件通知其他对象(订阅者)的对象称为事件的_____。

    A. 广播者　　　　B. 通知者　　　　C. 发行者　　　　D. 订阅者

(23) 已知类 MyClass 中事件 MouseClicked 的定义如下:

```
public delegate void mydelegate();
public event mydelegate MouseClicked;
```

执行下列语句:

```
Method obj = new Method();
MyClass e = new MyClass();
```

```
e.MouseClicked += obj.fun;
e.MouseClicked += obj.fun;
```

其中 Method 类中包含事件处理方法 fun，然后引发该 MouseClicked 事件，其结果为_____。

　　A. obj.fun 方法被调用 4 次　　　　　B. obj.fun 方法被调用两次

　　C. obj.fun 方法被调用一次　　　　　D. obj.fun 方法不会被调用

（24）在 C♯ 中，以下关于命名空间的叙述正确的是_____。

　　A. 命名空间不可以嵌套

　　B. 在任意一个 .cs 文件中只能存在一个命名空间

　　C. 使用 private 修饰的命名空间，其内部的类不允许访问

　　D. 命名空间使得代码更加有条理、结构更清晰

2. 问答题

（1）简述 C♯ 中命名空间的作用。

（2）简述 C♯ 中类成员的几种访问方式。

（3）简述 C♯ 中构造函数和析构函数的主要作用以及特点。

（4）简述 C♯ 中属性的特点。为什么要设置类的属性？

（5）在设计方法时，ref 和 out 有什么不同？

（6）简述 C♯ 中实现委托的具体步骤。

（7）什么是事件？如何预订与取消事件？

（8）阅读下面的程序，找出其中的错误并改正过来。

```
class MyClass
{    private int a;
     private int b;
     private int c;
     public MyClass( int va, int vb, int vc)
     {    a = va;
          b = vb;
          c = vc;
     }
}
class Program
{    static void Main(string[ ] args)
     {    MyClass obj = new MyClass(1,2,3);
          Console.WriteLine("{0},{1}",obj.a,obj.b);
     }
}
```

3. 编程题

（1）设计控制台应用程序项目 exci5-1，声明一个人类 Person 和一个动物类 Animal，它们都包含公有字段 legs（腿的只数）和保护的字段 weight（重量），定义它们的对象并输出相关数据。

（2）设计控制台应用程序项目 exci5-2，通过委托方式求两个整数（x 和 y）的 $x^2 + y^2$ 和 $x^2 - y^2$ 的值。

（3）设计控制台应用程序项目 exci5-3，创建一个 List 类，它可以存储整数、实数、字符数

据等（最多存放 100 个元素），并可以添加和删除元素等，用相关数据进行测试。

（4）设计控制台应用程序项目 exci5-4，输入若干个学生的英语和数学成绩，求出总分，并按总分从高到低排序。要求设计一个学生类 Student，所有学生对象存放在一个 Student 对象数组中，通过一个方法对其按照总分进行降序排序，最后输出排序后的结果。

4. 上机实验题

（1）设计控制台应用程序项目 experiment5-1，用于求学生的 GPA。GPA 是英文平均分的简称，美国大学的 GPA 满分是 4 分。例如某学生的 5 门课程的学分和成绩为：

课程 1 有 4 个学分，成绩 92（A）；

课程 2 有 3 个学分，成绩 80（B）；

课程 3 有两个学分，成绩 98（A）；

课程 4 有 6 个学分，成绩 70（C）；

课程 5 有 3 个学分，成绩 89（B）。

计算 GPA 有两种，一是常见算法 GPA，另一个是标准算法 GPA。在计算常见算法 GPA 时，先将分数转换成点数，其转换方式如下：

$90\sim100$ 对应点数为 4.0，$80\sim89$ 对应点数为 3.0，$70\sim79$ 对应点数为 2.0，$60\sim69$ 对应点数为 1.0，其他为 0。

以上 5 项成绩 GPA 为：

常见算法 $GPA=(4\times4+3\times3+2\times4+6\times2+3\times3)/(4+3+2+6+3)=3.00$

标准算法 $GPA=((92\times4+80\times3+98\times2+70\times6+89\times3)\times4)/((4+3+2+6+3)\times100)=3.31$

要求将学生和课程分别设计成类 Student 和 Course，计算一个学生 GPA 的输出结果如图 5.31 所示。

（2）设计控制台应用程序项目 experment5-2，用于模拟考试过程，其中有一个教师类 Teacher 和一个学生类 Student。教师宣布开始考试，学生接收后开始答题，学生答题完毕引发答题完成事件，教师收卷。例如有 5 个学生考试，过程如图 5.32 所示。

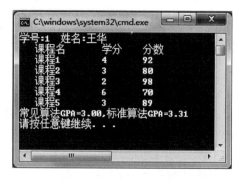

图 5.31　上机实验题（1）程序的执行结果

图 5.32　上机实验题（2）程序的执行结果

第 6 章

继承和接口设计

继承是面向对象程序设计的基本特征,包括类继承和接口继承。C♯语言不像 C++语言那样支持类的多继承(从多个类派生一个类),但提供了接口并支持接口的多继承(从多个接口派生一个接口)。本章介绍 C♯的继承机制、多态性和接口设计方法。

本章学习要点:

- ☑ 掌握 C♯中继承的概念和设计方法。
- ☑ 掌握 C♯中在继承时构造函数和析构函数的执行次序。
- ☑ 掌握 C♯中多态性的设计方法。
- ☑ 掌握 C♯中抽象类的概念和设计方法。
- ☑ 掌握 C♯中接口的概念和设计方法。
- ☑ 掌握 C♯中类对象的转换方法。
- ☑ 掌握利用 C♯中的继承和接口技术设计较复杂程序的方法。

6.1 继　　承

继承是面向对象程序设计最重要的特征之一,它允许创建分等级层次的类。运用继承能够创建一个通用类,它定义了一系列相关项目的一般特性。该类可以被更具体的类继承,每个具体的类都增加了一些自己特有的成员。

6.1.1 什么是继承

为了对现实世界中的层次结构进行模型化,面向对象的程序设计技术引入了继承的概念。任何类都可以从另外一个类继承而来,即这个类拥有它所继承类的所有成员。C♯提供了类的继承机制,但 C♯只支持单继承,不支持多重继承,即在 C♯中一次只允许继承一个类,不允许继承多个类。

若一个类从另一个类派生而来,称之为派生类或子类,被派生的类称为基类或父类。派生类从基类那里继承特性,派生类也可以作为其他类的基类,从一个基类派生出来的多层类形成了类的层次结构。

与 C++不同,在 C♯中仅允许单继承,也就是说,一个类只能从一个基类派生而来。C♯中的继承具有以下特点:

- 所有的类都派生自 object 类,没有基类说明的类隐式地直接派生自 object 类。object 类是唯一的非派生类。

- 在 C♯中只允许单继承,即一个派生类只能有一个直接基类。但继承的层次没有限制,也就是说,作为基类的类可以派生自另外一个类,而这个类又派生自另外一个类,一直下去,直到最终达到 object 类。

- C#中的继承是可以传递的,如果 C 从 B 派生、B 从 A 派生,那么 C 不仅继承 B 的成员,还继承 A 的成员。
- C#中的派生类可以添加新成员,但不能删除基类的成员。
- C#中的派生类不能继承基类的构造函数和析构函数,但能继承基类的属性。
- C#中的派生类可以隐藏基类的同名成员,如果在派生类中隐藏了基类的同名成员,基类该成员在派生类中就不能被直接访问,只能通过"base. 基类方法名"访问。
- C#中的派生类对象也是基类的对象,但基类对象不一定是基派生类的对象。也就是说,基类的引用变量可以引用基派生类对象,而派生类的引用变量不可以引用基类对象。

6.1.2 派生类的声明

当声明基类后,其派生类的声明格式如下:

```
[类修饰符] class 派生类: 基类
{
    //派生类的代码
}
```

C#中的派生类可以从它的基类中继承字段、属性、方法、事件、索引器等,实际上,除了构造函数和析构函数,派生类隐式地继承了基类的所有成员。

例如,声明一个基类:

```
class A
{    private int n;                      //私有字段
     protected int m;                    //保护的字段
     public void funa()                  //公有方法
     {
         //方法的代码
     }
}
```

再声明一个 B 类继承 A 类,注意继承是用":"表示的:

```
class B : A
{    private int x;                      //私有字段
     public void funb()                  //公有方法
     {
         //方法的代码
     }
}
```

在主函数中包含以下代码:

```
B b = new B();                          //定义对象并实例化
b.funa();                               //执行 b 对象的 funa()方法
```

从中可以看到,因为 B 类继承了 A 类(如图 6.1 所示),所以可以通过 B 类的对象 b 调用 funa()方法。

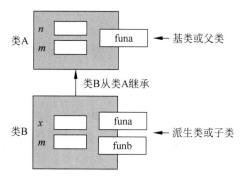

图 6.1　类的继承

6.1.3　基类成员的可访问性

派生类将获取基类的所有非私有数据和行为。在前面的示例中,基类 A 中保护的字段 m 和公有方法 afun()都被继承到派生类 B 中,这样在 B 类中隐含有保护的字段 m 和公有方法 afun(),但基类 A 中的私有字段 n 不能被继承到派生类 B 中。

所以,如果希望在派生类中屏蔽(或隐藏)某些基类的成员,可以在基类中将这些成员设置为 private 访问成员。除此之外,还可以用与基类成员名称相同的成员屏蔽基类成员。

6.1.4　按次序调用构造函数和析构函数

1. 调用默认构造函数的次序

如果类是从一个基类派生而来的,那么在调用这个派生类的默认构造函数之前会调用基类的默认构造函数,调用将从最近的基类开始。

例如,以下代码声明 3 个类,B 类是从基类 A 派生的,C 类是从类 B 派生的,它们各有一个默认的构造函数(如图 6.2 所示):

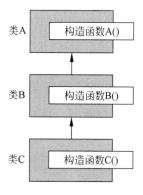

图 6.2　3 个类的继承层次

```
class A          //基类
{
    public A() { Console.WriteLine("调用类 A 的构造函数");}
}
class B : A      //从类 A 派生类 B
{
    public B() { Console.WriteLine("调用类 B 的构造函数"); }
}
class C:B        //从类 B 派生类 C
{
    public C() { Console.WriteLine("调用类 C 的构造函数"); }
}
```

在主函数中执行以下语句:

```
C b = new C();   //定义对象并实例化
```

其执行结果如下:

```
调用类 A 的构造函数
调用类 B 的构造函数
调用类 C 的构造函数
```

从结果可以看到,在创建类 C 的实例对象时,先调用最远类 A 的默认构造函数,再调用类 B 的默认构造函数,最后调用类 C 的默认构造函数。

按照这种调用顺序,C#能够保证在调用派生类的构造函数之前把派生类所需的资源全部准备好,在执行派生类构造函数的时候基类的所有字段都初始化了。

2. 调用默认析构函数的次序

当销毁对象时,它会按照相反的顺序来调用析构函数。首先调用派生类的析构函数,然后调用最近基类的析构函数,最后调用最远的析构函数。

例如,以下声明 3 个类,B 类是从基类 A 派生的,C 类是从类 B 派生的,它们各有一个默认的析构函数(实际上,一个类只能有一个析构函数),如图 6.3 所示:

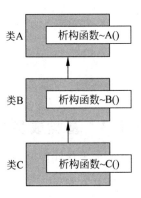

图 6.3　3 个类的继承层次

```
class A          //基类声明
{
    ~A() { Console.WriteLine("调用类 A 的析构函数");}
}
class B : A      //从类 A 派生类 B
{
    ~B() { Console.WriteLine("调用类 B 的析构函数"); }
}
class C:B        //从类 B 派生类 C
{
    ~C() { Console.WriteLine("调用类 C 的析构函数"); }
}
```

在主函数中执行语句"C b=new C();",其执行结果如下:

```
调用类 C 的析构函数
调用类 B 的析构函数
调用类 A 的析构函数
```

从结果可以看到,在创建类 C 的实例对象后,当它被销毁时,先调用类 C 的析构函数,再调用类 B 的析构函数,最后调用类 A 的析构函数。

按照这种调用顺序,C#能够保证任何被派生类使用的基类资源只有在派生类销毁之后才会被释放。

3. 调用基类的带参数构造函数

调用基类的带参数构造函数需要使用 base 关键字。base 关键字为派生类调用基类成员提供了一种简便方法,可以在子类中使用 base 关键字访问的基类成员。调用基类的带参数构造函数的方法是将派生类的带参数构造函数做如下设计:

```
public 派生类名(参数列表 1):base(参数列表 2)
{
    //派生类带参数构造函数的代码
}
```

其中,"参数列表 2"和"参数列表 1"存在对应关系。

同样,在通过"参数列表 1"创建派生类的实例对象时,先以"参数列表 2"调用基类的带参数构造函数,再调用派生类的带参数构造函数。

【例 6.1】 分析以下程序的执行结果(对应"D:\C♯程序\ch6"文件夹中的 proj6-1 项目)。

```
using System;
namespace proj6_1
{   class A
    {   private int x;
        public A() {    Console.WriteLine("调用类 A 的构造函数");}
        public A(int x1)
        {   x = x1;
            Console.WriteLine("调用类 A 的重载构造函数");
        }
        ~A() { Console.WriteLine("A:x = {0}", x); }
    }
    class B : A
    {   private int y;
        public B() {    Console.WriteLine("调用类 B 的构造函数"); }
        public B(int x1,int y1):base(x1)
        {   y = y1;
            Console.WriteLine("调用类 B 的重载构造函数");
        }
        ~B() {    Console.WriteLine("B:y = {0}", y); }
    }
    class C:B
    {   private int z;
        public C() {    Console.WriteLine("调用类 C 的构造函数"); }
        public C(int x1,int y1,int z1):base(x1,y1)
        {   z = z1;
            Console.WriteLine("调用类 C 的重载构造函数");
        }
        ~C() {    Console.WriteLine("C:z = {0}", z); }
    }
    class Program
    {   static void Main(string[] args)
        {   C c = new C(1,2,3);        }
    }
}
```

解：在解决方案资源管理器中的项目名 proj6-1 上右击,在出现的快捷菜单中选择"查看类图"命令,可以看到表示继承关系的类图如图 6.4 所示。

当创建类 C 的实例对象时,调用重载构造函数的次序为：调用类 A 重载构造函数→调用类 B 重载构造函数→调用类 C 重载构造函数。调用析构函数的次序为：调用类 C 析构函数→调用类 B 析构函数→调用类 A 析构函数。程序的执行结果如图 6.5 所示。

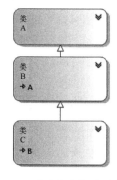

图 6.4　项目中类的继承关系

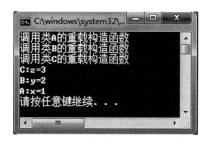

图 6.5　例 6.1 程序的执行结果

6.1.5　使用 sealed 修饰符禁止继承

在 C# 中提供了 sealed 关键字禁止继承。如果要禁止继承一个类,只需要在声明类时加上 sealed 关键字就可以了,这样的类称为密封类。例如:

```
sealed class 类名
{
    //密封类的代码
}
```

这样就不能从该类派生任何子类。

6.2　多　态　性

多态性也是面向对象程序设计重要的特性之一。多态性是指发出同样的消息(如方法调用)被不同类型的对象接收时可能导致不同的行为,运算符重载和方法重载都属于多态性的表现形式。本节介绍采用虚方法实现多态性,也就是子类继承父类,并重写父类的方法,从而实现不同的操作。

6.2.1　隐藏基类方法

在 C# 中可以为每个类的每个方法给出特定的代码,而且需要让程序能够调用正确的方法。当派生类从基类继承时,它会获得基类的所有方法、字段、属性和事件。若要更改基类的数据和行为,有两种选择,可以使用新的派生成员替换基成员或者重写虚拟的基成员。本节介绍前一种方法,在下一节中介绍后一种方法。

在使用新的派生方法替换基方法时应使用 new 关键字。例如:

```
class A                                    //声明基类 A
{   public void fun()
    {   Console.WriteLine("A");}
}
class B:A                                  //从类 A 派生类 B
{   new public void fun()                  //隐藏基类方法 fun
    {   Console.WriteLine("B");    }
}
```

在主函数中执行以下语句:

```
B b = new B();
b.fun();
```

其执行结果如下:

```
B
```

从结果中可以看到,b.fun()语句调用的是类 B 的方法。如果类 B 中的 fun 方法定义没有使用 new 关键字,在编译时会给出警告信息"B.fun()隐藏了继承的成员 A.fun(),如果是有意隐藏,请使用关键字 new"。

如果要在派生类中使用基类中隐藏的成员,可以使用"base.成员名"。

【**例 6.2**】 分析以下程序的执行结果(对应"D:\C♯程序\ch6"文件夹中的 proj6-2 项目)。

```csharp
using System;
namespace proj6_2
{   class A                              //声明基类 A
    {   public void fun()
        {   Console.WriteLine("  A.fun"); }
        public void fun1()
        {   Console.WriteLine("  A.fun1"); }
    }
    class B : A                          //类 B 派生自类 A
    {   new public void fun()            //隐藏基类方法 fun
        {   Console.WriteLine("  B.fun"); }
        new public void fun1()
        {   Console.WriteLine("  调用基类的 fun1 方法");
            base.fun1();
        }
    }
    class Program
    {   static void Main(string[] args)
        {   B b1 = new B();
            Console.WriteLine("执行 b1.fun():");
            b1.fun();
            B b2 = new B();
            Console.WriteLine("执行 b2.fun1():");
            b2.fun1();
        }
    }
}
```

上述程序声明了两个类 A 和类 B,类 B 是从类 A 派生的,类 B 中使用 new 关键字隐藏了类 A 的成员,类 B 的 fun1 方法使用 base.fun1()调用类 A 的 fun1()方法。

在 Main 方法中,b1.fun()语句调用类 B 的 fun()方法;b2.fun1()语句调用类 B 的 fun1()方法,继而调用类 A 的 fun1()方法。程序的执行结果如图 6.6 所示。

图 6.6 例 6.2 程序的执行结果

6.2.2 重写基类方法

重写是指在子类中编写有相同名称和参数的方法,或者说,重写是在子类中对父类的方法进行修改或重新编写。重写和重载是不同的,重载是指编写(在同一个类中)具有相同的名称却有不同的参数(即有不同签名)的方法。也就是说,重写是指子类中的方法与基类中的方法具有相同的签名,而重载方法具有不同的签名。

重写父类方法的过程如下:

① 在父类中使用 virtual 关键字把某个方法定义为虚方法。

② 在子类中使用 override 关键字重写父类的虚方法。

1. 在基类中使用 virtual 关键字

virtual 关键字用于修饰基类的方法、属性、索引器或事件声明,并且允许在派生类中重写这些对象,用 virtual 关键字修饰的方法称为虚方法。例如,以下定义了一个虚方法,并可以被任何继承它的类重写:

```
public virtual double Area()
{    return x * y;   }
```

在调用虚方法时,首先调用派生类中的该重写成员,如果没有派生类重写该成员,则它可能是原始成员。

注意:在默认情况下,方法是非虚拟的,不能重写非虚方法。

virtual 修饰符不能与 static、abstract 和 override 修饰符一起使用,在静态属性上使用 virtual 修饰符是错误的。

2. 在子类中重写方法

override 方法提供从基类继承的成员的新实现。通过 override 声明重写的方法称为重写基方法,重写的基方法必须与 override 方法具有相同的签名。这里有几点说明:

- 不能重写非虚方法或静态方法,重写的基方法必须是 virtual、abstract 或 override 的。
- override 声明不能更改 virtual 方法的可访问性。
- 不能使用修饰符 new、static、virtual 或 abstract 来修改 override 方法。
- 重写属性声明必须指定与继承属性完全相同的访问修饰符、类型和名称,并且被重写的属性必须是 virtual、abstract 或 override 的。

【**例 6.3**】 分析以下程序的执行结果(对应"D:\C#程序\ch6"文件夹中的 proj6-3 项目)。

```csharp
using System;
namespace proj6_3
{   class Student
    {   protected int no;                 //学号
        protected string name;            //姓名
        protected string tname;           //班主任或指导教师
        public void setdata(int no1, string name1,string tname1)
        {   no = no1; name = name1;tname = tname1;      }
        public virtual void dispdata()    //虚方法
        {   Console.WriteLine("本科生 学号:{0} 姓名:{1} 班主任:{2}",no,name,tname);   }
    }
    class Graduate : Student             //从 Student 派生 Graduate
    {   public override void dispdata()  //重写方法
        {   Console.WriteLine("研究生 学号:{0}姓名:{1}指导教师:{2}",no, name,tname);   }
    }
    class Program
    {   static void Main(string[] args)
        {   Student s = new Student();
            s.setdata(101, "王华","李量");
            s.dispdata();
            Graduate g = new Graduate();
```

```
        g.setdata(201,"张华","陈军");
        g.dispdata();
      }
    }
  }
```

解：Student 类是基类，派生出 Graduate 类。在 Graduate 类中重写 dispdata 方法，所以在基类中要将其修饰符指定为 virtual，在执行 g.dispdata()语句时是调用 Graduate 类的 dispdata 方法，而不是调用基类的 dispdata 方法。程序的执行结果如图 6.7 所示。

在许多情况下，同一签名的方法实现相同的目标，但在不同的地方有不同的实现细节，此时就需要用虚方法实现该方法的不同细节。当设计虚方法时，相当于告诉编译器派生类可以为这个方法提供不同的实现代码。

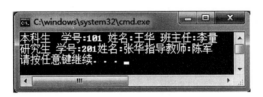

图 6.7　例 6.3 程序的执行结果

【**例 6.4**】　设计一个控制台应用程序，采用虚方法求长方形、圆、圆球体和圆柱体的面积或表面积。

解：在"D:\C♯程序\ch6"文件夹中设计控制台应用程序项目 proj6-4，对应的代码如下。

```
using System;
namespace proj6_4
{   public class Rectangle                //长方形类
    {   public const double PI = Math.PI;
        protected double x, y;
        public Rectangle() {}
        public Rectangle(double x1, double y1)
        {   x = x1;y = y1; }
        public virtual double Area()        //求面积方法
        {   return x * y; }
    }
    public class Circle : Rectangle         //从 Rectangle 类派生圆类
    {   public Circle(double r): base(r, 0) { }
        public override double Area()       //求面积方法
        {   return PI * x * x; }
    }
    class Sphere : Rectangle                //从 Rectangle 类派生圆球体类
    {   public Sphere(double r): base(r, 0) {}
        public override double Area()       //求面积方法
        {   return 4 * PI * x * x; }
    }
    class Cylinder : Rectangle              //从 Rectangle 类派生圆柱体类
    {   public Cylinder(double r, double h): base(r, h) {}
        public override double Area()       //求面积方法
        {   return 2 * PI * x * x + 2 * PI * x * y;    }
    }
    class Program
    {   static void Main(string[] args)
```

```
    {       double x = 2.4, y = 5.6;
            double r = 3.0, h = 5.0;
            Rectangle t = new Rectangle(x,y);
            Rectangle c = new Circle(r);
            Rectangle s = new Sphere(r);
            Rectangle l = new Cylinder(r, h);
            Console.WriteLine("长为{0},宽为{1}的长方形面积 = {2:F2}",x,y,t.Area());
            Console.WriteLine("            半径为{0}的圆面积 = {1:F2}",r,c.Area());
            Console.WriteLine("          半径为{0}的圆球体表面积 = {1:F2}",r,s.Area());
            Console.WriteLine("半径为{0},高度为{1}的圆柱体表面积 = {2:F2}",
                r,h,l.Area());
        }
    }
}
```

在本程序中，基类 Rectangle 包含 x（长）和 y（宽）两个字段和计算图形面积或表面积的 Area()虚方法，从它派生出 Circle、Cylinder 和 Sphere 类，类继承关系如图 6.8 所示。每个派生类都有各自的 Area()重写实现，根据与此方法关联的对象，通过调用正确的 Area()实现，该程序为每个图形计算并显示正确的面积或表面积。程序的执行结果如图 6.9 所示。

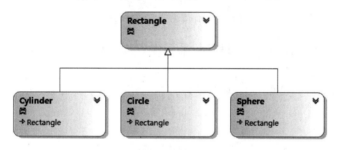

图 6.8   各类的继承关系

图 6.9   例 6.4 程序的执行结果

6.2.3   dynamic 类型

C# 的多态性就像 C++ 的动态联编一样，不是在程序编译时进行静态连接，而是在程序运行时进行动态连接。C# 还基于动态性引入了 dynamic 类型，dynamic 类型的变量只有在运行时才能被确定具体类型，而编译器也会绕过对这种类型的语法检查。

例如，声明以下类：

```
class MyClass
{
    public string Name { get; set; }        //自动实现的属性 Name
}
```

MyClass 类只有一个 Name 属性,设计以下 Main 方法:

```
static void Main(string[ ] args)
{   dynamic s = new MyClass();
    s.Name = "Mary";
    s.Age = 25;
    Console.WriteLine(s.Name);
}
```

显然,其中"s.Age＝25;"语句是错误的,因为 MyClass 类中并没有 Age 字段或属性。但在编译时不会给出任何错误,因为 s 指定为 dynamic 类型,编译器也会绕过对 s 的语法检查,当将鼠标指针移到该语句上时,则智能感知显示"(动态表达式)此操作将在运行时解析"。只有在程序执行时系统才会抛出 RuntimeBinderException 异常,指出"MyClass 类未包含 Age 的定义"的错误。

在大多数情况下,dynamic 类型和 object 类型的行为是一样的,只是编译器不会对包含 dynamic 类型表达式的操作进行解析或类型检查。编译器将有关该操作的信息打包在一起,并且该信息用于以后运行时的计算操作。也就是说,dynamic 类型仅在编译期间存在,在运行期间它会被 object 类型替代。

从以上可以看到,dynamic 类型是危险的。实际上,dynamic 类型是在.NET Framework 4.0 才引入的一个新概念,目的是增强与 python 等动态语言的互操作性,一般仅在处理非.NET Framework 对象时使用。

6.2.4　对象的类型判别和类对象引用的转换

1. 类对象引用的转换

对于具有继承关系的类,可以将派生类对象引用转换为基类对象引用。例如,有以下类声明:

```
class A                          //声明类 A
{   public void funa()
    {   Console.WriteLine("A.funa"); }
}
class B : A                      //类 B 派生自类 A
{   public void funb()
    {   Console.WriteLine("B.funb"); }
}
```

下面的转换是正确的:

```
B b = new B();
A a = b;                         //类对象引用的隐式转换
a.funa();
```

上面代码的执行过程是:创建 B 类的对象引用变量 b 并实例化,b 的实例包含 funa 和 funb 方法,再创建 A 类的对象引用变量 a,"A a＝b;"语句通过强制转换让 a 也指向 b 的实例,此时 a 的类型变为 B 类,如图 6.10 所示。但是,B 类的 funb 方法对于对象引用变量 a 而言是不可见的,所以执行"a.funb();"语句会出错。

因此,类对象引用转换的规则如下:

• 一个基类的对象引用变量可以指向其子类的对象。

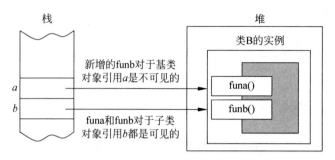

图 6.10　两个对象引用变量都指向同一个实例

- 一个基类的对象引用变量不可以访问其子类的对象新增加的成员。

既然可以将派生类对象引用转换为基类对象引用,那么,反过来是否可行? 答案是否定的。例如,以下代码是错误的:

```
A a = new A();
B b = (B)a;                         //类对象引用的强制转换
```

在执行时系统会抛出 System. InvalidCastException 异常,提示"无法将类型 A 的对象强制转换为类型 B"的错误消息,表示不能让 b 指向类 A 的实例。

这是因为类 A 的实例中并不包含类 B 新增的成员。可以这样简单地理解:在继承关系中,子类对象可以转换为基类对象,反之是不可以的,这称为向上兼容性(父类在上,子类在下)。

2. is 运算符

is 运算符用于检查对象是否为某种类型或者可以转换为给定的类型,如果是,这个运算符返回 true,否则返回 false。is 运算符不能重载。is 运算符的语法格式如下:

```
operand is type
```

其中,operand 是一个对象,type 是一个类型。这个表达式的结果如下:

- 如果 type 是一个类类型,而 operand 也是该类型,或者它继承了该类型,或者它可以装箱到该类型,则结果为 true。
- 如果 type 是一个接口类型,而 operand 也是该类型,或者它是实现该接口的类型,则结果为 true。
- 如果 type 是一个值类型,而 operand 也是该类型,或者它可以拆箱到该类型,则结果为 true。

例如,对于前面声明的两个类 A 和 B 有以下 Main 方法:

```
static void Main(string[ ] args)
{    A a = new A();
     B b = new B();
     if (a is A)
        Console.WriteLine("a 是 A 类型");
     else
        Console.WriteLine("a 不是 A 类型");
     if (b is A)
        Console.WriteLine("b 是 A 类型");
     else
        Console.WriteLine("b 不是 A 类型");
     if (a is B)
```

```
        Console.WriteLine("a 是 B 类型");
    else
        Console.WriteLine("a 不是 B 类型");
}
```

由于 A 是 B 的基类，(a is A)和(b is A)表达式都返回 true，而(a is B)表达式是不成立的，它返回 false。

3. as 运算符

C♯还提供了 as 运算符，用于在兼容的引用类型之间执行转换。它类似于强制转换，所不同的是，当转换失败时，运算符将产生空(null)，而不是引发异常。as 的语法格式如下：

operand as type

等效于

operand is type ? (type)operand : (type)null

其中，"表达式"只被计算一次。前面的"A a ＝ b;"语句可以改为：

A a = b as A;

as 运算符仅适用于以下情况：

- operand 的类型是 type 类型。
- operand 可以隐式地转换为 type 类型。
- operand 可以装箱到 type 中。

如果不能从 operand 转换为 type，则 operand as type 表达式的结果就是 null。例如，以下语句将 obj 对象转换成 string 时返回 null：

```
MyClass obj = new MyClass();
string s = obj as string;              //s 为 null
```

由于所有的类都隐式或直接、间接地从 object 类派生而来，所以所有的对象都可以转换为 object 类的对象。例如，以下语句使用 as 执行装箱转换：

```
int i = 1;
object obj = i as object;
```

那么，as 运算符和向上兼容性隐式转换有什么差别呢？实际上它们之间的差别是很小的。例如，对于前面声明的两个类 A 和 B，执行以下强制转换时系统会抛出异常，必须编写处理该异常的代码：

```
A a = new A();
B b = (B)a;                            //类对象引用的强制转换
```

可以使用 as 运算符改为：

```
A a = new A();
B b = a as B;
if (b != null)
{   //能够转换的代码; }
else
{   //不能够转换的代码;}
```

这样就不需要进行异常处理了,而且更加简洁。

说明:is 和 as 都是在运行时进行类型的转换,as 运算符只能用于引用类型,而 is 可以用于值和引用类型。通常的做法是使用 is 判断类型,然后使用 as 或强类型转换运算符有选择地进行。

6.3 抽 象 类

如果一个类不与具体的事物相联系,而是表达一种抽象的概念,仅仅作为其派生类的一个基类,这样的类就是抽象类。在声明抽象类时要使用 abstract 修饰符。

6.3.1 抽象类的特性

C#中的抽象类也是一种类,它可以包含多个成员,但和普通的类相比,抽象类具有以下特性:

- 抽象类不能实例化。
- 抽象类可以包含抽象方法和抽象访问器。
- 在抽象类中可以存在非抽象的方法,即在抽象类中可以包含某些方法的实现代码。
- 不能用 sealed 修饰符修改抽象类,这也意味着抽象类不能被继承。
- 从抽象类派生的非抽象类必须包括继承的所有抽象方法和抽象访问器的实现。
- 抽象类可以被抽象类所继承,结果仍是抽象类。

由于在任何情况下抽象类都不应进行实例化,因此,正确地定义其构造函数非常重要,而确保抽象类功能的正确性和扩展性也很重要。以下准则有助于确保抽象类能够正确地设计并在实现后可以按预期方式工作:

- 不要在抽象类中定义公共的或受保护的内部构造函数,具有 public 或 protected internal 可见性的构造函数用于能进行实例化的类型。在任何情况下,抽象类型都不能实例化。
- 应在抽象类中定义一个受保护构造函数或内部构造函数。如果在抽象类中定义一个受保护构造函数,则在创建派生类的实例时基类可执行初始化任务。内部构造函数可防止抽象类被用作其他程序集中的类型的基类。

6.3.2 抽象方法

在方法声明中使用 abstract 修饰符以指示方法不包含实现的,即为抽象方法。抽象方法具有以下特性:

- 声明一个抽象方法使用 abstract 关键字。
- 抽象方法是隐式的虚方法。
- 只允许在抽象类中使用抽象方法声明。
- 在一个类中可以包含一个或多个抽象方法。
- 因为抽象方法声明不提供实际的实现,所以没有方法体。方法声明只是以一个分号结束,并且在签名后没有花括号{}。
- 抽象方法的实现由一个重写方法提供,此重写方法是非抽象类的成员。
- 实现抽象类用“:”,实现抽象方法用 override 关键字。
- 在抽象方法声明中使用 static 或 virtual 修饰符是错误的。

- 抽象方法被实现后不能更改修饰符。

如果一个类包含任何抽象方法,那么该类本身必须被标记为抽象类。

【例 6.5】 分析以下程序的执行结果(对应"D:\C♯程序\ch6"文件夹中的 proj6-5 项目)。

```csharp
using System;
namespace proj6_5
{   abstract class A                        //抽象类的声明
    {
        abstract public int fun();          //抽象方法的声明
    }
    class B : A                             //从类派生类 B
    {   int x, y;
        public B(int x1, int y1)            //构造函数
        {   x = x1; y = y1;     }
        public override int fun()           //抽象方法的实现
        {   return x * y;     }
    }
    class Program
    {   static void Main(string[] args)
        {   B b = new B(2, 3);
            Console.WriteLine("{0}", b.fun());
        }
    }
}
```

解:本程序中声明的类 A 为抽象类,包含一个抽象方法 fun,在类 A 的派生类 B 中提供了 fun 的实现。

本程序的执行结果如下:

6

6.3.3 抽象属性

除了在声明和调用语法上不同以外,抽象属性的行为与抽象方法类似。另外,抽象属性具有以下特性:

- 在静态属性上使用 abstract 修饰符是错误的。
- 在派生类中,通过使用 override 修饰符的属性声明可以重写抽象的继承属性。
- 抽象属性声明不提供属性访问器的实现,它只声明该类支持的属性,而将访问器的实现留给其派生类。

【例 6.6】 分析以下程序的执行结果(对应"D:\C♯程序\ch6"文件夹中的 proj6-6 项目)。

```csharp
using System;
namespace proj6_6
{   abstract class A                              //抽象类的声明
    {   protected int x = 2;
        protected int y = 3;
        public abstract void fun();               //抽象方法的声明
        public abstract int px { get;set; }       //抽象属性的声明
        public abstract int py { get; }           //抽象属性的声明
    }
    class B : A
```

```
{   public override void fun()            //抽象方法的实现
    {    x++;   y++;     }
    public override int px                //抽象属性的实现
    {   set
        {    x = value;  }
        get
        {    return x + 10;  }
    }
    public override int py                //抽象属性的实现
    {   get
        {    return y + 10;  }
    }
}
class Program
{   static void Main(string[] args)
    {   B b = new B();
        b.px = 5;
        b.fun();
        Console.WriteLine("x = {0}, y = {1}", b.px, b.py);
    }
}
```

解：本程序中声明的类 A 为抽象类，包含一个抽象方法 fun、两个抽象属性 px 和 py，在类 A 的派生类 B 中提供了 fun、px 和 py 的实现。

程序的执行结果如下：

x = 16, y = 14

在本例中，类 A 中的抽象属性 px 是可读可写的，而抽象属性 py 是只读的。

6.4　接　　口

接口只包含方法、委托或事件的签名，方法的实现是在实现接口的类中完成的。在 C# 中不允许多继承（一个类有多个基类），但通过接口可以实现 C++ 中多继承的功能。

6.4.1　接口的特性

接口是类之间交互内容的一个抽象，把类之间需要交互的内容抽象出来定义成接口，可以更好地控制类之间的逻辑交互。接口具有下列特性：

- 接口类似于抽象基类，继承接口的任何非抽象类型必须实现接口的所有成员。
- 不能直接实例化接口。
- 接口可以包含事件、索引器、方法和属性。
- 接口不包含方法的实现。
- 接口不能定义字段、构造函数、常量和委托。
- 类和结构可从多个接口继承。
- 接口自身可从多个接口继承。

接口和抽象类在定义和功能上有很多相似的地方，但两者也存在着差异。接口最适合为不相关的类提供通用功能，通常在设计小而简练的功能块时使用接口。归纳起来，接口和抽象类的异同如表 6.1 所示。

表 6.1 接口和抽象类的异同

比 较 项	接 口	抽 象 类
相同点	都不能实例化 都包含未实现的方法 子类必须实现所有未实现的方法	
不同点	interface 关键字	abstract 关键字
	子类可以实现多个接口	子类只能继承一个抽象类
	在接口中直接给出方法头	使用 abstract 关键字声明方法头
	直接实现方法	使用 override 关键字实现方法

6.4.2 接口的定义

1. 声明接口

一个接口的声明属于一个类型说明,其一般语法格式如下:

```
[接口修饰符] interface 接口名[:父接口列表]
{
    //接口成员定义体
}
```

其中,接口修饰符可以是 new、public、protected、internal 和 private。new 修饰符是在嵌套接口中唯一被允许存在的修饰符,表示用相同的名称隐藏一个继承的成员。

2. 接口的继承

接口可以从零个或多个接口中继承。当一个接口从多个接口中继承时,使用“:”后跟被继承的接口名称的形式,多个接口之间用“,”号分隔。被继承的接口应该是可以被访问的,即不能从 internal 或 internal 类型的接口继承。

对一个接口继承也就继承了接口的所有成员。

例如,以下先声明了接口 Ia 和 Ib,另一个接口 Ic 是从它们派生的:

```
public interface Ia                //接口 Ia 的声明
{
    void mymethod1();
}
public interface Ib                //接口 Ib 的声明
{
    int mymethod2(int x);
}
public interface Ic : Ia, Ib       //接口 Ic 从 Ia 和 Ib 中继承
{
}
```

这样,接口 Ic 中包含了从 Ia 和 Ib 中继承而来的 mymethod1 和 mymethod2 方法。

6.4.3 接口的成员

接口可以声明零个或多个成员。一个接口的成员不止包括自身声明的成员,还包括从父接口继承的成员。所有接口成员默认是公有的,在接口成员声明中包含任何修饰符都是错误的。

1. 接口方法成员

声明接口的方法成员的语法格式如下：

返回类型 方法名([参数表]);

2. 接口属性成员

声明接口的属性成员的语法格式如下：

返回类型 属性名{get;或 set;};

例如，以下声明一个接口 Ia，其中接口属性 x 为只读的，y 为可读可写的，z 为只写的：

```
public interface Ia
{    int x { get;}
     int y { set;get;}
     int z { set;}
}
```

3. 接口索引器成员

声明接口的索引器成员的语法格式如下：

数据类型 this[索引参数表]{get;或 set;};

例如，以下声明一个接口 Ia，其中包含一个接口索引器成员：

```
public interface Ia
{    string this[int index]
     {    get;set;   }
}
```

4. 接口事件成员

声明接口的事件成员的语法格式如下：

event 代表名 事件名;

例如，以下声明一个接口 Ia，其中包含一个接口事件成员：

```
public delegate void mydelegate();          //声明委托类型
public interface Ia
{
     event mydelegate myevent;
}
```

6.4.4　接口的实现

接口的实现分为隐式实现和显式实现两种。如果类或者结构要实现的是单个接口，可以使用隐式实现；如果类或者结构继承了多个接口，那么接口中相同名称的成员就要显式实现。显式实现是通过使用接口的完全限定名来实现接口成员的。

接口实现的语法格式如下：

```
class 类名：接口名列表
{
     //类实体
}
```

这里有几点说明:

- 当一个类实现一个接口时,这个类必须实现整个接口,而不能选择实现接口的某一部分。
- 一个接口可以由多个类实现,而在一个类中也可以实现一个或多个接口。
- 一个类可以继承一个基类,并同时实现一个或多个接口。

1. 隐式实现接口成员

如果类实现了某个接口,它必然隐式地继承了该接口成员,只不过增加了该接口成员的具体实现。若要隐式实现接口成员,类中的对应成员必须是公共的、非静态的,并且与接口成员具有相同的名称和签名。

【例 6.7】 分析以下程序的执行结果(对应"D:\C♯程序\ch6"文件夹中的 proj6-7 项目)。

```
using System;
namespace proj6_7
{   interface Ia                          //声明接口 Ia
    {
        float getarea();                  //接口成员的声明
    }
    public class Rectangle : Ia           //类 Rectangle 继承接口 Ia
    {   float x, y;
        public Rectangle(float x1, float y1)   //构造函数
        {   x = x1; y = y1;   }
        public float getarea()            //隐式接口成员的实现必须使用 public
        {   return x * y;   }
    }
    class Program
    {   static void Main(string[] args)
        {   Rectangle box1 = new Rectangle(2.5f, 3.0f);//定义一个类实例
            Console.WriteLine("长方形面积: {0}", box1.getarea());
        }
    }
}
```

解: 本程序中的类 Rectangle 隐式实现接口 Ia 的成员 getarea(),其执行结果如下。

长方形面积:7.5

说明: 在类图中类和接口之间并不表示出像类继承关系那样的连接,proj6_7 项目的类图如图 6.11 所示,从接口继承的类含有一个接口符号。

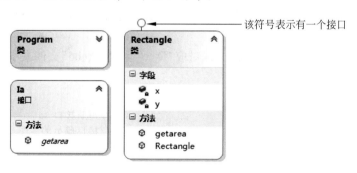

图 6.11 proj6_7 项目的类图

一个接口可以被多个类继承，在这些类中实现该接口的成员，这样接口就起到提供统一界面的作用。

【例 6.8】 分析以下程序的执行结果（对应"D:\C＃程序\ch6"文件夹中的 proj6-8 项目）。

```
using System;
namespace proj6_8
{   interface Ia                              //声明接口 Ia
    {   int fun(); }                          //接口成员的声明
    class A : Ia                              //类 A 继承接口 Ia
    {   int x, y;
        public A(int a, int b)                //构造函数
        {   x = a; y = b;   }
        public int fun()                      //隐式接口成员的实现
        {   return x - y;   }
    }
    class B : Ia                              //类 B 继承接口 Ia
    {   int x, y;
        public B(int a, int b)                //构造函数
        {   x = a; y = b;   }
        public int fun()                      //隐式接口成员的实现
        {   return x + y;   }
    }
    class Program
    {   static void Main(string[] args)
        {   A a = new A(5,2);
            Console.WriteLine("{0}", a.fun());
            B b = new B(5,2);
            Console.WriteLine("{0}", b.fun());
        }
    }
}
```

解：本程序中声明了一个接口 Ia，由两个类（A 和 B）继承了该接口。在主函数中分别调用同一个接口的两个不同实现（分别进行减法和加法运算），程序的执行结果如下：

```
3
7
```

2. 显式实现接口成员

当类实现接口时，如果给出了接口成员的完整名称（即带有接口名前缀），则称这样实现的成员为显式接口成员，其实现被称为显式接口实现。显式接口成员的实现不能使用任何修饰符。

【例 6.9】 分析以下程序的执行结果（对应"D:\C＃程序\ch6"文件夹中的 proj6-9 项目）。

```
using System;
namespace proj6_9
{   interface Ia                              //声明接口 Ia
    {   float getarea(); }                    //接口成员的声明
    public class Rectangle : Ia              //类 Rectangle 继承接口 Ia
    {   float x, y;
        public Rectangle(float x1, float y1)  //构造函数
        {   x = x1; y = y1;}
        float Ia.getarea()                    //显式接口成员的实现,带有接口名前缀,不能使用 public
```

```
        {    return x * y;    }
    }
    class Program
    {    static void Main(string[ ] args)
        {    Rectangle box1 = new Rectangle(2.5f, 3.0f);//定义一个类实例
             Ia ia = (Ia)box1;                          //定义一个接口实例
             Console.WriteLine("长方形面积:{0}", ia.getarea());
        }
    }
}
```

解：本程序中类 Rectangle 显式实现接口 Ia 的成员 getarea()。当接口成员由类显式实现时，只能通过对接口的引用来访问该成员。在本例主函数中，通过 ia.getarea()调用接口成员。

本程序的执行结果如下：

长方形面积:7.5

如果改为通过 box1.getarea()调用接口成员，则产生"Rectangle 并不包含 getarea 的定义"的编译错误，这是因为显式实现时导致隐藏接口成员。所以如果没有充分理由，应避免显式实现接口成员。如果成员只通过接口调用，则考虑显式实现接口成员。

6.4.5　接口映射

接口通过类实现，对于接口中声明的每一个成员都应该对应类的一个成员，这种对应关系是由接口映射来实现的。

类的成员 A 及其所映射的接口成员 B 之间必须满足以下条件：

- 如果 A 和 B 都是成员方法，那么 A 和 B 的名称、返回类型、形参个数和每个形参的类型都应该是一致的。
- 如果 A 和 B 都是成员属性，那么 A 和 B 的名称和类型都应该是一致的。
- 如果 A 和 B 都是事件，那么 A 和 B 的名称和类型都应该是一致的。
- 如果 A 和 B 都是索引器，那么 A 和 B 的名称、形参个数和每个形参的类型都应该是一致的。

那么，一个接口成员确定哪一个类的成员实现呢？即一个接口成员映射哪一个类的成员。假设类 C 实现了接口 Ia 的一个接口 fun，此时 fun 的映射过程如下：

① 如果类 C 中存在一个显式接口成员实现，它与 Ia 的接口成员的 fun 相应，则由它来实现 fun 成员。

② 如果在类 C 中找不到匹配的显式接口成员实现，则看类 C 中是否存在一个与 fun 相匹配的非静态的公有成员，若有，则被认为是 Ia 的接口成员的 fun 的实现。

③ 如果以上都不满足，则在类 C 的基类中寻找一个基类 D，用 D 来代替 C 进行重复寻找，直到找到一个满足条件的类成员实现。如果都没找到，则报告一个错误。

【例 6.10】　分析以下程序的执行结果（对应"D:\C♯程序\ch6"文件夹中的 proj6-10 项目）。

```
using System;
namespace proj6_10
{    interface Ia                              //接口 Ia 的声明
    {    double fun1();                        //接口成员的声明
         int fun2();                           //接口成员的声明
    }
```

```
class A                                          //声明基类 A
{   public int fun2()                            //隐式实现接口成员 fun2
    {   return 2;   }
}
class B : A, Ia                                  //类 B 从基类 A 和接口继承
{   double x;
    public B(double y)                           //构造函数
    {   x = y;   }
    public double fun1()                         //隐式实现接口成员 fun1
    {   return x;   }
}
class Program
{   static void Main(string[] args)
    {   B b = new B(2.5);
        Console.WriteLine("{0} ", b.fun1());
        Console.WriteLine("{0} ", b.fun2());
    }
}
}
```

解：按照接口映射规则，Ia 接口中的 fun1 接口成员对应类 B 中的 fun1 成员实现（实际上为隐式实现），Ia 接口中的 fun2 接口成员对应类 A 中的 fun2 成员实现（也为隐式实现）。

本程序的执行结果如下：

```
2.5
2
```

6.4.6   接口实现的继承

因为接口中的所有成员都是公有的，所以一个类可以从它的基类继承所有的接口实现。除非在派生类中重新实现一个接口，否则派生类无法改变从基类中继承而来的接口映射。

【例 6.11】   分析以下程序的执行结果（对应"D:\C♯程序\ch6"文件夹中的 proj6-11 项目）。

```
using System;
namespace proj6_11
{   interface Ia                                 //接口 Ia 的声明
    {   int fun(); }                             //接口成员的声明
    class A : Ia                                 //实现接口 Ia
    {   public int fun()                         //接口成员的实现
        {   return 1;   }
    }
    class B : A                                  //从类 A 派生类 B
    {   new public int fun()                     //隐藏基类 A 中的 fun 方法
        {   return 2;   }
    }
    class Program
    {   static void Main(string[] args)
        {   A a = new A();
            Console.WriteLine("{0} ", a.fun());  //调用 A.fun()
            B b = new B();
            Console.WriteLine("{0} ", b.fun());  //调用 B.fun()
            Ia ia = a;
            Console.WriteLine("{0} ", ia.fun()); //调用 A.fun()
            Ia ib = b;
```

```
        Console.WriteLine("{0} ", ib.fun());          //调用 A.fun()
        }
    }
}
```

解：在本例中，派生类 B 中的 fun 方法隐藏了基类 A 中的 fun 方法，但并不改变 A.fun 和 Ia.fun 之间的接口映射。即使接口 Ia 的实例的值为 B 类的对象实例 b，通过 ib.fun()调用的仍是 A.fun()。

程序的执行结果如下：

```
1
2
1
1
```

注意：在本例中，类 B 中的 fun 接口成员覆盖了继承而来的成员，若不使用 new 关键字，编译时会出现"B.fun()隐藏了继承的成员 A.fun()，如果是有意隐藏，请使用关键字 new"的警告信息，此时程序仍能执行，结果与前面相同。

当接口方法被映射到类中的虚方法时，派生类就可以通过覆盖基类的虚方法改变接口的实现。例如，将上面的程序改为：

```
using System;
namespace proj6_11
{   interface Ia                                    //接口 Ia 的声明
    {   int fun(); }                                //接口的成员声明
    class A : Ia                                    //实现接口 Ia
    {   public virtual int fun()                    //接口成员的实现
        {   return 1; }
    }
    class B : A                                     //从类 A 派生类 B
    {   public override int fun()                   //覆盖基类 A 中的 fun 方法
        {   return 2; }
    }
    class Program
    {   static void Main(string[] args)
        {   A a = new A();
            Console.WriteLine("{0} ", a.fun());     //调用 A.fun()
            B b = new B();
            Console.WriteLine("{0} ", b.fun());     //调用 B.fun()
            Ia ia = a;
            Console.WriteLine("{0} ", ia.fun());    //调用 A.fun()
            Ia ib = b;
            Console.WriteLine("{0} ", ib.fun());    //调用 B.fun()
        }
    }
}
```

这样，ib.fun()调用的是 B.fun()方法，程序的执行结果如下：

```
1
2
1
2
```

由于显式接口成员实现不能被声明为虚成员,因此不能通过上述方式改变它的接口映射,但可以在显式接口成员实现中调用类的一个虚方法,然后在派生类中覆盖这个虚方法,因为调用的方法发生了改变,所以可达到同样的效果。例如,对于例 6.11 的程序,可以采用显式接口成员实现如下:

```
using System;
namespace proj6_11
{   interface Ia                                //接口 Ia 的声明
    {    int fun(); }                           //接口成员的声明
    class A : Ia                                //实现接口 Ia
    {    public virtual int fun1()              //虚方法 fun1
        {    return 1;   }
        int Ia.fun()                            //接口成员的实现
        {    return fun1(); }
    }
    class B : A                                 //从类 A 派生类 B
    {    public override int fun1()             //覆盖基类 A 中的 fun1 方法
        {    return 2;   }
    }
    class Program
    {    static void Main(string[ ] args)
        {    A a = new A();
            B b = new B();
            Ia ia = a;
            Console.WriteLine("{0} ", ia.fun());        //调用 A.fun()
            Ia ib = b;
            Console.WriteLine("{0} ", ib.fun());        //调用 A.fun()
        }
    }
}
```

其中,ib.fun()调用的仍是 A.fun()方法,但执行的不是 A.fun1()而是 B.fun1()。程序的执行结果如下:

```
1
2
```

6.4.7 重新实现接口

所谓接口的重新实现是指某个类可以通过它的基类中包含的已被基类实现的接口再一次实现。

当重新实现接口时,不管派生类建立的接口映射如何,它从基类继承的接口映射并不会受到影响。

例如,对于以下代码:

```
interface Ia
{   void fun();   }
class A: Ia
{   void Ia.fun() { … }   }
class B: A, Ia
{   public void fun() { … }   }
```

其中,类 A 把 Ia.fun 映射到了 A.Ia.fun 上,但这并不影响在 B 中的重新实现。在 B 中的重新实现中,Ia.fun 被映射到 B.fun 之上。

在接口的重新实现中,继承而来的公有成员定义和继承而来的显式接口成员定义都参与了接口映射的过程。

【例 6.12】 分析以下程序的执行结果(对应"D:\C♯程序\ch6"文件夹中的 proj6-12 项目)。

```
using System;
namespace proj6_12
{   interface Ia                                    //接口的声明
    {   int fun1();                                 //接口成员的声明
        int fun2();                                 //接口成员的声明
        int fun3();                                 //接口成员的声明
    }
    class A : Ia                                    //类 A 从接口 Ia 继承
    {   int Ia.fun1()                               //显式接口的实现
        {   return 1;   }
        int Ia.fun2()                               //显式接口的实现
        {   return 2;   }
        int Ia.fun3()                               //显式接口的实现
        {   return 3;   }
    }
    class B : A, Ia                                 //类 B 从类 A 和接口 Ia 继承
    {   public int fun1()                           //隐式接口的实现
        {   return 4;   }
        int Ia.fun2()                               //显式接口的实现
        {   return 5;}
    }
    class Program
    {   static void Main(string[] args)
        {   A a = new A();
            B b = new B();
            Ia ia = a;
            Console.WriteLine("{0} ", ia.fun1());   //调用 A.fun1()
            Console.WriteLine("{0} ", ia.fun2());   //调用 A.fun2()
            Console.WriteLine("{0} ", ia.fun3());   //调用 A.fun3()
            Ia ib = b;
            Console.WriteLine("{0} ", ib.fun1());   //调用 B.fun1()
            Console.WriteLine("{0} ", ib.fun2());   //调用 B.fun2()
            Console.WriteLine("{0} ", ib.fun3());   //调用 A.fun3()
        }
    }
}
```

解:在本程序中,接口 Ia 在 B 中的实现把接口方法映射到了 B.fun1()、Ia.B.fun2 和 Ia.A.fun3()。也就是说,类在实现一个接口时同时隐式地实现了该接口的所有父接口。同样,类在重新实现一个接口的同时隐式地重新实现了该接口的所有父接口。

本程序的执行结果如下:

1
2
3
4
5
3

6.5 接口在集合排序中的应用

在第 4 章中介绍了一些集合类,并给出了一些简单的排序示例。本节结合接口并以 ArrayList 类为例介绍使用集合类灵活地实现排序的方法。

6.5.1 ArrayList 类的排序方法

ArrayList 类对象不仅可以存放数值和字符串,还可以存放其他类的对象和结构变量,其提供的排序方法如下。

- ArrayList.Sort():使用每个元素的 IComparable 接口实现对整个 ArrayList 中的元素进行排序。
- ArrayList.Sort(IComparer):使用指定的比较器对整个 ArrayList 中的元素进行排序。
- ArrayList.Sort(Int32,Int32,IComparer):使用指定的比较器对 ArrayList 中某个范围内的元素进行排序。

其中涉及 IComparable 和 IComparer 两个系统接口,下面分别介绍。

6.5.2 IComparable 接口

IComparable 接口定义通用的比较方法,由值类型或类实现,以创建类型特定的比较方法。其公共成员有 CompareTo,用于比较当前实例与同一类型的另一个对象。其使用语法格式如下:

```
int CompareTo(Object obj)
```

其中,obj 表示与此实例进行比较的对象。其返回值是一个 32 位的有符号整数,指示要比较对象的相对顺序,返回值的含义如下。

- 小于零:此实例小于 obj。
- 零:此实例等于 obj。
- 大于零:此实例大于 obj。

IComparable 接口的 CompareTo 方法提供默认排列次序,如果需要改变其排序方式,可以在相关类中实现 CompareTo 方法,下面通过一个示例进行说明。

【例 6.13】 分析以下程序的执行结果(对应"D:\C♯程序\ch6"文件夹中的 proj6-13 项目)。

```
using System;
using System.Collections;                    //新增引用
namespace proj6_13
{   class Program
    {   class Stud : IComparable              //从接口派生
        {   int xh;                            //学号
            string xm;                         //姓名
            int fs;                            //分数
            public int pxh                     //pxh 属性
            {   get { return xh; }  }
            public string pxm                  //pxm 属性
            {   get { return xm; }  }
```

```
        public int pfs                              //pfs 属性
        {   get { return fs; }   }
        public Stud(int no, string name, int degree)
        {   xh = no; xm = name; fs = degree;   }
        public void disp()                          //输出学生的信息
        {   Console.WriteLine("\t{0}\t{1}\t{2}", xh, xm, fs);   }
        public int CompareTo(object obj)            //实现接口方法
        {   Stud s = (Stud)obj;                     //转换为 Stud 实例
            if (pfs < s.pfs) return 1;
            else if (pfs == s.pfs) return 0;
            else return -1;
        }
    }
    static void disparr(ArrayList myarr, string str)   //输出所有学生的信息
    {   Console.WriteLine(str);
        Console.WriteLine("\t 学号\t 姓名\t 分数");
        foreach (Stud s in myarr)
            s.disp();
    }
    static void Main(string[] args)
    {   int i, n = 4;
        ArrayList myarr = new ArrayList();
        Stud[] st = new Stud[4] { new Stud(1, "Smith", 82), new Stud(4, "John", 88),
            new Stud(3, "Mary", 95), new Stud(2, "Cherr", 64) };
        for (i = 0; i < n; i++)                      //将对象添加到 myarr 集合中
            myarr.Add(st[i]);
        disparr(myarr, "排序前:");
        myarr.Sort();
        disparr(myarr, "按分数降序排序后:");
    }
    }
}
```

在上述程序中声明了一个学生类 Stud,它包含学号、姓名和分数字段,并设计了对应的属性和相关方法。由于要对若干学生按照分数降序排序,需改变默认的排序方式,所以 Stud 类从 IComparable 接口派生并实现 CompareTo 方法。

在主函数中定义了一个集合对象 myarr,将 st 对象数组中的所有对象添加到 myarr 中。调用 ArrayList 类的 Sort()方法,在排序比较时会自动使用 Stud 类中实现的 CompareTo 方法。

本程序的执行结果如图 6.12 所示。

图 6.12　例 6.13 程序的执行结果

6.5.3 IComparer 接口

IComparer 接口定义两个对象的通用比较方法,其公共成员有 Compare。Compare 方法用于比较两个对象并返回一个值,指示一个对象是小于、等于还是大于另一个对象。其使用语法格式如下:

```
int Compare(Object x,Object y)
```

其中,x 表示要比较的第一个对象。y 表示要比较的第二个对象,其返回值是一个 32 位的有符号整数,指示要比较的对象的相对顺序,返回值的含义如下。

- 小于零:x 小于 y。
- 零:x 等于 y。
- 大于零:x 大于 y。

通常声明一个类(从 IComparer 接口派生),其中实现 Compare 方法,以订制其比较功能,然后调用排序方法以该类的对象作为参数,这样在排序时会自动使用订制的 Compare 方法,下面通过一个示例进行说明。

【例 6.14】 分析以下程序的执行结果(对应"D:\C#程序\ch6"文件夹中的 proj6-14 项目)。

```
using System;
using System.Collections;                          //新增引用
namespace proj6_14
{   class Program
    {   class Stud                                  //声明 Stud 类
        {   int xh;                                 //学号字段
            string xm;                              //姓名字段
            int fs;                                 //分数字段
            public int pxh                          //pxh 属性
            {   get { return xh; }   }
            public string pxm                       //pxm 属性
            {   get { return xm; }   }
            public int pfs                          //pfs 属性
            {   get { return fs; }   }
            public Stud(int no, string name, int degree)   //构造函数
            {   xh = no; xm = name; fs = degree;   }
            public void disp()                      //输出学生的信息
            {   Console.WriteLine("\t{0}\t{1}\t{2}", xh, xm, fs);   }
        }
        public class myCompareClassxh : IComparer   //从接口派生 myCompareClassxh 类
        {   int IComparer.Compare(object x, object y)   //实现 Compare 方法
            {   Stud a = (Stud)x;                   //将 x 对象转换成 Stud 类对象 a
                Stud b = (Stud)y;                   //将 y 对象转换成 Stud 类对象 b
                if (a.pxh > b.pxh) return 1;
                else if (a.pxh == b.pxh) return 0;
                else return -1;
            }
        }
        public class myCompareClassxm : IComparer   //从接口派生 myCompareClassxm 类
        {   int IComparer.Compare(object x, object y)   //实现 Compare 方法
            {   Stud a = (Stud)x;                   //将 x 对象转换成 Stud 类对象 a
                Stud b = (Stud)y;                   //将 y 对象转换成 Stud 类对象 b
                return String.Compare(a.pxm, b.pxm);
```

```
            }
        }
    public class myCompareClassfs : IComparer        //从接口派生 myCompareClassfs 类
    {   int IComparer.Compare(object x, object y)     //实现 Compare 方法
        {   Stud a = (Stud)x;                          //将 x 对象转换成 Stud 类对象 a
            Stud b = (Stud)y;                          //将 y 对象转换成 Stud 类对象 b
            if (a.pfs < b.pfs) return 1;
            else if (a.pfs == b.pfs) return 0;
            else return −1;
        }
    }
    static void disparr(ArrayList myarr, string str)   //Program 类的静态方法
    {   Console.WriteLine(str);
        Console.WriteLine("\t 学号\t 姓名\t 分数");
        foreach (Stud s in myarr)
            s.disp();
    }
    static void Main(string[] args)                    //Program 的主函数
    {   int i, n = 4;
        IComparer myComparerxh = new myCompareClassxh();
        IComparer myComparerxm = new myCompareClassxm();
        IComparer myComparerfs = new myCompareClassfs();
        ArrayList myarr = new ArrayList();
        Stud[] st = new Stud[4] { new Stud(1, "Smith", 82),new Stud(4, "John", 88),
                    new Stud(3, "Mary", 95),new Stud(2, "Cherr", 64) };
        for (i = 0; i < n; i++)                        //将 st 的各元素添加到 myarr 集合中
            myarr.Add(st[i]);
        disparr(myarr, "排序前:");
        myarr.Sort(myComparerxh);                      //按学号排序
        disparr(myarr, "按学号升序排序后:");
        myarr.Sort(myComparerxm);                      //按姓名排序
        disparr(myarr, "按姓名词典次序排序后:");
        myarr.Sort(myComparerfs);                      //按分数排序
        disparr(myarr, "按分数降序排序后:");
    }
  }
}
```

上述程序从 IComparer 接口派生出 3 个类,即 myCompareClassxh、myCompareClassxm 和 myCompareClassfs,它们都实现了 Compare 方法。在主函数中以它们的对象作为排序对象,从而达到不同的排序效果。

本程序的执行结果如图 6.13 所示。

【例 6.15】 编写一个程序,在一个集合中输入若干学生的成绩数据(含学号、姓名、课程名和分数),按课程名递增(相同课程名按分数递减)排序,并输出排序前和排序后的结果。

解:设计一个学生类 Stud 和存放学生对象的集合 myarr,为了实现排序,需要从接口 IComparer 派生 myCompareClass 类,并实现 Compare 方法,其代码如下。

```
using System;
using System.Collections;                              //新增引用
namespace proj6_15
{   class Stud                                          //声明 Stud 类
    {   int xh;                                         //学号字段
        string xm;                                      //姓名字段
```

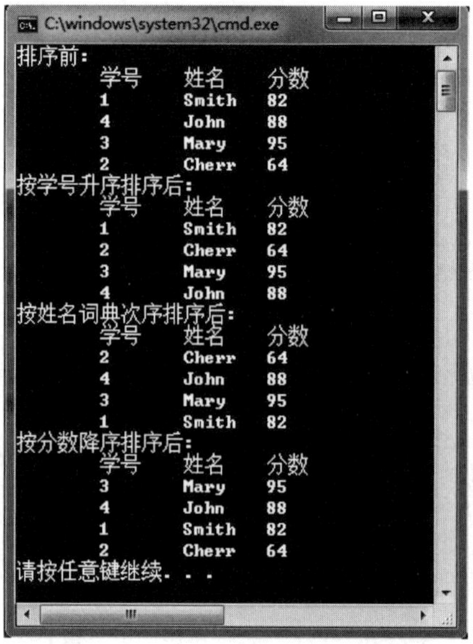

图 6.13 例 6.14 程序的执行结果

```
    string kcm;                                        //课程名字段
    int fs;                                            //分数字段
    public string pkcm                                 //pkcm 属性
    {   get { return kcm; }   }
    public int pfs                                     //pfs 属性
    {   get { return fs; }   }
    public Stud(int no, string name, string course, int degree)   //构造函数
    { xh = no; xm = name; kcm = course; fs = degree; }
    public void disp()                                 //输出成绩信息
    { Console.WriteLine("\t{0}\t{1}\t{2}\t{3}", kcm, fs, xh, xm); }
}
public class myCompareClass : IComparer                //从接口派生 myCompareClass 类
{   int IComparer.Compare(object x, object y)          //实现 Compare 方法
    {   Stud a = (Stud)x;                              //将 x 对象转换成 Stud 类对象 a
        Stud b = (Stud)y;                              //将 y 对象转换成 Stud 类对象 b
        if (String.Compare(a.pkcm, b.pkcm, true) > 0
            || String.Compare(a.pkcm, b.pkcm, true) == 0 && a.pfs <= b.pfs) return 1;
        else if (String.Compare(a.pkcm, b.pkcm, true) == 0 && a.pfs == b.pfs) return 0;
        else return -1;
    }
}
class Program
{   static void Main(string[] args)                    //Program 的主函数
    {   int i, n = 6;
        myCompareClass myComparer = new myCompareClass();
        ArrayList myarr = new ArrayList();
        Stud[] st = new Stud[6] { new Stud(1, "Smith", "高级语言", 82),
            new Stud(1, "Smith", "数据结构", 75), new Stud(4, "John", "高级语言", 82),
            new Stud(4, "John", "数据结构", 88), new Stud(3, "Mary", "高级语言", 93),
            new Stud(3, "Mary", "数据结构", 95) };
        for (i = 0; i < n; i++)                         //将 st 的各元素添加到 myarr 集合中
            myarr.Add(st[i]);
        Console.WriteLine("排序前:");
```

```
            Console.WriteLine("\t课程名\t\t分数\t学号\t姓名");
            foreach (Stud s in myarr)
                s.disp();
            myarr.Sort(myComparer);                    //排序
            Console.WriteLine("排序后:");
            Console.WriteLine("\t课程名\t\t分数\t学号\t姓名");
            foreach (Stud s in myarr)
                s.disp();
        }
    }
}
```

本程序的执行结果如图 6.14 所示。

图 6.14　例 6.15 程序的执行结果

练 习 题 6

1. 单项选择题

(1) 在 C♯中,一个类_____。

　　A. 可以继承多个类　　　　　　　B. 可以实现多个接口

　　C. 在一个程序中只能有一个子类　D. 只能实现一个接口

(2) 以下关于继承机制的叙述正确的是_____。

　　A. 在 C♯中任何类都可以被继承

　　B. 一个子类可以继承多个父类

　　C. object 类是所有类的基类

　　D. 继承有传递性,如果 A 类继承 B 类,B 类又继承 C 类,那么 A 类也继承 C 类

(3) _____关键字用于在 C♯中从派生类中访问基类的成员。

　　A. new　　　　　　B. super　　　　　　C. this　　　　　　D. base

(4) 在定义类时,如果希望类的某个方法能够在派生类中进一步改进,以处理不同的派生类的需要,应将该方法声明成_____。

　　A. sealed 方法　　　B. public 方法　　　C. virtual 方法　　D. override 方法

(5) 在 C♯语法中,在派生类中对基类的虚函数进行重写,要求在派生类的声明中使

用_____。

    A. override   B. new   C. static   D. virtual

（6）有以下程序：

```
using System;
namespace aaa
{   class A
    {   public A()
        {   Console.Write("A");   }
    }
    class B : A
    {   public B()
        {   Console.WriteLine("B");   }
    }
    class Program
    {   public static void Main()
        {   B b = new B();   }
    }
}
```

上述代码运行后将在控制台窗口输出_____。

    A. A   B. B   C. AB   D. BA

（7）以下关于抽象类的叙述错误的是_____。

    A. 抽象类可以包含非抽象方法

    B. 含有抽象类方法的类一定是抽象类

    C. 抽象类不能被实例化

    D. 抽象类可以是密封类

（8）在 C♯中，接口与抽象基类的区别在于_____。

    A. 抽象类可以包含非抽象方法，而接口不包含任何方法的实现

    B. 抽象类可以被实例化，而接口不能被实例化

    C. 抽象类不能被实例化，而接口可以被实例化

    D. 抽象类中能够被继承，而接口不能被继承

（9）以下关于抽象类和接口的叙述正确的是_____。

    A. 在抽象类中所有的方法都是抽象方法

    B. 继承自抽象类的子类必须实现其父类（抽象类）中的所有抽象方法

    C. 在接口中可以有方法实现，在抽象类中不能有方法实现

    D. 一个类可以从多个接口继承，也可以从多个抽象类继承

（10）在以下类 MyClass 的定义中，_____是合法的抽象类。

    A. abstract class MyClass { public abstract int getCount(); }

    B. abstract class MyClass { abstract int getCount(); }

    C. private abstract class MyClass { abstract int getCount(); }

    D. sealed abstract class MyClass { abstract int getCount(); }

（11）多态是指两个或多个不同对象对于同一个消息做出不同响应的方式。C♯中的多态不能通过_____实现。

    A. 接口   B. 抽象类   C. 虚方法   D. 密封类

（12）分析下列程序中类 MyClass 的定义：

```
class BaseClass
{
    public int i;
}
class MyClass:BaseClass
{
    public new int i;
}
```

则下列语句在 Console 上的输出为_____。

```
MyClass y = new MyClass();
BaseClass x = y;
x.i = 100;
Console.WriteLine("{0}, {1}",x.i,y.i);
```

    A. 0，0   B. 100，100   C. 0，100   D. 100，0

（13）在接口和类的区别中正确的是_____。

    A. 类可以继承，而接口不可以

    B. 类不可以继承，而接口可以

    C. 类可以多继承，而接口不可以

    D. 类不可以多继承，而接口可以

（14）接口 Animal 的声明如下：

```
public interface Animal
{
    void Move();
}
```

则在下列抽象类的定义中，_____是合法的。

    A. abstract class Cat: Animal
        { abstract public void Move(); }

    B. abstract class Cat: Animal
        { virtual public void Move(){ Console.Write(Console.Write("Move!");} }

    C. abstract class Cat: Animal
        { public void Move(){ Console.Write(Console.Write("Move!");}; }

    D. abstract class Cat: Animal
        { public void Eat(){ Console.Write(Console.Write("Eat!");}; }

（15）已知接口 IHello 和类 Base、Derived 的声明如下：

```
interface IHello
{
    void Hello();
}
class Base : IHello
{   public void Hello()
    {   System.Console.WriteLine("Hello in Base!"); }
}
```

```
class Derived : Base
{   public void Hello()
    {   System.Console.WriteLine("Hello in Derived!");}
}
```

则下列语句在控制台中的输出结果为_____。

```
IHello x = new Derived();
x.Hello();
```

  A. Hello in Base!　　　　　　　　　B. Hello in Derived!

  C. Hello in Base! Hello in Derived!　　　D. Hello in Derived! Hello in Base!

（16）在 C# 程序中定义以下 IPlay 接口，实现此接口的代码正确的是_____。

```
interface IPlay
{   void Play();
    void Show();
}
```

  A. class Teacher : IPlay
    {   void Play() { //省略部分代码 }
      void Show() { //省略部分代码 }
    }

  B. class Teacher : IPlay
    {   public string Play() { //省略部分代码 }
      public void Show() { //省略部分代码 }
    }

  C. class Teacher : IPlay
    {   public void Play() { //省略部分代码 }
      public void Show() { //省略部分代码 }
    }

  D. class Teacher : IPlay
    {   public void Play();
      public void Show() { //省略部分代码 }
    }

（17）以下程序的输出结果是_____。

```
using System;
namespace aaa
{   public class Vehicle
    {   private int speed = 10;
        public int Speed
        {   get { return speed; }
            set
            {   speed = value;
                Console.WriteLine("禁止驶入");
            }
        }
    }
    public class NewVehicle : Vehicle
    {   public NewVehicle()
        {   if (this.Speed >= 20)
```

```
                Console.Write("机动车!");
            else
                Console.Write("非机动车!");
        }
    }
    public class Program
    {   public static void Main()
        {   NewVehicle tong = new NewVehicle();
            tong.Speed = 30;
        }
    }
}
```

A. 禁止驶入非机动车！ 　　　　B. 非机动车！禁止驶入

C. 禁止驶入机动车！　　　　　　D. 机动车禁止驶入！

(18) 以下程序的输出结果是_____。

```
using System;
namespace aaa
{   public class Person
    {   private int age = 0;
        public int Age
        {   get { return age; }
            set
            {   if (value >= 18)
                    Console.WriteLine("成年人");
                else
                    Console.WriteLine("非成年人");
                age = value;
            }
        }
    }
    public class People:Person
    {   public People()
        {   Console.Write("不得入内");  }
    }
    public class Program
    {   public static void Main()
        {   People Shang = new People();
            Shang.Age = 25;
        }
    }
}
```

A. 非成年人不得入内　　　　　　B. 成年人不得入内

C. 不得入内非成年人　　　　　　D. 不得入内成年人

2. 问答题

(1) 简述 C#中类继承的特点。

(2) 简述 C#类继承时调用构造函数和析构函数的执行次序。

(3) 简述 C#中方法重写和重载的区别。

(4) 简述 C#中抽象类的特点。

(5) 简述 C#中接口的特点。

(6) 简述 C♯中虚方法的作用。

3. 编程题

(1) 设计控制台应用程序项目 exci6-1,设计一个普通职工类 Employee,其工资为基本工资(1000)加上工龄工资(每年增加 30 元)。从 Employee 类派生出一个本科生类 UEmployee,其工资为普通职工算法的 1.5 倍,并用相关数据进行测试。

(2) 设计控制台应用程序项目 exci6-2,在编程题(1)的基础上,另从 Employee 类派生出一个研究生职工类,其工资为普通职工的 1.5 倍。要求计算工资采用虚方法实现,并用相关数据进行测试。

(3) 设计控制台应用程序项目 exci6-3,实现学生和教师数据的输入和显示功能。学生类 Student 有编号、姓名、班号和成绩等字段,教师类有编号、姓名、职称和部门等字段。要求将编号、姓名的输入和显示设计成一个类 Person,并作为 Student 和 Teacher 的基类,需用相关数据进行测试。

(4) 设计控制台应用程序项目 exci6-4,输入若干个学生的英语和数学成绩,求出总分,并按总分从高到低排序,最出输出排序后的结果。要求比较采用继承 IComparable 接口的方式实现。

4. 上机实验题

编写控制台应用程序项目 experment6,假设图书馆的图书类 Book 包含书名和编号和作者属性,读者类 Reader 包含姓名和借书证属性,每位读者最多可借 5 本书,设计它们的公共基类 BClass。要求列出所有读者的借书情况,类似图 6.15。

图 6.15　上机实验题程序的执行结果

第7章

泛型和反射

除了前面介绍的基本知识以外,C♯还提供了很多高级特性,通过这些特性可以在程序中设计类型化参数,可以使用反射机制创建对象和查询对象的方法、属性、字段等,从而进一步提高程序设计的灵活性和可靠性。本章主要讨论泛型和反射程序设计。

本章学习要点:

☑ 掌握泛型编程的概念和方法。

☑ 掌握反射的原理和应用。

7.1　泛　　型

泛型是 C♯ 的强大功能,通过泛型可以定义类型安全的数据结构,而无须使用实际的数据类型,从而显著提高性能,并得到更高质量的代码。在概念上,泛型类似于 C++ 模板,但在实现和功能方面存在明显的差异。

7.1.1　什么是泛型

所谓泛型(Generic type)是指通过参数化类型在同一份代码上操作多种数据类型,泛型类型不是类型,而是类型的模板,如图 7.1 所示。泛型编程是一种编程范式,它利用"参数化类型"将类型抽象化,从而实现更为灵活的复用。

图 7.1　泛型类型是类型的模板

C♯ 提供了类、结构、接口、委托和方法 5 种泛型,前面 4 种都是类型,而方法是成员。泛型类型和普通类型的区别在于,泛型类型与一组类型参数或类型变量关联。C♯ 的泛型由 CLR 在运行时支持,这使得泛型可以在支持 CLR 的各语言之间进行无缝的互操作。使用泛型类型可以最大限度地重用代码、保护类型的安全以及提高性能。

以下是 C♯ 泛型和 C++ 模板之间的主要差异:

- C♯ 泛型未提供与 C++ 模板相同程度的灵活性。例如,尽管在 C♯ 泛型类中可以调用用户定义的运算符,但不能调用算术运算符。
- C♯ 不允许非类型模板参数,例如 template C<int i> {}。

- C♯不支持显式专用化，即特定类型的模板的自定义实现。
- C♯不支持部分专用化，例如类型参数子集的自定义实现。
- C♯不允许将类型参数用作泛型类型的基类。
- C♯不允许类型参数具有默认类型。
- 在 C♯中，尽管构造类型可用作泛型，但泛型类型参数自身不能是泛型。C++确实允许模板参数。
- C++允许并非对模板中的所有类型参数都有效的代码，然后检查该代码中是否有用作类型参数的特定类型。C♯要求相应地编写类中的代码，使之能够使用任何满足约束的类型。例如，可以在 C++中编写对类型参数的对象使用算术运算符＋和一的函数，这会在使用不支持这些运算符的类型来实例化模板时产生错误。C♯不允许这样。

7.1.2 泛型的声明和使用

通常先声明泛型，然后通过类型实例化来创建类型，最后定义该类型的对象。声明泛型的语法格式如下：

[访问修饰符][返回类型] 泛型名称<类型参数列表>

在其中，"泛型名称"要符合标识符的定义。尖括号表示类型参数列表，它可以包含一个或多个类型参数，例如<T,U,…>。

在 C♯中，常用的泛型有泛型类和泛型方法。例如，以下代码声明了一个 Stack<T>泛型类和一个 swap<T>(*a*,*b*)泛型方法：

```
class Stack<T>                          //声明泛型类
{   T data[MaxSize];
    int top;
    …
}
void swap<T>(ref T a, ref T b)          //定义泛型方法
{   T tmp = a;
    a = b;
    b = tmp;
}
```

在使用泛型时，需要将未指定的类型参数变成系统能够识别的类型，可以是 C♯内置类型或类类型。

【例 7.1】 分析以下程序的执行结果（对应"D:\C♯程序\ch7"文件夹中的 proj7-1 项目）。

```
using System;
namespace proj7_1
{   class Student                           //学生类
    {   int sno;                            //学号
        string sname;                       //姓名
        public Student() { }
        public Student(int no, string name)
        {   sno = no;
            sname = name;
        }
        public void Dispstudent()           //输出学生对象
        {   Console.Write("[{0}:{1}] ",sno,sname); }
```

```
    }
class Teacher                                           //教师类
{   int tno;                                            //编号
    string tname;                                       //姓名
    public Teacher() { }
    public Teacher(int no, string name)
    {   tno = no;
        tname = name;
    }
    public void Dispteacher()                           //输出教师对象
    {   Console.Write("[{0}:{1}] ", tno, tname);}
}
class Stack<T>                                          //声明栈泛型类
{   int maxsize;                                        //栈中元素的最多个数
    T[] data;                                           //存放栈中 T 类型的元素
    int top;                                            //栈顶指针
    public Stack()                                      //构造函数
    {   maxsize = 10;
        data = new T[maxsize];
        top = -1;
    }
    public bool StackEmpty()                            //判断栈空方法
    {   return top == -1; }
    public bool Push(T e)                               //元素 e 进栈的方法
    {   if (top == maxsize - 1)                         //栈满返回 false
            return false;
        top++;
        data[top] = e;
        return true;
    }
    public bool Pop(ref T e)                            //元素出栈的方法
    {   if (top == -1)                                  //栈空返回 false
            return false;
        e = data[top];
        top--;
        return true;
    }
}
class Program
{   static void Main(string[] args)
    {   //----- 整数栈操作 -----
        int e = 0;
        Stack<int> s1 = new Stack<int>();              //定义整数栈
        s1.Push(1);                                    //3 个整数进栈
        s1.Push(2);
        s1.Push(3);
        Console.Write("整数栈出栈次序: ");
        while (!s1.StackEmpty())                        //栈不空时元素出栈
        {   s1.Pop(ref e);
            Console.Write("{0} ", e);
        }
        Console.WriteLine();
        //----- 实数栈操作 -----
        double d = 0;
        Stack<double> s2 = new Stack<double>();        //定义实数栈
```

```
        s2.Push(2.5);                                    //3 个实数进栈
        s2.Push(3.8);
        s2.Push(5.9);
        Console.Write("实数栈出栈次序：");
        while (!s2.StackEmpty())                          //栈不空时元素出栈
        {   s2.Pop(ref d);
            Console.Write("{0} ", d);
        }
        Console.WriteLine();
        //----- 学生对象栈操作 -----
        Student st = new Student();
        Stack < Student > s3 = new Stack < Student >();   //定义学生栈
        s3.Push(new Student(1,"Student1"));               //3 个学生对象进栈
        s3.Push(new Student(2,"Student2"));
        s3.Push(new Student(3,"Student3"));
        Console.Write("学生对象栈出栈次序：");
        while (!s3.StackEmpty())                          //栈不空时元素出栈
        {   s3.Pop(ref st);
            st.Dispstudent();
        }
        Console.WriteLine();
        //----- 教师对象栈操作 -----
        Teacher te = new Teacher();
        Stack < Teacher > s4 = new Stack < Teacher >();   //定义教师栈
        s4.Push(new Teacher(1, "Teacher1"));              //3 个教师对象进栈
        s4.Push(new Teacher(2, "Teacher2"));
        s4.Push(new Teacher(3, "Teacher3"));
        Console.Write("教师对象栈出栈次序：");
        while (!s4.StackEmpty())                          //栈不空时元素出栈
        {   s4.Pop(ref te);
            te.Dispteacher();
        }
        Console.WriteLine();
        }
    }
}
```

本程序先声明 Student 和 Teacher 两个类，再声明一个泛型栈 Stack<T>，然后实例化为整数栈 s1、实数栈 s2、学生对象栈 s3 和教师对象栈 s4，各自进栈 3 个元素后出栈，程序的执行结果如图 7.2 所示。

图 7.2　例 7.1 程序的执行结果

一般情况下，创建泛型类的过程是从一个现有的具体类开始的，逐一将每个类型更改为类型参数，直至达到通用化和可用性的最佳平衡。

泛型最常见的用途是创建集合类，实际上，. NET Framework 类库在 System. Collections. Generic 命名空间中包含几个新的泛型集合类。用户应尽可能地使用这些类代替普通的类，如

System. Collections 命名空间中的 ArrayList,这些泛型类的使用在前面已介绍过。

7.1.3　泛型的 MSIL 代码结构

将泛型类型或方法编译为 Microsoft 中间语言(MSIL)时,它包含将其标识为具有类型参数的元数据。泛型类型的 MSIL 的使用因所提供的类型参数是值类型还是引用类型而不同。

与. NET Framework 同时发布的中间语言反汇编工具(ildasm. exe)可以加载任意的. NET 程序集并分析它的内容,包括关联的清单、MSIL 代码和类型元数据。默认情况下,ildasm. exe 安装在"C:\Program Files\Microsoft SDKs\Windows\ v8. 0A\bin\NETFX4. 0 Tools"文件夹中(如果这个目录下没有 ildasm. exe,用户可以按该文件名进行搜索)。

在命令行方式下进入 ildasm. exe 所在的文件夹,输入 ildasm 命令,运行该程序,出现一个"IL DASM"对话框,选择"文件|打开"命令,选择例 7.1 的程序 proj7-1. exe(位于"D:\C♯程序\ch7\proj7-1\proj7-1\bin\Debug"文件夹中),以树状图展示该程序集的结构,展开所有项的结果如图 7.3 所示。

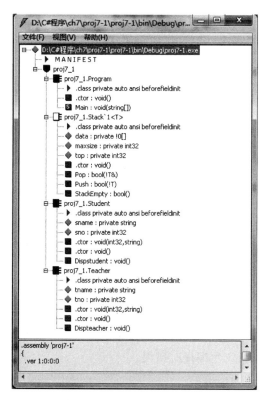

图 7.3　例 7.1 程序集的结构图

通过双击图中各行可以显示相应的中间语言代码,例如,双击其中的"Main:void(string[])"行,便在一个新窗口中显示 Main 方法的中间语言代码。

从例 7.1 程序的中间语言代码中可以看到以下要点。

1. 编译方式

第一轮编译时,编译器只为 Stack<T>产生"泛型版"的 IL 代码和元数据,并不进行泛型的实例化,T 在中间只充当占位符。例如,在 Stack<T>的构造函数中占位符显示为<! T>。

在 JIT 编译时,当 JIT 编译器第一次遇到 Stack<int>时,将用 int 替换"范型版"IL 代码和元数据中的 T,即进行泛型类型的实例化。例如,Main 函数中显示的<int32>。

2. 引用类型作为参数和值类型作为参数

CLR 为所有类型参数为"引用类型"的泛型类型产生同一份代码,但是如果类型参数为"值类型",对于每一个不同的"值类型",CLR 将为其产生一份独立的代码。

因为实例化一个引用类型的泛型,它在内存中分配的大小是一样的,但是当实例化一个值类型的时候,在内存中分配的大小是不一样的,这样做的目的是尽可能减小代码量。

7.1.4 类型参数的约束

前面介绍过,在泛型类型或方法定义中,类型参数是在实例化泛型类型的变量时指定的特定类型的占位符。那么,类型参数是不是任何类型呢? 结论是否定的。例如,声明以下泛型类型:

```
class MyGType<T1, T2>
{    static public bool LessThan(T1 obj1, T2 obj2)
     {    return obj1 < obj2; }
}
```

在编译时,系统指出"运算符<无法应用于 T1 和 T2 类型的操作数"的错误。如果它是正确的,在实例化为 MyGType<int,string>时,一个整数和一个字符串怎么比较呢? 甚至在实例化为 MyGType<int,MyClass>时,一个整数和一个对象怎么比较呢?

为了解决这个问题,C♯提出了类型参数的约束概念。通过约束检查泛型列表中的某项以确定它是否有效,例如约束告诉编译器:仅此类型的对象或从此类型派生的对象才可用作类型参数。一旦编译器有了这个保证,它就能够允许在泛型类中调用该类型的方法。约束是使用上下文关键字 where 应用的。where 子句的一般格式如下:

where 类型参数: 约束 1,约束 2,…

例如,以下泛型有 3 个类型参数,T1 是未绑定的(没有约束),T2 只有 MyClass1 类型(或从它派生的类)或 MyClass2 类型(或从它派生的类)才能用作类型实参,T3 只有 MyClass3 类型或从它派生的类才能用作类型实参:

```
class MyClass<T1,T2,T3> where T2: MyClass1,MyClass2 T3: MyClass3
{    …  }
```

这样在对类型参数的类型种类施加限制后,如果使用该泛型的代码尝试使用某个约束不允许的类型来实例化类,则会产生编译时错误。

表 7.1 给出了 5 种类型的约束。

表 7.1 约束类型及其说明

约束类型	说明
struct	类型参数必须是值类型,可以指定除 Nullable(一种支持可分配有 null 的值类型)以外的任何值类型
class	类型参数必须是引用类型,包括类、接口、委托、数组类型
new()	类型参数必须具有无参数的公共构造函数
基类名	类型参数必须是指定的基类或派生自指定的基类
接口名	类型参数必须是指定的接口或实现指定的接口

【**例 7.2**】 分析以下程序的执行结果(对应"D:\C♯程序\ch7"文件夹的 proj7-2 项目),说明为什么使用泛型约束。

```csharp
using System;
namespace proj7_2
{   public class Student                          //学生类
    {   private int id;                           //学号
        private string name;                      //姓名
        public Student(int i, string s)           //构造函数
        {   id = i;
            name = s;
        }
        public string Name                        //Name 属性
        {   get { return name; }
            set { name = value; }
        }
        public int Id                             //Id 属性
        {   get { return id; }
            set { id = value; }
        }
    }
    public class GenericList < T > where T : Student    //学生链表类泛型
    {   private class Node                        //结点嵌套类
        {   private Node next;                    //指向下一个结点
            private T data;                       //结点值
            public Node(T t)                      //构造函数,创建一个 next 为空的结点
            {   next = null;
                data = t;
            }
            public Node Next                      //Next 属性
            {   get { return next; }
                set { next = value; }
            }
            public T Data                         //Data 属性
            {   get { return data; }
                set { data = value; }
            }
        }
        private Node head;                        //指向首结点
        public GenericList()                      //构造函数
        {   head = null; }
        public void AddHead(T t)                  //向首部插入一个结点
        {   Node n = new Node(t);
            n.Next = head;
            head = n;
        }
        public void Display()                     //输出所有结点的数据
        {   Node current = head;
            while (current != null)
            {   Console.Write("[{0},{1}]   ", current.Data.Id, current.Data.Name);
```

```
                        current = current.Next;
                    }
                    Console.WriteLine();
            }
            public T FindNoNode(int no)              //按学号查找
            {   Node current = head;                 //从首结点开始查找
                T t = null;
                while (current!= null)
                {                                    //约束能够确保对 Id 的访问
                    if (current.Data.Id == no)
                    {   t = current.Data;            //如果找到了,t 指向该结点
                        break;
                    }
                    else                             //否则,沿 Next 继续查找
                        current = current.Next;
                }
                return t;
            }
    }
    class Program
    {   static void Main(string[] args)
        {   GenericList < Student > st = new GenericList < Student >();
            Student s;
            Student s1 = new Student(1, "Mary");     //创建 4 个 Student 对象
            Student s2 = new Student(2, "Smith");
            Student s3 = new Student(3, "John");
            Student s4 = new Student(4, "Daniel");
            st.AddHead(s1);                          //将 4 个对象插入学生链表
            st.AddHead(s2);
            st.AddHead(s3);
            st.AddHead(s4);
            Console.Write("输出所有学生信息：");
            st.Display();
            int no = 1;
            s = st.FindNoNode(no);                   //按学号 no 查找
            if (s != null)
                Console.WriteLine("学号为{0}的学生姓名是:{1}", no, s.Name);
            else
                Console.WriteLine("查无此人");
        }
    }
}
```

    解：GenericList＜T＞是一个泛型，其功能包含创建一个不带头结点的单链表（首结点对象为 head）和相关操作，GenericList＜Student＞是其实例化的学生单链表和相关操作。在 GenericList＜T＞泛型中，FindNoNode（int no）方法用于按学号 no 查找，其判定条件是 current.Id==no。如果实例化为 GenericList＜MyClass＞，而 MyClass 类没有 Id 属性，显然会出错。所以需要对 GenericList＜T＞泛型的 T 参数进行约束，这里指定的约束为 where T：Student，也就是说，只有 Student 类或从它派生的类才能用作类型实参，因为

Student 类的派生类一定包含 Id 属性。上述程序的执行结果如图 7.4 所示。

图 7.4　例 7.2 程序的执行结果

7.1.5　泛型的继承

C♯除了可以单独声明泛型类型外,还可以在基类中包含泛型类型的声明。但基类如果是泛型类,它的类型要么已实例化,要么来源于子类(同样是泛型类型)声明的类型参数。例如,若声明了以下泛型:

```
class C<U,V>
{
    …
}
```

则以下声明是正确的:

```
class D:C<string,int>              //继承的类型已实例化
{
    …
}
class E<U,V>:C<U,V>                 //E类型为C类型提供了U、V,即来源于子类
{
    …
}
class F<U,V>:C<string,int>         //F类型继承于C<string,int>,可看作F继承一个非泛型的类
{
    …
}
```

而以下声明是错误的:

```
class G:C<U,V>                      //因为G类型不是泛型,C是泛型,G无法给C提供泛型的实例化
{
    …
}
```

7.1.6　泛型接口和委托

1. 泛型接口
与泛型继承类似,泛型接口的类型参数要么已实例化,要么来源于实现类声明的类型参数。

2. 泛型委托
泛型委托支持在委托返回值和参数上应用参数类型,这些参数类型同样可以附带合法的约束。例如:

```
delegate bool MyDelegate<T>(T value);
class MyClass
{    static bool method1(int i){…}
     static bool method2(string s){…}
     static void Main()
     {    MyDelegate<string> p2 = method2;
          MyDelegate<int> p1 = new MyDelegate<int>(method1);
     }
}
```

7.2　反　　射

反射（Reflection）是 . NET 中重要的机制，通过反射可以在运行时获得. NET 中每一个类型（包括类、结构、委托、接口和枚举等）的成员，包括方法、属性、事件和构造函数等，还可以获得每个成员的名称、限定符和参数等。有了反射，编程人员即可对每一个类型了如指掌。如果获得了构造函数的信息，可以直接创建对象，即使这个对象的类型在编译时还不知道。

7.2.1　反射概述

反射是一种机制，通过这种机制可以知道一个未知类型的类型信息。例如有一个对象，它不是我们定义的，既可能是通过网络捕捉到的，也可能是使用泛型定义的，但我们想知道这个对象的类型信息，想知道这个对象有哪些方法或者属性什么的，甚至想进一步调用这个对象的方法。关键是现在只知道它是一个对象，不知道它的类型，自然不会知道它有哪些方法等信息，这时该怎么办呢？反射机制就是来解决这么一个问题的，通过反射机制就可以知道未知类型对象的类型信息。

反射提供了封装程序集、模块和类型的对象（Type 类型），可以使用反射动态地创建类型的实例，将类型绑定到现有对象，或从现有对象获取类型，并调用其方法或访问其字段和属性。如果代码中使用了属性，可以利用反射对它们进行访问。

归纳起来，反射在下列情况下很有用：

- 需要访问程序元数据的属性。
- 检查和实例化程序集中的类型。
- 在运行时构建新类型。
- 执行后期绑定，访问在运行时创建的类型的方法。

7.2.2　反射中常用的类

1. Type 类

System. Reflection 是反射的命名空间，而 Type 类是 System. Reflection 功能的根，也是访问元数据的主要方式。Type 类表示类型声明，包括类类型、接口类型、数组类型、值类型、枚举类型、类型参数、泛型类型定义，以及开放或封闭构造的泛型类型。

使用 Type 类的成员获取关于类型声明的信息，如构造函数、方法、字段、属性和类的事件，以及在其中部署该类的模块和程序集。Type 类的常用属性如表 7.2 所示，常用的公共方法如表 7.3 所示。

表 7.2　Type 类的常用属性

公 共 属 性	说 明
IsAbstract	获取一个值,通过该值指示 Type 是否为抽象的并且必须被重写
IsArray	获取一个值,通过该值指示 Type 是否为数组
IsByRef	获取一个值,通过该值指示 Type 是否由引用传递
IsClass	获取一个值,通过该值指示 Type 是否为一个类,即不是值类型或接口
IsInterface	获取一个值,通过该值指示 Type 是否为接口,即不是类或值类型
IsSubclassOf	确定当前 Type 表示的类是不是从指定的 Type 表示的类派生的
MakeArrayType	返回一个表示当前类型的一维数组(下限为零)的 Type 对象
Module	获取在其中定义当前 Type 的模块
Name	获取当前成员的名称
Namespace	获取 Type 的命名空间
ReflectedType	获取用于获取该成员的类对象

表 7.3　Type 类的常用方法

方 法	说 明
GetElementType	当在派生类中重写时,返回当前数组、指针或引用类型包含的(或引用)的对象的 Type
GetEvent	获取由当前 Type 声明或继承的特定事件
GetEvents	获取由当前 Type 声明或继承的事件
GetField	获取当前 Type 的特定字段
GetFields	获取当前 Type 的字段
GetInterface	获取由当前 Type 实现或继承的特定接口
GetInterfaces	当在派生类中重写时,获取由当前 Type 实现或继承的所有接口
GetMember	获取当前 Type 的指定成员
GetMembers	获取当前 Type 的成员(包括属性、方法、字段、事件等)
GetMethod	获取当前 Type 的特定方法
GetMethods	获取当前 Type 的方法
GetProperties	获取当前 Type 的属性
GetProperty	获取当前 Type 的特定属性
InvokeMember	使用指定的绑定约束并匹配指定的参数列表,调用指定成员

对于程序中用到的每一个类型,CLR 都会创建一个包含这个类型信息的 Type 类对象,也就是说,程序中用到的每一个类型都会关联到独立的 Type 类对象,不管创建的类型有多少个实例,只有一个 Type 对象会关联到所有这些实例。

许多类提供了 GetType()、GetTypes()方法,它们分别返回一个指定类型的 Type 对象和一个 Type 对象数组,可以通过调用这些方法获得对与某个类型关联的 Type 对象的引用。因为 Type 是一个抽象类,所以不能直接使用 new 关键字创建一个 Type 对象。归纳起来,得到一个 Type 实例的 3 种方法如下:

① 使用 System. Object. GetType(),例如:

```
Person pe = new Person();          //定义 pe 为 Person 类的一个对象
Type t = pe. GetType();
```

这样 t 为 Person 类型的 Type 对象。

② 使用 System. Type. GetType()静态方法,参数为类型的完全限定名。例如:

```
Type t = Type.GetType("MyNs.Person");
```

其中,MyNs. Person 为 MyNs 命名空间中的 Person 类,这样 t 为该类的 Type 对象。

③ 使用 typeof 运算符,例如:

```
Type t = typeof(Person);
```

其中 Person 为一个类,这样 t 为该类的 Type 对象。

在上述 3 种方法中,第一种方法必须先建立一个实例,后两种方法不必先建立实例。但使用 typeof 运算符仍然需要知道类型的编译时信息,使用 System. Type. GetType()静态方法不需要知道类型的编译时信息,所以是首选方法。

2. System. Reflection 反射命名空间

System. Reflection 反射命名空间包含提供加载类型、方法和字段的有组织的视图的类和接口,具有动态创建和调用类型的功能,其中主要的类及其功能如下。

- Assembly 类:通过它可以加载、了解和操作一个程序集。它的常用属性如表 7.4 所示,常用方法如表 7.5 所示。
- AssemblyName 类:通过它可以找到大量隐藏在程序集的身份中的信息,如版本信息、区域信息等。
- ConstructorInfo 类:用于发现构造函数及调用构造函数。通过对 ConstructorInfo 调用 Invoke 来创建对象,其中 ConstructorInfo 是由 Type 对象的 GetConstructors 或 GetConstructor 方法返回的。
- EventInfo 类:通过它可以找到事件的信息。
- FieldInfo 类:通过它可以找到字段的信息。
- MethodInfo 类:通过它可以找到方法的信息。
- ParameterInfo 类:通过它可以找到参数的信息。
- PropertyInfo 类:通过它可以找到属性的信息。
- MemberInfo 类:它是一个抽象基类,为 EventInfo、FieldInfo、MethodInfo、PropertyInfo 等类型定义了公共的行为。
- Module 类:用来访问带有多文件程序集的给定模块。
- DefaultMemberAttribute 类:定义某类型的成员,该成员是 InvokeMember 使用的默认成员。

表 7.4　Assembly 类的常用属性

公 共 属 性	说　　明
EntryPoint	获取此程序集的入口点
FullName	获取程序集的显示名称
Location	获取包含清单的已加载文件的路径或位置
ManifestModule	获取包含当前程序集清单的模块

表 7.5　Assembly 类的常用方法

方　　法	说　　明
GetFiles	获取程序集清单文件表中的文件
GetModule	获取此程序集中的指定模块
GetModules	获取作为此程序集的一部分的所有模块

方　法	说　明
GetType	获取表示指定类型的 Type 对象
GetTypes	获取此程序集中定义的类型
LoadFile	加载程序集文件的内容
LoadFrom	在已知程序集的文件名或路径等信息时加载程序集
LoadModule	加载此程序集的内部模块

7.2.3　反射的应用示例

1. 通过反射查看类型的成员信息

查看类型信息的过程如下：

① 获取指定类型的一个 Type 对象或 Type 对象数组。

② 通过 Type 类的许多方法发现与该类型的成员有关的信息。

【例 7.3】　编写一个程序，通过反射输出 System. Object 类的方法、字段和构造函数的信息。

解：先通过 Type 的 GetTypes()方法获取 System. Object 类的 Type 对象 t，然后用 Type 类的 GetMethods()、GetFields()、GetConstructors()分别获取 t 对象的方法、字段和构造函数信息并输出。

程序如下：

```
using System;
using System.Reflection;              //新增
namespace proj7_3
{   class Program
    {   static void Main(string[] args)
        {   string classname = "System.Object";
            Console.WriteLine("{0}类",classname);
            Type t = Type.GetType(classname);
            MethodInfo[] m = t.GetMethods();
            Console.WriteLine("  {0}的方法个数:{1}", t.FullName, m.Length);
            foreach(MethodInfo item in m)
                Console.WriteLine("\t{0} ",item.Name);
            FieldInfo[] f = t.GetFields();
            Console.WriteLine("  {0}的字段个数:{1}", t.FullName, f.Length);
            foreach (FieldInfo item in f)
                Console.WriteLine("\t{0} ", item.Name);
            ConstructorInfo[] c = t.GetConstructors();
            Console.WriteLine("  {0}的构造函数个数:{1}", t.FullName, c.Length);
            foreach (ConstructorInfo item in c)
                Console.WriteLine("\t{0} ", item.Name);
        }
    }
}
```

本程序的执行结果如图 7.5 所示。

图 7.5　例 7.3 程序的执行结果

2. 通过反射调用未知类的某方法

调用未知类的某方法的过程如下：

① 假设一个未知类 c 属于某个 DLL 文件 xyz. dll,采用 Assembly. LoadFrom("xyz. dll")
加载该程序集。

② 调用 assembly. GetTypes()方法得到一个 Type 对象数组 t。

③ 通过 Type. GetConstructor()方法得到某个对象的构造函数。

④ 通过 ConstructorInfo. Invoke()方法调用构造函数创建未知类的对象 s。

⑤ 通过对象 s 调用某方法。

【例 7.4】　新建项目 proj7-4,通过"项目|添加类"命令向其中添加一个 Sport. cs 文件,该
文件的内容如下：

```csharp
using System;
public abstract class Sport                    //体育运动类
{   protected string name;                     //项目名
    public abstract string GetDuration();      //获取比赛时间
    public abstract string GetName();          //获取项目名
}
```

在命令行方式下使用以下命令生成 Sport. dll 文件：

```
csc/target:library Sport.cs
```

采用同样的操作向其中添加一个 SomeSports. cs 文件,该文件的内容如下：

```csharp
using System;
public class Basketball : Sport
{   public Basketball()                        //篮球类
    {   name = "篮球"; }
    public override string GetDuration()
    {   return "共 4 节,每节 15 分钟"; }
    public override string GetName()
    {   return name;   }
}
public class Hockey : Sport                    //曲棍球类
{
    public Hockey()
    {   name = "曲棍球";   }
```

```
        public override string GetDuration()
        {    return "两个半场,各 35 分钟";    }
        public override string GetName()
        {    return name;    }
    }
    public class Football : Sport                              //足球类
    {    public Football()
        {    name = "足球";    }
        public override string GetDuration()
        {    return "两个半场,各 45 分钟";    }
        public override string GetName()
        {    return name;    }
    }
```

命令行编译命令

采用命令行方式对 C♯ 文件进行编译的程序是 csc.exe,它通常位于系统目录下的 Microsoft.NET\Framework\＜version＞文件夹中,根据每台计算机上的确切配置,此位置可能有所不同。一般情况下,其位置是 C:\Windows\Microsoft.NET\Framework\v2.0.50727 文件夹。

为了进行命令行编译,在 Windows 下运行 cmd 命令,进入存放项目的文件夹,如 D:\C♯程序\ch7\proj7-4\proj7-4,其中包含本项目的 C♯ 文件。为了能够执行 CSC 程序,通过 path 设置路径,即在命令行方式中输入以下命令:

path C:\Windows\Microsoft.NET\Framework\v2.0.50727

常用的编译命令如下:

① csc/target:library 模块名

该命令使编译器创建一个动态链接库(DLL),而不是一个可执行文件(EXE)。

② csc/reference:filename

该命令导致编译器将指定文件中的 public 类型信息导入到当前项目中,从而可以从指定的程序集文件引用元数据。filename 包含程序集清单的文件的名称。若要导入多个文件,请为每个文件包括一个单独的/reference 选项。

在命令行方式下使用以下命令生成 SomeSports.dll 文件:

csc/target:library /reference:Sport.dll SomeSports.cs

这样就生成了两个动态链接库文件 Sport.dll 和 SomeSports.dll。现要在 Program 类的 Main 中设计相应代码,根据用户选择的体育项目输出相应的比赛时间。

解:由于在设计 Program.cs 程序时提供的 Sport.dll 和 SomeSports.dll 都是动态链接库,不知道其中的每个类是如何声明的,只知道 GetName() 和 GetDuration() 两个方法的功能,为此采用反射技术。

设计 Program.cs 程序如下:

```
using System;
using System.Reflection;
namespace proj7_4
{    class Program
```

```
{    static void Main(string[] args)
    {    int i, j;
         if (args.GetLength(0) < 1)                          //在命令行输入的参数不正确
             Console.WriteLine("用法:Program dll 库名");
         else
         {    Assembly assembly = Assembly.LoadFrom(args[0]);    //获取程序集对象
              Type[] types = assembly.GetTypes();
              Console.WriteLine(assembly.GetName().Name + "包含的项目名如下:");
              for (i = 0; i < types.GetLength(0); ++i)
                  Console.WriteLine("\r" + i + ": " + types[i].Name);
              i = types.Length - 1;
              Console.Write("请选择(0 - " + i + "):");
              j = Convert.ToInt32(Console.ReadLine());
              Console.WriteLine();
              if (types[j].IsSubclassOf(typeof(Sport)))          //若 types[j]是 Sport 的子类
              {    ConstructorInfo ci = types[j].GetConstructor(new Type[0]);
                   Sport sport = (Sport)ci.Invoke(new Object[0]);    //创建 sport 对象
                   Console.WriteLine(sport.GetName() + "比赛时间:" +
                       sport.GetDuration());
              }
              else
                  Console.WriteLine(types[j].Name + "不属于指定的体育项目");
         }
    }
}
}
```

在命令行中输入以下命令生成 Program.exe 文件:

```
csc/reference:Sport.dll Program.cs
```

在命令行中输入以下命令执行 Program.exe:

```
Program SomeSports.dll
```

程序的一次执行结果如图 7.6 所示,在出现各种提示后输入 2,输出足球的比赛时间。

图 7.6 例 7.4 程序的执行结果

说明:采用本例的方法可以查看和使用其他基于.NET Framework 创建的.dll 文件。

练 习 题 7

1. 单项选择题

(1) 以下泛型集合声明中正确的是_____。

    A. List $<$int$>$ f= new List$<$int$>$()；   B. List$<$int$>$ f＝new List()；

    C. List f＝new List()；   D. List$<$int$>$ f=new List$<$int$>$；

(2) 以下关于泛型的叙述错误的是_____。

    A. 泛型是通过参数化类型来实现在同一份代码上操作多种数据类型

    B. 泛型编程是一种编程范式，其特点是参数化类型

    C. 泛型类型和普通类型的区别在于泛型类型与一组类型参数或类型变量关联

    D. 以上都不对

(3) 在 C♯ 程序中，关于反射的说法错误的是_____。

    A. 使用反射机制可以在程序运行时通过编程方式获得类型信息

    B. 使用反射机制，需要在程序中引入的命名空间是 System. Runtime

    C. 通过反射可以查找程序集的信息

    D. 反射是一个运行库类型发现的过程

(4) 在 .NET Framework 中，所有与反射应用相关的类都放在_____命名空间中。

    A. System. Data   B. System. IO

    C. System. Threading   D. System. Reflection

(5) 在反射机制中，通过_____类可以找到事件的信息。

    A. EventInfo   B. FieldInfo   C. ParameterInfo   D. PropertyInfo

(6) 在反射机制中，通过_____类可以找到方法的信息。

    A. FieldInfo   B. MethodInfo   C. ParameterInfo   D. PropertyInfo 类

(7) 在反射机制中，通过_____类可以找到属性的信息。

    A. EventInfo   B. FieldInfo   C. MethodInfo   D. PropertyInfo

2. 问答题

(1) 简述泛型的基本特点和泛型声明方法。

(2) 什么是反射机制？如何通过反射查看类型的成员信息？如何通过反射调用未知类的某方法？

3. 编程题

(1) 设计名称为 exci7-1 的控制台项目，声明一个循环泛型队列，并实例化为整数队列和字符串队列，采用相关数据进行测试。

(2) 设计名称为 exci7-2 的控制台项目，声明一个类 MyClass，其中有若干字段和方法，通过反射输出 System.Object 类的成员及成员类型的信息。

4. 上机实验题

编写控制台应用程序项目 experment7，声明一个 MyGen$<$T$>$泛型，包含一个 List$<$T$>$类型的字段 list，设计一个向 list 添加元素的 add$<$T$>$方法和一个输出所有元素的 Displist 方法。在 Main 方法中，实例化为 MyGen$<$int$>$和 MyGen$<$string$>$，采用反射技术显示该泛型的所有方法，并用相关设计进行测试，类似于图 7.7。

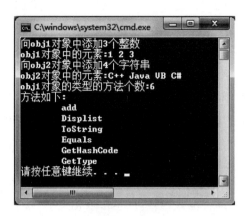

图 7.7　上机实验题程序的执行结果

第 8 章

枚举器和迭代器

可枚举类型和枚举器在. NET Framework 的集合类中被广泛使用。例如对集合（数组）使用 foreach 语句枚举或迭代其元素，C♯ 是通过枚举器和迭代器来实现的。本章讨论枚举器和迭代器的原理以及程序设计方法。

本章学习要点：

☑ 掌握可枚举类型和枚举器的概念。

☑ 掌握可枚举类型和枚举器的设计方法。

☑ 掌握迭代器的原理和执行过程。

☑ 掌握迭代器的设计方法。

8.1 枚 举 器

8.1.1 枚举器概述

前面介绍过可以使用 foreach 语句循环访问数组或集合的元素。例如，有以下代码：

```
int[] myarr = { 1, 2, 3, 4, 5 };
foreach (int item in myarr)
    Console.Write("{0} ", item);
Console.WriteLine();
```

其输出是"1,2,3,4,5"。为什么会这样呢？这是因为数组可以按需提供一个被称为枚举器（enumerator，或枚举数）的对象。枚举器可用于依次读取数组中的元素，但不能用于修改基础集合，所以不能用迭代变量（或枚举变量）item 修改 myarr 的元素。Array 类有一个 GetEnumerator 方法用于返回当前使用的枚举器，除了 Array 类外，还有一些其他类型提供了 GetEnumerator 方法，凡是提供了 GetEnumerator 方法的类型称为可枚举类型，显然，数组是可枚举类型。

foreach 语句只能与可枚举类型一起使用。也就是说，执行 foreach 语句的前提是操作对象是可枚举类型，而且存在相应的枚举器。

8.1.2 IEnumerator 接口

枚举器是实现 IEnumerator 接口的类对象。IEnumerator 接口支持对非泛型集合的简单迭代，是所有非泛型枚举器的基接口，它位于命名空间 System. Collections 中。IEnumerator 接口有以下 public 成员。

• Current 属性：获取集合中的当前元素。

• MoveNext 方法：将枚举器推进到集合的下一个元素。

• Reset 方法：将枚举器设置为其初始位置，该位置位于集合中的第一个元素之前。

最初，枚举器被定位于集合中第一个元素的前面，Reset 方法用于将枚举器返回到此位置，在此位置上未定义 Current。因此，在读取 Current 的值之前必须调用 MoveNext 方法将枚举数定位到集合的第一个元素。

再次调用 MoveNext 方法会将 Current 属性定位到下一个元素。如果 MoveNext 越过集合的末尾，则枚举器将定位在集合中最后一个元素的后面，而且 MoveNext 返回 false。当枚举器位于此位置时，对 MoveNext 的后续调用也返回 false。如果对 MoveNext 的最近一次调用返回 false，则说明没有定义 Current。若要再次将 Current 设置为集合的第一个元素，可以调用 Reset，然后再调用 MoveNext。

只要集合保持不变，枚举器就保持有效。如果对集合进行了更改(如添加、修改或删除元素)，则枚举器将失效且不可恢复，并且下一次对 MoveNext 或 Reset 的调用将引发 InvalidOperationException。如果在 MoveNext 和 Current 之间修改集合，那么即使枚举器已经无效，Current 也将返回它所在位置的元素。

对于前面的 foreach 语句的代码，其执行过程如下：

① 调用 arr.GetEnumerator()返回一个 IEnumerator 引用。

② 调用所返回的 IEnumerator 接口的 MoveNext 方法。

③ 如果 MoveNext 方法返回 true，使用 IEnumerator 接口的属性来获取 arr 的一个元素，用于 foreach 循环。

④ 重复②和③的步骤，直到 MoveNext 方法返回 false 为止，此时循环停止。

前面的 foreach 语句代码的功能和以下代码是相同的：

```
int[] myarr = { 1, 2, 3, 4, 5 };
Enumerator ie = myarr.GetEnumerator();
while (ie.MoveNext())
    Console.Write("{0} ",ie.Current);
Console.WriteLine();
```

从以上可以看出，对于 foreach 语句，系统自动创建一个默认的枚举器，前面的 foreach 语句代码的默认枚举器如图 8.1 所示。用户也可以自己编写枚举器类，即从 IEnumerator 接口继承并实现 Current 属性、MoveNext 和 Reset 方法的类。

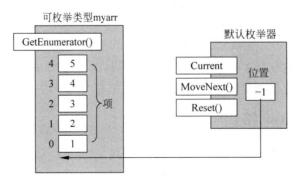

图 8.1 可枚举类型 myarr 和默认枚举器

8.1.3 IEnumerable 接口

可枚举类型是指提供了 GetEnumerator 方法的类型,而 GetEnumerator 方法是 IEnumerable 接口的成员,因此可枚举类型是指实现了 IEnumerable 接口的类型。

IEnumerable 接口支持在非泛型集合上进行简单迭代,它位于 System.Collections 命名空间。IEnumerable 接口只有一个 public 成员,即 GetEnumerator 方法,用于返回一个循环访问集合的枚举器 IEnumerator,而 IEnumerator 可以通过集合循环显示 Current 属性和 MoveNext 和 Reset 方法。

【例 8.1】 设计一个学生类 Student 和一个 People 类,People 类包含若干个学生对象,通过从 IEnumerable 接口继承使其成为可枚举类型,并设计相应的枚举器类 PeopleEnum(从 IEnumerator 接口继承),最后用 foreach 语句对 People 类对象执行枚举。

解:设计控制台项目 proj8-1(存放在"D:\C♯程序\ch8"文件夹中)完成本例功能,对应的代码如下。

```
using System;
using System.Collections;
namespace proj8_1
{   public class Student                           //声明 Student 类
    {   public int id;                             //学号
        public string name;                        //姓名
        public Student(int id, string name)        //构造函数
        {   this.id = id;
            this.name = name;
        }
    }
    public class People : IEnumerable               //声明可枚举类
    {   private Student[] sts;                       //sts 为 Student 对象数组
        public People(Student[] pArray)             //People 类的构造函数,创建 sts
        {   sts = new Student[pArray.Length];
            for (inti = 0; i < pArray.Length; i++)
                sts[i] = pArray[i];
        }
        IEnumerator IEnumerable.GetEnumerator()     //实现 IEnumerable 的 GetEnumerator 方法
        {   return (IEnumerator)GetEnumerator();
                //调用 People 类的 GetEnumerator 方法,并将结果转换为枚举器对象
        }
        public PeopleEnum GetEnumerator()           //定义 People 类的 GetEnumerator
        {   return new PeopleEnum(sts); }
    }
    public class PeopleEnum : IEnumerator            //声明枚举器类
    {   public Student[] sts;
        int position = -1;                          //位置字段,初始为 -1
        public PeopleEnum(Student[] list)           //构造函数
        {   sts = list; }
        public bool MoveNext()                      //定义 PeopleEnum 的 MoveNext 方法
        {   position++;
            return (position < sts.Length);
        }
        public void Reset()                         //定义 PeopleEnum 的 Reset 方法
        {   position = -1; }
        object IEnumerator.Current                   //实现 IEnumerator 的 Current 属性
```

```
        {   get
            {   return Current; }                   //返回 PeopleEnum 的 Current 属性
        }
        public Student Current                      //定义 PeopleEnum 的 Current 属性
        {   get
            {   return sts[position]; }              //返回 sts 中 position 位置的 Student 对象
        }
    }
    class Program
    {   static void Main()
        {   Student[] starry = new Student[4]
                {   new Student(1, "Smith"), new Student(2, "Johnson"),
                    new Student(3,"Mary"), new Student(4,"Hammer") };
            People peopleList = new People(starry);
            foreach (Student p inpeopleList)
                Console.WriteLine(p.id.ToString() + " " + p.name);
        }
    }
}
```

学生类 Student 包含学号 id、姓名 name 公有字段和一个构造函数。People 类包含一个学生对象数组 sts，它是从 IEnumerable 接口继承的，并实现了 IEnumerable 接口的 GetEnumerator 方法，该方法返回 IEnumerator。枚举器类 PeopleEnum 是从 IEnumerator 接口继承的，它实现了 Current 属性、MoveNext 方法和 Reset 方法。程序的执行结果如图 8.2 所示。

图 8.2　例 8.1 程序的执行结果

从功能上来说，上述代码和以下代码是等价的，因为数组会有默认的枚举器。本例主要介绍用户自己设计可枚举类型和相应枚举器的方法。

```
using System;
using System.Collections;
namespace proj8_1
{   public class Student                            //声明 Student 类
    {   public int id;                              //学号
        public string name;                         //姓名
        public Student(int id, string name)         //构造函数
        {   this.id = id;
            this.name = name;
        }
    }
    class Program
    {   static void Main()
        {   Student[] starry = new Student[4]
            {   new Student(1, "Smith"), new Student(2, "Johnson"),
                new Student(3,"Mary"), new Student(4,"Hammer") };
            foreach (Student p in starry)
            Console.WriteLine(p.id.ToString() + " " + p.name);
        }
    }
}
```

8.1.4 泛型枚举接口

IEnumerator 接口和 IEnumerable 接口都有泛型版本。IEnumerator 接口的泛型版本为 IEnumerator<T>,用于支持在泛型集合上进行简单迭代;IEnumerable 接口的泛型版本为 IEnumerable<T>,用于支持在指定类型的集合上进行简单迭代,它们的命名空间为 System. Collections. Generic。

两者的使用方法相似,主要差别如下。

对于非泛型接口版本:

- IEnumerable 接口的 GetEnumerator 方法返回实现 IEnumerator 枚举器类的实例。
- 实现 IEnumerator 枚举器的类实现了 Current 属性,它返回 object 的引用,然后需要把它转换为实际类型的对象。

对于泛型接口版本:

- IEnumerable<T>接口的 GetEnumerator 方法返回实现 IEnumerator<T>枚举器类的实例。IEnumerable<T>是从 IEnumerable 继承的。
- 实现 IEnumerator<T>枚举器的类实现了 Current 属性,它返回实际类型的对象引用,不需要进行转换操作。IEnumerator<T>是从 Enumerator 继承的。

非泛型接口的实现不是类型安全的,它们返回 object 类型的引用,需要再转换为实际类型;而泛型接口的实现是类型安全的,它返回实际类型的对象引用。如果要创建自己的可枚举类型,应该使用这些泛型接口。

8.2 迭 代 器

前面介绍过用户自己创建可枚举类型和枚举器的示例,其过程十分复杂。实际上,从 C♯ 2.0 开始引入了迭代器,可以把手工编码的可枚举类型和枚举器替换成由迭代器生成的可枚举类型和枚举器。

8.2.1 迭代器概述

迭代器(iterator)也是用于对集合(如列表和数组等)进行迭代,它是一个代码块,按顺序提供要在 foreach 循环中使用的所有值。一般情况下,这个代码块是一个方法,称为迭代器方法,也可以使用含 get 访问器的属性来实现。这里的迭代器方法或 get 访问器使用 yield 语句产生在 foreach 循环中使用的值,yield 语句有以下两种形式。

- yield return 表达式:使用一个 yield return 语句一次返回一个元素。foreach 循环的每次迭代都调用迭代器方法。当遇到迭代器方法中的一个 yield return 语句时,返回"表达式"的值,并且保留代码的当前位置。当下次调用迭代器方法时,从该位置重新启动。
- yield break:使用 yield break 语句结束迭代。

在迭代器的迭代器方法或 get 访问器中,yield return 语句的"表达式"类型必须能够隐式地转换到迭代器返回类型。迭代器方法或 get 访问器的声明必须满足以下要求:

- 返回类型必须是 IEnumerable、IEnumerable<T>、IEnumerator 或 IEnumerator<T>。
- 该声明不能有任何 ref 或 out 参数。

一般情况下，如果要迭代一个类，可使用 GetEnumerator 方法，其返回类型是 IEnumerator 或 IEnumerator＜T＞；如果要迭代一个类成员，例如一个方法，则使用 IEnumerable 或 IEnumerable＜T＞。

前面分别介绍了迭代器中迭代器方法和 get 访问器的设计过程。

8.2.2 迭代器方法

迭代器方法和其他方法不同，其他方法包含的语句被当作是命令式的，也就是说，先执行代码的第一个语句，然后执行后面的语句，直到执行完毕。而迭代器方法不是在同一时间执行所有语句，它只是描述了希望编译器创建的枚举器的行为，也就是说，迭代器方法的代码描述了如何迭代元素。

1. 用迭代器方法实现可枚举类型

通过以下项目 tmp 说明采用迭代器方法实现可枚举类型的原理：

```
using System;
using System.Collections.Generic;
namespace tmp
{   class Program
    {   static void Main()
        {   foreach (int number in SomeNumbers())
                Console.Write(number.ToString() + " ");
        }
        public static IEnumerable < int > SomeNumbers()   //迭代器方法
        {   yield return 3;                               //产生可枚举值 3
            yield return 5;                               //产生可枚举值 5
            yield return 8;                               //产生可枚举值 8
        }
    }
}
```

其中，迭代器方法 SomeNumbers() 实现 IEnumerable 接口，它的返回类型为 IEnumerable＜int＞(其中＜int＞的类型与 yield return 的表达式类型一致)，因此，可以将 SomeNumbers() 的返回结果看作一个可枚举类型。而可枚举类型还需要一个 GetEnumerator 方法，所以编译器隐式调用 GetEnumerator 方法，该方法返回 IEnumerator。通过使用 yield return 语句，这个隐式的 GetEnumerator 方法一次返回一个整数。

在 Main 方法中，foreach 循环的第一次迭代导致执行 SomeNumbers 迭代器方法，直到遇到第一个 yield return 语句为止，此时迭代器的返回值为 3，并保留迭代器方法的当前位置。在 foreach 循环的第 2 次迭代时，迭代器方法从保留的位置开始继续执行，直到遇到下一个 yield return 语句为止，此迭代返回值为 5，同样再次保留迭代器方法的当前位置。在迭代器方法结束时循环完成，最后的输出结果为"3 5 8"。

【例 8.2】 设计一个程序，采用迭代器方法实现可枚举类型的方式，输出 5～18 的所有偶数。

解：设计控制台项目 proj8-2(存放在"D:\C#程序\ch8"文件夹中)完成本例功能，对应的代码如下。

```
using System;
using System.Collections;
```

```
using System.Collections.Generic;
namespace proj8_2
{   class Program
    {   public static IEnumerable < int > EvenSequence(inti, int j)  //迭代器方法
        {   for (int number = i; number <= j; number++)
            {   if (number % 2 == 0)
                    yield return number;
            }
        }
        static void Main()
        {   foreach (int number in EvenSequence(5, 18))
                Console.Write("{0} ",number);
            Console.WriteLine();
        }
    }
}
```

本项目的执行结果如图 8.3 所示,共输出 6 个偶数。需要说明的是,在 foreach 执行中,EvenSequence(5, 18) 方法体的 for 循环语句也恰好执行 6 次,而且并不是先执行 EvenSequence(5, 18)返回{6,8,10,12,14,16,18}。其执行过程是,foreach 循环一次,调用 EvenSequence 方法一次。这是由于迭代器方法的特殊执行方式的原因,从而提高了执行效率。

图 8.3　例 8.2 程序的执行结果

2. 用迭代器方法实现枚举器

前面的项目通过迭代器方法直接创建可枚举类型,用户也可以采用创建枚举器的方式,即声明一个包含 GetEnumerator 方法的类,由 GetEnumerator 方法返回 IEnumerator<int>,它通过调用迭代器方法实现。前面的 tmp 项目采用迭代器方法实现枚举器如下:

```
using System;
using System.Collections;
using System.Collections.Generic;
namespace tmp
{   class MyClass
    {   public IEnumerator < int > GetEnumerator()
        {   return itmethod();   }                        //返回枚举器
        public IEnumerator < int > itmethod()             //迭代器方法
        {   yield return 3;                               //产生可枚举值 3
            yield return 5;                               //产生可枚举值 5
            yield return 8;                               //产生可枚举值 8
        }
    }
    class Program
    {   static void Main()
        {   MyClass s = new MyClass();
            foreach (int item in s)
                Console.Write("{0} ", item);
            Console.WriteLine();
        }
    }
}
```

其中迭代器方法为 itmethod()，系统自动为迭代器方法产生了相应的枚举器，如图 8.4 所示，并将该枚举器返回给 GetEnumerator 方法，所以用户不必编写枚举器的 Current 属性等。上述项目的输出结果仍为"3 5 8"。

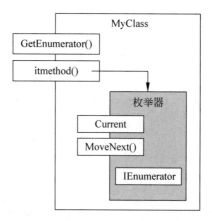

图 8.4　迭代器方法自动产生了枚举器

【例 8.3】　设计一个程序，采用迭代器方法实现枚举器的方式，输出 100 以内的素数。

解：设计控制台项目 proj8-3（存放在"D:\C♯程序\ch8"文件夹中）完成本例功能，对应的代码如下。

```csharp
using System;
using System.Collections;
using System.Collections.Generic;
namespace proj8_3
{   public class Primes
    {   int n;
        public Primes(int n)                        //构造函数
        {   this.n = n; }
        public IEnumerator<int> GetEnumerator()
        {   return itmethod(); }                     //返回枚举器
        public IEnumerator<int> itmethod()           //迭代器方法
        {   int i, j;
            bool isprime;
            for (i = 3; i <= n; i++)
            {   isprime = true;
                for (j = 2; j <= (int)Math.Floor(Math.Sqrt(i)); j++)
                {   if (i % j == 0)
                    {   isprime = false;
                        break;
                    }
                }
                if (isprime)
                    yield return i;                  //产生可枚举值 i
            }
        }
    }
    class Program
    {   static void Main(string[] args)
        {   int i = 1;
            Primes ps = new Primes(100);
```

```
            Console.WriteLine("100 以内素数:");
            foreach (int item in ps)
            {   Console.Write("{0,4:d}", item);
                if (i % 10 == 0)                          //每输出 10 个整数换一行
                    Console.WriteLine();
                i++;
            }
            Console.WriteLine();
        }
    }
}
```

该项目的输出结果如图 8.5 所示。

图 8.5 例 8.3 程序的执行结果

从上面可以看出,当创建类的迭代器时,不必实现整个 IEnumerator 接口;当编译器检测到迭代器时,会自动生成 Current 属性、MoveNext 方法和 IEnumerator 或 IEnumerator<T> 接口的 Dispose 方法。注意,迭代器不支持 IEnumerator.Reset 方法,如果要重置迭代器,必须获取新的迭代器。因此,使用迭代器方法大大简化了可枚举类型和枚举器的设计过程。

在一个类中可以有多个产生可枚举类型的迭代器,例如有以下 tmp1 项目:

```
using System;
using System.Collections.Generic;
namespace tmp1
{   class MyClass
    {   public IEnumerable < int > ItNum()            //迭代器 1: 返回整数列表的可枚举类型
        {   yield return 1;
            yield return 2;
            yield return 3;
        }
        public IEnumerable < string > ItStr()          //迭代器 2: 返回字符串列表的可枚举类型
        {   yield return "Mary";
            yield return "Smith";
            yield return "Johnson";
        }
    }
    class Program
    {   static void Main(string[] args)
        {   MyClass s = new MyClass();
            foreach(int item in s.ItNum())
                Console.Write("{0} ",item);
            Console.WriteLine();
            foreach(string item in s.ItStr())
                Console.Write("{0} ",item);
            Console.WriteLine();
        }
    }
}
```

在 MyClass 类中设计了两个迭代器，ItNum() 返回整数列表的可枚举类型，ItStr() 返回字符串列表的可枚举类型。在 foreach 语句中，需要通过迭代器名称指定是 s 对象的哪个迭代器。该程序输出两行，即"1 2 3"和"Mary Smith Johnson"。在前面的 tmp 项目中，foreach 语句直接作用于 s 对象，这是因为 tmp 项目的 MyClass 类中实现的 GetEnumerator 方法返回了默认的迭代器。

另外，泛型迭代器可以用于泛型程序设计中，下面通过一个例子说明。

【例 8.4】 设计一个程序，声明一个泛型 MyClass＜T＞作为一个列表容器，可以 foreach 其中 T 类型的对象。

解：设计控制台项目 proj8-4（存放在"D:\C# 程序\ch8"文件夹中）完成本例功能，对应的代码如下。

```
using System;
using System.Collections;
using System.Collections.Generic;
namespace proj8_4
{   public class MyClass＜T＞ : IEnumerable＜T＞        //声明泛型类
    {   private T[] data = new T[100];
        private int length = 0;
        public void Add(T e)                          //添加元素 e
        {   data[length] = e;
            length++;
        }
        //这个方法实现 IEnumerable 的 GetEnumerator 方法，它允许该类的实例用于 foreach 语句
        IEnumerator IEnumerable.GetEnumerator()
        {   return GetEnumerator(); }
        public IEnumerator＜T＞GetEnumerator()         //迭代器方法
        {   for (inti = 0; i＜= length - 1; i++)
                yield return data[i];
        }
    }
    class Program
    {   static void Main(string[] args)
        {   MyClass＜int＞numlist = new MyClass＜int＞();
            for (inti = 1; i＜= 9; i++)
                numlist.Add(i);
            Console.Write("数字表:");
            foreach (int item in numlist)
                Console.Write("{0} ", item);
            Console.WriteLine();
            //---------------------------------------------
            MyClass＜string＞strlist = new MyClass＜string＞();
            strlist.Add("Mary");
            strlist.Add("Smith");
            strlist.Add("Johnson");
            Console.Write("字符串表:");
            foreach (string item in strlist)
                Console.Write("{0} ", item);
            Console.WriteLine();
        }
    }
}
```

泛型 MyClass＜T＞实现 IEnumerable＜T＞泛型接口，Add 方法向数组 data 添加 T 类型的元素，GetEnumerator 方法使用 yield return 语句返回数组元素。除了泛型 GetEnumerator 方法外，还必须实现非泛型 GetEnumerator 方法，这是因为 IEnumerable＜T＞从 IEnumerable 继承。该非泛型按照泛型来实现，程序的执行结果如图 8.6 所示。

图 8.6　例 8.4 程序的执行结果

8.2.3　get 访问器

使用 get 访问器就是将迭代器作为属性，在属性的 get 访问器中使用 yield return 语句，这样该属性可以代替迭代器方法，将其返回的对象作为枚举器。

例如，前面的 tmp 项目采用 get 访问器设计如下：

```
using System;
using System.Collections.Generic;
namespace tmp
{   class Program
    {   static void Main()
        {   foreach (int number in Attr)
                Console.Write(number.ToString() + " ");
        }
        public static IEnumerable< int > Attr        //含 yield return 语句的属性
        {   get
            {   int[] myarr = { 3, 5, 8 };
                for (inti = 0; i<= 2; i++)
                    yield return myarr[i];
            }
        }
    }
}
```

其执行过程与前面的代码相似，输出结果相同。实际上，采用迭代器方法和 get 访问器是一回事。在一个类中，也可以设计多个这样的属性。

【例 8.5】　修改例 8.4 的程序，增加一个正向迭代列表容器中元素的属性和一个反向迭代列表容器中元素的属性。

解：设计控制台项目 proj8-5（存放在"D:\C♯程序\ch8"文件夹中）完成本例功能，对应的代码如下。

```
using System;
using System.Collections;
using System.Collections.Generic;
namespace proj8_5
{   public class MyClass< T > : IEnumerable< T >       //声明可枚举泛型类
    {   private T[] data = new T[100];
        private int length = 0;
```

```
    public void Add(T e)                         //添加元素 e
    {   data[length] = e;
        length++;
    }
    IEnumerator IEnumerable.GetEnumerator()
    {   return GetEnumerator(); }
    public IEnumerator<T> GetEnumerator()        //迭代器方法
    {   for (int i = 0; i<= length − 1; i++)
            yield return data[i];
    }
    public IEnumerable<T> Positive
    {   get
        {   return this; }
    }
    public IEnumerable<T> Reverse                //含 yield return 语句的属性
    {   get
        {   for (inti = length − 1;i>= 0; i−−)
                yield return data[i];
        }
    }
}
class Program
{   static void Main(string[] args)
    {   MyClass<int> numlist = new MyClass<int>();
        for (int i = 1; i<= 9; i++)
            numlist.Add(i);
        Console.Write("反向数字表:");
        foreach (int item in numlist.Reverse)
            Console.Write("{0} ", item);
        Console.WriteLine();
        //-------------------------------------------
        MyClass<string> strlist = new MyClass<string>();
        strlist.Add("Mary");
        strlist.Add("Smith");
        strlist.Add("Johnson");
        Console.Write("正向字符串表:");
        foreach (string item in strlist.Positive)
            Console.Write("{0} ", item);
        Console.WriteLine();
    }
}
```

　　增加正向迭代列表容器中元素的属性为 Positive,反向迭代列表容器中元素的属性为 Reverse。由于 Positive 的功能与 GetEnumerator 相同,所以通过 return this 返回当前的可枚举类型的对象即可。程序的执行结果如图 8.7 所示。

图 8.7　例 8.5 程序的执行结果

练 习 题 8

1. 单项选择题

（1）有以下代码：

```
int[] a = { 1, 2, 3, 4, 5 };
foreach (int i in a)
{
    …
}
```

在 foreach 循环中,如果包含_____语句,则会出现错误。

    A. i+=2;   B. Console. WriteLine(i+2);

    C. int j=i; Console. WriteLine(++j);   D. Console. WriteLine(i>>2);

（2）执行 foreach 语句的前提是操作对象是_____类型,而且存在相应的枚举器。

    A. 整数   B. 实数   C. object   D. 可枚举

（3）IEnumerator 接口的命名空间是_____。

    A. System. Collections   B. System. Reflection

    C. System. Threading   D. 以上都不对

（4）以下不属于 IEnumerator 接口的 public 成员的是_____。

    A. Current   B. MoveNext   C. GoNext   D. Reset

（5）以下属于 yield 语句的形式是_____。

    A. yield return   B. yield break   C. yield foreach   D. 以上都不对

（6）可以将迭代器作为属性,需要在属性的 get 访问器中使用_____语句。

    A. yield return   B. return   C. foreach   D. 以上都不对

2. 问答题

（1）简述枚举器和可枚举类型的概念,为什么可以对数组使用 foreach 循环枚举其元素？

（2）简述迭代器的概念和实现迭代器的两个方式。

（3）在迭代器中 yield 语句有什么作用？

3. 编程题

（1）设计名称为 exci8-1 的控制台项目,采用迭代器方法输出 $2^i (1 \leqslant i \leqslant 10)$ 的值。

（2）设计名称为 exci8-2 的控制台项目,采用自己编写枚举器类的方式,设计对 List<T> 数据进行迭代操作的可枚举类型 ListIterable<T> 和枚举器类 ListIterator<T>,并采用相关数据进行测试。

4. 上机实验题

设计名称为 experment8 的控制台项目,声明一个学生类 Student,包含学生学号、姓名和分数等成员。另外声明一个可枚举类 MyClass,包含 List<Student> 对象 list 字段,向其中添加若干学生的成绩,使用 get 访问器（即属性方式）设计两个迭代器,分别用于迭代合格（分数大于、等于 60）和不合格（分数小于 60）的学生记录,在 Main 方法中输出这两个迭代器的学生记录,并采用相关数据进行测试,其执行界面类似于图 8.8。

图 8.8　上机实验题程序的执行结果

第 9 章

Windows 应用程序设计

图形化界面是 Windows 应用程序的一大特色。C♯中的窗体是设计图形界面的基础,而窗体是由一些控件组成的,合理并恰当地使用各种不同的控件以及熟练掌握各个控件的属性设置和方法调用是采用 C♯语言设计界面友好的应用程序的基础。

本章学习要点:

☑ 掌握 C♯窗体的属性及设计方法。

☑ 掌握 C♯窗体类型和调用方法。

☑ 掌握 C♯中各种常见内部控件的特点。

☑ 掌握 C♯中各种常见内部控件的属性、方法和事件过程。

☑ 掌握 C♯多窗体之间传递数据的方法。

☑ 掌握多文档窗体的属性及设计方法。

☑ 掌握 C♯中窗体事件的处理机制。

☑ 掌握 C♯中使用各种内部控件设计界面美观的窗体的方法。

9.1 窗 体 设 计

窗体(Form)是一个窗口或对话框,是存放各种控件(包括标签、文本框、命令按钮等)的容器,可用来向用户显示信息或方便用户输入信息。在 C♯中可以灵活地使用窗体,既可以同时显示所有窗体,也可以按需要显示或隐藏某些窗体。

9.1.1 创建 Windows 窗体应用程序的过程

创建一个"Windows 应用程序"项目的过程如下:

① 启动 Visual Studio 2012。

② 创建项目。在"文件"菜单上选择"新建|项目"命令,此时将打开"新建项目"对话框,选择"Windows 应用程序",输入项目名称 proj9-1,指定位置为"D:\C♯程序\ch9",然后单击"确定"按钮。

③ 出现如图 9.1 所示的界面。每一个 Windows 应用程序都是由一个或多个不同的窗体组成的,窗体可用来显示信息,允许用户输入数据,或提供一组选项让用户选择。在刚创建 Windows 窗体应用程序项目时会自动添加一个窗体 Form1,此时该窗体是空的,由以下 4 个部分组成。

- 标题栏:显示该窗体的标题,标题的内容由窗体的 Text 属性指定。
- 控制按钮:提供窗体最大化、最小化以及关闭窗体的按钮。
- 边界:用于限制窗体的大小和边界样式。
- 窗口区:窗体的主要部分,可以放置其他对象。

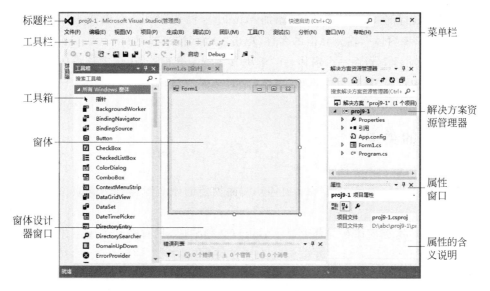

图 9.1　Windows 应用程序界面

④ 设计窗体界面，就是向窗体中添加控件并调整其位置。例如，为了添加一个命令按钮，从工具箱中选择 Button 控件，将其放置到窗体上，在窗体上会自动生成一个命令按钮控件 button1（如果在一个窗体中放置多个命令按钮，其名称依次默认为 button1、button2、…），如图 9.2 所示。然后把鼠标指针放在控件上，鼠标指针变成十字形状，这时可拖动控件将其移动到合适的位置，或者通过拖曳控件四周的 8 个白色小方块来改变控件的大小。

如果要将一个控件放置到窗体上，在工具箱的某个控件图标上单击鼠标左键选中它，将鼠标指针移动到窗体的每个位置上，再单击鼠标左键；或者在控件图标上双击，此时会自动在窗体的左上角产生该控件。

当窗体上的控件很多时，为了随时都能方便地选定工具箱中的工具，可以单击工具箱标题栏中的大头针 ▣ 图标切换到固定状态，此时它变成 ▣ 图标，单击 ▣ 图标会自动隐藏工具箱。

⑤ 设置控件的属性，通过设置控件的设置可以改变其外观和标题信息等。例如，为了设置 button1 的属性，用鼠标指针选中 button1，然后右击，在出现的快捷菜单中选择"属性"命令，在其属性窗口中选择 Text 属性，在属性值文本框中输入"确定"，如图 9.3 所示。再选择 Font 属性，在 Font 属性行中单击 ⃫ 按钮，出现"字体"对话框，选择字体、字形和大小后，单击"确定"按钮使设置生效。

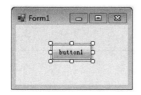

图 9.2　在窗体中放置 button1　　　图 9.3　设置 button1 的 Text 属性

⑥ 如果要添加新窗体，选择"项目|添加 Windows 窗体"命令，在出现的"添加新项"对话框中选中"Windows 窗体"，输入相应的名称，单击"添加"按钮即可。

⑦ 如果要从项目中删除一个窗体，在"解决方案资源管理器"中选中该窗体，然后右击，在出现的快捷菜单中选择"从项目中排除"命令（此时会保留该窗体的文件）或"删除"命令（此时会删除该窗体的文件）即可。

9.1.2　窗体的类型

在 C♯ 中，窗体分为以下两种类型。

① 普通窗体：也称为单文档（SDI 窗体），前面创建的所有窗体均为普通窗体。普通窗体又分为以下两种。

- 模式窗体：这类窗体在屏幕上显示后用户必须响应，只有在其关闭后才能操作其他窗体或程序。
- 无模式窗体：这类窗体在显示后用户可以不响应，然后随意切换到其他窗体或程序进行操作。通常情况下，在建立新的窗体时都默认为无模式窗体。

② MDI 父窗体：即多文档窗体，在其中可以放置普通子窗体。

9.1.3　窗体的常用属性

窗体的属性有很多，通过设置窗体属性值可以设计美观的应用程序界面，下面按照分类顺序对常用的窗体属性进行说明。

1. 布局属性

窗体的常用布局属性及说明如表 9.1 所示。

表 9.1　窗体的常用布局属性及其说明

布局属性	说　　明
Location	用于获取或设置窗体左上角在桌面上的坐标。它有 X 和 Y 两个值，表示窗体左上角的坐标，默认值为坐标原点(0,0)
Size	获取或设置窗体的大小。它有 Height 和 Width 两个值，表示窗体的高度和宽度
StartPosition	获取或设置执行时窗体的起始位置，其值取如下之一。 ① Manual：窗体的位置由 Location 属性确定。 ② CenterScreen：窗体在当前显示窗口中居中，其尺寸在窗体大小中指定。 ③ WindowsDefaultLocation：窗体定位在 Windows 默认位置，其尺寸在窗体大小中指定（默认值）。 ④ WindowsDefaultBounds：窗体定位在 Windows 默认位置，其边界也由 Windows 默认决定。 ⑤ CenterParent：窗体在其父窗体中居中
WindowState	获取或设置窗体的窗口状态，其值取如下之一。 ① Normal：默认大小的窗口（默认值）。 ② Minimized：最小化的窗口。 ③ Maximized：最大化的窗口

2. 窗体样式属性

窗体的常用样式属性如表 9.2 所示。

表 9.2　常用的样式属性及其说明

窗口样式属性	说　　明
ControlBox	获取或设置一个值,该值指示在该窗口的标题栏中是否显示控件框
Helpbutton	获取或设置一个值,该值指示是否在窗体的标题框中显示"帮助"按钮
Icon	获取或设置窗体标题栏中的图标
MaximizeBox	获取或设置一个值,该值指示是否在窗体的标题栏中显示"最大化"按钮
MinimizeBox	获取或设置一个值,该值指示是否在窗体的标题栏中显示"最小化"按钮
ShowIcon	获取或设置一个值,该值指示是否在窗体的标题栏中显示图标
ShowInTaskbar	获取或设置一个值,该值指示是否在 Windows 任务栏中显示窗体
TopMost	获取或设置一个值,该值指示该窗体是否应显示为最顶层窗口

3. 外观样式属性

窗体的常用外观样式属性如表 9.3 所示。

表 9.3　窗体的常用外观样式属性及其说明

外观样式属性	说　　明
BackColor	获取或设置窗体的背景色
BackgroundImage	获取或设置在窗体中显示的背景图像
Cursor	获取或设置当鼠标指针位于控件上时显示的光标
Font	获取或设置窗体中显示的文字的字体,有关 Font 的常用属性如表 9.4 所示
ForeColor	获取或设置窗体的前景色
FormBorderStyle	获取或设置窗体的边框样式,其值取如下之一。 ① None:无边框。 ② FixedSingle:固定的单行边框。 ③ Fixed3D:固定的三维边框。 ④ FixedDialog:固定的对话框样式的粗边框。 ⑤ Sizeable:可调整大小的边框(默认值)。 ⑥ FixedToolWindow:不可调整大小的工具窗口边框。 ⑦ SizeableToolWindow:可调整大小的工具窗口边框
Text	在窗体顶部的标题栏中显示标题

表 9.4　Font 的常用属性及其说明

Font 的属性	说　　明
Name	获取此 Font 的字体名称
Size	获取此 Font 的全身大小,单位采用 Unit 属性指定的单位
Unit	获取此 Font 的度量单位
Bold	获取一个值,该值指示此 Font 是否为粗体
Italic	获取一个值,该值指示此 Font 是否为斜体
Strikeout	获取一个值,该值指示此 Font 是否有贯穿字体的横线
Underline	获取一个值,该值指示此 Font 是否有下划线

例如,为了设置 myForm 窗体的 BackgroundImage 属性,在属性窗口中单击该属性右侧的 按钮,出现"选择资源"对话框,单击"导入"按钮,在出现的"打开"对话框中选择一个图像文件(如 STONE.BMP),如图 9.4 所示,单击"确定"按钮,此时窗体的背景被设置为该图像,如图 9.5 所示。

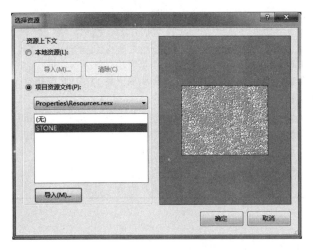

图 9.4　"选择资源"对话框

图 9.5　设置 BackgroundImage 属性后的结果

4. 行为属性

窗体的常用行为属性如表 9.5 所示。

表 9.5　窗体的常用行为属性及其说明

行 为 属 性	说　　明
AllowDrop	获取或设置一个值，该值指示控件是否可以接受用户拖放到它上面的数据
Enabled	指示是否启用该控件，获取或设置一个值，该值指示控件是否可以对用户交互做出响应
ImeMode	获取或设置控件的输入法编辑器（IME）模式

9.1.4　窗体的常用事件

窗体有很多预置的事件，通过窗体事件可以定制窗体的功能。窗体的常用事件及其说明如表 9.6 所示。

表 9.6　常用的窗体事件及其说明

事　　件	说　　明
Activated	在使用代码激活或用户激活窗体时发生
Click	在单击控件时发生
Closed	在关闭窗体后发生
Closing	在关闭窗体时发生
DoubleClick	在双击控件时发生
Enter	在进入控件时发生
FormClosed	在关闭窗体后发生
FormClosing	在关闭窗体前发生
GotFocus	在控件接收焦点时发生
Load	在第一次显示窗体前发生
MouseClick	在鼠标单击该控件时发生
MouseDoubleClick	在用鼠标双击控件时发生
MouseDown	在鼠标指针位于控件上并按下鼠标左键时发生
MouseEnter	在鼠标指针进入控件时发生
MouseMove	在鼠标指针移到控件上时发生
MouseUp	在鼠标指针在控件上并释放鼠标左键时发生

9.1.5　窗体的常用方法

窗体提供了很多方法，用户可以直接使用这些方法实现窗体的功能。窗体的常用方法及其说明如表 9.7 所示。

表 9.7　常用的窗体方法及其说明

方　　法	说　　明
Activate	激活窗体并给予焦点
Close	关闭窗体
Focus	为控件设置输入焦点
Hide	对用户隐藏控件
OnClick	引发 Click 事件
OnClosed	引发 Closed 事件
OnClosing	引发 Closing 事件
OnDoubleClick	引发 DoubleClick 事件
OnFormClosed	引发 FormClosed 事件
OnFormClosing	引发 FormClosing 事件
OnGotFocus	引发 GotFocus 事件
OnLoad	引发 Load 事件
OnMouseClick	引发 MouseClick 事件
OnMouseDoubleClick	引发 MouseDoubleClick 事件
OnMouseDown	引发 MouseDown 事件
OnMouseEnter	引发 MouseEnter 事件
OnMouseLeave	引发 MouseLeave 事件
OnMouseMove	引发 MouseMove 事件
Refresh	强制控件使其工作区无效，并立即重绘自己和任何子控件
Show	将窗体显示为无模式对话框
ShowDialog	将窗体显示为模式对话框

9.1.6　多个窗体之间的调用

一个 Windows 应用程序通常由多个窗体组成。在创建一个窗体时，系统会自动在应用程序中创建 Form 类的一个实例对象，当前显示的窗体就是一个类的对象。同样的情况，当想从当前窗体中显示另一个窗体时，必须在当前窗体中创建另一个窗体的实例。使用以下代码可以打开另外一个窗体：

```
新窗体类 窗体实例名 = new 新窗体类();
```

当然，只是实例化一个窗体类的对象是不能让窗体"显示"出来的，还要调用该对象的方法才能显示出窗体，窗体对象有两个方法可以完成该功能：

```
窗体实例名.Show();
```

Show()方法以无模式对话框方式显示该窗体，即新窗体显示后，主窗体（调用窗体）和子窗体(被调用窗体)之间可以任意切换,互不影响。

```
窗体实例名.ShowDialog();
```

ShowDialog()方法以模式对话框方式显示该窗体,即新窗体显示后,必须操作完子窗体,并关闭子窗体后才能操作主窗体。

【例 9.1】 设计 3 个窗体 Form1、Form1-1 和 Form1-2,在执行 Form1 窗体时,用户单击其中的命令按钮分别调用模式窗体 Form1_1 和无模式窗体 Form1_2。

◎ 设计过程

在前面创建的 Windows 窗体应用程序项目 proj9-1(存放在"D:\C# 程序\ch9"文件夹中)中添加 3 个窗体 Form1、Form1-1 和 Form1-2,其设计界面如图 9.6～图 9.8 所示。

图 9.6 Form1 的设计界面　　图 9.7 Form1-1 的设计界面　　图 9.8 Form1-2 的设计界面

① Form1 中有两个命令按钮(button1 的标题为"调用模式窗体",button2 的标题为"调用无模式窗体",均为默认字体)。

② Form1-1 窗体上有一个标签 label1,其 Text 属性为"模式窗体",字体为黑体 5 号、粗体。

③ Form1-2 窗体上有一个标签 label1,其 Text 属性为"无模式窗体",字体为黑体 5 号、粗体。

④ 将 3 个窗体的 StartPosition 属性设置为 CenterScreen。

在 Form1 窗体中分别双击两个命令按钮,在代码编辑窗口中输入 button1_Click 和 button2_Click 两个事件的代码(其中只有黑体部分和注释由程序员输入,其他代码是 C♯ 自动创建的):

```
private void button1_Click(object sender, EventArgs e)
{    Form myform = new Form1_1();              //定义 Form1_1 类对象
     myform.ShowDialog();                      //以模式窗体方式调用
}
private void button2_Click(object sender, EventArgs e)
{    Form myform = new Form1_2();              //定义 Form1_2 类对象
     myform.Show();                            //以无模式窗体方式调用
}
```

提示:若要查看一个控件有哪些事件能对用户的哪些操作作出反应,可单击属性窗口中的 ⚡ 按钮。例如,打开 proj9-1 项目的 Form1 窗体,选中命令按钮 button1,再单击属性窗口中的 ⚡ 按钮,会看到 button1_Click 事件过程。

◎ 项目结构

本项目的"解决方案资源管理器"对话框如图 9.9 所示。每个窗体对应 3 个文件,即两个 .cs 文件和一个 .resx 文件,.cs 为 C♯ 文件,.resx 为资源文件。双击 Form1.cs 可以进入

Form1 窗体的设计界面,双击 Form1. Designer. cs 可以打开 Form1 窗体设计文件。

图 9.9 "解决方案资源管理器"对话框

⊙ Program. cs 文件

每个 C♯ 项目都有一个 Program. cs 文件,本项目中该文件对应的代码如下:

```
using System;
using System. Collections. Generic;
using System. Linq;
using System. Threading. Tasks;
using System. Windows. Forms;
namespace proj9_1
{    static class Program
    {    /// < summary >
        /// 应用程序的主入口点
        /// </summary>
        [STAThread]
        static void Main()
        {    Application. EnableVisualStyles();
            Application. SetCompatibleTextRenderingDefault(false);
            Application. Run(new Form1());
        }
    }
}
```

其中,Main 是项目的主函数(与控制台应用程序的主函数类似),作为应用程序的主入口点,该函数调用 Application 类的 3 个方法说明如下。

- EnableVisualStyles():启用应用程序的可视化样式。
- SetCompatibleTextRenderingDefault(false):在应用程序范围内设置控件显示文本的默认方式,参数为 true 表示使用 GDI+方式显示文本,参数为 false 表示使用 GDI 方式显示文本,这里参数为 false。
- Run(new Form1()):执行指定的窗体对象,这里表示执行 Form1 窗体对象,即设置本项目的启动窗体为 Form1。

注意：如果一个项目中有多个窗体，默认的启动窗体为 Form1，程序员可以修改 Run() 方法中的参数将其他窗体指定为启动窗体。

◎ **项目执行**

按 F5 键或单击工具栏中的 ▶ 启动 按钮执行本项目，出现 Form1 窗体界面，单击"调用模式窗体"按钮会出现 Form1-1 窗体，由于 Form1-1 窗体是以模式窗体打开的，此时只能操作 Form1-1 窗体，只有在其关闭后才能做其他工作。

关闭 Form1-1 窗体，返回到 Form1 窗体，再单击"调用无模式窗体"按钮，会出现 Form1-2 窗体，由于 Form1-2 窗体是以无模式窗体打开的，此时不关闭 Form1_2 窗体就可以做其他工作。此为模式窗体和无模式窗体的差别。

9.1.7 窗体上各事件的引发顺序

事件编程是 Windows 应用程序设计的基础，在 Windows 窗体和窗体控件上预设了许多事件，当用户设置了某些事件处理方法时，系统会自动捕获事件并执行相应的事件处理方法。当一个窗体启动时，常见事件的处理次序如下：

① 本窗体上的 Load 事件。

② 本窗体上的 Activated 事件。

③ 本窗体上的其他 Form 级事件。

④ 本窗体上包含对象的相应事件。

当一个窗体被卸载时，常见事件的处理次序如下：

① 本窗体上的 Closing 事件。

② 本窗体上的 FormClosing 事件。

③ 本窗体上的 Closed 事件。

④ 本窗体上的 FormClosed 事件。

9.1.8 焦点与 Tab 键次序

焦点(Focus)是指当前处于活动状态的窗体或控件。在 Windows 系统中，可在任一时刻执行几个应用程序，但只有具有焦点的应用程序的窗口才有活动标题栏，才能接受用户的输入；而在有多个控件的 Windows 窗体中，只有具有焦点的控件才可以接受用户的输入。

当单击控件或按下选定控件的访问键（由 Text 属性设置）时，均可使其获得焦点。若想通过程序使某个对象获得焦点，可使用 Focus 方法。

当一个对象获得或失去焦点时会产生 GotFocus 事件或 LostFocus 事件，窗体和大多数控件支持这些事件。当单击一个窗体或控件使其获得焦点时将先发生 Click 事件，然后发生 GotFocus 事件。当一个控件失去焦点时将发生 LostFocus 事件。

对于大多数可以接收焦点的控件来说，它是否具有焦点是可以看出来的。例如，命令按钮、选项按钮或复选框具有焦点时，它们的周围将显示一个虚线框，而文本框具有焦点时，插入光标将在文本框中闪耀。另外，只有当控件的 Enabled 和 Visible 属性为 true 时，该控件才能接收焦点。

Tab 键次序就是按 Tab 键时焦点在控件间移动的顺序。当向窗体中放置控件时，系统会自动按顺序为每个控件指定一个 Tab 键次序，其数值反映在控件的 TabIndex 属性中。其中，第一个控件的 TabIndex 属性值为 0，第二个控件的 TabIndex 属性值为 1，依此类推。Tab 键次序决定了按 Tab 键时焦点从一个对象移动到另一个对象的顺序。

　　当在窗体上设计好控件后,可以选择"视图|Tab 键顺序"命令查看各控件的 TabIndex 属性值,如图 9.10 所示。此时可以顺序单击各控件改变它们的顺序,当再次选择"视图|Tab 键顺序"命令时不再显示各控件的 TabIndex 属性值。

　　在执行窗体时,通过按 Tab 键将焦点移到下一个控件,若下一个控件不能获得焦点(例如其 Enabled 属性为 False 或标签一类没有焦点的控件),这样的控件将被跳过。

　　C♯ 提供了焦点控制方法 Focus。例如,要将焦点移到当前窗体中的 textBox1 文本框,可以使用以下命令:

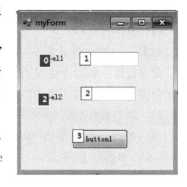

图 9.10　窗体中各控件的 TabIndex 属性值

```
textBox1.Focus();
```

9.2　常用的控件设计

9.2.1　控件概述

　　控件是包含在窗体上的对象,是构成用户界面的基本元素,也是 C♯ 可视化编程的重要工具。使用控件可以减少程序设计中大量重复性的工作,有效地提高设计效率。如果要快捷地编写出好的应用程序,就必须掌握每种控件的功能、用途以及其常用的属性、事件和方法。

　　在工具箱中包含了建立应用程序的各种控件,根据控件的用途不同,可将工具箱分为若干个选项卡,用户可根据用途单击相应的选项卡将其展开,选择需要的控件。

　　控件的外观和行为(如控件的大小、颜色、位置以及控件的使用方式等)是由它的属性决定的,不同的控件拥有不同的属性,并且系统为它提供的默认值不同。大多数默认值设置得比较合理,能满足一般情况下的需求。通常,在使用控件时,只有少数的属性值需要修改。有些属性属于公共属性,适用于大多数控件或所有控件。此外,每个控件还有它专门的属性。大多数控件还包含一些更高级的属性,在进入高级应用程序开发阶段会很有用。大多数控件共有的基本属性如下:

　　(1) Name 属性

　　每个控件都有一个 Name(名称)属性,在应用程序中,可通过此名称来引用这个控件。C♯ 会给每个新产生的控件指定一个默认名,一般它由控件类型和序号组成,例如 button1、button2、…、textBox1、textBox2 等。在应用程序的设计中,可根据需要将控件的默认名称改成更有实际代表意义的名称。

　　(2) Text 属性

　　大多数控件都有一个获取或设置文本的属性,即 Text 属性。例如命令按钮、标签和窗体都用 textBox 属性设置其文本;文本框用 Text 属性获取用户输入或显示文本等。

　　(3) 尺寸大小(Size)和位置(Location)属性

　　各种控件一般都有一个设置其尺寸大小和位置的属性,即 Size 和 Location 属性。Size 属性可用于设置控件的宽度和高度,Location 属性可用于设置一个控件相对于它所在窗体左上角的(X,Y)坐标值。这两个属性既可以通过输入新的设置值改变,也可以随着控件的缩放或拖动改变。

（4）字体属性（Font）

如果一个控件要显示文字，可通过 Font 属性来改变它的显示字体。

设置控件字体的方法是，在属性窗口中单击 Font 属性，在它的右边会显示一个 按钮，单击这个按钮，弹出一个"字体"对话框，通过"字体"对话框就可以选择所用的字体、字样和字号等。

（5）颜色属性（BackColor 和 ForeColor）

控件的背景颜色是由 BackColor 属性设置的，控件要显示的文字或图形的颜色则是由 ForeColor 属性设置的。

设置控件颜色的方法是，在属性窗口中用鼠标单击对应的属性，在它的右边会显示一个 按钮，单击此按钮，弹出一个列表框，可以从标准的 Windows 颜色列表框中选择一种颜色，也可以从"自定义"的调色板中选择一种颜色。

（6）Cursor 属性

Cursor 属性的主要功能是获取或设置鼠标指针位于控件上时显示的光标，将 Cursor 分配给控件的 Cursor 属性，以便更改鼠标指针位于该控件上时显示的光标。

（7）可见（Visible）和有效（Enabled）属性

一个控件的可见属性 Visible 决定了该控件在用户界面上是否可见，一个控件的有效属性 Enabled 决定了该控件能否被使用。当一个控件的 Enabled 属性被设置为 false 时，它会变成灰色显示，单击此控件时不会起作用。如果一个控件的 Visible 属性被设置为 false，则在用户界面上看不到这个控件，它的 Enabled 属性也就无关紧要。所以，设置的一般原则是控件总是可见的，但不必总是有效的。

在前面的示例中使用了标签、文本框和命令按钮控件（主要使用上述基本属性），本章后面主要讨论其他控件的使用。

9.2.2 富文本框控件

由于文本框控件无法提供类似 Microsoft Word 的能够输入、显示或处理具有格式的文本，此时可以使用富文本框控件，其在工具箱中的图标为 RichTextBox 。该控件是从 textBox 控件继承而来的，除具有 textBox 所拥有的属性和方法外，还增加了让用户能输入并编辑文本的属性，同时提供了比标准的 textBox 控件更高级的格式设置，例如字体和颜色设置。

用户还可将文本直接赋给控件，以及从 Rich Text 格式文档（.rtf 文件）或纯文本文件加载文件内容等。富文本框控件不像 textBox 控件受到 64KB 字符容量的限制。使用 textBox 控件的应用程序只要稍加修改，就可以使用富文本框控件。

1. 富文本框的属性

富文本框的属性有很多，除了包含 textBox 所拥有的属性外，其他一些常用的属性及其说明如表 9.8 所示。

表 9.8　富文本框的常用属性及其说明

富文本框的属性	说　明
AutoWordSelection	获取或设置一个值，通过该值指示是否启用自动选择字词功能
SelectionFont	获取或设置当前选定文本或插入点的字体
SelectionColor	获取或设置当前选定文本或插入点的文本颜色

富文本框的属性	说　明
SelectionProtected	获取或设置一个值,通过该值指示是否保护当前选定文本
SelectionIndent	获取或设置 RichtextBox 的左边缘与当前选定文本或添加到插入点后的文本的左边缘之间的距离(以像素为单位)
SelectionLength	获取或设置控件中选定的字符数
SelectionStart	获取或设置文本框中选定的文本起始点
Text	获取或设置多格式文本框中的当前文本

2. 富文本框的事件和方法

富文本框的常用事件及说明如表 9.9 所示,其常用方法及说明如表 9.10 所示。

表 9.9　富文本框的常用事件及其说明

富文本框的事件	说　明
SelectionChanged	控件内的选定文本更改时发生
TextChanged	RichtextBox 控件的内容有任何改变都会引发此事件

表 9.10　富文本框的常用方法及其说明

富文本框的方法	说　明
LoadFile	将现有的 RTF 或 ASCII 文本文件加载到富文本框中,也可从已打开的数据流中加载数据。其基本格式为: 　　　RichtextBoxl.LoadFile(文件名,文件类型) 其中"文件类型"的取值如下。 ① PlainText:用空格代替对象链接与嵌入(OLE)对象的纯文本流。 ② RichNoOleObjs:用空格代替 OLE 对象的丰富文本格式(RTF 格式)流,该值只有在用于 RichtextBox 控件的 SaveFile 方法时有效。 ③ RichText:RTF 格式流。 ④ TextTextOleObjs:具有 OLE 对象的文本表示形式的纯文本流,该值只有在用于 RichtextBox 控件的 SaveFile 方法时有效。 ⑤ UnicodePlainText:包含用空格代替对象链接与嵌入(OLE)对象的文本流,该文本采用 Unicode 编码
SaveFile	将富文本框的内容保存到文件,其用法和 LoadFile 方法类似
Find	在富文本框的内容内搜索文本
Clear	将富文本框内的文本清空

【例 9.2】　设计一个窗体,说明富文本框的使用方法。

解:在本章的 proj9-1 项目中添加一个窗体 Form2,在其中只有一个富文本框控件 richTextBox1,如图 9.11 所示。

在本窗体上设计以下事件过程:

```
private void Form2_Load(object sender, EventArgs e)
{
    richTextBox1.LoadFile("D:\\C# 程序\\ch9\\file.RTF", RichTextBoxStreamType.RichText);
}
```

将本窗体设计为启动窗体，执行本窗体，在富文本框 RichTextBox1 中显示"D:\C# 程序\ch9\file.rtf"文件的内容，如图 9.12 所示。

图 9.11　Form2 的设计界面　　　　　　图 9.12　Form2 的执行界面

9.2.3　分组框控件

分组框控件在工具箱中的图标为 **GroupBox**，其作用主要是区分一个控件组，也就是让用户可以容易地区分窗体中的各个选项，或者把几个单选按钮分成组，以便把不同种类的单选按钮分隔开。分组框在实际运用中往往和其他控件一起使用。

如果要在分组框中加入组成员，必须先在窗体中建立一个分组框，然后在它的上面建立其所属按钮。如果在分组框外面建好控件后再将其移到分组框内，控件是不会与所属的分组框成为一个群组的。

1. 分组框的属性

分组框的常用属性只有 Text 和 Visible。Text 属性用于设置分组框的标题，Visible 属性用于设置指示是否显示该控件，当 Visible 属性值为 false 时，该分组框中的对象将一起隐藏。

2. 分组框的事件和方法

尽管分组框也有事件和方法，但如同标签一样，它们很少使用。

9.2.4　面板控件

面板控件在工具箱中的图标为 **Panel**，其作用与分组框相似，也是用于区分一个控件组。

1. 面板控件的属性

面板控件没有 Text 属性，其常用属性及其说明如表 9.11 所示。

表 9.11　面板控件的常用属性及其说明

面板控件的属性	说　明
BorderStyle	用于设置边框的样式，可取以下值之一。 ① None：无边框（默认值）。 ② FixedSingle：单线边框。 ③ Fixed3D：3D 立体边框
AutoScroll	设置是否显示滚动条，若设置为 true，显示滚动条；若设置为 false（默认值），不显示滚动条

2. 面板控件的事件和方法

面板控件也有事件和方法，但如同标签一样，它们很少使用。

9.2.5　复选框控件

复选框控件在工具箱中的图标为 ☑ CheckBox，它属于选择类控件，用来设置需要或不需要某一选项功能。在执行时，如果用户用鼠标单击复选框左边的方框，在方框中就会出现一个"√"符号，表示已选取这个功能了。复选框的功能是独立的，如果在同一个窗体上有多个复选框，用户可根据需要选取一个或几个。

复选框的功能类似于单选按钮，也允许在多个选项中做出选择。不同的是，在一系列单选按钮中只允许选定其中的一个，而在一系列复选框中却可以选择多个。

在使用复选框时，每单击一次将切换一次复选框的状态，即选中或者未选中。每次单击也激活复选框的 Click 事件，可执行相应操作。

1. 复选框的属性

复选框的常用属性及其说明如表 9.12 所示。

表 9.12　复选框的常用属性及其说明

复选框的属性	说　明
Appearance	获取或设置一个值，控制复选框的外观，当设为 button 时为按钮类型，当设为 Normal 时为普通复选框类型（默认值）
CheckAlign	设置控件中复选框的位置
Checked	获取或设置一个布尔值，该值指示是否已选中控件。若为 true，表示选中状态，否则为 false（默认值）
TextAlign	复选框上文字的对齐方式

2. 复选框的事件和方法

复选框的常用事件为 Click，当用户在一个复选框上单击鼠标按钮时触发。

【例 9.3】　设计一个窗体，说明复选框的应用。

解：在本章的 proj9-1 项目中添加一个窗体 Form3，在其中放置一个分组框 groupBox1 和一个命令按钮 button1，在 groupBox1 中放置 4 个复选框（从上到下分别为 checkBox1～checkBox4），其设计界面如图 9.13 所示。

在本窗体上设计以下事件过程：

```
private void button1_Click(object sender, EventArgs e)
{    if (checkBox1.Checked && checkBox3.Checked &&
        !checkBox2.Checked && !checkBox4.Checked)
        MessageBox.Show("您答对了,真的很棒!!!", "信息提示", MessageBoxButtons.OK);
    else
        MessageBox.Show("您答错了,继续努力吧!!!", "信息提示", MessageBoxButtons.OK);
}
```

将本窗体设计为启动窗体，执行本窗体，单击"UNIX"和"Linux"，再单击"确定"按钮，如果答对了，其结果如图 9.14 所示。

在上述代码中使用了消息框类 MessageBox（位于 System. Windows. Forms 命名空间中），通过调用其 Show 方法显示一个预定义对话框，以便向用户显示与应用程序相关的信息。Show 方法的主要使用格式如下：

```
public static DialogResult Show(string text, string caption, MessageBoxButtons buttons)
```

图 9.13 Form3 的设计界面

图 9.14 Form3 的执行界面

其中,text 参数指出要在消息框中显示的文本;caption 参数指出要在消息框的标题栏中显示的文本;buttons 参数指定 MessageBoxButtons 枚举值(其可取值及其说明如表 9.13 所示)之一,可指定在消息框中显示哪些按钮。

调用该方法的返回值为 DialogResult 枚举值(可取值及其说明如表 9.14 所示)之一。

表 9.13 MessageBoxButtons 枚举值及其说明

成 员 名 称	说　　明
MessageBoxButtons. AbortRetryIgnore	消息框包含"中止"、"重试"和"忽略"按钮
MessageBoxButtons. OK	消息框包含"确定"按钮
MessageBoxButtons. OKCancel	消息框包含"确定"和"取消"按钮
MessageBoxButtons. RetryCancel	消息框包含"重试"和"取消"按钮
MessageBoxButtons. YesNo	消息框包含"是"和"否"按钮
MessageBoxButtons. YesNoCancel	消息框包含"是"、"否"和"取消"按钮

表 9.14 DialogResult 枚举值及其说明

成 员 名 称	说　　明
Abort	对话框的返回值是 Abort(通常从标题为"中止"的按钮发送)
Cancel	对话框的返回值是 Cancel(通常从标题为"取消"的按钮发送)
Ignore	对话框的返回值是 Ignore(通常从标题为"忽略"的按钮发送)
No	对话框的返回值是 No(通常从标题为"否"的按钮发送)
None	从对话框返回了 Nothing,表明有模式对话框继续执行
OK	对话框的返回值是 OK(通常从标题为"确定"的按钮发送)
Retry	对话框的返回值是 Retry(通常从标题为"重试"的按钮发送)
Yes	对话框的返回值是 Yes(通常从标题为"是"的按钮发送)

例如,以下 3 个语句的结果分别如图 9.15(a)~(c)所示。

```
MessageBox.Show("3 个按钮", "信息提示", MessageBoxButtons.AbortRetryIgnore);
MessageBox.Show("3 个按钮", "信息提示", MessageBoxButtons.YesNoCancel);
MessageBox.Show("两个按钮", "信息提示", MessageBoxButtons.OKCancel);
```

(a) 语句一　　　　　　　(b) 语句二　　　　　　　(c) 语句三

图 9.15　3 个消息框

9.2.6　单选按钮控件

单选按钮控件在工具箱中的图标为 ⊙ RadioButton，它与复选框控件的功能非常相近，复选框表示是否需要某个选项，可以同时选择多个选项中的一个或多个，即各选项间是不互斥的。单选按钮则是多选一，只能从多个选项中选择一个，各选项间的关系是互斥的。单选按钮在使用时经常将多个单选按钮控件构成一个组，在同一时刻只能选择同一组中的一个单选按钮。其设计方法是将多个单选按钮放在一个分组框中，同一个分组框中的所有单选按钮构成一个选项组。

1. 单选按钮的属性

单选按钮的常用属性与复选框的相同。

2. 单选按钮的事件和方法

单选按钮的常用事件为 Click，当用户在一个单选按钮上单击鼠标按钮时触发。

【例 9.4】 设计一个窗体，说明单选按钮的使用方法。

解： 在本章的 proj9-1 项目中添加一个窗体 Form4，在其中放置一个分组框 groupBox1 和一个命令按钮 button1，在 GroupBox1 中放置 4 个单选按钮（从上到下分别为 radioButton1～radioButton4），其设计界面如图 9.16 所示。

在本窗体上设计以下事件过程：

```
private void button1_Click(object sender, EventArgs e)
{    if (radioButton3.Checked)
        MessageBox.Show("您选对了,这是微软公司开发的操作系统",
          "信息提示", MessageBoxButtons.OK);
    else if (radioButton1.Checked || radioButton4.Checked)
        MessageBox.Show("您选错了,这是程序设计语言", "信息提示", MessageBoxButtons.OK);
    else
        MessageBox.Show("您选错了,这是数据库管理系统",
          "信息提示", MessageBoxButtons.OK);
}
```

将本窗体设计为启动窗体，执行本窗体，单击 Windows，再单击"确定"按钮，如果选对了，其结果如图 9.17 所示。

图 9.16　Form4 的设计界面

图 9.17　Form4 的执行界面

9.2.7 图片框控件

图片框控件在工具箱中的图标为 **PictureBox**,用于在窗体的特殊位置放置图片信息,也可以在其上放置多个控件,因此可作为其他控件的容器。

1. 图片框的属性

图片框的常用属性及其说明如表 9.15 所示。

表 9.15 图片框的常用属性及其说明

图片框控件的属性	说　明
BorderStyle	用于设置图片框边框的样式,可取以下值之一。 ① None:无边框(默认值)。 ② FixedSingle:单线边框。 ③ Fixed3D:3D 立体边框
BackgroundImage	获取或设置图片框中显示的背景图像,在执行时可使用 Image. FromFile 函数加载图像
Image	获取或设置图片框中显示的图像,在执行时使用 Image. FromFile 函数加载图像
SizeMode	指示如何显示图像,可取以下值之一。 ① Normal(默认值):图像被置于图片框的左上角。如果图像比包含它的图片框大,则该图像将被剪裁掉。 ② AutoSize:调整图片框的大小,使其等于所包含图像的大小。 ③ CenterImage:如果图片框比图像大,则图像将居中显示;如果图像比图片框大,则图片将居于图片框中心,而外边缘将被剪裁掉。 ④ StretchImage:将图片框中的图像拉伸或收缩,以适合图片框的大小。 ⑤ Zoom:图像大小按其原有的大小比例被增加或减小

2. 图片框的事件和方法

图片框的常用事件及其说明如表 9.16 所示。

表 9.16 图片框的常用事件及其说明

图片框的事件	说　明
Click	在单击图片框时发生
DoubleClick	在双击图片框时发生
MouseDown	当鼠标指针位于图片框上并按下鼠标键时发生
MouseEnter	在鼠标指针进入图片框时发生
MouseHover	在鼠标指针停放在图片框上时发生
MouseLeave	在鼠标指针离开图片框时发生
MouseMove	在鼠标指针移到图片框上时发生
MouseUp	在鼠标指针在图片框上并释放鼠标键时发生
MouseWheel	在移动鼠标滑轮并且图片框有焦点时发生
Move	在移动图片框时发生

【例 9.5】 设计一个窗体,以单击按钮的方式显示春、夏、秋、冬 4 个季节的图片。

解:在本章的 proj9-1 项目中添加一个窗体 Form5,在其中放置一个图片框 pictureBox1 和 4 个命令按钮(button1～button4),其设计界面如图 9.18 所示。

"D:\C# 程序\ch9"文件夹中包含春、夏、秋和冬 4 幅图片。在本窗体上设计以下事件过程:

```
private void button1_Click(object sender, EventArgs e)
{    pictureBox1.Image = Image.FromFile("D:\\C#程序\\ch9\\spring.jpg");}
private void button2_Click(object sender, EventArgs e)
{    pictureBox1.Image = Image.FromFile("D:\\C#程序\\ch9\\summer.jpg");}
private void button3_Click(object sender, EventArgs e)
{    pictureBox1.Image = Image.FromFile("D:\\C#程序\\ch9\\fall.jpg");}
private void button4_Click(object sender, EventArgs e)
{    pictureBox1.Image = Image.FromFile("D:\\C#程序\\ch9\\winter.jpg");}
```

将本窗体设计为启动窗体，执行本窗体，单击"夏"按钮，其结果如图 9.19 所示。

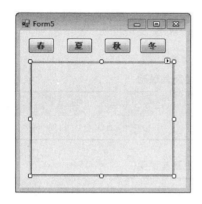

图 9.18　Form5 的设计界面　　　　　图 9.19　Form5 的执行界面

9.2.8　组合框控件

组合框控件在工具箱中的图标为 ![ComboBox]，它的功能是从一个列表中一次只能选取或输入一个选项，其主要特点是具有带向下箭头的方框。在程序执行时，按下此按钮就会下拉出一个列表框供用户选择项目。另外，用户还可以在组合框上方的框中输入数据。

1. 组合框的属性

组合框的属性有很多，除了前面介绍的基本属性外，其他一些常用属性及其说明如表 9.17 所示。

表 9.17　组合框的常用属性及其说明

组合框的属性	说　　明
DropDownStyle	获取或设置指定组合框样式的值，可取以下值之一。 ① DropDown(默认值)：文本部分可编辑。用户必须单击箭头按钮来显示列表部分。 ② DropDownList：用户不能直接编辑文本部分。用户必须单击箭头按钮来显示列表部分。 ③ Simple：文本部分可编辑。列表部分总是可见。 上述 3 种样式的组合框如图 9.20 所示
DropDownWidth	获取或设置组合框下拉部分的宽度(以像素为单位)
DropDownHeight	获取或设置组合框下拉部分的高度(以像素为单位)
Items	表示该组合框中所包含项的集合
SelectedItem	获取或设置当前组合框中选定项的索引
SelectedText	获取或设置当前组合框中选定项的文本
Sorted	指示是否对组合框中的项进行排序

(a) DropDownStyle=Simple

(b) DropDownStyle=DropDown

(c) DropDownStyle=DropDownList

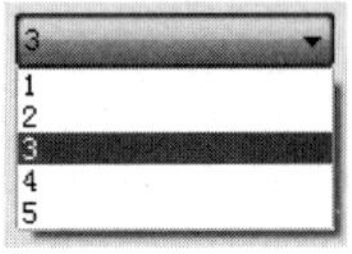

图 9.20　各种样式的组合框

2. Items 的属性和方法

组合框的 Items 属性是最重要的属性,它是存放组合框中所有项的集合,对组合框的操作实际上就是对该属性(即项集合)的操作。Items 的常用属性及说明如表 9.18 所示,其方法及说明如表 9.19 所示。

表 9.18　Items 的常用属性及其说明

Items 的属性	说　明
Count	组合框的项集合中的项个数

表 9.19　Items 的常用方法及其说明

Items 的方法	说　明
Add	向 ComboBox 项集合中添加一个项
AddRange	向 ComboBox 项集合中添加一个项的数组
Clear	移除 ComboBox 项集合中的所有项
Contains	确定指定项是否在 ComboBox 项集合中
Equqls	判断是否等于当前对象
GetType	获取当前实例的 Type
Insert	将一个项插入到 ComboBox 项集合中指定的索引处
IndexOf	检索指定的项在 ComboBox 项集合中的索引
Remove	从 ComboBox 项集合中移除指定的项
RemoveAt	移除 ComboBox 项集合中指定索引处的项

3. 组合框的事件和方法

组合框的常用事件及其说明如表 9.20 所示。

表 9.20　组合框的常用事件及其说明

组合框的事件	说　明
Click	在单击控件时发生
TextChanged	在 Text 属性值更改时发生
SelectedIndexChanged	在 SelectedIndex 属性值改变时发生
KeyPress	在控件有焦点的情况下按下键时发生

【例 9.6】　设计一个窗体,通过一个文本框向组合框中添加项。

解:在本章的 proj9-1 项目中添加一个窗体 Form6,在其中放置两个标签(label1 和 label2)、一个文本框 textBox1、一个命令按钮 button1 和一个组合框 comboBox1,其设计界面如图 9.21 所示。

在本窗体上设计以下事件过程:

```
private void button1_Click(object sender, EventArgs e)
{    if (textBox1.Text != "")
         if (!comboBox1.Items.Contains(textBox1.Text))
              comboBox1.Items.Add(textBox1.Text);        //不添加重复项
}
```

将本窗体设计为启动窗体,执行本窗体,在文本框中输入"汉族",单击"添加"按钮,然后在文本框中输入"满族",单击"添加"按钮,由于这两个民族在原来的组合框中是没有的,故添加到组合框中。通过下拉组合框,用户可以看到这两个民族已被添加到组合框中,如图 9.22所示。

图 9.21 Form6 的设计界面

图 9.22 Form6 的执行界面

9.2.9 列表框控件

列表框控件在工具箱中的图标为 ![ListBox] ,它是一个为用户提供选择的列表,用户可从列表框列出的一组选项中用鼠标选取一个或多个所需的选项。如果有较多的选项,超出规定的区域而不能一次全部显示,C♯会自动加上滚动条。

1. 列表框的属性

列表框的属性很多,除了前面介绍的基本属性,另外一些常用的属性及其说明如表 9.21所示。

表 9.21 列表框的常用属性及其说明

列表框的属性	说　　明
MultiColumn	获取或设置列表框控件是否支持多列,设置为 true 时表示支持多列;设置为 false(默认值)时表示不支持多列
SelectedIndex	获取或设置列表框控件中当前选定项从 0 开始的索引
SelectedIndices	获取一个集合,它包含所有当前选定项的从 0 开始的索引
SelectedItem	获取或设置列表框控件中的当前选定项
SelectedItems	获取一个集合,它包含所有当前选定项
Items	获取列表控件项的集合
SelectionMode	获取或设置列表框控件的选择模式,可选以下值之一。 ① one：表示只能选择一项。 ② none：表示无法选择。 ③ MultiSimple：表示可以选择多项。 ④ MultiExtended：表示可以选择多项,并且在按下 Shift 键的同时单击鼠标或者同时按下 Shift 键和箭头键,会将选定内容从前一选定项扩展到当前项,在按下 Ctrl 键的同时单击鼠标将选择或撤消选择列表中的某项
Text	当前选取的选项文本

2. Items 的属性和方法

列表框的 Items 属性和组合框的 Items 属性一样,它是存放列表框中所有项的集合。Items 的属性及说明如表 9.18 所示,其方法及说明如表 9.19 所示。

3. 列表框的事件和方法

列表框的常用事件及其说明如表 9.22 所示。

表 9.22　列表框的常用事件及其说明

列表框的事件	说　　明
Click	在单击控件时发生
SelectedIndexChanged	在 SelectedIndex 属性值改变时发生
KeyPress	在控件有焦点的情况下按下任何键时发生

【例 9.7】　设计一个窗体,其功能是在两个列表框中移动数据项。

解：在本章的 proj9-1 项目中添加一个窗体 Form7,在其中放置两个列表框(listBox1 和 listBox2)和 4 个命令按钮(从上到下分别为 button1～button4,它们的功能分别是将左列表框的当前项移到右列表框中、将左列表框的全部项移到右列表框中、将右列表框的当前项移到左列表框中、将右列表框的全部项移到左列表框中),其设计界面如图 9.23 所示。

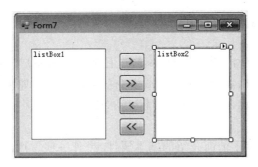

图 9.23　Form7 的设计界面

在本窗体上设计以下事件过程:

```csharp
private void Form7_Load(object sender, EventArgs e)
{   listBox1.Items.Add("清华大学");listBox1.Items.Add("北京大学");
    listBox1.Items.Add("浙江大学");listBox1.Items.Add("南京大学");
    listBox1.Items.Add("武汉大学");listBox1.Items.Add("中国科技大学");
    listBox1.Items.Add("中国人民大学");listBox1.Items.Add("华中科技大学");
    listBox1.Items.Add("复旦大学");
    enbutton();                          //调用 enbutton()方法
}
private void enbutton()                  //自定义方法
{   if (listBox1.Items.Count == 0)       //当左列表框为空时右移命令按钮不可用
    {   button1.Enabled = false;button2.Enabled = false;}
    else                                 //当左列表框不为空时右移命令按钮可用
    {   button1.Enabled = true;button2.Enabled = true;}
    if (listBox2.Items.Count == 0)       //当右列表框为空时左移命令按钮不可用
    {   button3.Enabled = false;button4.Enabled = false;}
    else                                 //当右列表框不为空时左移命令按钮可用
    {   button3.Enabled = true;button4.Enabled = true;}
}
```

```
private void button1_Click(object sender, EventArgs e)
{   if (listBox1.SelectedIndex >= 0)          //将左列表框中的选中项移到右列表框中
    {   listBox2.Items.Add(listBox1.SelectedItem);
        listBox1.Items.RemoveAt(listBox1.SelectedIndex);
    }
    enbutton();                               //调用 enbutton()方法
}
private void button2_Click(object sender, EventArgs e)
{   foreach (object item in listBox1.Items)   //将左列表框中的所有项移到右列表框中
        listBox2.Items.Add(item);
    listBox1.Items.Clear();
    enbutton();                               //调用 enbutton()方法
}
private void button3_Click(object sender, EventArgs e)
{   if (listBox2.SelectedIndex >= 0)          //将右列表框中的选中项移到左列表框中
    {   listBox1.Items.Add(listBox2.SelectedItem);
        listBox2.Items.RemoveAt(listBox2.SelectedIndex);
    }
    enbutton();                               //调用 enbutton()方法
}
private void button4_Click(object sender, EventArgs e)
{   foreach (object item in listBox2.Items)   //将右列表框中的所有项移到左列表框中
        listBox1.Items.Add(item);
    listBox2.Items.Clear();
    enbutton();                               //调用 enbutton()方法
}
```

将本窗体设计为启动窗体,执行本窗体,在左列表框中选择"北京大学",单击">"按钮,然后选择"南京大学",单击">"按钮,再选择"武汉大学",单击">"按钮,其结果如图 9.24 所示。

图 9.24　Form7 的执行界面

9.2.10　带复选框的列表框控件

带复选框的列表框控件在工具箱中的图标为 ▤ RichTextBox,它和 listBox 控件相似,也是用来显示一系列列表项的,不过在每个列表项前面都有一个复选项,这样,是否选中了某个列表项就可以很清楚地表现出来。

1. CheckedListBox 的属性

实际上,CheckedListBox 类是继承了 listBox 类得来的,所以 CheckedListBox 的大部分属性、事件和方法都来自 listBox 类,例如 Item 属性、Items. Add 方法和 Items. Remove 方法等。除了继承来的属性和方法外,CheckedListBox 还有其特有的属性和方法。表 9.23 列出了 CheckedListBox 的常用属性及其说明。

表 9.23　CheckedlistBox 的常用属性及其说明

CheckedlistBox 的属性	说　明
CheckedClick	该属性值为 true 时，单击某一列表项就可以选中它。该属性的默认值为 false，此时，单击列表项只是改变了焦点，再次单击才选中该列表项
CheckedIndices	该带复选框的列表框中选中索引的集合
CheckedItems	该带复选框的列表框中选中项的集合
MultiColumn	该属性值为 true 时，表示以多列显示，为 false 时只以单列显示
ColumnWidth	当多列显示时，该属性指出每列的宽度
ThreeCheckBoxes	该属性值为 true 时，选项前面的复选框以立体的方式显示，否则以平面方式显示

2. CheckedListBox 的事件和方法

CheckedListBox 的常用事件有 Click 和 DoubleClick，常用的方法如表 9.24 所示。

表 9.24　CheckedlistBox 的常用方法

CheckedListBox 的方法	说　明
GetItemCheckState	该方法用于取得指定列表项的状态，即该列表项是否被选中。该方法有一个整型参数，用来确定该方法返回哪个列表项的状态
GetItemChecked	返回指示指定项是否选中的值，为 true 表示已选中
SetItemCheckState	该方法用于设定指定的列表项的状态，即设置该列表项是选中或未选中，还是处于不确定状态。该方法有两个参数，第一个参数是整型参数，用于指定所设定的是哪一个列表项，第二个参数可选以下值之一。 ① CheckState. Checked：选中。 ② CheckState. UnChecked：未选中。 ③ CheckState. Indeterminate：不确定状态
SetItemChecked	将指定索引处的项的状态设置为 CheckState. Checked

【例 9.8】　设计一个窗体，将一个 CheckedListBox 控件中的所有选中项在一个 listBox 控件中显示出来。

解：在本章的 proj9-1 项目中添加一个窗体 Form8，在其中放置一个 CheckedListBox 控件 checkedListBox1、一个列表框 listBox1、一个标签 label1 和一个命令按钮 button1，该窗体的设计界面如图 9.25 所示。

在本窗体上设计以下事件过程：

```
private void Form8_Load(object sender, EventArgs e)
{   checkedListBox1.Items.Add("中国");checkedListBox1.Items.Add("美国");
    checkedListBox1.Items.Add("俄罗斯");checkedListBox1.Items.Add("英国");
    checkedListBox1.Items.Add("法国");checkedListBox1.CheckOnClick = true;
}
private void button1_Click(object sender, EventArgs e)
{   foreach(object item in checkedListBox1.CheckedItems)
        listBox1.Items.Add(item);
}
```

将本窗体设计为启动窗体，执行本窗体，从 CheckedlistBox1 中选中"中国"和"俄罗斯"，单击"确定"按钮，则它们被添加到右边的列表框中，如图 9.26 所示。

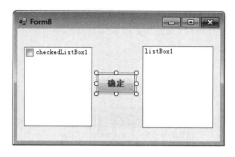
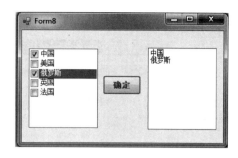

图 9.25　Form8 的设计界面　　　　　　图 9.26　Form8 的执行界面

9.2.11　定时器控件

定时器控件在工具箱中的图标为 ，其特点是每隔一定的时间间隔就会自动执行一次定时器事件。所谓时间间隔，指的是定时器事件两次调用之间的时间间隔，一般以毫秒（ms）为基本单位。

1. 定时器的属性

定时器的常用属性及其说明如表 9.25 所示。

表 9.25　定时器的常用属性及其说明

定时器的属性	说　　明
Enabled	设置是否启用定时器控件，若设置为 true（默认值），表示启动定时器开始计时，否则表示暂停定时器的使用
Interval	设置两个定时器事件之间的时间间隔，以毫秒为单位，为 0~65 535ms

2. 定时器的事件和方法

定时器的主要事件是 Tick 事件，每隔 Interval 指定的时间就执行一次该事件过程。定时器的常用方法如表 9.26 所示。

表 9.26　定时器的常用方法及其说明

定时器的方法	说　　明
Start	启动定时器，也可通过将 Enabled 属性设置为 true 来启动定时器
Stop	停止定时器，也可通过将 Enabled 属性设置为 false 来停止定时器

【例 9.9】　设计一个窗体说明定时器的使用方法。

解：在本章的 proj9-1 项目中添加一个窗体 Form9，在其中放置一个标签 label1、一个文本框 textBox1（Font 属性设置为宋体，12pt，style＝Bold，ReadOnly 属性设置为 true）和一个定时器 timer1（在设计时显示在窗体设计器的下方），如图 9.27 所示。

在本窗体上设计以下事件过程：

```
private void Form9_Load(object sender, EventArgs e)
{    textBox1.Text = DateTime.Now.ToString("h:mm:ss");
     timer1.Enabled = true;                    //启动定时器 timer1
     timer1.Interval = 100;
}
private void timer1_Tick(object sender, EventArgs e)
{    textBox1.Text = DateTime.Now.ToString("h:mm:ss");}
```

将本窗体设计为启动窗体，执行本窗体，其执行界面如图 9.28 所示。

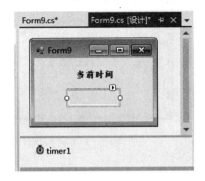

图 9.27　Form9 的设计界面

图 9.28　Form9 的执行界面

9.2.12　滚动条控件

滚动条控件分为两种类型，即水平滚动条（在工具箱中的图标为 ▣▣▣　HScrollBar ）和垂直滚动条（在工具箱中的图标为 ▤　VScrollBar ）。滚动条通常和文本框、列表框等一起使用，通过它可以查看列表项目和数据，还可以进行数值的输入。借助最大值和最小值的设置，并配合滚动条中方块的位置，就能读取用户指定的数值。

滚动条的结构为两端各有一个滚动箭头，两个滚动箭头中间是滚动条部分，在滚动条上有一个能够移动的小方块，它们整体称为滚动框。

水平滚动条和垂直滚动条的结构和使用方法相同。滚动条在窗体上的外观如图 9.29 所示，左边是水平滚动条，右边是垂直滚动条。

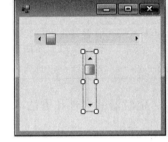

1. 滚动条的属性

滚动条的常用属性及其说明如表 9.27 所示。

图 9.29　水平滚动条和垂直滚动条

表 9.27　滚动条的常用属性及其说明

滚动条的属性	说　　明
Maximum	表示滚动条的最大值
Minimum	表示滚动条的最小值
Value	表示滚动条目前所在位置对应的值
LargeChange	设置滚动条的最大变动值
SmallChange	设置滚动条的最小变动值

2. 滚动条的事件和方法

滚动条的方法很少使用，滚动条的常用事件及其说明如表 9.28 所示。

表 9.28　滚动条的常用事件及其说明

滚动条的事件	说　　明
Scroll	当用鼠标压住滚动条上的滑块进行移动，滑块被重新定位时发生
Change	当改变 Value 属性值时发生

【**例 9.10**】 设计一个窗体说明滚动条的使用方法。

解：在本章的 proj9-1 项目中添加一个窗体 Form10，在其中放置一个水平滚动条 (hScrollBar1)、垂直滚动条(vScrollBar1)和一个分组框 groupBox1，在 groupBox1 中放置一个文本框 textBox1 和一个命令按钮 button1，该窗体的设计界面如图 9.30 所示。

在本窗体上设计以下事件过程：

```
private void Form10_Load(object sender, EventArgs e)
{   hScrollBar1.Maximum = 100;   hScrollBar1.Minimum = 0;
    hScrollBar1.SmallChange = 2;hScrollBar1.LargeChange = 5;
    vScrollBar1.Maximum = 100;vScrollBar1.Minimum = 0;
    vScrollBar1.SmallChange = 2;vScrollBar1.LargeChange = 5;
    hScrollBar1.Value = 0;       vScrollBar1.Value = 0;
    textBox1.Text = "0";
}
private void hScrollBar1_Scroll(object sender, ScrollEventArgs e)
{   textBox1.Text = hScrollBar1.Value.ToString("d");
    //将 hScrollBar1.Value 整数以实际宽度转换成字符串在 textBox1 中显示
    vScrollBar1.Value = hScrollBar1.Value;
}
private void vScrollBar1_Scroll(object sender, ScrollEventArgs e)
{   textBox1.Text = vScrollBar1.Value.ToString("d");
    hScrollBar1.Value = vScrollBar1.Value;
}
private void button1_Click(object sender, EventArgs e)
{   if (Convert.ToInt16(textBox1.Text)>= 0 && Convert.ToInt16(textBox1.Text) <= 100)
    {   hScrollBar1.Value = Convert.ToInt16(textBox1.Text);
        vScrollBar1.Value = Convert.ToInt16(textBox1.Text);
    }
}
```

通过 hScrollBar1_Scroll 和 vScrollBar1_Scroll 两个事件过程使得在移动滚动条时在文本框中显示当前值，同时使得这两个滚动条同步移动，也可以在文本框中输入一个数值后单击"设置"按钮使两个滚动条定位在相应位置。

将本窗体设计为启动窗体，执行本窗体，移动水平滚动条至 37，其结果如图 9.31 所示。

图 9.30 Form10 的设计界面

图 9.31 Form10 的执行界面

9.2.13 月历控件

月历控件在工具箱中的图标为 ![icon] MonthCalendar，可用于显示一个月或几个月的月历。

1. 月历控件的常用属性

月历控件的常用属性及其说明如表 9.29 所示。

表 9.29　月历控件的常用属性及其说明

月历控件的属性	说　　明
MonthlyBoldedDate	该属性值是 DateTime 数组类型,用于设置一个月中要用粗体显示的日期
BolderDate	该属性值是 DateTime 数组类型,用于设置要用粗体显示的日期
MinDate	获取或设置可选择的最小月历日期
MaxDate	获取或设置可选择的最大月历日期
SelectionRange	获取或设置在月历中选择日期的范围
SelectionStart	获取或设置所选日期范围的开始日期
ShowWeekNumbers	获取或设置是否在月历的左方列出每个星期是本年度的第几个星期
ShowToday	获取或设置是否在月历的底部显示"今天"的日期
ShowTodayCircle	获取或设置是否在当天的日期上加一个圈
TodayDate	获取或设置当前的日期值

2. 月历控件的事件和方法

月历控件的常用事件及其说明如表 9.30 所示,其方法很少使用。

表 9.30　月历控件的常用事件及其说明

月历控件的事件	说　　明
DateChanged	当日期改变时引发此事件
DateSelected	当日期被选择时引发此事件

9.2.14　日期/时间控件

日期/时间控件在工具箱中的图标为 ,其外观像一个组合框,用于显示日期和时间。当单击其下拉箭头时,会出现一个按月份显示的日历,用户可以从中选择日期。

1. 日期/时间控件的属性

日期/时间控件的常用属性及其说明如表 9.31 所示。

表 9.31　日期/时间控件的常用属性及其说明

日期/时间控件的属性	说　　明
Format	用于设置显示日期/时间的格式,可选以下值之一。 ① Custom:该控件以自定义格式显示日期/时间值。 ② Long:该控件以用户操作系统设置的长日期格式显示日期/时间值。 ③ Short:该控件以用户操作系统设置的短日期格式显示日期/时间值。 ④ Time:该控件以用户操作系统设置的时间格式显示日期/时间值
CustomFormat	用于设置自定义格式的字符串,当设置 Format 属性为 Custom 时使用此格式
MaxDate	获取或设置可选择的最大日期
MinDate	获取或设置可选择的最小日期
ShowCheckBox	获取或设置一个值,该值指示在选择日期的左侧是否显示一个复选框
ShowUpDown	获取或设置一个值,该值指示是否使用数值调节按钮调整日期/时间值
Value	用于获取或设置当前日期

2. 日期/时间控件的事件和方法

日期/时间控件常用的事件是 ValueChanged,当选择的日期发生改变时引发此事件。日期/时间控件的方法很少使用。

【**例 9.11**】 设计一个窗体,说明日期/时间控件的使用方法。

解:在本章的 proj9-1 项目中添加一个窗体 Form11,在其中放置一个日期/时间控件 dateTimerPicker1,一个标签 label1 和一个文本框 textBox1,该窗体的设计界面如图 9.32 所示。

在本窗体上设计以下事件过程:

```
private void Form11_Load(object sender, EventArgs e)
{   dateTimePicker1.Format = DateTimePickerFormat.Long;
    dateTimePicker1.ShowCheckBox = true;
    dateTimePicker1.ShowUpDown = false;
    textBox1.Text = "";
}
private void dateTimePicker1_ValueChanged(object sender, EventArgs e)
{   textBox1.Text = dateTimePicker1.Value.ToString("yyyy.MM.dd hh:mm:ss");
    //将 dateTimePicker1 中的值转换成日期时间字符串并在 textBox1 中显示
}
```

将本窗体设计为启动窗体,执行本窗体,单击日期/时间控件右侧的 ▣▼ 按钮,会出现如图 9.33 所示的界面,从中选择一个日期,返回后的结果如图 9.34 所示。

图 9.32 Form11 的设计界面

图 9.33 Form11 的执行界面一

图 9.34 Form11 的执行界面二

9.2.15 超链接标签控件

超链接标签控件在工具箱中的图标为 **Ａ LinkLabel**,它和 Label 控件十分相似,不同之处在于 LinkLabel 控件具有超链接功能。用户可以使用此控件超链接到一个网站的站点或网页上,也可以使用它连接到其他的应用程序。LinkLabel 控件中的大部分属性、方法、事件都是从 Label 控件中继承而来的,但是它有几个特殊的用于超链接的属性和事件。

1. LinkLabel 控件的属性

LinkLabel 控件的常用属性及其说明如表 9.32 所示。

表 9.32 LinkLabel 控件的常用属性及其说明

LinkLabel 控件的属性	说　　明
ActiveLinkColor	获取或设置显示超链接部分的颜色
LinkArea	获取或设置该控件显示的标签文本中超链接部分区域的大小。该属性设置两个值,第一个值为该区域起始字符的位置,第二个值为该区域的长度

续表

LinkLabel 控件的属性	说　　明
DisabledLinkColor	获取或设置该控件不用时标签文本中链接部分的颜色
LinkColor	获取或设置未连接过的超链接的文本颜色
VisitedLinkColor	获取或设置已连接过的超链接的文本颜色

2.　LinkLabel 控件的事件和方法

LinkLabel 控件的常用事件及其说明如表 9.33 所示，其方法很少使用。

表 9.33　LinkLabel 的常用事件及其说明

LinkLabel 控件的事件	说　　明
LinkClicked	当将鼠标指针移到标签文本中的超链接文本部分时，会出现一只手的小图标，这时单击此超链接文本部分将会引发此事件。通常，在此事件过程中使用 System. Diagnostics. Process. Start 方法打开指定的网页
MouseMove	当在 LinkLabel 控件上移动鼠标时将引发此事件，并且随着鼠标的移动将连续不断地引发此事件

【例 9.12】　设计一个窗体，说明超链接标签控件的使用方法。

解：在本章的 proj9-1 项目中添加一个窗体 Form12，在其中放置一个超链接标签控件 linkLabel1，将其 Text 属性改为"武汉大学"，窗体的设计界面如图 9.35 所示。

图 9.35　Form12 的设计界面

在本窗体上设计以下事件过程：

```
private void linkLabel1 _ LinkClicked ( object sender,
LinkLabelLinkClickedEventArgs e)
{   System.Diagnostics.Process.Start("http://www.whu.edu.cn");}
private void Form12_Load(object sender, EventArgs e)
{   linkLabel1.LinkColor = Color.Blue;
    linkLabel1.ActiveLinkColor = Color.Green;
}
```

将本窗体设计为启动窗体，执行本窗体，单击其中的"武汉大学"超链接标签控件，即启动武汉大学网站的主页。

9.3　多个窗体之间的数据传递

所谓多个窗体间的数据传递是指将一个窗体中的控件值传递给另一个窗体，例如将主窗体 MForm 中的 textBox1 文本框中的值传递给子窗体 SForm，本节介绍两种设计方法。

9.3.1　通过静态字段传递数据

其原理是将类的静态字段充当全局变量使用，在调用 SForm 窗体前将 MForm 中要传递的数据保存在类静态字段中，在执行 SForm 窗体时从该类静态字段中读出数据并处理。

下面通过一个示例进行说明。

【例 9.13】　通过静态字段传递数据的方法在两个窗体之间传递一个整数和一个字符串。

解：新建一个名为 proj9-2 的 Windows 应用程序项目，在项目中新建一个类文件 Class1.cs（选择"项目|添加类"命令，在出现的"添加新项"对话框中单击"添加"按钮即可），在其中设计一个类 TempDate，该类中含有需要在窗体间传递数据的静态字段。

```
public class TempData
{    public static int mynum;
     public static string mystr;
}
```

在该项目中添加一个 MForm 窗体，包含两个标签、两个文本框（textBox1 和 textBox2）和一个命令按钮 button1，其设计界面如图 9.36 所示。在 button1 上设计以下单击事件过程：

```
private void button1_Click(object sender, EventArgs e)
{    TempData.mynum = int.Parse(textBox1.Text);
          //将文本框 textBox1 的值转换为整数后保存在静态字段 mynum 中
     TempData.mystr = textBox2.Text;
          //将文本框 textBox2 的值保存在静态字段 mystr 中
     Form myform = new SForm();
     myform.ShowDialog();
}
```

然后在该项目中添加一个 SForm 窗体，它包含一个分组框，分组框中有两个标签、两个文本框（textBox1 和 textBox2）和一个命令按钮 button1，其设计界面如图 9.37 所示。在该窗体上设计以下事件过程：

```
private void SForm_Load(object sender, EventArgs e)
{    textBox1.Text = TempData.mynum.ToString();    //读出静态字段 mynum 中的数据
     textBox2.Text = TempData.mystr;               //读出静态字段 mystr 中的数据
}
private void button1_Click(object sender, EventArgs e)
{
     this.Close();                                 //关闭本窗体
}
```

图 9.36　MForm 的设计界面

图 9.37　SForm 的设计界面

执行 MForm 窗体，首先显示 MForm 窗体，在两个文本框中分别输入"125"和"China"，然后单击"调用 SForm"按钮，此时显示 SForm 窗体，如图 9.38 所示，从中可以看到 SForm 窗体中的文本框显示出从 MForm 窗体传递过来的数据。

图 9.38　两个窗体传递数据的结果

9.3.2　通过构造函数传递数据

若要将 MForm 窗体的数据传递到 SForm 窗体,修改 SForm 窗体的构造函数,将要接收的数据作为该窗体构造函数的形参,在 MForm 窗体中调用 SForm 窗体时将要传递的数据作为实参,从而达到窗体间传递数据的目的。

下面通过一个示例进行说明。

【例 9.14】　通过构造函数传递数据的方法在两个窗体之间传递一个整数和一个字符串。

解:在前面创建的 proj9-2 项目中添加一个 MForm1 窗体,其设计界面与例 9.13 中的 MForm 窗体相同,在该窗体上设计以下事件过程。

```
private void button1_Click(object sender, EventArgs e)
{    int num = int.Parse(textBox1.Text);
     string str = textBox2.Text;
     Form myform = new SForm1(num,str);              //带传递数据调用 SForm1 的构造函数
     myform.ShowDialog();
}
```

然后在该项目中添加一个 SForm1 窗体,其设计界面与例 9.13 中的 SForm 窗体相同,在该窗体上设计两个 private 字段 mynum 和 mystr,并设计 SForm_Load 等事件过程和修改 SForm1 的构造函数,对应的代码如下:

```
public partial class SForm1: Form
{    private int mynum;                              //类私有字段,接收传递过来的数据
     private string mystr;                           //类私有字段,接收传递过来的数据
     public SForm1( int num, string str)
     {    InitializeComponent();
          mynum = num;
          mystr = str;
     }
     private void SForm1_Load(object sender, EventArgs e)
     {    textBox1.Text = mynum.ToString();          //显示传递过来的数据
          textBox2.Text = mystr;                     //显示传递过来的数据
     }
     private void button1_Click(object sender, EventArgs e)
     {
          this.Close();
     }
}
```

将 MForm1 窗体设计为启动窗体,执行本项目,其结果与例 9.13 的完全相同。

9.4　多文档窗体

前面创建的都是单文档界面(SDI)应用程序,这样的程序仅能一次打开一个窗口或文档,如果要编辑多个文档,则必须创建应用程序的多个实例,使用多文档窗体。在应用软件设计中多文档界面(MDI)是非常多见的,例如 Microsoft Office 系列的许多产品,包括 Word、Excel 等都是多文档界面应用程序。

多文档界面应用程序由一个多文档窗体(MDI 父窗体)中包含多个文档(MDI 子窗体)组成,父窗体作为子窗体的容器,子窗体显示各自的文档,它们具有不同的功能。处于活动状态的子窗体的最大数目是 1,子窗体本身不能成为父窗体,而且不能将其移动到父窗体的区域之外。多文档界面应用程序具有以下特性:

① 所有子窗体均显示在 MDI 窗体的工作区内,用户可改变、移动子窗体的大小,但被限制在 MDI 窗体中。

② 当最小化子窗体时,它的图标将显示在 MDI 窗体上而不是在任务栏中。

③ 当最大化子窗体时,它的标题和 MDI 窗体的标题一起显示在 MDI 窗体的标题栏上。

④ MDI 窗体和子窗体都可以有各自的菜单,当子窗体加载时覆盖 MDI 窗体的菜单。

9.4.1　MDI 父窗体的属性、事件和方法

1. MDI 父窗体的属性

常用的 MDI 父窗体属性及其说明如表 9.34 所示。

表 9.34　常用的 MDI 父窗体属性及其说明

MDI 父窗体属性	说　　明
ActiveMdiChild	表示当前活动的 MDI 子窗口,如没有子窗口则返回 null
IsMdiContainer	指示窗体是否为 MDI 父窗体,值为 true 时表示是父窗体,值为 false 时表示是普通窗体
MdiChildren	以窗体数组形式返回所有的 MDI 子窗体

2. MDI 父窗体的方法

一般只使用父窗体的 LayoutMdi 方法,其使用格式如下:

`MDI 父窗体名.LayoutMdi(value)`

其功能是在 MDI 父窗体中排列 MDI 子窗体,参数 value 决定排列方式,有以下 4 种取值。

- LayoutMdi.ArrangeIcons:所有 MDI 子窗体以图标形式排列在 MDI 父窗体中。
- LayoutMdi.TileHorizontal:所有 MDI 子窗体均垂直平铺在 MDI 父窗体中。
- LayoutMdi.TileVertical:所有 MDI 子窗体均水平平铺在 MDI 父窗体中。
- LayoutMdi.Cascade:所有 MDI 子窗体均层叠在 MDI 父窗体中。

3. MDI 父窗体的事件

常用的 MDI 父窗体的事件是 MdiChildActivate,当激活或关闭 MDI 子窗体时将引发该事件。

9.4.2　MDI 子窗体的属性

常用的 MDI 子窗体属性及其说明如表 9.35 所示。

表 9.35　常用的 MDI 子窗体属性及其说明

MDI 子窗体属性	说　　明
IsMdiChild	指示窗体是否为 MDI 子窗体，值为 true 时表示是子窗体，值为 false 时表示是一般窗体
MdiParent	用来指定该子窗体的 MDI 父窗体

9.4.3　创建 MDI 父窗体及其子窗体

创建一个多文档应用程序的基本步骤如下：

① 创建一个表示 MDI 父窗体的窗体 PForm（和普通窗体的创建方式相同），然后将其 IsMdiContainer 属性设置为 true。

② 创建一个或多个子窗体用于产生子窗体的模板（和普通窗体的创建方式相同）。

③ 编写程序代码。例如，子窗体为 SForm，则在父窗体 PForm 上使用以下语句设置并显示子窗体：

```
SForm child = new SForm();          //定义子窗体对象
child.MdiParent = this;             //建立父子窗体关系
child.Show();                       //显示子窗体
```

【例 9.15】 设计一个 Windows 应用程序，说明多文档窗体的使用方法。

解：创建一个 Windows 窗体应用程序项目 proj9-3（存放在"D:\C♯程序\ch9"文件夹中），向其中添加一个窗体 Form1，将其 IsMdiContainer 属性设为 true（为多文档窗体），将 Text 属性设为 MDIForm1，在其下方放置 5 个命令按钮（button1～button5），其设计界面如图 9.39 所示。

图 9.39　Form1 的设计界面

然后在项目中添加一个普通窗体 Form2，不放任何控件，在本项目文件中设计以下事件过程：

```
using System;
using System.Windows.Forms;
namespace proj9_2
{   public partial class Form1 : Form
```

```
{    private int n = 0;                                    //私有字段
     public Form1()
     {    InitializeComponent();}
     private void button1_Click(object sender, EventArgs e)
     {    Form2 child = new Form2();
          child.MdiParent = this;
          child.Show();
          n++;
          child.Text = "第" + n + "个子窗体";
     }
     private void button2_Click(object sender, EventArgs e)
     {    this.LayoutMdi(System.Windows.Forms.MdiLayout.ArrangeIcons);}
     private void button3_Click(object sender, EventArgs e)
     {    this.LayoutMdi(System.Windows.Forms.MdiLayout.Cascade);   }
     private void button4_Click(object sender, EventArgs e)
     {    this.LayoutMdi(System.Windows.Forms.MdiLayout.TileVertical);   }
     private void button5_Click(object sender, EventArgs e)
     {    this.LayoutMdi(System.Windows.Forms.MdiLayout.TileHorizontal);   }
     }
}
```

执行 Form1 窗体，单击 3 次"创建子窗体"按钮，其结果如图 9.40 所示。单击一次"水平平铺"按钮，其结果如图 9.41 所示，再单击一次"垂直平铺"按钮，其结果如图 9.42 所示。

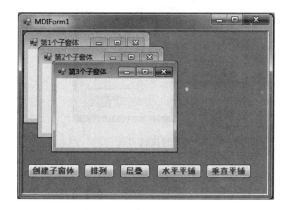

图 9.40　Form1 的执行界面一

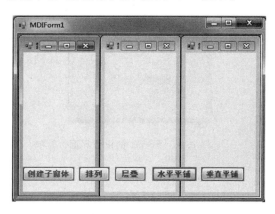

图 9.41　Form1 的执行界面二

图 9.42　Form1 的执行界面三

9.5　窗体设计的事件机制

9.5.1　窗体事件的处理原理

下面通过一个示例来说明窗体事件处理原理。

1. 创建窗体

创建一个名称为 proj9-4 的 Windows 应用程序项目,添加一个窗体 Form1,将窗体的 Text 属性改为"我的窗体",向其中拖放一个命令按钮 button1,将其 Text 属性改为"确定",将字体设置为 5 号黑体、前景色设置为红色,窗体的设计界面如图 9.43 所示。

然后在 button1 上设计一个 Click 事件过程:

```csharp
private void button1_Click(object sender, EventArgs e)
{
    MessageBox.Show("您单击了 button1", "信息提示", MessageBoxButtons.OK);
}
```

执行该窗体,单击"确定"按钮,弹出一个消息框,如图 9.44 所示。

图 9.43　Form1 的设计界面　　　　　图 9.44　Form1 的执行界面

2. 代码分析

Form1 类声明包含在 Form1.cs 和 Form1.Designer.cs 两个文件中,每个文件的类声明中都使用了 partial 关键字,它表示采用分部类定义方式,即一个类的声明代码放在几个文件中。

(1) Form1.cs

在 Form1 窗体中的空白处双击或右击,并在出现的快捷菜单中选择"查看代码"命令,可以看到 Form1.cs 的设计代码如下(其中只有黑体部分由程序员输入,其他代码是 C# 自动创建的):

```csharp
using System;
using System.Collections.Generic;
using System.ComponentModel;
using System.Data;
using System.Drawing;
using System.Linq;
using System.Text;
using System.Threading.Tasks;
using System.Windows.Forms;
namespace proj9_4
{   public partial class Form1 : Form
```

```
    {   public Form1()
        {   InitializeComponent(); }
        private void button1_Click(object sender, EventArgs e)
        {
            MessageBox.Show("您单击了 button1", "信息提示", MessageBoxButtons.OK);
        }
    }
}
```

(2) Form1.Designer.cs

双击 Form1.Designer.cs 打开 Form1 窗体设计文件（所有代码均由 C♯ 自动创建）：

```
namespace proj9_4
{   partial class Form1
    {   /// < summary >
        /// 必需的设计器变量
        /// </summary >
        private System.ComponentModel.IContainer components = null;
        /// < summary >
        /// 清理所有正在使用的资源
        /// </summary >
        /// < param name = "disposing">如果应释放托管资源,为 true; 否则为 false。</param >
        protected override void Dispose(bool disposing)
        {   if (disposing && (components != null))
            {
                components.Dispose();
            }
            base.Dispose(disposing);
        }
        ♯region Windows 窗体设计器生成的代码
        /// < summary >
        /// 设计器支持所需的方法 - 不要
        /// 使用代码编辑器修改此方法的内容。
        /// </summary >
        private void InitializeComponent()
        {   this.button1 = new System.Windows.Forms.Button();
            this.SuspendLayout();
            //
            // button1
            //
            this.button1.Font = new System.Drawing.Font("黑体", 10.5F,
                System.Drawing.FontStyle.Regular,
                System.Drawing.GraphicsUnit.Point, ((byte)(134)));
            this.button1.ForeColor = System.Drawing.Color.Red;
            this.button1.Location = new System.Drawing.Point(60, 39);
            this.button1.Name = "button1";
            this.button1.Size = new System.Drawing.Size(77, 26);
            this.button1.TabIndex = 0;
            this.button1.Text = "确定";
            this.button1.UseVisualStyleBackColor = true;
            this.button1.Click += new System.EventHandler(this.button1_Click);
            //
            // Form1
            //
            this.AutoScaleDimensions = new System.Drawing.SizeF(6F, 12F);
```

```
        this.AutoScaleMode = System.Windows.Forms.AutoScaleMode.Font;
        this.ClientSize = new System.Drawing.Size(206, 114);
        this.Controls.Add(this.button1);
        this.Name = "Form1";
        this.StartPosition = System.Windows.Forms.FormStartPosition.CenterScreen;
        this.Text = "我的窗体";
        this.ResumeLayout(false);
    }
    # endregion
    private System.Windows.Forms.Button button1;
    }
}
```

从上述代码中可以看到，Form1 窗体是从 Form 类派生的，Form1 窗体有 components（初值为 null）和 button1 两个私有字段。

Form1 窗体的构造函数 Form1 调用 InitializeComponent() 方法初始化窗体，它实际上是将用户窗体设计转换成相应的代码。在该方法中先对私有字段 button1（用户在设计窗体时放置一个命令按钮，则 Form1 类中对应有一个命令按钮对象 button1）进行实例化，然后对它们的属性进行设置。由于 button1 上设计有单击事件过程，为此通过以下语句将事件处理过程 button1_Click 和 button1 关联起来（即订阅）：

```
    this.button1.Click += new System.EventHandler(this.button1_Click);
```

这将告诉 CLR 在引发 button1 的 Click 事件时应执行 button1_Click 事件处理过程。EventHandler 是事件用于把事件过程（或者为事件处理程序或事件处理方法，即 button1_Click）赋予事件（Click）的委托，注意使用＋＝运算符把这个新方法添加到委托列表中，这类似于第 5 章介绍的多播。也就是说，可以为事件添加多个事件过程。EventHandler 委托已在 .NET Framework 中定义了，它位于 System 命名空间，所有在 .NET Framework 中定义的事件都使用它。

事件过程的代码由程序员定制，这里的 button1_Click 的功能是弹出一个消息框。其头部如下：

```
    private void button1_Click(object sender, EventArgs e)
```

事件过程应遵循"对象_事件名"的命名约定，前者是引发事件的对象，后者是被引发的事件。事件过程总是返回 void，不能有返回值，只能使用 EventHandler 委托，参数是 object 和 EventArgs：

- object 参数是引发事件的对象，在本例中是 button1。把一个引用发送给引发事件的对象，就可以把同一个事件过程赋予多个对象。例如，可以为几个按钮定义一个按钮单击事件过程，接着根据 sender 参数确定单击了哪个按钮。
- EventArgs 参数是包含有关事件的其他有用信息的对象。这个参数可以是任意类型，只要它派生自 EventArgs 即可。不同的事件该参数可以不同，例如 MouseDown 事件使用 MouseDownEventArgs，它包含所使用按钮的属性、指针的 X 和 Y 坐标，以及与事件相关的其他信息。

Form1 的事件处理机制如图 9.45 所示，发布者类和订阅者类都是 Form1，其中很多实现细节都由 Visual Studio 系统完成了，从而简化了用户开发应用程序的复杂性。

Dispose 方法用于释放系统资源。当处于释放进程中并且存在未释放的系统资源时，调

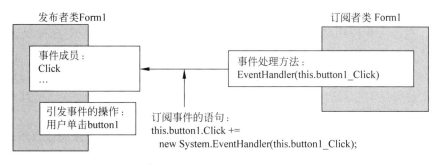

图 9.45　Form1 的事件处理机制

用基类的 Dispose 方法释放系统资源。

代码中的♯region 和♯endregion 指令用于把一段代码标记为给定名称的一个块，它不影响编译过程。这些指令的优点是它们可以被某些编辑器识别，包括 Visual Studio 编辑器，这些编辑器可以使用这些指令使代码在屏幕上更好地布局。

在理解窗体事件处理原理后，开发 Windows 应用程序的重要任务是设计事件过程。设计事件过程主要有以下两种方法：

- 在 Windows 窗体中创建事件过程。
- 在执行时为 Windows 窗体创建事件过程。

9.5.2　在 Windows 窗体中创建事件过程

在 Windows 窗体设计器上创建事件过程的步骤如下：

① 单击要为其创建事件处理过程的窗体或控件。

② 在属性窗口中单击"事件"按钮 ⚡ 。

③ 在可用事件的列表中单击要为其创建事件处理过程的事件。

④ 在事件名称右侧的框中输入处理过程的名称，然后按 Enter 键。图 9.46 所示 button1 命令按钮选择 button1_Click 事件处理过程，这样 C♯系统会在对应窗体的. Designer. cs 文件中自动添加订阅事件的语句。

图 9.46　在属性窗口中添加事件处理过程

⑤ 开发人员将适当的代码添加到该事件过程中。

实际上，在为命令按钮创建单击事件处理过程时，通常是在窗体中直接双击命令按钮 button1 进入代码编辑窗口，当出现 button1_Click 方法头部时再输入相应的事件处理代码（本章前面的示例均采用这种方法来创建事件处理过程），这一操作过程也是按照前面的步骤进行的，只不过是由 C# 系统自动完成，所以将 button1_Click 称为命令按钮的默认事件处理过程。如果要创建其他事件处理过程，需要按照上述操作步骤进行。

另外，如果用户不再需要某个已创建的事件过程，可以直接在代码编辑窗口中删除对应的事件过程，但此时编译器会指出错误。例如，在删除 Form1 窗体的 button1_Click 事件过程后，编译器会出现如图 9.47 所示的错误提示，这是因为对应的订阅事件语句没有自动删除，只需打开窗体的 .Designer.cs 文件，删除对应的订阅事件语句就可以了。

图 9.47　编译时的错误信息

9.5.3　在执行时为 Windows 窗体创建事件过程

除了使用 Windows 窗体设计器创建事件过程外，还可以在执行时创建事件过程。该操作允许在执行时根据代码中的设定来连接相应的事件过程，而不是像上一种方式那样在窗体设计时就已经连接好了事件过程。在执行时创建事件过程的步骤如下：

① 在代码编辑器中打开要向其添加事件过程的窗体。

② 对于要处理的事件，将带有其方法签名的方法添加到窗体上。

例如，如果要处理命令按钮 button1 的 Click 事件，可以创建以下方法：

```
private void buttonClickmethod(object sender, System.EventArgs e)
{
    //输入相应的代码
}
```

说明：在这种方式中，事件过程名称可以由程序员自己指定。

③ 将相应的代码添加到事件过程中。

④ 确定要创建事件过程的窗体或控件。

⑤ 打开对应窗体的 .Designer.cs 文件，添加指定事件过程的代码来处理事件。例如，以下代码指定事件过程 buttonClickmethod 处理命令按钮 button1 的 Click 事件：

```
button1.Click += new System.EventHandler(buttonClickmethod);
```

9.5.4　将多个事件连接到 Windows 窗体中的单个事件过程

在应用程序的设计中，可能需要将单个事件过程用于多个事件或让多个事件执行同一过程，这样便于简化代码。在 C# 中将多个事件连接到单个事件过程的步骤如下：

① 选择要将事件过程连接到的控件。

② 在属性窗口中，单击"事件"按钮 ⚡。

③ 单击要处理的事件的名称。

④ 在事件名称旁边的值区域中单击下拉按钮显示现有事件过程列表，这些事件过程会与要处理的事件的方法签名相匹配。

⑤ 从该列表中选择适当的事件过程。

这样操作后，系统会自动将相关代码添加到该窗体中，以便将该事件绑定到现有事件过程。

【例 9.16】　设计一个 Windows 应用程序，用于模拟简单计算器的功能。

解： 在 proj9-4 项目中添加一个窗体 CompForm，其设计界面如图 9.48 所示，它有一个文本框 textBox1、一个标签 label1 和 16 个命令按钮（button1～button9 的标题分别为 1～9，button10 的标题为"0"，button11 的标题为. ，button12 的标题为＝，button13 的标题为＋，button14 的标题为－，button15 的标题为×，button16 的标题为÷）。

在该窗体上设计以下代码：

```
using System;
using System.Windows.Forms;
namespace proj9_4
{   public partial class CompForm : Form
    {   private string s;                           //保存用户所按的运算符
        private double x, y;                        //保存用户输入的运算数
        private Button btn;                         //运算符按钮对象
        public CompForm()
        {   InitializeComponent(); }
        private void CompForm_Load(object sender, EventArgs e)
        {   textBox1.Text = "";
            label1.Text = "";
        }
        private void buttond_Click(object sender, EventArgs e)
        //单击数字命令按钮的事件过程
        {   btn = (Button)sender;
            textBox1.Text = textBox1.Text + btn.Text;
        }
        private void buttonop_Click(object sender, EventArgs e)
        //单击运算符命令按钮的事件过程
        {   btn = (Button)sender;                   //将 sender 强制转换为 Button 类型
            if (btn.Name != "button12")             //用户不是单击"＝"命令按钮
            {   x = Convert.ToDouble(textBox1.Text);
                textBox1.Text = "";
                s = btn.Name;                       //保存用户按键
                label1.Text = x.ToString();
            }
            else                                    //用户单击"＝"命令按钮
            {   if (label1.Text == "")
                    MessageBox.Show("输入不正确!!!","信息提示", MessageBoxButtons.OK);
                else
                {   y = Convert.ToDouble(textBox1.Text);
                    switch (s)
                    {
                        case "button13":            //用户刚在前面单击"＋"命令按钮
```

```
                textBox1.Text = (x + y).ToString();
                break;
        case "button14":                    //用户刚在前面单击"-"命令按钮
                textBox1.Text = (x - y).ToString();
                break;
        case "button15":                    //用户刚在前面单击"×"命令按钮
                textBox1.Text = (x * y).ToString();
                break;
        case "button16":                    //用户刚在前面单击"÷"命令按钮
                if (y == 0)
                    MessageBox.Show("除零错误!!!",
                        "信息提示", MessageBoxButtons.OK);
                else
                    textBox1.Text = (x / y).ToString();
                break;
        }
        label1.Text = textBox1.Text;
    }
  }
 }
}
```

本窗体中的 16 个命令按钮分为两组,button1～button11 共 11 个命令按钮为数字组,用于输入数值(含小数点),button12～button16 为运算符组。

由于数字组的所有单击操作都是类似的,它们共享同一个事件过程 buttond_Click,所以需要为 button1～button11 共 11 个命令按钮指定 buttond_Click 事件过程,其操作如图 9.49 所示。同样,运算符组的所有单击操作都是类似的,它们共享同一个事件处理过程 buttonop_Click,所以需要为 button12～button16 共 5 个命令按钮指定 buttonop_Click 事件处理过程。

图 9.48　CompForm 的设计界面

图 9.49　为 button1 的 Click 事件指定事件过程

其中,button12(标题为"＝")命令按钮比较特殊,因为在正常操作的情况下,单击它时前面已经输入了 x op y 的式子(op 为某个运算符,用变量 s 保存它),只需进行相应的运算,并将结果在 label1 中显示即可。

执行本窗体,通过单击数字组的命令按钮在文本框中输入数值 15.2,单击"＋"命令按钮,将输入的数值暂时放入 label1 中,如图 9.50 所示,再输入 63.7,最后单击"＝"命令按钮,结果如图 9.51 所示。

说明：由于没有进行异常处理,本程序只有操作正确才能得到正确的结果。读者在学完异常处理的内容后可以添加异常处理功能。

图 9.50　CompForm 的执行界面一　　　　图 9.51　CompForm 的执行界面二

练 习 题 9

1. 单项选择题

(1) 在 C♯ 程序中为使变量 myForm 引用的窗体对象显示为对话框,必须_____。

　　A. 使用 myForm. ShowDailog()方法显示对话框

　　B. 将 myForm 对象的 isDialog 属性设为 true

　　C. 将 myForm 对象的 FormBorderStyle 枚举属性设置为 FixedDialog

　　D. 将变量 myForm 改为引用 System. Windows. Dialog 类的对象

(2) 在 C♯ 程序中,文本框控件的_____属性用来设置其是否为只读的。

　　A. ReadOnly　　　　B. Locked　　　　C. Lock　　　　D. Style

(3) 设置文本框的_____属性可以使其显示多行。

　　A. PasswordChar　　B. ReadOnly　　C. Multiline　　D. MaxLength

(4) 当用户单击窗体上的命令按钮时,会引发命令按钮控件的_____事件。

　　A. Click　　　　　B. Leave　　　　C. Move　　　　D. Enter

(5) 在 Windows 应用程序中,如果复选框控件的 Checked 属性值设置为 true,表示_____。

　　A. 该复选框被选中　　　　　　　　B. 该复选框不被选中

　　C. 不显示该复选框的文本信息　　　D. 显示该复选框的文本信息

(6) 要获取 ListBox 控件当前选中项的文本,通过_____属性得到。

　　A. SelectedIndex　　B. SelectedItem　　C. Items　　　D. Text

(7) 要获取 ComboBox 控件所包含项的集合,通过_____属性得到。

　　A. SelectedItem　　B. SelectedText　　C. Items　　　D. Sorted

(8) 启动一个定时器控件的方法是_____。

　　A. Enabled　　　　B. Interval　　　C. Start　　　　D. Stop

(9) 已知在某 Windows 应用程序中主窗口类为 Form1、程序入口为静态方法 From1. Main,如下所示:

```
public class Form1 : System.Windows.Forms.Form
{    //其他代码
    static void Main()
    {
        //在此添加合适的代码
    }
}
```

则在 Main 方法中打开主窗口的正确代码是_____。

    A. Application. Open(new Form1());   B. Application. Run(new Form1());

    C. (new Form1()). Open();   D. (new Form1()). Run();

(10) 在 Windows 应用程序中,可以通过以下_____方法使一个窗体成为 MDI 窗体。

    A. 改变窗体的标题信息

    B. 在工程的选项中设置启动窗体

    C. 设置窗体的 IsMdiContainer 属性为 true

    D. 设置窗体的 ImeMode 属性

2. 回答题

(1) 简述 C♯ 中有哪几种窗体类型,窗体有哪些基本属性。

(2) 简述 C♯ 中常用控件的属性和方法。

(3) 简述 C♯ 中常用事件和事件方法。

(4) 如何将多个控件绑定到同一个事件过程?

3. 编程题

(1) 创建 Windows 窗体应用程序项目 exci9,向其中添加一个窗体 Form1,实现用户登录(输入用户名和口令,假设正确的用户名/口令为 1234/1234),并给出相应的提示信息,规定用户错误输入不超过 3 次。其执行界面如图 9.52 所示。

(2) 在 exci9 项目中添加一个窗体 Form2,其执行界面如图 9.53 所示,上方是一个文本框,包含"中华人民共和国成立 70 周年"的值。下面有两个分组框和一个复选框,分别用于修改文本框的字体、大小和是否为粗体。说明:设计本题需查阅 Font 类的相关文档。

图 9.52 编程题(1)的窗体执行界面

图 9.53 编程题(2)的窗体执行界面

(3) 在 exci9 项目中添加一个窗体 Form3,其执行界面如图 9.54 所示,从左边列表框中选择一个乘数,在中间列表框中选择一个被乘数,这时在右边列表框中会出现它们的求积算式及结果。

（4）在 exci9 项目中添加一个窗体 Form4，其执行界面如图 9.55 所示。当在组合框中输入一个新项时自动添加到该组合框列表中，并给出相应提示；当在组合框中输入一个已存在的项时给出相应提示。

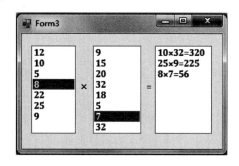

图 9.54 编程题（3）的窗体执行界面　　　　图 9.55 编程题（4）的窗体执行界面

4. 上机实验题

创建 Windows 窗体应用程序项目 experment9，向其中添加一个窗体 Form1；用一个学生结构数组存放 10 名学生的记录，然后根据用户指定的学号显示相应的学生记录，其执行界面如图 9.56 所示，这里是从组合框中选择 3 时在学生记录分组框中显示该学号的记录。

图 9.56 上机实验题窗体的执行界面

第 10 章

用户界面设计

本章介绍的用户界面设计包括菜单设计和一些美化用户界面的非 C♯内部控件的使用。为应用程序设计好的界面,可以提高应用程序的可操作性。

本章学习要点:

☑ 掌握 C♯菜单的基本结构和组成。

☑ 掌握 C♯下拉式菜单和弹出式菜单的设计方法。

☑ 掌握通用对话框控件的设计方法。

☑ 掌握 ImageList 控件的设计方法。

☑ 掌握 TreeView(树视图)和 ListView(列表视图)控件的设计方法。

☑ 掌握 ToolStrip(工具栏)和 StatusStrip(状态栏)控件的设计方法。

10.1 菜 单 设 计

10.1.1 菜单的基本结构

菜单是用户界面中的重要组成部分,不论何种风格的菜单,按使用形式可以分为下拉式菜单和弹出式菜单两种。下拉式菜单位于窗口顶部,一般通过单击菜单栏中的菜单标题(如“文件”、“编辑”和“视图”等)的方式打开。弹出式菜单是独立于窗体菜单栏而显示在窗体内的浮动菜单,一般通过右键单击某一区域的方式打开,不同的区域所“弹出”的菜单内容是不同的。

下拉式菜单和弹出式菜单的基本结构大致相似,下面以下拉式菜单为例说明菜单的基本结构。

下拉式菜单的基本结构包括菜单栏、菜单标题、一级菜单和子菜单。

一般情况下,菜单栏都紧位于窗体标题栏的下面,由若干个菜单标题构成主菜单。当单击一个菜单标题时,包括菜单项列表的一级菜单就被拉下来。一级菜单由若干个菜单项和分隔条组成。若一个菜单项右侧有一个子菜单标记▶,单击这样的菜单时将打开下一级子菜单,用户可以从子菜单中选择要执行的子菜单项,此时上一级菜单项又称为子菜单标题。在 C♯中,最多可以设计出 6 级子菜单,但这种菜单对用户来说太复杂了,通常在应用程序中最多有两级下拉菜单。

图 10.1 给出了菜单的各个组成部分。

1. 菜单栏

图 10.1 中窗体标题栏下面的“文件”、“编辑”等菜单所在的区域为菜单栏。

2. 菜单标题

图 10.1 中的“文件”等都是菜单标题,它们都有下一级菜单,菜单标题实际上是其下级菜单的标题,例如,“文件”是文件下一级菜单的标题。

3. 菜单项

当单击菜单标题时，所打开的下拉列表项就是菜单项，每个菜单项代表一条命令（或子菜单标题）。通常，菜单项分为以下类型：

- 菜单项的右边有"…"，例如"Form1.cs 另存为"菜单项。单击此菜单项时，将打开一个对话框，用户可在该对话框中进行相应操作。
- 菜单项的最右侧有黑色三角形▶，表示该菜单项有子菜单。单击此菜单项时，将进入下一级子菜单。
- 命令菜单项对应一个命令，单击此菜单项会马上执行相应的命令。

4. 分隔条

图 10.1 所示的分隔条用于分隔不同类别的菜单。

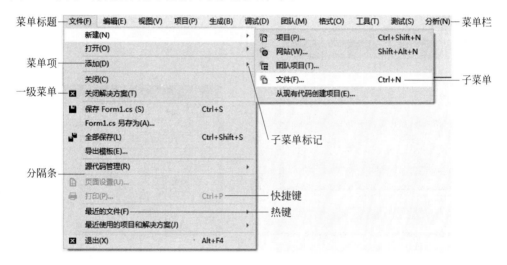

图 10.1　菜单的基本结构

5. 菜单热键和快捷键

在图 10.1 中，"打开"菜单项中的 O 字母为该菜单项的热键。当程序执行后，若出现包含有菜单热键的菜单，用户可以直接按下相应的字母来执行对应的命令。

在图 10.1 中，"保存 Form1.cs"菜单项右侧的 Ctrl＋S 为该菜单项的快捷键。在任何时候若用户按 Ctrl＋S 键等效于用户选择"文件|保存 Form1.cs"菜单项命令。

10.1.2　创建下拉式菜单

在 C♯ 的工具箱中提供了一个 MenuStrip 菜单控件，其图标为 📄 **MenuStrip** ，使用 MenuStrip 控件创建菜单非常简单、方便。下面详细介绍使用 MenuStrip 控件设计菜单的方法。

1. 添加菜单和菜单项

如果要在窗体上创建一个标准菜单，可以直接向窗体添加一个 MenuStrip 控件 menuStrip1，并利用菜单设计器添加菜单项，其步骤如下。

（1）从工具箱中把一个 MenuStrip 控件拖到窗体上

此时，menuStrip1 控件不会显示在窗体上，而是显示在窗体设计器区域下面的一个独立面板上，在窗体标题栏的下面会出现一个可视化菜单设计器。可视化菜单设计器为一个文本框,框内显示"请在此输入"。

例如,新建 Windows 应用程序项目 proj10-1,向其中添加一个窗体 Form1,从工具箱中将 MenuStrip 控件拖放到窗体上,其结果如图 10.2 所示。

(2)输入菜单标题

单击可视化菜单设计器所显示的文本框,输入一个菜单标题。

例如,在 Form1 窗体的菜单中输入 AAA 作为第一个菜单标题,此时该菜单标题的右侧和下方就会显示出有文字"请在此处键入"的灰色文本框。右侧的灰色文本框用来设置第二个菜单项标题,下方的灰色文本框用来设置该菜单标题下的子菜单项。单击 AAA 菜单标题右侧的灰色文本框输入"BBB",单击下方的灰色文本框输入 AAA1,则所建菜单的第二个菜单标题是 BBB,而 AAA 菜单标题的子菜单的第一个菜单项是 AAA1,其结果如图 10.3 所示。

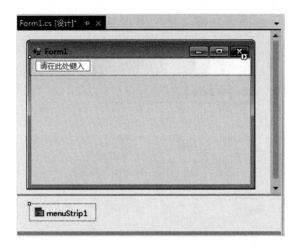

图 10.2 可视化菜单控件

图 10.3 添加菜单标题与菜单项

(3)输入子菜单

当输入一个菜单项后,在该菜单项的右侧和下方也会显示出灰色文本框。其下方的灰色文本框用于设置同级的菜单项,而其右侧的灰色文本框用于设置其子菜单项。

例如,在 AAA1 菜单项下方的灰色文本框中输入"AAA2"菜单项,而在其右侧的灰色文本框中输入 AAA11,其结果如图 10.4 所示。

图 10.4 添加新的菜单项和子菜单

(4)插入分隔条

用户可以在两个相邻的菜单项之间插入分隔条,这样能起到美观的作用。例如,在 AAA1

和 AAA2 两个菜单项之间插入一个分隔条,其操作过程是,将鼠标指针移到 AAA2 菜单项上,然后右击,此时会出现一个快捷菜单,选择"插入|Separator"命令,如图 10.5 所示,这样便在 AAA1 和 AAA2 之间插入了一个分隔条。

按照上面的步骤可创建程序所需要的主菜单或子菜单。图 10.6 所示的是一个完整的菜单实例,它包括两个菜单标题,其中"AAA"菜单包括两个菜单项,而第一个菜单项又包含 3 个子菜单项。

图 10.5　添加分隔条

图 10.6　一个完整的菜单

（5）删除菜单项

当一个菜单项已建立后,删除菜单项十分容易。例如,选中 AAA13 菜单项,然后右击,在弹出的快捷菜单中选择"删除"命令即可删除 AAA13 菜单项,如图 10.7 所示。

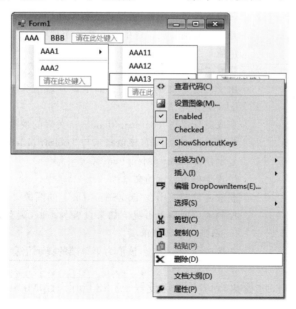

图 10.7　删除菜单项

（6）更改菜单项文本和名称

当一个菜单项已建立后，更改其文本十分容易。例如，单击 AAA1 菜单项，此时该菜单项变为可编辑的，直接输入新的文本即可，如图 10.8 所示。

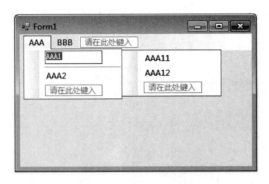

图 10.8　菜单项文本的更改

更改菜单项名称的操作是，单击菜单项，在属性窗口中将 Name 的默认值改为希望的名称。

2. 设置菜单项属性

用户可以将 MenuStrip 菜单控件理解为一个容器。它是一个包含了所有菜单项的对象集，每个菜单项是一个 ToolStripMenuItem 对象。每个菜单项的默认名称为菜单项文本加上 ToolStripMenuItem（C# 中的控件名称以小写字母开头，故将第一个字母改为小写，例如 AAA2 菜单项对应的控件名为 aAA2ToolStripMenuItem），若有重名的菜单项，在名称后面加上序号进行区别。用户可以为每个菜单项 ToolStripMenuItem 对象设置属性等，例如，修改菜单项的名称即修改其 Name 属性。菜单项 ToolStripMenuItem 对象的常用属性如表 10.1 所示，其常用事件有 Click、DoubleClick 等。

表 10.1　菜单项 ToolStripMenuItem 对象的常用属性

ToolStripMenuItem 对象的属性	说　明
Checked	获取或设置一个值，通过该值指示选中标记是否出现在菜单项文本的旁边。如果要放置选中标记在菜单项旁边，则为 true，否则为 false（默认值）
Name	获取或设置菜单的名称
Enabled	用于控制菜单是否可用。如果设置该值为 true，表示启用该项，若为 false 则禁用该项
ShortcutKeys	获取或设置与 ToolStripMenuItem 关联的快捷键
ShowShortcutKeys	获取或设置一个值，该值指示与 ToolStripMenuItem 关联的快捷键是否显示在 ToolStripMenuItem 旁边
Text	设置菜单项显示的文本
Image	获取或设置显示在 ToolStripItem 上的图像
Visible	控制菜单项是否可见。如果设置为 true，则菜单项可见；如果设置为 false，则将隐藏菜单项
ToolTipText	获取或设置一个值，该值为菜单项的提示信息

例如，通过 Load 事件过程执行以下语句设置 aAA2ToolStripMenuItem 菜单项的属性：

```
private void Form1_Load(object sender, EventArgs e)
```

```
{     aAA2ToolStripMenuItem.Checked = true;
      aAA2ToolStripMenuItem.Text = "AAA2 菜单项";
      aAA2ToolStripMenuItem.ToolTipText = "功能是插入一个记录";
}
```

这样，执行时 aAA2ToolStripMenuItem 的效果如图 10.9 所示。

图 10.9　设置相关属性后的菜单项

用户可以更改菜单项的默认名称和属性等，其操作有两种方法：

① 进入菜单的属性窗口，从对象列表中选中相应的菜单项，直接修改其 Name 属性和其他属性。

② 选中窗体中的菜单，单击右侧的▶按钮，在出现的下拉菜单中选择"编辑项"命令，如图 10.10 所示，此时会出现如图 10.11 所示的"项集合编辑器"对话框，这里选择了 aAAToolStripMenuItem 菜单项，可以修改该菜单项的 Name 值和其他属性。

图 10.10　选择"编辑项"命令

例如，为 AAA2 菜单项设置快捷键 Ctrl ＋ A 的操作是，在图 10.11 中单击 DropDownItems 属性右侧的 □ 按钮，出现"项集合编辑器（aAAToolStripMenuItem. DropDownItems）"对话框，在成员列表中选择"aAA2ToolStripMenuItem"，单击 ShortcutKeys 属性右侧的 □ 按钮，在出现的对话框中进行快捷键的设置操作，快捷键可以是 Ctrl、Shift 和 Alt 键中的一个，也可以是它们的组合，键值可以是字母 A～Z、数字 0～9、功能键 F1～F12 以及键盘上的其他一些键。这里设置快捷键为 Ctrl＋A，如图 10.12 所示，再单击两次"确定"按钮，其效果如图 10.13 所示。

注意：快捷键在菜单中显示与否由 ShowShortcutKeys 属性决定，默认为 True，即显示；若改为 False，则不显示快捷键。

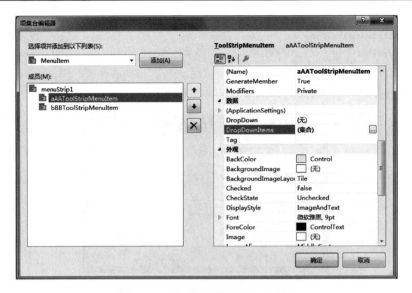

图 10.11　"项集合编辑器"对话框

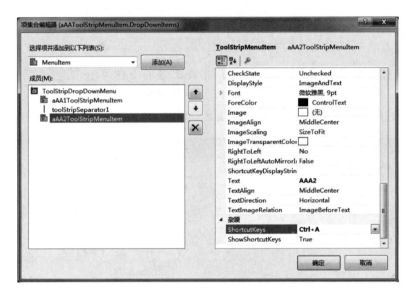

图 10.12　为 AAA2 菜单项设置快捷键 Ctrl＋A

图 10.13　为 AAA2 设置快捷键 Ctrl＋A 后的效果

另外,在菜单项的文字中使用 & 符号即可使其后的字母作为该菜单项的访问热键。例如,为 AAA1 菜单项设置热键 A 的操作是将 AAA1 菜单项的文字改为"AAA1(&A)"即可,如图 10.14 所示,其效果如图 10.15 所示。

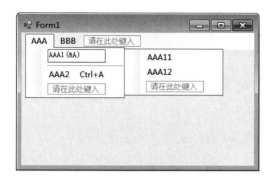

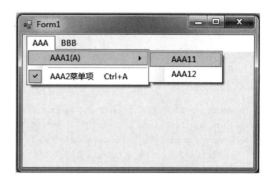

图 10.14 将 AAA1 菜单项文字改为"AAA1(&A)" 　　图 10.15 加有热键的菜单项

3. 为菜单项编写事件过程

在设计菜单界面后,必须为菜单项编写事件过程,这样,菜单命令才能发挥作用。菜单项唯一响应的事件就是 Click 事件,在应用程序执行时,单击一个菜单项就会引发一个 Click 事件,对应的菜单命令就会得到响应,执行相应的 Click 事件过程。

在设计菜单时,要想为某个菜单项编写事件过程,只要双击该菜单项,即可自动打开代码窗口。例如,双击 AAA2 菜单项,出现对应的代码编辑窗口,用户可以输入相应的代码。例如为 aAA2ToolStripMenuItem 菜单项设计如下事件过程:

```
private void aAA2ToolStripMenuItem_Click(object sender, EventArgs e)
{
    MessageBox.Show("AAA2");
}
```

4. 为菜单编写事件过程

菜单常用的事件为 Click 事件。例如,以下事件过程的功能是,当单击本菜单时,若 textBox2 文本框的值为 0,则使 divop 菜单项变为不可用,否则可以使用:

```
private void menuStrip1_Click(object sender, EventArgs e)
{   if (textBox2.Text == "" || Convert.ToInt16(textBox2.Text) == 0)
        divop.Enabled = false;
    else
        divop.Enabled = true;
}
```

【例 10.1】 设计一个下拉式菜单实现两个数的加、减、乘和除运算。

解：在前面创建的 proj10-1 项目中添加一个窗体 Form2,在该窗体中加入 3 个标签(label1～label3)和 3 个文本框(textBox1～textBox3),然后在窗体中放置一个 MenuStrip 控件,设计的菜单层次如下。

```
运算(op)                    //表示"运算"菜单项的名称为 op,下同
....加法(addop)
....减法(subop)
....乘法(multop)
```

....分隔条 1
....除法(divop)

Form2 的设计界面如图 10.16 所示。在本窗体上设计如下事件过程：

```
private void op_Click(object sender, EventArgs e)
{   if (textBox2.Text == "" || Convert.ToInt16(textBox2.Text) == 0)
        divop.Enabled = false;
    else
        divop.Enabled = true;
}
private void addop_Click(object sender, EventArgs e)
{   int n;
    n = Convert.ToInt16(textBox1.Text) + Convert.ToInt16(textBox2.Text);
    textBox3.Text = n.ToString();
}
private void subop_Click(object sender, EventArgs e)
{   int n;
    n = Convert.ToInt16(textBox1.Text) - Convert.ToInt16(textBox2.Text);
    textBox3.Text = n.ToString();
}
private void mulop_Click(object sender, EventArgs e)
{   int n;
    n = Convert.ToInt16(textBox1.Text) * Convert.ToInt16(textBox2.Text);
    textBox3.Text = n.ToString();
}
private void divop_Click(object sender, EventArgs e)
{   int n;
    n = Convert.ToInt16(textBox1.Text) / Convert.ToInt16(textBox2.Text);
    textBox3.Text = n.ToString();
}
```

　　执行本窗体，在 textBox1 文本框中输入 100，在 textBox2 文本框中输入 4，然后选择"运算|除法"命令，其结果如图 10.17 所示。若在 textBox2 文本框中输入 0，再选择"运算|除法"命令，其结果如图 10.18 所示，此时不能进行除法运算。

图 10.16　Form2 的设计界面　　　图 10.17　Form2 的执行界面一　　　图 10.18　Form2 的执行界面二

10.1.3　设计弹出式菜单

　　弹出式菜单也称为快捷菜单，它是独立于主菜单、显示于窗口任何位置的浮动菜单，一般通过单击鼠标右键来激活弹出式菜单。弹出式菜单作为主菜单的补充是非常有用的，通过弹出式菜单为用户提供常用命令列表，可以加快操作速度。在 C# 中提供了专用的 ContextMenuStrip 控件，用于设计弹出式菜单，其图标为　ContextMenuStrip　。使用 ContextMenuStrip 控件设计弹出式菜单的步骤如下：

图 10.19　创建弹出式菜单

① 打开项目 proj9-1,新建一个窗体 Form3。

② 从工具箱中选择 ContextMenuStrip 控件,并将其拖到窗体 Form3 中,这时可以在窗口底部看到该控件的图标,如图 10.19 所示,该窗体中建立了一个 contextMenuStrip1 控件。

③ 在确保 contextMenuStrip1 控件被选中的情况下,与下拉式菜单类似,在显示"请在此处键入"信息的文本框中输入菜单项文本,并可在属性窗口中修改菜单项的 Name 属性。在 Form3 窗体中设计好的弹出式菜单如图 10.20 所示。

④ 此时并没有将该弹出式菜单与窗体关联,还需要将窗体 Form3 的 ContextMenuStip 属性设置为 contextMenuStripl。这样,在执行该程序时,只要在窗体上右击,就会弹出该弹出式菜单,如图 10.21 所示。

图 10.20　一个完整的弹出式菜单

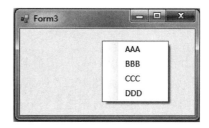

图 10.21　弹出式菜单的执行结果

注意:如果设计时在窗体中看不见弹出式菜单,单击下方的 contextMenuStrip1 即可出现弹出式菜单,以便设计和修改。

ContextMenuStrip 控件的常用事件是 Opened,它在打开该弹出式菜单时被引发。

【**例 10.2**】　设计一个弹出式菜单实现两个数的加、减、乘和除运算。

解:在 proj10-1 项目中添加一个窗体 Form4,在该窗体中加入 3 个标签(label1~label3)和 3 个文框(textBox1~textBox3),然后在窗体中放置一个 ContextMenuStip 控件 op,设计的菜单层次如下。

....加法(addop)
....减法(subop)
....乘法(mulop)
....分隔条 1
....除法(divop)

将 Form4 的 ContextMenuStip 属性设置为 contextMenuStripl。Form4 的设计界面如图 10.22 所示。在本窗体上设计如下事件过程:

图 10.22　Form4 的设计界面

```
private void addop_Click(object sender, EventArgs e)
{    int n;
    n = Convert.ToInt16(textBox1.Text) + Convert.ToInt16(textBox2.Text);
    textBox3.Text = n.ToString();
}
```

```
private void subop_Click(object sender, EventArgs e)
{    int n;
     n = Convert.ToInt16(textBox1.Text) - Convert.ToInt16(textBox2.Text);
     textBox3.Text = n.ToString();
}
private void mulop_Click(object sender, EventArgs e)
{    int n;
     n = Convert.ToInt16(textBox1.Text) * Convert.ToInt16(textBox2.Text);
     textBox3.Text = n.ToString();
}
private void divop_Click(object sender, EventArgs e)
{    int n;
     n = Convert.ToInt16(textBox1.Text) / Convert.ToInt16(textBox2.Text);
     textBox3.Text = n.ToString();
}
private void op_Opened(object sender, EventArgs e)
{    if (textBox2.Text == "" || Convert.ToInt16(textBox2.Text) == 0)
          divop.Enabled = false;
     else
          divop.Enabled = true;
}
```

执行本窗体，在 textBox1 文本框中输入 100，在 textBox2 文本框中输入 4，然后右击，选择"除法"命令，其结果如图 10.23 所示。若在 textBox2 文本框中输入 0，再选择"除法"命令，其结果如图 10.24 示，此时不能进行除法运算。

图 10.23   Form4 的执行界面一   图 10.24   Form4 的执行界面二

10.2   通用对话框

通用对话框控件提供了 Windows 系统的一些通用功能，例如打开文件、保存文件、设置打印机、选择字体和选择颜色等。

在 C# 的工具箱中可以找到这些对话框控件，例如用来打开文件的 OpenFileDialog 控件，用来保存文件的 SaveFileDialog 控件，用来选择颜色的 ColorDialog 控件，用来选择字符的 FontDialog 控件，用来打印文件的 PrintDialog 控件，用来设置页面的 PageSetupDialog 控件以及用来打印预览的 PrintViewDialog 控件等。每个通用对话框控件都可以使用 ShowDialog 的方法来显示。

通过设置每个通用对话框控件的相关属性可以控制每个通用对话框控件的内容。本节只介绍打开文件对话框、保存文件对话框、颜色对话框和字体对话框，其他对话框的使用与它们类似。

10.2.1 打开文件对话框

打开文件对话框(OpenFileDialog)可以用来指定要打开文件所在的驱动器、文件夹(目录)及其文件名、文件扩展名等,其图标为 OpenFileDialog 。

打开文件对话框的常用属性及其说明如表 10.2 所示,其常用方法及说明如表 10.3 所示。

在使用 ShowDialog 方法时会出现打开文件对话框,用户操作后,其返回值为 DialogResult 枚举值,其含义如表 10.4 所示。

表 10.2　打开文件对话框的常用属性及其说明

打开文件对话框的属性	说　　明
AddExtension	获取或设置一个值,该值指示如果用户省略扩展名,对话框是否自动在文件名中添加扩展名
CheckFileExists	获取或设置一个值,该值指示如果用户指定不存在的文件名,对话框是否显示警告
CheckPathExists	获取或设置一个值,该值指示如果用户指定不存在的路径,对话框是否显示警告
DefaultExt	获取或设置默认文件扩展名
FileName	获取或设置一个包含在文件对话框中选定的文件名的字符串
FileNames	获取对话框中所有选定文件的文件名
Filter	获取或设置当前文件名筛选器字符串,该字符串决定对话框的"另存为文件类型"或"文件类型"框中出现的选择内容
FilterIndex	获取或设置文件对话框中当前选定筛选器的索引
InitialDirectory	获取或设置文件对话框显示的初始目录
Multiselect	获取或设置一个值,该值指示对话框是否允许选择多个文件
ReadOnlyChecked	获取或设置一个值,该值指示是否选定只读复选框
RestoreDirectory	获取或设置一个值,该值指示对话框在关闭前是否还原当前目录
ShowHelp	获取或设置一个值,该值指示文件对话框中是否显示"帮助"按钮
ShowReadOnly	获取或设置一个值,该值指示对话框是否包含只读复选框
Title	获取或设置文件对话框的标题

表 10.3　打开文件对话框的常用方法及其说明

打开文件对话框的方法	说　　明
Dispose	释放由 Open 对话框占用的资源
OpenFile	打开用户选定的具有只读权限的文件,该文件由 FileName 属性指定
Reset	将所有属性重新设置为其默认值
ShowDialog	执行通用对话框,在调用该方法之前要设置好需要的所有属性

表 10.4　打开文件对话框的返回值及其说明

返回值	说　　明
Abort	对话框的返回值是 Abort(通常从标签为"中止"的按钮发送)
Cancel	对话框的返回值是 Cancel(通常从标签为"取消"的按钮发送)
Ignore	对话框的返回值是 Ignore(通常从标签为"忽略"的按钮发送)
No	对话框的返回值是 No(通常从标签为"否"的按钮发送)
None	从对话框返回了 Nothing,这表明有模式对话框继续执行
OK	对话框的返回值是 OK(通常从标签为"确定"的按钮发送)
Retry	对话框的返回值是 Retry(通常从标签为"重试"的按钮发送)
Yes	对话框的返回值是 Yes(通常从标签为"是"的按钮发送)

10.2.2　保存文件对话框

保存文件对话框（SaveFileDialog）可以用来指定文件所要保存的驱动器、文件夹及其文件名、文件扩展名等，其图标为 。

保存文件对话框的常用属性及其说明如表 10.5 所示，其常用方法与 OpenFileDialog 的相同，参见表 10.3。保存文件对话框的返回值见表 10.4。

表 10.5　保存文件对话框的常用属性及其说明

保存文件对话框的属性	说　　明
AddExtension	获取或设置一个值，该值指示如果用户省略扩展名，对话框是否自动在文件名中添加扩展名
CheckFileExists	获取或设置一个值，该值指示如果用户指定不存在的文件名，对话框是否显示警告
CheckPathExists	获取或设置一个值，该值指示如果用户指定不存在的路径，对话框是否显示警告
CreatePrompt	获取或设置一个值，该值指示如果用户指定不存在的文件，对话框是否提示用户允许创建该文件
DefaultExt	获取或设置默认文件扩展名
FileName	获取或设置一个包含在文件对话框中选定的文件名的字符串
FileNames	获取对话框中所有选定文件的文件名
Filter	获取或设置当前文件名筛选器字符串，该字符串决定对话框的"另存为文件类型"或"文件类型"框中出现的选择内容
FilterIndex	获取或设置文件对话框中当前选定筛选器的索引
InitialDirectory	获取或设置文件对话框显示的初始目录
OverwritePrompt	获取或设置一个值，该值指示如果用户指定的文件名已存在，Save As 对话框是否显示警告
RestoreDirectory	获取或设置一个值，该值指示对话框在关闭前是否还原当前目录
ShowHelp	获取或设置一个值，该值指示文件对话框中是否显示"帮助"按钮
Title	获取或设置文件对话框标题

【**例 10.3**】　设计一个窗体，用于打开用户指定的文件（RTF 和 TXT 格式），并可以将其存放到另外的同类型文件中。

解：在 proj9-1 项目中添加一个窗体 Form5，其设计界面如图 10.25 所示，其中有一个打开文件对话框 openFileDialog1、一个保存文件对话框 saveFileDialog1、一个富文本框 richTextBox1 和两个命令按钮（button1 和 button2）。

在该窗体上设计如下事件过程：

图 10.25　Form5 的设计界面

```
private void Form5_Load(object sender, EventArgs e)
{   button1.Enabled = true;
    button2.Enabled = false;
}
private void button1_Click(object sender, EventArgs e)
{   openFileDialog1.FileName = "";
    openFileDialog1.Filter = "RTF File( * .rtf)| * .RTF|TXT FILE( * .txt)| * .txt";
    openFileDialog1.ShowDialog();
```

```
            if (openFileDialog1.FileName != "")
                switch(openFileDialog1.FilterIndex)
                {
                case 1:                          //选择的是.rtf类型
                    richTextBox1.LoadFile(openFileDialog1.FileName,
                        RichTextBoxStreamType.RichText);
                    break;
                case 2:                          //选择的是.txt类型
                    richTextBox1.LoadFile(openFileDialog1.FileName,
                        RichTextBoxStreamType.PlainText);
                    break;
                }
                button2.Enabled = true;
        }
        private void button2_Click(object sender, EventArgs e)
        {   saveFileDialog1.Filter = "RTF File(∗.rtf)|∗.RTF|TXT FILE(∗.txt)|∗.txt";
            if (saveFileDialog1.ShowDialog() ==
                System.Windows.Forms.DialogResult.OK)
                switch(openFileDialog1.FilterIndex)
                {
                case 1:                          //选择的是.rtf类型
                    richTextBox1.SaveFile(saveFileDialog1.FileName,
                        RichTextBoxStreamType.RichText);
                    break;
                case 2:                          //选择的是.txt类型
                    richTextBox1.SaveFile(saveFileDialog1.FileName,
                        RichTextBoxStreamType.PlainText);
                    break;
                }
        }
```

执行本窗体，单击"打开"命令按钮，在出现的打开文件对话框中选择"D:\C♯程序\ch9\file.rtf"文件，在richTextBox1中显示该文件的内容，如图10.26所示，再单击"另存为"命令按钮，选择"D:\C♯程序\ch10"文件夹，输入存储文件名file1.rtf，如图10.27所示，这样就将richTextBox1中的内容存储到file1.rtf文件中。

图 10.26　Form5 的执行界面

图 10.27　"另存为"对话框

10.2.3 颜色对话框

颜色对话框（ColorDialog）用来在调色板中选择颜色或者创建自定义颜色，其图标为 。

颜色对话框的常用属性及其说明如表 10.6 所示，其常用方法及说明如表 10.7 所示。

在使用 ShowDialog 方法时会出现颜色对话框，用户操作后，其返回值为 DialogResult 枚举值，其含义如表 10.4 所示。

表 10.6　颜色对话框的常用属性及其说明

颜色对话框的属性	说　　明
AllowFullOpen	获取或设置一个值，该值指示用户是否可以使用该对话框定义自定义颜色
AnyColor	获取或设置一个值，该值指示对话框是否显示基本颜色集中可用的所有颜色
Color	获取或设置用户选定的颜色
CustomColors	获取或设置对话框中显示的自定义颜色集
FullOpen	获取或设置一个值，该值指示用于创建自定义颜色的控件在对话框打开时是否可见
ShowHelp	获取或设置一个值，该值指示在颜色对话框中是否显示"帮助"按钮
SolidColorOnly	获取或设置一个值，该值指示对话框是否限制用户只选择纯色

表 10.7　颜色对话框的常用方法及其说明

颜色对话框的方法	说　　明
Dispose	释放由 ColorDialog 对话框占用的资源
Reset	将所有选项重新设置为其默认值，将最后选定的颜色重新设置为黑色，将自定义颜色重新设置为其默认值
ShowDialog	执行通用对话框，在调用该方法之前要设置好需要的所有属性
ToString	返回表示 ColorDialog 的字符串

10.2.4 字体对话框

字体对话框（FontDialog）设置并返回所用字体的名称、样式、大小、效果及颜色。使用 ShowFont 方法启动字体对话框，其图标为 FontDialog 。

字体对话框的常用属性及其说明如表 10.8 所示，其常用方法及说明如表 10.9 所示。

在使用 ShowDialog 方法时会出现字体对话框，用户操作后，其返回值为 DialogResult 枚举值，其含义类似颜色对话框。

表 10.8　字体对话框的常用属性及其说明

字体对话框的属性	说　　明
Color	获取或设置选定字体的颜色
Font	获取或设置选定的字体
MaxSize	获取或设置用户可选择的最大磅值
MinSize	获取或设置用户可选择的最小磅值
ShowApply	获取或设置一个值，该值指示对话框是否包含"应用"按钮
ShowColor	获取或设置一个值，该值指示对话框是否显示颜色选择
ShowEffects	获取或设置一个值，该值指示对话框是否包含允许用户指定删除线、下划线和文本颜色选项的控件
ShowHelp	获取或设置一个值，该值指示对话框是否显示"帮助"按钮

表 10.9　字体对话框的常用方法及其说明

字体对话框的方法	说　明
Dispose	释放由 FontDialog 对话框占用的资源
Reset	将所有对话框选项重置为默认值
ShowDialog	执行通用对话框
ToString	检索包含对话框中当前选定字体的名称的字符串

【例 10.4】　修改例 10.3 的 Form5 窗体，增加 RTF 文件的颜色和字体编辑功能。

解：在窗体 Form5 中增加两个命令按钮（button3 和 button4），如图 10.28 所示，在"颜色"命令按钮 button3 上设计如下事件过程。

```
private void button3_Click(object sender, EventArgs e)
{   if (richTextBox1.SelectedText != "")
    {   colorDialog1.ShowDialog();
        richTextBox1.SelectionColor = colorDialog1.Color;
    }
}
```

在"字体"命令按钮 button4 上设计如下事件过程：

```
private void button4_Click(object sender, EventArgs e)
{   if (richTextBox1.SelectedText != "")
    {   fontDialog1.ShowDialog();
        richTextBox1.SelectionFont = fontDialog1.Font;
    }
}
```

执行本窗体，通过"打开"命令按钮打开"D:\C♯程序\ch10\file1.rtf"文件。在 richTextBox1 中选择"区别"文字，单击"颜色"命令按钮打开颜色对话框，选择红颜色并返回，再单击"字体"命令按钮打开字体对话框，选择"华文彩云、四号粗体"并返回，其结果如图 10.29 所示。

图 10.28　修改后 Form5 的设计界面

图 10.29　修改后 Form5 的执行界面

10.3　图像列表框控件

图像列表框（ImageList）控件的作用是存储图像，构成一个图形库列表，其图标为 ImageList 。ImageList 控件不同于图片框 PictureBox 控件，它是一个非可视化的控件。在

C#工具箱中含有 ImageList 属性的可视化控件有 Label、Button、RadioButton、CheckBox、ToolBar、TreeView 和 ListView 等。一旦在窗体上建好了图像列表控件 imageList1,这些可视化控件的 ImageList 属性的下拉式列表中都会有一个对应名称的图像列表供选定使用。例如,将 button1 控件的 ImageList 属性设置为图像列表控件 imageList1,将 ImageIndex 属性设置为 0,则运行时 button1 显示 imageList1 的第 1 幅图像。

10.3.1 建立 ImageList 控件

在窗体上建立 ImageList 控件的步骤如下:

① 从工具箱中拖动一个图像列表控件到窗体,其名称默认为 imageList1。

② 在其属性窗口中选择 Images 属性,单击右边的 按钮,出现“图像集合编辑器”对话框。

③ 单击“添加”按钮,在出现的“打开”对话框中选定需要的图像文件。

④ 单击“打开”按钮,返回“图像集合编辑器”对话框,则已在“成员”列表框中加入该图像。连续操作 4 次,加入 4 幅图像,如图 10.30 所示。

⑤ 若要删除其中的图像,可从成员列表中选中它,然后单击“移除”按钮。

⑥ 此时,若窗体中有 Label、Button、RadioButton、CheckBox、ToolBar、TreeView 或 ListView 等控件,在它们的 ImageList 属性的下拉列表中选择已建好的 imageList1 图像列表控件,接着在属性窗口的 ImageIndex 属性下拉列表中挑选需要的图像索引即可。

图 10.30　加入 4 幅图像

10.3.2 ImageList 控件的属性

ImageList 控件的常用属性及其说明如表 10.10 所示。

表 10.10　ImageList 控件的常用属性及其说明

ImageList 控件的属性	说　　明
Images	一个集合对象,表示存储在 ImageList 控件中的图像
ColorDepth	用来设定图像的色彩数目,可取值有 Depth4Bit、Depth8Bit、Depth8Bit(默认值)、Depth16Bit、Depth24Bit 和 Depth32Bit
TranparentColor	用来指定某个颜色为透明色(默认为白色)
ImageSize	用来设定图像列表中图像的大小,默认值为(16,16),分别为图像的宽度和高度

10.3.3　Images 集合的属性和方法

　　Images 集合作为图像列表控件的属性,它自己也具有属性和方法,主要原因是它是一个集合,需要对集合的元素进行进一步操作。它的常用属性及其说明如表 10.11 所示,其常用方法及说明如表 10.12 所示。

表 10.11　**Images 集合的常用属性及其说明**

Images 集合的属性	说　明
Count	Images 集合中图像的个数
Item	获取或设置 Images 集合中指定索引处的图像

表 10.12　**Images 集合的常用方法及其说明**

Images 集合的方法	说　明
Add	用来将指定的图像文件加载到控件内。例如,ImageList1. Images. Add(Image. FromFile("H:\C♯程序\a. bmp"))将 H 盘 C♯程序文件夹下的 a. bmp 文件加载到 ImageList1 控件内
RemoveAt	删除 ImageList 控件内的图像文件。例如,ImageListl. Images. Remove(0)用于将图像列表中的第一幅图像删除
Clear	将图像列表中的所有图像全部清除

图 10.31　命令按钮的样式

　　例如,假设一个窗体中有一个 ImageList 控件 imageList1(其 ImageSize 大小设置为(60,40)),其中有 4 幅图像,如图 10.30 所示。在该窗体中放置一个命令按钮 button1(其 FlatStyle 属性设置为 Popup、Text 属性设置为空、ImageList 属性设置为 imageList1、ImageIndex 属性设置为 3,对应 Stone. bmp 图像)。该窗体的执行结果如图 10.31 所示,这样则将一个命令按钮显示成一幅图像,起到界面美观的作用。

10.4　树形视图控件

　　树形视图控件(TreeView)以分级或分层视图的形式显示信息,如同在 Windows 中显示的文件和目录,其图标为 TreeView。

10.4.1　TreetView 控件概述

　　树形视图(TreeView)控件由一些层叠的结点(即 TreeNode 对象)分支构成,每个结点由图像和标签组成。每个 TreeView 都包括一个或多个根结点,根结点下面包括多个子结点,子结点下面还可以再包含子结点,具有子结点的结点可以展开或收缩。对 TreeView 的操作实际上是对结点的操作。单击结点前面的＋或－(如果有子结点),则结点就会展开或收缩。在执行时可以添加和删除结点。

　　图 10.32 所示为 TreeView 控件显示分级数据的示例,其中所有数据分为 3 层,根结点 0 的下一层为结点 1～结点 4,结点 1 的下一层为结点 5 和结点 6,结点 2 的下一层为结点 7 和结点 8。对于具有下一层的结点,结点名前面的＋表示可以单击它展开,结点名前面的－表示其

下一层已展开,可以单击它来收缩。

归纳起来,TreeView 控件中结点的层次结构如下:

当向 TreeView 控件 treeView1 中添加若干结点后,所有结点构成一个层次结构,treeView1. Nodes[0]表示根结点,它处于第一层。treeView1. Nodes[0]. Nodes[0]表示第 2 层的第 1 个结点,treeView1. Nodes[0]. Nodes[1]表示第 2 层的第 2 个结点,依此类推。

treeView1. Nodes[0]. Nodes 表示第 2 层中所有子结点的集合,它们构成第 2 层的结点,所有子结点的索引从 0 开始。

图 10.32 TreeView 控件的示例图

10.4.2 建立 TreeView 控件

在窗体上建立 TreeView 控件的步骤如下:

① 从工具箱中拖动一个 TreeView 控件到窗体,其名称默认为 treeView1。

② 在其属性窗口中选定 Nodes 属性,单击右边的 button 按钮(或者右击,在出现的快捷菜单中选择"编辑结点"命令),出现"TreeNode 编辑器"对话框,如图 10.33 所示。这个对话框用图形化的方式编辑 TreeView 中的结点,其左边就是一个树形视图控件,右边是其属性窗口。

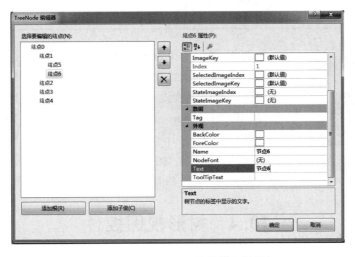

图 10.33 "TreeNode 编辑器"对话框

在"TreeNode 编辑器"对话框中,单击"添加根"按钮将在树形层次结构的最顶层添加一个根结点,单击"添加子级"按钮,则在当前选中的结点下方添加一个子结点,单击 X 按钮,可以删除当前选中的结点。

在属性窗口中还包括两个下拉列表框选项,ImageIndex 属性的下拉列表框用来设置结点的图像,SelectedImageIndex 属性的下拉列表框用来设置选中结点的图像。

③ 当 TreeNode 编辑完毕后,单击"确定"按钮返回,此时窗体中的 TreeView 控件显示设定的数据。

10.4.3 TreeView 控件的属性

TreeView 控件的常用属性及其说明如表 10.13 所示。

表 10.13　TreeView 控件的常用属性及其说明

TreeView 控件的属性	说　明
CheckBoxes	指示是否在结点旁显示复选框
Dock	定义要绑定到容器的控件边框
ImageIndex	结点默认的图像列表索引值
ImageList	从中获取结点图像的 ImageList 控件
Indent	子结点的缩进宽度（以像素为单位）
Nodes	获取 TreeNode 对象的集合，它表示 TreeView 控件中的根结点
SelectedNode	获取或设置当前选定的结点
SelectedImageIndex	选定结点的默认的图像列表索引值
ShowLines	获取或设置一个值，用于指示是否在同级结点和父子结点之间绘制连线
ShowRootLines	获取或设置一个值，用于指示是否在根结点之间显示绘制的连线

10.4.4　TreeView 控件的事件和方法

TreeView 控件的事件有很多，常用的事件及其说明如表 10.14 所示，其常用方法及说明如表 10.15 所示。

表 10.14　TreeView 控件的常用事件及其说明

TreeView 的事件	说　明
SelectedNodeChanged	当选择 TreeView 控件中的结点时引发
TreeNodeCollapsed	当折叠 TreeView 控件中的结点时引发
AfterCollapse	当折叠结点后引发
TreeNodeExpanded	当扩展 TreeView 控件中的结点时引发
AfterExpanded	当扩展结点后引发

表 10.15　TreeView 控件的常用方法及其说明

TreeView 的方法	说　明
CollapseAll	关闭树中的每个结点
ExpandAll	打开树中的每个结点
FindNode	检索 TreeView 控件中指定值路径处的 TreeNode 对象

10.4.5　Nodes 集合和 TreeNode 对象

Nodes 是 TreeView 控件的一个属性，它也是一个结点集合，每个结点就是一个 TreeNode 对象。

1. Nodes 集合的属性和方法

Nodes 集合的常用属性及其说明如表 10.16 所示，其常用方法及说明如表 10.17 所示。

表 10.16　Nodes 集合的常用属性及其说明

Nodes 集合的属性	说　明
Count	集合中总的结点个数
IsReadOnly	指示集合是否只读

表 10.17　Nodes 集合的常用方法及其说明

Nodes 集合的方法	说　明
Add	增加新的结点
Contains	确定指定的结点是否为集合成员
Indexof	返回集合中指定结点的索引
Insert	在指定位置上插入一个结点
Remove	从集合中删除指定的结点
RemoveAt	从集合中删除指定索引处的结点

2. TreeNode 对象的属性和方法

TreeNode 对象的常用属性及其说明如表 10.18 所示，其常用方法及说明如表 10.19 所示。

表 10.18　TreeNode 对象的常用属性及其说明

TreeNode 的属性	说　明
Checked	获取或设置一个值，用于指示 TreeNode 是否处于选中状态
FirstNode	获取 TreeNode 集合中的第一个子 TreeNode
FullPath	设置从根 TreeNode 到当前 TreeNode 的路径
ImageIndex	获取或设置当 TreeNode 处于未选定状态时所显示图像的图像列表索引值
Index	获取 TreeNode 在 TreeNode 集合中的位置
IsEditing	获取一个值，用于指示 TreeNode 是否处于可编辑状态
IsExpanded	获取一个值，用于指示 TreeNode 是否处于可展开状态
IsSelected	获取一个值，用于指示 TreeNode 是否处于选定状态
LastNode	获取最后一个子 TreeNode
Name	获取或设置 TreeNode 的名称
NextNode	获取下一个同级 TreeNode
Nodes	获取分配给当前 TreeNode 的 TreeNode 对象的集合
Parent	获取当前 TreeNode 的父 TreeNode
PrevNode	获取上一个同级 TreeNode
SelectedImageIndex	获取或设置当 TreeNode 处于选定状态时所显示的图像的图像列表索引值
Text	获取或设置在 TreeNode 标签中显示的文本
TreeView	获取 TreeNode 分配到的父树视图

表 10.19　TreeNode 对象的常用方法及其说明

TreeNode 的方法	说　明
Collapse	折叠 TreeNode
Equals	确定两个 Object 实例是否相等
Expand	展开 TreeNode
ExpandAll	展开所有子 TreeNode
GetNodeCount	返回子 TreeNode 的数目
Remove	从树视图控件中移除当前 TreeNode
RemoveAt	从树视图控件中移除指定索引的 TreeNode
Toggle	将 TreeNode 切换为展开或折叠状态

10.4.6 执行时 TreeView 控件的基本操作

1. 添加结点

给 TreeView 添加结点用到的是 Nodes 集合的 Add 方法。首先选定要添加子结点的结点才能应用这个方法,TreeView 中的结点的组织关系是父结点管理子结点的关系,也就是说,子结点组成的集合就是父结点的 Nodes 属性,子结点的 Index 属性是根据其在子结点集合中的位置所决定的,而不是整棵树中结点的位置。根据这个特点,若想找到指定结点需要使用以下格式:

```
treeView1.Nodes[Index1].Nodes[Index2]...
```

而添加结点的方式为:

```
treeView1.Nodes[Index1].Nodes[Index2].Add(要添加子结点的文本)
```

2. 删除结点

同样,在删除一个结点时,要先找到指定结点,然后使用 RemoveAt 或 Remove 方法。例如,要删除第 1 层第 2 个结点的第 3 个子结点,使用如下语句:

```
treeView1.Nodes[1].Nodes.RemoveAt(2)
```

其中,treeView1.Nodes[1].Nodes 表示第 1 层第 2 个结点的所有子结点集合。

3. 查找所选结点的所有子结点

先获取用户在 TreeView 控件中所选的结点,若存在这样的结点,且它存在子结点,则在一个列表框中显示所有子结点的文本,对应的代码如下:

```
TreeNode node = treeView1.SelectedNode;
listBox1.Items.Clear();
if (node == null)
    MessageBox.Show("没有选中任何结点", "信息提示",MessageBoxButtons.OK);
else
{   if (node.Nodes.Count == 0)
        MessageBox.Show("所选结点没有子结点","信息提示",MessageBoxButtons.OK);
    else
        foreach (TreeNode node1 in node.Nodes)
}           listBox1.Items.Add(node1.Text);
```

【例 10.5】 设计一个窗体,用一个 TreeView 控件显示学生系名、年级和班号的分层数据,并在文本框中显示当前结点的所有子结点的功能。

解:在 proj10-1 项目中添加一个窗体 Form6,它的设计界面如图 10.34 所示,将 treeView1 控件的 Dock 属性设置为 Left,在 ImageList 控件 imageList1 中添加"系名"、"年级"和"班号"字样的 3 幅图像(图像为 30×20);另有一个标签 label1、一个列表框 listBox1 和一个命令按钮 button1。

在该窗体上设计如下事件过程:

```
private void Form6_Load(object sender, EventArgs e)
{   treeView1.ImageList = imageList1;        //以下用于产生 treeView1 控件的数据
    treeView1.Indent = 30;
    treeView1.Nodes.Add("计算机系");
```

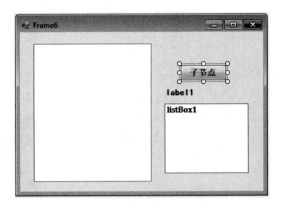

图 10.34　Form6 的设计界面

```
    treeView1.Nodes[0].ImageIndex = 0;
    treeView1.Nodes[0].SelectedImageIndex = 0;
    treeView1.Nodes[0].Nodes.Add("一年级");
    treeView1.Nodes[0].Nodes[0].ImageIndex = 1;
    treeView1.Nodes[0].Nodes[0].SelectedImageIndex = 1;
    treeView1.Nodes[0].Nodes[0].Nodes.Add("0701 班");
    treeView1.Nodes[0].Nodes[0].Nodes[0].ImageIndex = 2;
    treeView1.Nodes[0].Nodes[0].Nodes[0].SelectedImageIndex = 2;
    treeView1.Nodes[0].Nodes[0].Nodes.Add("0702 班");
    treeView1.Nodes[0].Nodes[0].Nodes[1].ImageIndex = 2;
    treeView1.Nodes[0].Nodes[0].Nodes[1].SelectedImageIndex = 2;
    treeView1.Nodes[0].Nodes.Add("二年级");
    treeView1.Nodes[0].Nodes[1].ImageIndex = 1;
    treeView1.Nodes[0].Nodes[1].SelectedImageIndex = 1;
    treeView1.Nodes[0].Nodes[1].Nodes.Add("0601 班");
    treeView1.Nodes[0].Nodes[1].Nodes[0].ImageIndex = 2;
    treeView1.Nodes[0].Nodes[1].Nodes[0].SelectedImageIndex = 2;
    treeView1.Nodes[0].Nodes[1].Nodes.Add("0602 班");
    treeView1.Nodes[0].Nodes[1].Nodes[1].ImageIndex = 2;
    treeView1.Nodes[0].Nodes[1].Nodes[1].SelectedImageIndex = 2;
    treeView1.Nodes.Add("电子工程系");
    treeView1.ExpandAll();                      //展开所有结点
}
private void button1_Click(object sender, EventArgs e)
{   TreeNode node = treeView1.SelectedNode;
    listBox1.Items.Clear();
    if (node == null)
        MessageBox.Show("没有选中任何结点", "信息提示",MessageBoxButtons.OK);
    else
    {   if (node.Nodes.Count == 0)
            MessageBox.Show("所选结点没有任何子结点", "信息提示",
                MessageBoxButtons.OK);
        else
            foreach (TreeNode node1 in node.Nodes)
    }               listBox1.Items.Add(node1.Text);
}
```

执行本窗体,选中"计算机系"结点的"一年级"子结点,单击"子结点"命令按钮,其结果如图 10.35 所示。

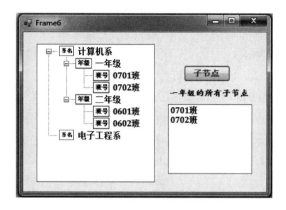

图 10.35　Form6 的执行界面

10.5　列表视图控件

列表视图控件(ListView)与 TreeView 控件类似,都是用来显示信息的,只是 TreeView 控件以树形式显示信息,而 ListView 控件以列表形式显示信息,能够用来制作像 Windows 中的"控制面板"那样的用户界面,其图标为 ![ListView]。

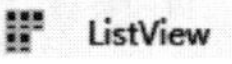

10.5.1　ListView 控件概述

ListView 控件可以以 5 种不同的视图模式显示数据。

- 大图标(LargeIcon,默认值):每一项都显示为一个最大化图标,在它的下面有一个标签,如图 10.36 所示。
- 小图标(SmallIcon):每一项都显示为一个小图标,在它的右边带一个标签,如图 10.37 所示。
- 列表(List):每一项都显示为一个小图标,在它的右边带一个标签。且各项排列在列中,没有列标头。与小图标类似。
- 详细资料(Details):每一项显示在不同的行上,并带有关于列中所排列的各项的进一步信息。最左边的列包含一个小图标和标签,后面的列包含应用程序指定的子项,列显示一个标头,它可以显示列的标题。用户可以在执行时调整各列的大小,如图 10.38 所示。

图 10.36　"大图标"模式

图 10.37　"小图标"模式

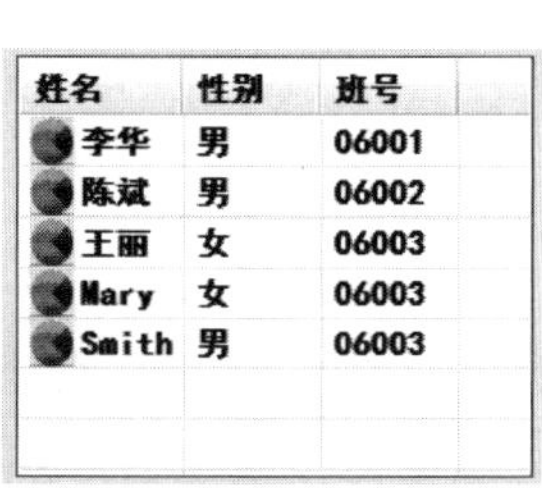

姓名	性别	班号
● 李华	男	06001
● 陈斌	男	06002
● 王丽	女	06003
● Mary	女	06003
● Smith	男	06003

图 10.38　"详细资料"模式

- 完整图标(Tile):每一项都显示为一个完整大小的图标,在它的右边带项标签和子项信息。显示的子项信息由应用程序指定,如图 10.39 所示。

ListView 控件以项（ListItem 对象）的形式显示数据。每一项可以有一个可选的图标与其标签相关联。归纳起来，ListView 控件中项的结构如下：

在一个 ListView 控件 listView1 中可以包含若干个项，由 Items 集合表示，例如，ListView1. Items[index1]表示索引为 index1 的项。每一项可以包括子项，由其 SubItems 集合表示，例如，ListView1. Items[index1]. SubItems 表示该项的子项集合，ListView1. Items[index1]. SubItems[index2]表示该项中索引为 index2 的子项。

图 10.39 "完整图标"模式

在以详细资料模式显示时，还需要有列标题，由 Columns 表示，例如，ListView1. Columns[index]表示索引为 index 的列标题。列标题一般要和项对应。

10.5.2 建立 ListView 控件

在窗体上建立 ListView 控件的步骤如下：

① 从工具箱中拖动一个 ListView 控件到窗体，其名称默认为 listView1。

② 为了在 ListView 中显示图标，需要使用 imageList 控件。一般情况下，窗体需有两个 ImageList 控件，一个用来存放大图标，另一个用来存放小图标。这里只考虑大图标，所以只使用一个 ImageList 控件 imageList1，在其中添加一幅图像，把 imageSize 属性设置为 30，30。

③ 在 listView1 的属性窗口中将 LargeImagelist 属性设置为 imageList1，Font 属性改为黑体 5 号并加粗，CheckBoxes 属性改为 true，View 属性默认为 LargeIcon。

④ 在 listView1 控件的属性窗口中选定 Items 属性，单击右边的 ⋯ 按钮，出现"ListViewItem 集合编辑器"对话框，如图 10.40 所示。这个对话框用图形化的方式编辑 ListView 中的项目，其左边就是一个列表视图控件，右边是其属性窗口。

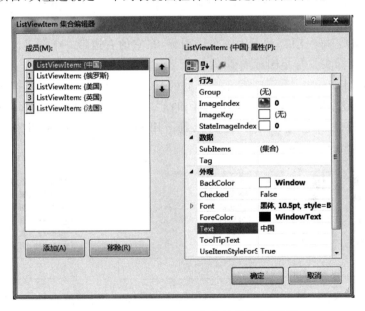

图 10.40 "ListViewItem 集合编辑器"对话框

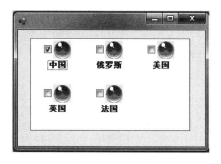

图 10.41　ListView 控件

在"ListViewItem 集合编辑器"对话框中单击"添加"按钮即添加一个项目,通过右边的属性窗口设置各项的属性,这里设置了各项的"字体"、"颜色"、"图标"等。单击"移除"按钮,可以删除当前选中的项。

对于每一项,还可以添加子项,单击"ListViewItem 集合编辑器"对话框中 SubItems 属性右边的 ⬚ 按钮,将打开"ListViewItem 集合编辑器"对话框,由此为每一项添加子项。

⑤ 当编辑完毕后,单击"确定"按钮返回,此时窗体中 ListView 控件显示设定的数据,其结果如图 10.41 所示。

10.5.3　ListView 控件的属性

ListView 控件的常用属性及其说明如表 10.20 所示。

表 10.20　ListView 控件的常用属性及其说明

ListView 控件的属性	说　　明
Alignment	获取或设置控件中项的对齐方式
CheckBoxes	获取或设置一个值,该值指示控件中各项的旁边是否显示复选框
Columns	获取控件中显示的所有列标头的集合
Dock	获取或设置哪些控件边框停靠到其父控件,并确定控件如何随其父级一起调整大小
FullRowSelect	获取或设置一个值,该值指示单击某项是否选择其所有子项
GridLines	获取或设置一个值,该值指示在包含控件中行和列之间是否显示网格线
Items	获取包含控件中所有项的集合
LargeImageList	获取或设置当项以大图标在控件中显示时使用的 ImageList
MultiSelect	获取或设置一个值,该值指示是否可以选择多个项
SelectedItems	获取在控件中选定的项
SmallImageList	获取或设置 ImageList,当项在控件中显示为小图标时使用
Sorting	获取或设置控件中项的排列顺序
View	获取或设置项在控件中的显示方式,其可取值为前面介绍的 5 种显示模式值

10.5.4　ListView 控件的事件和方法

ListView 控件的事件有很多,常用的事件及其说明如表 10.21 所示,其常用方法及说明如表 10.22 所示。

表 10.21　ListView 控件的常用事件及其说明

ListView 控件的事件	说　　明
Click	在单击控件时发生
ColumnClick	当用户在列表视图控件中单击列标头时发生
ItemActivate	当激活项时发生
ItemChecked	当某项的选中状态更改时发生
ItemSelectionChanged	当项的选定状态更改时发生

表 10.22　ListView 控件的常用方法及其说明

ListView 控件的方法	说　明
Clear	从控件中移除所有项和列
Contains	检索一个值，该值指示指定控件是否为一个控件的子控件
Sort	对列表视图的项进行排序

10.5.5　Items 集合和 ListViewItem 对象

Items 是 ListView 控件的一个属性，它也是一个项集合。每个项就是一个 ListViewItem 对象。

1. Items 集合的属性和方法

Items 集合的常用属性及其说明如表 10.23 所示，其常用方法及说明如表 10.24 所示。

表 10.23　Items 集合的常用属性及其说明

Items 集合的属性	说　明
Count	集合中总的项个数
IsReadOnly	指定该集合是否为只读的

表 10.24　Items 集合的常用方法及其说明

Items 集合的方法	说　明
Add	增加新的项
Contains	确定指定的项是否为集合成员
Indexof	返回集合中指定项的索引
Insert	在指定位置插入一个项
Remove	从集合中删除指定的项
RemoveAt	从集合中删除指定索引处的项

2. ListViewItem 对象的属性和方法

ListViewItem 对象的常用属性及其说明如表 10.25 所示，其常用方法及说明如表 10.26 所示。

表 10.25　ListViewItem 对象的常用事件及其说明

ListViewItem 的属性	说　明
Checked	获取或设置一个值，用于指示一个 ListViewItem 是否处于选中状态
ImageList	获取 ImageList，它包含与该项一起显示的图像
ImageIndex	获取或设置为该项显示的图像的索引
Index	获取 ListView 控件中该项的从零开始的索引
ListView	获取包含该项的 ListView 控件
Selected	获取或设置一个值，该值指示是否选定此项
SubItems	获取包含该项的所有子项的集合
Name	获取或设置与此 ListViewItem 关联的名称
Text	获取或设置该项的文本

表 10.26 **ListViewItem** 对象的常用方法及其说明

ListViewItem 的方法	说　明
Remove	从关联的 ListView 控件中移除该项
GetSubItemAt	返回位于指定坐标位置的 ListViewItem 的子项
FindNearestItem	从 ListViewItem 查找下一项,按指定的方向搜索

10.5.6 Columns 集合和 ColumnHeader 对象

Columns 是 ListView 控件的一个属性(其使用方式如 listView1.Columns),也是一个集合,该集合包含 ListView 控件中显示的列标头(即 ColumnHeader 对象,如 listView1.Columns[index]表示列集合中索引为 index 的列标头)。列标头定义当 View 属性设置为 Details 时显示在 ListView 控件中的列,各列用于显示 ListView 中的各项的子项信息。

1. Columns 集合的属性和方法

Columns 集合的常用属性及其说明如表 10.27 所示,其常用方法及说明如表 10.28 所示。

表 10.27 **Columns** 集合的常用属性及其说明

Columns 集合的属性	说　明
Count	集合中总的列标题个数
IsReadOnly	指定该集合是否为只读的

表 10.28 **Columns** 集合的常用方法及其说明

Columns 集合的方法	说　明
Add	增加新的列标题
Contains	确定指定的列标题是否为集合成员
Indexof	返回集合中指定列标题的索引
Insert	在指定位置插入一个列标题
Remove	从集合中删除指定的列标题
RemoveAt	从集合中删除指定索引处的列标题

2. ColumnHeader 对象的属性和方法

ColumnHeader 对象的常用属性及其说明如表 10.29 所示,其方法较少使用。例如:

```
h1 = new ColumnHeader();                    //定义列标头对象 h1
h2 = new ColumnHeader();                    //定义列标头对象 h1
h1.Text = "File name";                      //指定 h1 的 Text 属性
h1.TextAlign = HorizontalAlignment.Left;    //指定 h1 的 TextAlign 属性
h1.Width = 70;                              //指定 h1 的 Width 属性
h2.TextAlign = HorizontalAlignment.Left;    //指定 h2 的 TextAlign 属性
h2.Text = "Location";                       //指定 h2 的 Text 属性
h2.Width = 200;                             //指定 h2 的 Width 属性
listView1.Columns.Add(h1);                  //将 h1 添加到 listView1 中
listView1.Columns.Add(h2);                  //将 h2 添加到 listView1 中
listView1.Columns[0].Text = "Name";         //将第一个列的标题改为"Name"
```

表 10.29 ColumnHeader 对象的常用事件及其说明

ColumnHeader 的属性	说　　明
ImageList	获取 ImageList,它包含与该列标题关联的图像
ImageIndex	获取或设置为该列标题显示的图像的索引
Index	获取 ListView 控件中该列标题的从零开始的索引
ListView	获取列标题所位于的 ListView 控件
Name	获取或设置 ColumnHeader 的名称
Text	获取或设置该项的文本
TextAlign	获取或设置 ColumnHeader 中所显示文本的水平对齐方式

10.5.7　执行时 ListView 控件的基本操作

1. 添加项和子项

给 ListView1 添加项用到的是 Items 集合的 Add 方法。例如:

```
itemx = ListView1.Items.Add("李华", 0)
```

就是添加第一个项,其中 0 为对应的图标的索引。在添加一个项后,可以为它添加子项,例如:

```
itemx.SubItems.Add("男")
```

就是添加一个子项目。

2. 删除项和子项

同样,删除一个项时,先要找到指定项点,然后使用 RemoveAt 或 Remove 方法。例如:

```
ListView1.Items.RemoveAt[0]
```

就是删除第 1 个项。同样也可以删除子项,例如:

```
ListView1.Items[0].SubItems.RemoveAt[0]
```

就是删除第 1 个项的第 1 个子项。

3. 删除列标题

删除列标题使用 Columns 集合的 RemoveAt 或 Remove 方法,例如:

```
ListView1.Columns.RemoveAt[0]
```

就是删除第 1 个列标题。

【例 10.6】 设计一个窗体,实现图 10.42 所示的功能。

图 10.42　Form7 的设计界面

解：在 proj10-1 项目中添加一个窗体 Form7，在该窗体中添加一个 ListView 控件 listView1、两个 ImageList 控件（imageList1 和 imageList2）、一个含有 5 个单选按钮（名称从上到下分别为 radioButton1～radioButton5）的分组框 groupBox1，其界面如图 10.42 所示。在 imageList1 和 imageList2 中分别插入一幅图像，它们的高度和宽度不同，前者为 30×30，后者为 20×20。

在该窗体上设计如下事件过程：

```
private void Form7_Load(object sender, EventArgs e)
{   ListViewItem itemx = new ListViewItem();
    listView1.View = View.LargeIcon;
    listView1.LargeImageList = imageList1;
    listView1.SmallImageList = imageList2;
    listView1.GridLines = true;
    listView1.Columns.Add("姓名", 70, HorizontalAlignment.Left);    //添加第 1 个列
    listView1.Columns.Add("性别", 60, HorizontalAlignment.Left);    //添加第 2 个列
    listView1.Columns.Add("班号", 60, HorizontalAlignment.Left);    //添加第 3 个列
    itemx = listView1.Items.Add("李华", 0);     //添加第 1 个 ListItem 对象
    itemx.SubItems.Add("男");                   //添加一个子项目
    itemx.SubItems.Add("06001");                //添加一个子项目
    itemx = listView1.Items.Add("陈斌", 0);     //添加第 2 个 ListItem 对象
    itemx.SubItems.Add("男");                   //添加一个子项目
    itemx.SubItems.Add("06002");                //添加一个子项目
    itemx = listView1.Items.Add("王丽", 0);     //添加第 3 个 ListItem 对象
    itemx.SubItems.Add("女");                   //添加一个子项目
    itemx.SubItems.Add("06003");                //添加一个子项目
    radioButton1.Checked = true;
    itemx = listView1.Items.Add("Mary", 0);     //添加第 4 个 ListItem 对象
    itemx.SubItems.Add("女");                   //添加一个子项目
    itemx.SubItems.Add("06003");                //添加一个子项目
    radioButton1.Checked = true;
    itemx = listView1.Items.Add("Smith", 0);    //添加第 5 个 ListItem 对象
    itemx.SubItems.Add("男");                   //添加一个子项目
    itemx.SubItems.Add("06003");                //添加一个子项目
    radioButton1.Checked = true;
}
private void radioButton1_CheckedChanged(object sender, EventArgs e)
{   listView1.View = View.LargeIcon; }
private void radioButton2_CheckedChanged(object sender, EventArgs e)
{   listView1.View = View.SmallIcon; }
private void radioButton3_CheckedChanged(object sender, EventArgs e)
{   listView1.View = View.List; }
private void radioButton4_CheckedChanged(object sender, EventArgs e)
{   listView1.View = View.Details; }
private void radioButton5_CheckedChanged(object sender, EventArgs e)
{   listView1.View = View.Tile; }
```

10.6　工具栏控件

工具栏控件（ToolStrip）以其直观、快捷的特点出现在各种应用程序中，例如 Visual Studio.NET 系统集成界面中就提供了工具栏，这样不必再一级级的菜单去搜寻需要的命令，给用户操作带来了方便。在应用程序中用户也可以设计自己的工具栏，工具栏控件的图标为 ToolStrip 。

一个 ToolStrip 控件可以包含若干个项，每个项是一个 ToolStripItem 对象，该对象可以进一步分为按钮（ToolStripButton 对象）、标签（ToolStripLabel 对象）、文本框（ToolStripTextBox 对象）、组合框（ToolStripComboBox 对象）、分隔条（ToolStripSeparator 对象）等。通过单击各个项可以执行相应的操作。一般情况下，工具栏中的每个项都有相应的菜单命令与之对应。

10.6.1 建立 ToolStrip 控件

在 Form8 窗体上建立 ToolStrip 控件的步骤如下：

① 从工具箱中拖动一个 ToolStrip 控件到窗体，其名称默认为 toolStrip1。

② 为了在 ToolStrip 中显示图标，需要使用 ImageList 控件。如果没有 ImageList 控件，ToolStrip 使用默认的图标。

③ 在 ToolStrip1 的属性窗口中选定 Items 属性，单击右边的 ⊡ 按钮，出现"项集合编辑器"对话框，如图 10.43 所示。这个对话框用图形化的方式编辑 ToolStrip1 中的项，其左边就是一个项添加器，右边是其属性窗口。

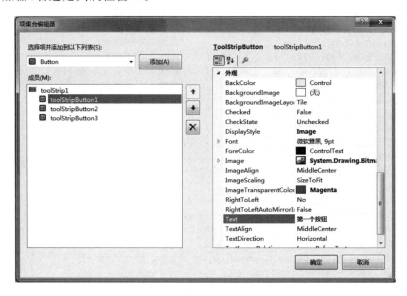

图 10.43 "项集合编辑器"对话框

在"项集合编辑器"对话框中单击"添加"按钮即添加一个项目，通过右边的属性窗口设置各项的属性，这里设置了各项的"字体"、"颜色"、"图"标等。单击 ⊠ 按钮，可以删除当前选中的项。

实际上，在窗体中添加一个 ToolStrip1 控件后，可以利用其中的 ⊡⊡ 按钮添加各项，其功能与使用"项集合编辑器"对话框相似。

④ 在添加 3 个按钮后，单击"确定"按钮返回，此时窗体中的 toolStrip1 控件显示设定的数据，其结果如图 10.44 所示。

图 10.44 toolStrip1 控件

10.6.2 ToolStrip 控件的属性

ToolStrip 控件的常用属性及其说明如表 10.30 所示。

表 10.30 ToolStrip 控件的常用属性及其说明

ToolStrip 控件的属性	说　明
AutoSize	获取或设置一个值,该值指示是否自动调整控件的大小以完整显示其内容
ImageList	获取或设置包含 ToolStrip 项上显示的图像的图像列表
Items	ToolStrip 控件中包含的项集合
ShowItemToolTips	获取或设置一个值,该值指示是否要在 ToolStrip 项上显示工具提示
Text	获取或设置与此控件关联的文本
Visible	获取或设置一个值,该值指示是否显示该控件
Width	获取或设置控件的宽度

10.6.3　Items 集合和 ToolStripButton 对象

Items 是 ToolStrip 控件的一个属性,它也是一个项集合,每个项就是一个 ToolStripButton 对象。

1. Items 集合的属性和方法

Items 集合的常用属性及其说明如表 10.31 所示,其常用方法及说明如表 10.32 所示。

表 10.31 Items 集合的常用属性及其说明

Items 集合的属性	说　明
Count	集合中总的项个数
IsReadOnly	指定该集合是否为只读的

表 10.32 Items 集合的常用方法及其说明

Items 集合的方法	说　明
Add	增加新的项
Contains	确定指定的项是否为集合成员
Indexof	返回集合中指定项的索引
Insert	在指定位置插入一项
Remove	从集合中删除指定的项
RemoveAt	从集合中删除指定索引处的项

2. ToolStripButton 对象的属性和事件

在 ToolStrip 中最常见是添加按钮,即 ToolStripButton 对象,它的常用属性及其说明如表 10.33 所示,其方法很少使用,其事件主要有 Click 事件。

表 10.33 ToolStripButton 对象的常用属性及其说明

ToolStripButton 的属性	说　明
BackColor	获取或设置项的背景色
CanSelect	获取一个值,该值指示 ToolStripButton 是否可选
Checked	获取或设置一个值,该值指示是否已按下 ToolStripButton
Enabled	获取或设置一个值,该值指示是否启用了 ToolStripItem 的父控件
Font	获取或设置由该项显示的文本的字体
ForeColor	获取或设置项的前景色
Height	获取或设置 ToolStripItem 的高度(以像素为单位)

ToolStripButton 的属性	说　明
ImageIndex	获取或设置显示在 ToolStripItem 上的图像的索引
ImageAlign	获取或设置 ToolStripItem 上的图像的对齐方式
TextAlign	获取或设置 ToolStripLabel 上的文本的对齐方式
TextImageRelation	获取或设置文本和图标之间的关系
ToolTipText	获取或设置作为控件的 ToolTip 显示的文本
Visible	获取或设置一个值,该值指示是否显示该项
Width	获取或设置 ToolStripItem 的宽度(以像素为单位)

10.7　状态栏控件

状态栏控件(StatusStrip)和菜单、工具栏一样是 Windows 应用程序的一个特征,它通常位于窗体的底部,应用程序可以在该区域中显示提示信息或应用程序的当前状态等各种状态信息。状态栏控件的图标为 StatusStrip 。

一个 StatusStrip 控件可以包含若干个项,每个项是一个 ToolStripItem 对象,该对象可以进一步分为状态标签(ToolStripStatusLabel 对象)、进度条(ToolStripProgressBar 对象)、下拉按钮 1(ToolStripDropDown 对象)或下拉按钮 2(ToolStripSplitButton 对象)等。

10.7.1　建立 StatusStrip 控件

在前面的 Form8 窗体上建立 StatusStrip 控件的步骤如下:

① 从工具箱中拖动一个 StatusStrip 控件到窗体,其名称默认为 statusStrip1。

② 在 StatusStrip1 的属性窗口中选定 Items 属性,单击右边的 按钮,出现"项集合编辑器"对话框,如图 10.45 所示。这个对话框用图形化的方式编辑 StatusStrip1 中的项,其左边就是一个项添加器,右边是其属性窗口。

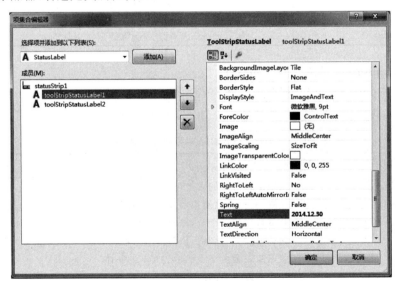

图 10.45　"项集合编辑器"对话框

图 10.46 StatusStrip 控件

在"项集合编辑器"对话框中单击"添加"按钮即添加一项,通过右边的属性窗口设置各项的属性,这里设置了各项的字体、颜色、图标等。单击  按钮,可以删除当前选中的项。

③ 当添加两个状态标签后,单击"确定"按钮返回,此时窗体中的 statusStrip1 控件显示设定的数据,其结果如图 10.46 所示。

10.7.2 StautsStrip 控件的属性

StatusStrip 控件的常用属性及其说明如表 10.34 所示。

表 10.34 StatusStrip 控件的常用属性及其说明

StatusStrip 控件的属性	说 明
AutoSize	获取或设置一个值,该值指示是否自动调整控件的大小以完整显示其内容
BackColor	获取或设置 ToolStrip 的背景色
Backgroundlmage	获取或设置在控件中显示的背景图像
Font	获取或设置用于在控件中显示文本的字体
ForeColor	获取或设置 ToolStrip 的前景色
Height	获取或设置控件的高度
Items	StatusStrip 控件中包含的项集合
Name	获取或设置控件的名称
Size	获取或设置控件的高度和宽度
Text	获取或设置与此控件关联的文本
Visible	获取或设置一个值,该值指示是否显示该控件
Width	获取或设置控件的宽度

当向 StatusStrip 控件中添加项后,每个项都有自己的属性和事件,设计各项事件的方法与 ToolStrip 控件的类似,这里不再介绍。

练 习 题 10

1. 单项选择题

(1) 用鼠标右击一个控件时出现的菜单一般称为_____。

    A. 主菜单   B. 菜单项   C. 快捷菜单   D. 子菜单

(2) 为菜单添加快捷键的属性是_____。

    A. ShortcutKeys   B. keys

    C. MenuKeys   D. MenuShortcutKeys

(3) 变量 openFileDialog1 引用一个 OpenFileDialog 对象,为检查用户在退出对话框时是否单击了"确定"按钮,应检查 openFileDialog1.ShowDialog()的返回值是否等于_____。

    A. DialogResult. OK   B. DialogResult. Yes

    C. DialogResult. No   D. DialogResult. Cancel

(4) 展开一个 TreeView 控件中的所有结点使用_____方法。

    A. CollapseAll   B. ExpandAll   C. FindNode   D. Indent

(5) 列表视图 ListView 的 View 属性的默认值为_____。

A. 大图标 LargeIcon
B. 小图标 SmallIcon
C. 详细资料 Details
D. 列表 List

2. 问答题

(1) 简述菜单的基本结构。

(2) 简述打开文件对话框和保存文件对话框的作用。

(3) 简述图像列表框 ImageList 的作用。

3. 编程题

创建 Windows 窗体应用程序项目 exci10,添加一个窗体 Form1,其中有一个下拉式菜单,包含的菜单项如下:

字体(menu1)
....宋体(menu11)
....仿宋(menu12)
..... -
....黑体(menu13)
....幼圆(menu14)
....楷体(menu15)
大小(menu2)
....28(menu21)
....20(menu22)
.... -
....16(menu23)
....12(menu24)
....8(menu25)

图 10.47　编程题窗体的执行界面

当用户单击菜单项时,改变窗体中一个标签的字体和大小,如图 10.47 所示。

4. 上机实验题

创建 experment10 项目,设计一个窗体 Form1,其中包含一个 TreeView 控件 treeView1 和一个 ListView 控件 listView1,单击 treeView1 控件中的某结点时,在 listView1 控件中显示所有子结点,并通过弹出式菜单选择 listView1 控件的大图标、小图标、列表和完整图标 4 种视图显示模式。

例如,在 treeView1 控件中单击"鱼类"结点,其结果如图 10.48 所示,右击会出现如图 10.49 所示的弹出式菜单,从中选择一项,则 listView1 控件以该模式显示其中的各项。

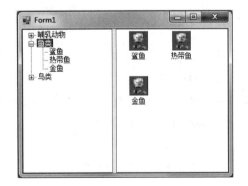

图 10.48　上机实验题窗体的执行界面一

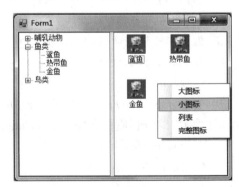

图 10.49　上机实验题窗体的执行界面二

第 11 章

图形设计

C♯提供了非常灵活的图形功能,通过相关类提供的方法可以绘制各种复杂的图形,还可以控制图形的位置、颜色和样式等。本章介绍 C♯图形设计的基本方法。

本章学习要点:

☑ 掌握 C♯中绘制图形的基本过程。

☑ 掌握 C♯中各种绘图工具(如 Pen、Brush 等)的创建方法。

☑ 掌握 C♯中绘制文字的方法。

☑ 使用 C♯中的绘图方法设计较复杂的图形应用程序。

11.1 绘 图 概 述

.NET Framework 为操作图形提供了 GDI+应用程序编程接口(API),通过这个接口可以绘制复杂的图形。

11.1.1 绘图的基本知识

在开始绘图之前,用户需要了解以下几点。

(1) 像素

计算机屏幕由成千上万个微小的点组成,这些点称为"像素",程序通过定义每个像素的颜色来控制屏幕显示的内容。当然,大部分工作已经由定义窗体和控件的代码完成了。

(2) 坐标系

将窗体看作一块可以在上面绘制(或绘画)的画布,窗体也有尺寸。真正的画布用英寸或厘米来度量,而窗体用像素来度量。"坐标"系统决定了每个像素的位置,其中 X 轴坐标度量从左到右的尺寸,Y 轴坐标度量从上到下的尺寸,如图 11.1 所示。

坐标从窗体的左上角开始计算,因此,如果要绘制一个距离左边 10 个像素且距离顶部 10 个像素的单点,则应将 X 轴和 Y 轴坐标分别表示为 10,10。

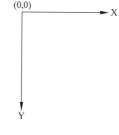

图 11.1 坐标系

像素也可用来表示图形的宽度和高度。若要定义一个长和宽均为 100 个像素的正方形,并且此正方形的左上角离左边和顶部的距离均为 10 个像素,则应将坐标表示为(10,10,100,100)。

计算机的屏幕分辨率决定了屏幕所能显示的像素的数量。例如,将屏幕分辨率设置为 1024×768 时,可以显示 786 432 个像素,比将屏幕分辨率设置为 800×600 时要多。分辨率确定后,每个像素在屏幕上的位置就确定了。

（3）Paint 事件

这种在屏幕上进行绘制的操作称为"绘画"。窗体和控件都有一个 Paint 事件,每当需要重新绘制窗体和控件(例如,首次显示窗体或窗体由另一个窗口覆盖)时就会发生该事件。用户所编写的用于显示图形的任何代码通常都包含在 Paint 事件处理程序中。

（4）颜色

颜色是绘图功能中非常重要的一部分,在 C♯中颜色用 Color 结构和 Color 列举来表示。在 Color 结构中颜色由 4 个整数值 Red、Green、Blue 和 Alpha 表示。其中 Red、Green 和 Blue 可简写成 R、G、B,表示颜色的红、绿、蓝三原色;Alpha 表示不透明度。

用户可以通过 Color 类的 FromArgb 方法来设置和获取颜色。使用 FromArgb 方法的语法格式如下:

```
Color.FromArgb([A,]R,G,B)
```

其中,A 为透明参数,其值为 0～255,数值越小越透明,0 表示全透明,255 表示完全不透明(默认值)。R,G,B 为颜色参数,不可默认,范围在 0～255 之间,如(255,0,0)为红色、(0,255,0)为绿色、(255,0,255)为紫色。

在绘制图形时,可以直接使用系统自定义的颜色,这些被定义的颜色均用英文命名,有140 多个,常用的有 Red、Green、Blue、Yellow、Brown、White、Gold、Tomato、Pink、SkyBule 和Orange 等。其使用语法如下:

```
Color.颜色名称
```

例如,以下两个语句都是将文本框 textBox1 的背景颜色设置为红色,前者直接使用系统颜色,后者使用 FromArgb 方法来设置颜色,但作用完全相同:

```
textBox1.BackColor = Color.Red;
textBox1.BackColor = Color.FromArgb(255, 0, 0);
```

11.1.2　什么是 GDI＋

GDI＋是 Windows 的 Graphics Device Interface(图形设备接口)。GDI＋是一个 2D(二维)图形库,通过它可以创建图形、绘制文本以及将图形图像作为对象来操作。

使用 GDI＋,程序员可以编写与设备无关的应用程序,使程序开发人员不必考虑不同显卡之间的区别,其作用如图 11.2 所示。

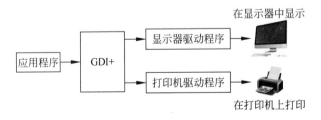

图 11.2　GDI＋在图形应用程序设计中的作用

GDI＋由.NET 类库中 System.Drawing 命名空间下的很多类组成,这些类包括在窗体上绘图必需的功能,可以在屏幕上完成对文本和位图的绘制,也可以控制字体、颜色、线条粗细、阴影、方向等因素,并把这些操作发送到显卡上,确保在显示器上正确输出。表 11.1 列出了一些最常用的 GDI＋类和结构。

表 11.1　常用的 GDI＋类和结构

类/结构	说　　明
System. Drawing. Bitmap	封装 GDI＋位图，该位图由图形图像及其属性的像素数据组成。Bitmap 是一个用于处理由像素数据定义的图像
System. Drawing. Brushes	定义所有标准颜色对应的画笔
System. Drawing. Color	表示一种 ARGB 颜色
System. Drawing. Font	定义文本的特定格式，包括字体、字号和样式属性
System. Drawing. Pen	定义用于绘制直线和曲线的对象
System. Drawing. Pens	定义所有标准颜色对应的钢笔
System. Drawing. Point	提供有序的 X 坐标和 Y 坐标整数对，该坐标对在二维平面中定义一个点
System. Drawing. Rectangle	存储一组表示矩形的位置和大小的 4 个整数
System. Drawing. SolidBrush	定义单个颜色所对应的画笔。画笔用于填充图形形状，如矩形、椭圆、扇形、多边形和轨迹
System. Drawing. TextureBrush	TextureBrush 类的每个属性都是一个使用图像填充形状内部的 Brush 对象

11.1.3　Graphics 类

Graphics 类封装一个 GDI＋绘图图面，无法继承此类。该类提供了对象绘制到显示设备的方法，且与特定的设备上下文关联。也就是说，Graphics 类是 GDI＋的核心类，它包含许多绘制操作方法和图像操作方法，所有的 C♯图形绘制都是通过它提供的方法进行的。例如，DrawLine 方法就是绘制一条连接由坐标对指定的两个点的线条。

11.2　绘图的基本步骤

在窗体上绘图的基本步骤如下。

1. 创建 Graphics 对象

在绘图之前，必须在指定的窗体上创建一个 Graphics 对象，即建立一块画布，只有创建了 Graphics 对象，才可以调用 Graphics 类的方法画图。但是，不能直接建立 Graphics 类的对象，例如，以下语句是错误的：

```
Graphics 对象名 = new Graphics();
```

这是因为 Graphics 类没有提供构造函数，它只能由可以给自己设置 System. Drawing. Graphics 类的对象来操作。一般情况下，建立 Graphics 类的对象有以下两种方法：

（1）调用窗体的 CreateGraphics 方法来建立 Graphics 对象

通过当前窗体的 CreateGraphics 方法把当前窗体的画笔、字体和颜色作为默认值，获取对 Grpahics 对象的引用。例如，在窗体 Form1 的 Paint 事件（该事件是在绘制窗体时发生）中编写如下代码：

```
private void Form1_Paint(object sender, PaintEventArgs e)
{   Graphics gobj = this.CreateGraphics();
    //调用 gobj 的方法画图
}
```

（2）在窗体的 Paint 事件处理过程中建立 Graphics 对象

在窗体的 Paint 事件处理过程中通过 Graphics 属性获取 Graphics 对象。例如，在窗体 Form1 的 Paint 事件中编写如下代码：

```
private void Form1_Paint(object sender, PaintEventArgs e)
{    Graphics gobj = e.Graphics;
     //调用 gobj 的方法画图
}
```

2. 创建绘图工具

Graphics 对象在创建后，可用于绘制线条和形状、呈现文本或显示、操作图像。与 Graphics 对象一起使用的主要对象有以下几类。

（1）Pen 类

Pen 类用于绘制线条、勾勒形状轮廓或呈现其他几何表示形式。根据需要可对画笔的属性进行设置，例如 Pen 的 Color 属性，可以设置画笔的颜色，DashStyle 属性可设置 Pen 的线条样式。

（2）Brush 类

Brush 类用于填充图形区域，如实心形状、图像或文本。创建画刷有多种方式，可以创建 SolidBrush、HatchBrush、TextureBrush 等。

（3）Font 类

Font 类提供在呈现文本时要使用什么形状的说明。在输出文本之前，先指定文本的字体。通过 Font 类可以定义特定的文本格式，包括字体、字号和字形属性。

（4）Color 结构

Color 结构表示要显示的不同颜色。颜色是绘图必要的因素，在绘图前需要先定义颜色，可以使用 Color 结构中自定义的颜色，也可以通过 FromArgb 方法来创建 RGB 颜色。

3. 使用 Graphics 类提供的方法绘图

使用 Graphics 类提供的绘图方法可以绘制空心图形、填充图形和文本等。

- 绘制空心图形的方法：DrawArc、DrawBezier、DrawEllipse、DrawImage、DrawLine、DrawPolygon 和 DrawRectangle 等。
- 绘制填充图形的方法：FillClosedCurve、FillEllipse、FillPath、FillPolygon 和 FillRectangle 等。
- 绘制文字的方法：Drawstring。

另外，还可以进行图形变换，包括图形的平移、旋转、缩放，以及对图片进行一些特殊效果的制作。

4. 清理 Graphics 对象

当在 Graphics 对象上绘图完成后，有时需要重新绘制新的图形，这时需要清理画布对象。其使用方法如下：

```
画布对象.Clear(颜色);
```

其功能是将画布对象的内容清理成指定的颜色。例如，以下语句将画布对象 gobj 清理为白色：

```
gobj.Clear(Color.White);
```

5. 释放资源

对于在程序中创建的 Graphics、Pen、Brush 等资源对象,当不再使用时应尽快释放,调用该对象的 Dispose 方法即可。如果不调用 Dispose 方法,则系统将自动收回这些资源,但释放资源的时间会滞后。

【例 11.1】 设计一个窗体,画出 4 条线构成一个矩形。

解: 新建项目 proj11-1(存放在"D:\C♯程序\ch11"文件夹中),向其中添加窗体 Form1,不放置任何控件,在其上设计如下事件过程。

```
private void Form1_Paint(object sender, PaintEventArgs e)
{   Graphics gobj = this.CreateGraphics();
    int x, y, w, h;
    x = 10; y = 10; w = 150; h = 100;
    gobj.DrawLine(Pens.Blue, x, y, x + w, y);
    gobj.DrawLine(Pens.Blue, x, y, x, y + h);
    gobj.DrawLine(Pens.Blue, x + w, y, x + w, y + h);
    gobj.DrawLine(Pens.Blue, x, y + h, x + w, y + h);
}
```

图 11.3 Form1 的执行界面

在上述代码中,Paint 事件处理过程通过画 4 条直线构成一个左上角为(x,y)、长为 h、宽为 w 的矩形,每条线直接使用 DrawLine 方法绘制。

执行本窗体,其结果如图 11.3 所示。

11.3 绘 制 图 形

前面介绍过,绘制图形是使用 Graphics 对象的方法实现的。根据图形的形状可分为直线、矩形、多边形、圆和椭圆、弧线、饼形、闭合曲线、非闭合曲线、贝济埃曲线等,又根据是否填充分为空心图形和填充图形。

11.3.1 绘制直线

直线不分空心图形和填充图形。绘制直线需要创建 Graphics 对象和 Pen 对象,Graphics 对象提供绘制直线的 DrawLine 方法。其常用语法格式如下:

```
Graphics.DrawLine(Pen,起点坐标,终点坐标);
```

绘制直线时需指明直线的起点坐标(即起点列、行坐标)和终点坐标(即终点列、行坐标)。Pen 是画笔对象,用于指定画线的颜色等。在后面将介绍 Pen 对象,本节凡是出现 Pen 参数的地方只需简单地使用 Pens.Red(画笔为红色)、Pens.Blue(画笔为蓝色)等颜色。

例如,例 11.1 就是使用 DrawLine 方法用蓝色画笔绘制 4 条直线。

11.3.2 绘制矩形

矩形有空心图形和填充图形之分。

1. 绘制空心矩形

Graphics 对象提供绘制空心矩形的 DrawRectangle 或 DrawRectangles 方法,常用语法格式如下:

```
Graphics.DrawRectangle(Pen, Rectangle);
Graphics.DrawRectangles(Pen, Rectangle[]);
```

其中，DrawPolygon 方法绘制由一个 Rectangle 结构定义的多边形，而 DrawRectangles 方法绘制一系列由 Rectangle 结构指定的矩形。

Rectangle 是 System.Drawing 命名空间中的一个结构类型，用于存储一组整数，共 4 个，分别表示一个矩形的位置和大小，即左上角顶点坐标、矩形的宽和高。凡是出现 Rectangle 参数的地方也可以直接给出矩形的左上角顶点坐标、宽和高这 4 个数据。

2. 绘制填充矩形

绘制填充矩形使用 FillRectangle 或 FillRectangles，常用语法格式如下：

```
Graphics.FillRectangle(Brush, Rectangle);
Graphics.FillRectangles(Brush, Rectangle[]);
```

其中，FillRectangle 方法填充由 Rectangle 指定的矩形的内部。FillRectangles 方法填充由 Rectangle 结构指定的一组矩形的内部。

Brush 是画刷对象，用于指定填充图形的内部颜色等，在后面将介绍 Brush 对象，本节凡是出现 Brush 参数的地方只需使用 Brushes.Red（画刷为红色）、Brushes.Blue（画刷为蓝色）等颜色。

【例 11.2】 设计一个窗体，说明矩形方法的使用。

解：在 proj11-1 项目中添加窗体 Form2，不放置任何控件，在其上设计如下事件过程。

```
private void Form2_Paint(object sender, PaintEventArgs e)
{   Graphics gobj = this.CreateGraphics();
    Rectangle rec1 = new Rectangle(20, 20, 50, 50);   //定义一个矩形 rec1
    Rectangle rec2 = new Rectangle(80, 20, 80, 100); //定义一个矩形 rec2
    gobj.DrawRectangle(Pens.Blue, rec1);   //绘制一个空心矩形
    gobj.FillRectangle(Brushes.Red, rec2);//绘制一个填充矩形
}
```

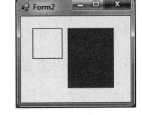

其执行结果如图 11.4 所示，左边矩形是空心，用 DrawRectangle 方法绘制，右边矩形是填充，用 FillRectangle 方法绘制。

图 11.4　Form2 的执行界面

11.3.3　绘制多边形

多边形分为空心图形和填充图形。

1. 绘制空心多边形

多边形是由 3 条以上的直边组成的闭合图形。若要绘制多边形，需要 Graphics 对象、Pen 对象和 Point（或 PointF）对象数组。Graphics 对象提供绘制空心多边形的 DrawPolygon 方法。其常用语法格式如下：

```
Graphics.DrawPolygon(Pen, Point[]);
```

其中，Point 数组是由一组 Point 结构对象定义的多边形，Pen 对象指出画线的画笔。

2. 绘制填充多边形

Graphics 对象提供绘制填充多边形的 FillPolygon 方法。其常用语法格式如下：

```
Graphics.FillPolygon(Brush, Point[]);
```

【例11.3】 设计一个窗体,说明多边形方法的使用。

解:在 proj11-1 项目中添加窗体 Form3,不放置任何控件,在其上设计如下事件过程。

```
private void Form3_Paint(object sender, PaintEventArgs e)
{   Graphics gobj = this.CreateGraphics();
    Point[] parray1 = {new Point(20, 20),           //定义点数组 parray1
        new Point(20, 80),new Point(100, 80)};
    gobj.DrawPolygon(Pens.Blue, parray1);
    Point[] parray2 = {new Point(150, 10), new Point(120, 50),
        new Point(150, 90), new Point(200, 90),     //定义点数组 parray2
        new Point(230, 50), new Point(200, 10)};
    gobj.FillPolygon(Brushes.Red, parray2);
}
```

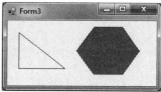

其执行结果如图 11.5 所示,左边的多边形为空心,用 DrawRolygon 方法绘制,左边的多边形为填充,用 FillPolygon 方法绘制。

图 11.5 Form3 的执行界面

11.3.4 绘制圆和椭圆

圆和椭圆有空心图形和填充图形之分。

1. 绘制空心圆和椭圆

Graphics 对象提供了绘制空心圆或椭圆的 DrawEllipse 方法,语法格式如下:

```
Graphics.DrawEllipse(Pen, Rectangle);
```

绘制圆和椭圆的方法相同,当宽和高的取值相同时,椭圆就变成了圆。

2. 绘制填充圆和椭圆

Graphics 对象提供了绘制填充圆或椭圆的 DrawEllipse 方法,语法格式如下:

```
Graphics.FillEllipse(Brush, Rectangle);
```

【例11.4】 设计一个窗体,说明圆和椭圆方法的使用。

解:在 proj11-1 项目中添加窗体 Form4,不放置任何控件,在其上设计如下事件过程。

```
private void Form4_Paint(object sender, PaintEventArgs e)
{   Graphics gobj = this.CreateGraphics();
    gobj.DrawEllipse(Pens.Red, 20, 20, 150, 100);
    gobj.DrawEllipse(Pens.Blue, 50, 40, 60, 60);
    gobj.FillEllipse(Brushes.Green, 180, 40, 100, 60);
}
```

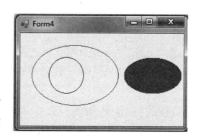

其执行结果如图 11.6 所示,其中左边的一个圆和一个椭圆为空心,用 DrawEllipse 方法绘制,左边的一个椭圆为填充,用 FillEllipse 方法绘制。

图 11.6 Form4 的执行界面

11.3.5 绘制弧线

弧线不分空心图形和填充图形,弧线其实就是椭圆的一部分。Graphics 对象提供绘制弧线的 DrawArc 方法。DrawArc 方法除了需要绘制椭圆的参数,还需要有起始角度和仰角参数。其语法格式如下：

Graphics.DrawArc (Pen,起点坐标,终点坐标,起始角度,仰角参数)；

其中，最后两个参数是弧线的起始角度和仰角参数。

【例 11.5】 设计一个窗体，说明弧线方法的使用。

解：在 proj11-1 项目中添加窗体 Form5，不放置任何控件，在其上设计如下事件过程。

```
private void Form5_Paint(object sender, PaintEventArgs e)
{    Graphics gobj = this.CreateGraphics();
     gobj.DrawArc(Pens.Red, 30, 30, 140, 70, 30, 180);
     gobj.DrawArc(Pens.Black, 50, 40, 140, 70, 60, 270);
}
```

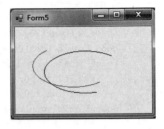

图 11.7   Form5 的执行界面

其执行结果如图 11.7 所示。

11.3.6   绘制饼形

饼形有空心图形和填充图形之分。

1. 绘制空心饼形

空心饼形是用 DrawPie 方法来绘制的，语法格式与弧线相同。但是，饼形与弧线不同，饼形是由椭圆的一段弧线和两条与该弧线的终结点相交的射线定义的。其常用的语法格式如下：

Graphics.DrawPie(Pen, Rectangle,起始角度,仰角参数)；

其中，若"仰角参数"大于 360°或小于 −360°，则将其分别视为 360°或 −360°。

2. 绘制填充饼形

填充饼形是用 FillPie 方法来绘制的，常用的语法格式如下：

Graphics.FillPie(Brush, Rectangle,起始角度,仰角参数)；

【例 11.6】 设计一个窗体，说明饼形方法的使用。

解：在 proj11-1 项目中添加窗体 Form6，不放置任何控件，在其上设计如下事件过程。

```
private void Form6_Paint(object sender, PaintEventArgs e)
{    Graphics gobj = this.CreateGraphics();
     Rectangle rec1 = new Rectangle(20, 20, 100, 70);
     Rectangle rec2 = new Rectangle(130, 30, 140, 70);
     gobj.DrawPie(Pens.Red, rec1, 20, 180);
     gobj.FillPie(Brushes.Blue, rec2, 30, 180);
}
```

图 11.8   Form6 的执行界面

其执行结果如图 11.8 所示，左边的饼形为空心，用 DrawPie 方法绘制，右边的饼形为填充，用 FillPie 方法绘制。

11.3.7   绘制非闭合曲线

多边形不分空心图形和填充图形。非闭合曲线通过 DrawCurve 方法来绘制，其语法格式如下：

```
Graphics.DrawCurve(Pen,Point[],offset,numberofsegments,tension);
```

其中,Point 为点数组,也可以为 PointF 结构数组,这些点定义样条曲线,其中必须包含至少 4 个点。offset 为从 Point 参数数组中的第一个元素到曲线中起始点的偏移量,如果从第一个点开始画,则偏移量为 0,如果从第二个点开始画,则偏移量为 1,依此类推。numberOfSegments 表示起始点之后要包含在曲线中的段数。tension 指定曲线的张力,它为大于或等于 0.0F 的值,用来指定曲线的拉紧程度,值越大,拉紧程度越大,当值为 0 时,此方法绘制直线段以连接这些点。通常,tension 参数小于或等于 1.0F,超过 1.0F 的值会产生异常结果。

offset、numberofsegments 和 tension 这 3 个参数是可选项。

【**例 11.7**】　设计一个窗体,说明非闭合曲线方法的使用。

解:在 proj11-1 项目中添加窗体 Form7,不放置任何控件,在其上设计如下事件过程。

```
private void Form7_Paint(object sender, PaintEventArgs e)
{   Graphics gobj = this.CreateGraphics();
    Point[] parray = {new Point(30, 30), new Point(50, 50),
        new Point(80, 90), new Point(70, 60),
        new Point(130, 50), new Point(150, 10)};
    gobj.DrawCurve(Pens.Red, parray, 0, 5, 0.2f);
}
```

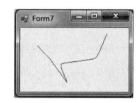

图 11.9　Form7 的执行界面

其执行结果如图 11.9 所示。

11.3.8　绘制闭合曲线

闭合曲线有空心图形和填充图形之分。

1. 绘制空心闭合曲线

空心闭合曲线使用 DrawClosedCurve 方法来绘制,与画非闭合曲线的格式基本相同,语法格式如下:

```
Graphics.DrawClosedCurve(Pen, Point[]);
```

其功能是使用指定的张力来绘制由 Point 数组定义的闭合基数样条。Point 表示点的数组,必须包含至少 4 个点。

用该方法可以连接多个点画出一条闭合曲线,如果最后一个点不匹配第一个点,则在最后一个点和第一个点之间添加一条附加曲线段以使其闭合。

2. 绘制填充闭合曲线

填充闭合曲线使用 FillClosedCurve 方法来绘制,与画非闭合曲线的格式基本相同,语法格式如下:

```
Graphics.FillClosedCurve(Brush, point[]);
```

【**例 11.8**】　设计一个窗体,说明闭合曲线方法的使用。

解:在 proj11-1 项目中添加窗体 Form8,不放置任何控件,在其上设计如下事件过程。

```
private void Form8_Paint(object sender, PaintEventArgs e)
{   Graphics gobj = this.CreateGraphics();
    Point[] parray1 = {new Point(20, 20), new Point(50, 50),
```

```
        new Point(80, 90), new Point(70, 60),
        new Point(110, 50), new Point(100, 10)};
    Point[] parray2 = {new Point(140, 20), new Point(170, 50),
        new Point(200, 90), new Point(190, 60),
        new Point(230, 50), new Point(220, 10)};
    gobj.DrawClosedCurve(Pens.Red, parray1);
    gobj.FillClosedCurve(Brushes.Blue, parray2);
}
```

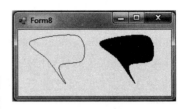

图 11.10　Form8 的执行界面

其执行结果如图 11.10 所示,左边的闭合曲线为空心,用 DrawClosedCurve 方法绘制,右边的闭合曲线为填充,用 FillClosedCurve 方法绘制。

11.3.9　绘制贝济埃曲线

Bezier Curve 贝济埃曲线是一种用数学方法生成的能显示非一致曲线的线。贝济埃曲线是以法国数学家皮埃尔·贝济埃命名的。一条贝济埃曲线有 4 个点,在第 1 个点和第 4 个点之间绘制贝济埃样条,第 2 个点和第 3 个点是确定曲线形状的控制点。贝济埃曲线是通过 DrawBezier 方法来绘制的,语法格式如下:

```
Graphics.DrawBezier(Pen, point1, point2, point3, point4);
```

其中,point1、point2、point3 和 point4 为 4 个 Point 结构或者 PointF 结构对象,分别表示曲线的起始点、第 1 个控制点、第 2 个控制点和曲线的结束点。

【例 11.9】　设计一个窗体,说明贝济埃曲线方法的使用。

解:在 proj11-1 项目中添加窗体 Form9,不放置任何控件,在其上设计如下事件过程。

```
private void Form9_Paint(object sender, PaintEventArgs e)
{   Graphics gobj = this.CreateGraphics();
    Point p1 = new Point(30, 30);
    Point p2 = new Point(50, 50);
    Point p3 = new Point(80, 90);
    Point p4 = new Point(130, 30);
    gobj.DrawBezier(Pens.Red, p1, p2, p3, p4);
}
```

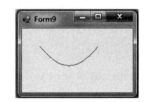

图 11.11　Form9 的执行界面

其执行结果如图 11.11 所示。

11.4　创建画图工具

画图工具包括画笔、笔刷、字体和颜色等。

11.4.1　创建画笔

画笔是用来画线的基本对象,同时通过画笔在窗体上绘制各种颜色的图形。在 C♯ 中使用 Pen 类来定义绘制直线和曲线的对象,画笔是 Pen 类的一个实例。在绘图之前首先需要创建一个画笔,语法格式如下:

```
Pen 画笔名称;
画笔名称 = new Pen(颜色,宽度);
```

或

Pen 画笔名称 = new Pen(颜色,宽度);

Pen 类可在 Graphics 画布对象上绘制图形,只要指定画笔对象的颜色与粗细,配合相应的绘图方法,就可以绘制图形形状、线条和轮廓。画笔类中封装了线条宽度、线条样式和颜色等。表 11.2 列出了 Pen 类的常用属性。

表 11.2 Pen 类的常用属性及说明

属性名	说 明
Color	设置颜色
Brush	获取或设置 Brush,用于确定此 Pen 的属性
DashStyle	设置虚线样式,取值如下。 ① Custom:指定用户定义的自定义划线段样式。 ② Dash:指定由划线段组成的直线。 ③ DashDot:指定由重复的划线点图案构成的直线。 ④ DashDotDot:指定由重复的划线点图案构成的直线。 ⑤ Dot:指定由点构成的直线。 ⑥ Solid:指定实线
EndCap	设置直线终点使用的线帽样式,常用的线帽样式如下。 ① ArrowAnchor:指定箭头状锚头帽。 ② DiamondAnchor:指定菱形锚头帽。 ③ Flat:指定平线帽。 ④ Round:指定圆线帽。 ⑤ RoundAnchor:指定圆锚头帽。 ⑥ Square:指定方线帽。 ⑦ SquareAnchor:指定方锚头帽。 ⑧ Triangle:指定三角线帽
StartCap	设置直线起点使用的线帽样式,其取值与 EndCap 相同
PenType	获取直线样式,取值如下。 ① HatchFill:指定阴影填充。 ② LinearGradient:指定线性渐变填充。 ③ PathGradient:指定路径渐变填充。 ④ SolidColor:指定实填充。 ⑤ TextureFill:指定位图纹理填充
Transform	获取或设置此 Pen 的几何变换
Width	设置线的宽度

【例 11.10】 设计一个窗体,说明画笔的使用方法。

解: 在 proj11-1 项目中添加窗体 Form10,不放置任何控件,在其上设计如下事件过程。

```
private void Form10_Paint(object sender, PaintEventArgs e)
{   Graphics gobj = this.CreateGraphics();          //创建 Graphics 对象
    Pen redPen = new Pen(Color.Red);                //创建 Pen 对象 redPen
    Pen bluePen = new Pen(Color.Blue, 8);           //创建 Pen 对象 bluePen
    Pen greenPen = new Pen(Color.Green, 3);         //创建 Pen 对象 greenPen
    Point p1 = new Point(40, 30);
    Point p2 = new Point(150, 30);
```

```
redPen.DashStyle = System.Drawing.Drawing2D.DashStyle.Dash;      //设置直线样式为虚线
redPen.Width = 5;                        //设置直线的宽度
gobj.DrawLine(redPen, 20, 20, 20, 150);
bluePen.StartCap =
System.Drawing.Drawing2D.LineCap.RoundAnchor;
        //设置直线起点的样式
bluePen.EndCap =
System.Drawing.Drawing2D.LineCap.ArrowAnchor;
        //设置直线终点的样式
gobj.DrawLine(bluePen, p1, p2);
gobj.DrawLine(greenPen, 40, 50, 150, 150);
}
```

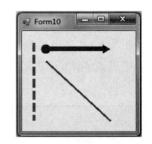

图 11.12　Form10 的执行界面

其执行结果如图 11.12 所示。

11.4.2　创建笔刷

前面介绍的画笔对象用来描绘图形的边框和轮廓，若要填充图形的内部则必须使用画刷（Brush）对象。Brus 类用来填充图形空间的对象，定义用于填充图形的形状，如矩形、椭圆、饼形、多边形和封闭路径等内部对象，它具有颜色和图案。

GDI＋提供了几种不同形式的画刷，如实心笔刷（SolidBrush）、纹理笔刷（TextureBrush）、阴影笔刷（HatchBrush）和渐变笔刷（LinearGradientBrush）等。这些画刷都是从 System.Drawing.Brush 基类中派生的，下面仅介绍实心笔刷和阴影笔刷的使用方法。

1. 实心笔刷

实心笔刷（SolidBrush）指定了填充区域的颜色，是最简单的一种，其创建方法如下：

```
SolidBrush 笔刷名称 = new SolidBrush(笔刷颜色);
```

例如定义一个颜色为红色的实心笔刷：

```
SolidBrush redBrush = new SolidBrush(Color.Red);
```

2. 阴影笔刷

HatchBrush 笔刷是一种复杂的画刷，它通过绘制一种样式来填充区域，作用是用某一种图案来填充图形，创建方法如下：

```
HatchBrush 笔刷名称 = new HatchBrush(HatchStyle,ForegroundColor,BackgroundColor);
```

其中，HatchStyle 指出获取此 HatchBrush 对象的阴影样式，也就是填充图案的类型，是一个 HatchBrush 枚举数据类型，该枚举有 50 多个图案类型，部分样式如表 11.3 所示。ForegroundColor 指出获取此 HatchBrush 对象绘制的阴影线条的颜色；BackgroundColor 指出此 HatchBrush 对象绘制的阴影线条间空间的颜色。

表 11.3　HatchBrush 部分样式及说明

HatchBrush 笔刷样式	说　　明
BackwardDiagonal	从右上到左下的对角线
DarkDownwardDiagonal	从顶点到底点向右倾斜对角线
DashedHorizontal	虚线水平线
DashedUpwardDiagonal	虚线对角线

续表

HatchBrush 笔刷样式	说　明
ForwardDiagonal	从左上到右下的对角线
Horizontal	水平线
LargeConfetti	五彩纸屑外观的阴影
Plaid	格子花呢材料外观的阴影
Shingle	对角分层鹅卵石外观的阴影
Trellis	格架外观的阴影
Vertical	垂直线的图案
Cross	交叉的水平线和垂直线
DarkUpwardDiagonal	从顶点到底点向左倾斜的对角线
DashedVertical	虚线垂直线
DiagonalBrick	分层砖块外观的阴影
DiagonalCross	交叉对角线的图案
Divot	草皮层外观的阴影
HorizontalBrick	水平分层砖块外观的阴影
SmallCheckerBoard	棋盘外观的阴影
SmallConfetti	五彩纸屑外观的阴影
SmallGrid	互相交叉的水平线和垂直线
SolidDiamond	对角放置的棋盘外观的阴影

【例 11.11】　设计一个窗体，说明画笔的使用方法。

解：在 proj11-1 项目中添加窗体 Form11（在引用部分添加"using System. Drawing. Drawing2D;"语句），不放置任何控件，在其上设计如下事件过程。

```
private void Form11_Paint(object sender, PaintEventArgs e)
{   Graphics gobj = this.CreateGraphics();
    SolidBrush myBrush1 = new SolidBrush(Color.Red);    //声明实心画笔
       HatchBrush  myBrush2  =  new  HatchBrush ( HatchStyle.
Vertical,Color.Blue,Color.Green);
    Pen blackPen = new Pen(Color.Black, 3);
    gobj.FillRectangle(myBrush1, 20, 20, 100, 100);
                                        //绘制并填充矩形
    gobj.DrawRectangle(blackPen, 20, 20, 100, 100);
            //绘制绿色、背景色蓝色的垂直阴影线矩形
    gobj.FillRectangle(myBrush2, 150, 20, 100, 100);
}
```

图 11.13　Form11 的执行界面

其执行结果如图 11.13 所示。

11.4.3　创建字体

Font 类定义了文字的格式，如字体、大小和样式等。创建字体对象的一般语法格式如下：

Font 字体对象 = new Font(字体名称,字体大小,字体样式);

其中，"字体样式"为 FontStyle 枚举类型，其取值及说明如表 11.4 所示。例如，以下语句创建一个字体为"宋体"、大小为 20、样式为粗体的 Font 对象 f：

Font f = new Font("宋体", 20, FontStyle.Bold);

表 11.4 字体样式及其说明

字体样式	说　　明
Bold	粗体
Italic	斜体
Regular	正常文本
Strikeout	有删除线的文本
UnderLine	有下划线的文本

11.5　绘　制　文　本

在程序设计中有时还需要在图形中设计文字,即文字图形(非文本信息)。Graphics 对象提供了文字设置的 DrawString 方法。其语法格式如下:

```
Graphics.DrawString(字符串,Font,Brush,Point,字体格式);
Graphics.DrawString(字符串,Font,Brush,Rectangle,字体格式);
```

其中,各参数的说明如下:

① "字符串"指出要绘制的字符串,也就是要输出的文本。

② Font 为创建的字体对象,用来指出字符串的文本格式。

③ Brush 为创建的笔刷对象,它确定所绘制文本的颜色和纹理。

④ Point 表示 Point 结构或者 PointF 结构的点,这个点表示绘制文本的起始位置,它指定所绘制文本的左上角。Rectangle 表示由 Rectangle 结构指定的矩形,矩形左上角的坐标为文本的起始位置,文本在矩形的范围内输出。

⑤ "字体格式"是一个 StringFormat 对象,用于指定应用于所绘制文本的格式化属性,如行距和对齐方式等,包括文本布局信息,如对齐、文字方向和 Tab 停靠位等,以显示操作和 OpenType 功能。

StringFormat 的常用属性如表 11.5 所示。

表 11.5 StringFormat 的常用属性及其说明

属　　性	说　　明
Alignment	获取或设置垂直面上的文本对齐信息,其取值如下。 ① Center:指定文本在布局矩形中居中对齐。 ② Far:指定文本远离布局矩形的原点位置对齐。在从左到右布局中,远端位置是右;在从右到左布局中,远端位置是左。 ③ Near:指定文本靠近布局对齐。在从左到右布局中,近端位置是左;在从右到左布局中,近端位置是右
FormatFlags	获取或设置包含格式化信息的 StringFormatFlags 枚举,其常用的取值如下。 ① DirectionRightToLeft:按从右向左的顺序显示文本。 ② DirectionVertical:文本垂直对齐。 ③ FitBlackBox:允许部分字符延伸该字符串的布局矩形。在默认情况下,将重新定位字符以避免任何延伸。 ④ NoClip:允许显示标志符号的伸出部分和延伸到边框外的未换行文本。在默认情况下,延伸到边框外侧的所有文本和标志符号部分都被剪裁。 ⑤ NoWrap:在矩形内设置格式时禁用文本换行功能。当传递的是点而不是矩形时,或者指定的矩形行长为零时,已隐含此标记
GenericDefault	获取一般的默认 StringFormat 对象
LineAlignment	获取或设置水平面上的行对齐信息,和 Alignment 属性的取值相同

【例 11.12】 设计一个窗体,说明绘制文字的使用方法。

解:在 proj11-1 项目中添加窗体 Form12(在引用部分添加"using System. Drawing. Drawing2D;"语句),不放置任何控件,在其上设计如下事件过程。

```
private void Form12_Paint(object sender, PaintEventArgs e)
{   Graphics gobj = this.CreateGraphics();
    StringFormat sf1 = new StringFormat();
    StringFormat sf2 = new StringFormat();
    Font f = new Font("隶书", 20, FontStyle.Bold);
    HatchBrush bobj1 = new HatchBrush(HatchStyle.Vertical,
    Color.Blue, Color.Green);
    SolidBrush bobj2 = new SolidBrush(Color.Red);
    sf1.Alignment = StringAlignment.Far;
    sf2.FormatFlags = StringFormatFlags.DirectionVertical;
    gobj.DrawString("中华人民共和国", f, bobj1, 220, 15,
sf1);
    gobj.DrawString("北京奥运会", f, bobj2, 100, 50, sf2);
}
```

图 11.14　Form12 的执行界面

其执行结果如图 11.14 所示。

练 习 题 11

1. 单项选择题

(1) 在 GDI+的所有类中,_____类是核心,在绘制任何图形之前一定要先用它创建一个对象。

　　A. Graphics　　　B. Pen　　　　　C. Brush　　　　　D. Font

(2) 在 Windows 应用程序中,在界面上绘制矩形、弧、椭圆等图形对象,可以使用 System. Drawing 命名空间的_____类来实现。

　　A. Brush　　　　B. Pen　　　　　C. Color　　　　　D. Image

(3) 如果要设置 Pen 对象绘制线条的宽度,应使用它的_____属性。

　　A. Color　　　　B. Width　　　　C. DashStyle　　　　D. PenType

(4) 通过 HatchBush 对象的_____属性可设置 HatchBush 对象的阴影样式。

　　A. BackgroundColor　　　　　　　　B. ForegroundColor

　　C. HatchStyle　　　　　　　　　　　D. ColorStyle

(5) 在界面上创建字体的类是_____。

　　A. Graphics　　　B. Pen　　　　　C. Brush　　　　　D. Font

(6) 在界面上绘制文本使用 Graphics 对象的_____方法。

　　A. DrawPie　　　B. FillPie　　　　C. DrawString　　　D. FillEllipse

2. 问答题

(1) 简述 GDI+在图形应用程序设计中的作用。

(2) 简述创建 Graphics 对象的各种方法。

3. 编程题

(1) 创建 Windows 窗体应用程序项目 exci11,添加一个窗体 Form1,绘制两个矩形,一个为蓝色边框,另一个为红色边框,如图 11.15 所示。

（2）在项目 exci11 中设计一个窗体 Form2，绘制两个填充饼形构成一个椭圆，如图 11.16 所示。

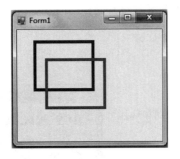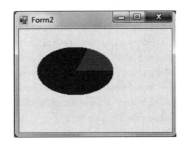

图 11.15　编程题（1）窗体的执行界面　　　　图 11.16　编程题（2）窗体的执行界面

（3）在项目 exci11 中设计一个窗体 Form3，绘制一个带边的填充椭圆，如图 11.17 所示。

（4）在项目 exci11 中设计一个窗体 Form4，用不同的字体大小绘制 3 个文字，如图 11.18 所示。

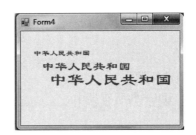

图 11.17　编程题（3）窗体的执行界面　　　　图 11.18　编程题（4）窗体的执行界面

4. 上机实验题

在项目 proj11-2 中设计一个窗体 Form5，提供 3 个命令按钮，单击时分别在窗体上画一条直线、画一个形状和画一个文本。其执行界面如图 11.19 所示。

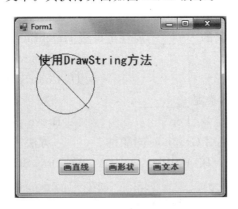

图 11.19　上机实验题窗体的执行界面

第 12 章

文件操作

文件是永久存储在磁盘等介质上的一组数据,一个文件有唯一的文件名,操作系统通过文件名对文件进行管理。很多程序需要读/写磁盘文件,这就涉及如何建立文件,如何从文件中读数据,如何向文件写数据等问题。

本章学习要点:

☑ 掌握 C♯中文件的各种类型及其特点。

☑ 掌握使用 System.IO 模型实现文件操作的方法。

☑ 掌握使用序列化和反序列化设计方法。

12.1 文件和 System.IO 模型概述

在程序执行时,从文件中读取数据到内存中(称为读操作或输入操作),并把处理结果存放到文件中(称为写操作或输出操作)。

12.1.1 文件的类型

文件的分类标准有很多,根据不同的分类方式,可以将文件分为不同的形式。

1. 按文件的存取方式及结构,文件可以分为顺序文件和随机文件

(1)顺序文件

顺序存取文件简称为顺序文件,它由若干文本行组成,并且常称作 ASCII 文件。每个文本行的结尾为一个回车字符(ASCII 码 13,称为行分界字符),且文件结尾为 Ctrl+Z(ASC 码 26)。顺序文件中的每个字符用一个字节来存储,并且可以用 Windows 记事本来浏览、编辑和创建。顺序文件存储格式如图 12.1 所示。

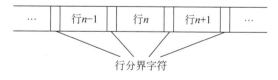

图 12.1 顺序文件存储格式

顺序文件的优点是操作简单,缺点是无法任意取出某一个记录来修改,一定要将全部数据读入,在数据量很大时或只想修改某一条记录时显得非常不方便。

(2)随机存取文件

随机存取文件简称为随机文件,它是以记录格式来存储数据的文件,由多个记录组成,每个记录都有相同的大小和格式。随机文件像一个数据库,它由大小相同的记录组成,每个记录又由字段组成，在字段中存放着数据。其存储结构如图 12.2 所示。

图 12.2　随机文件存储格式

　　每个记录前都有记录号表示此记录开始。在读取文件时，只要给出记录号，就可以迅速找到该记录，并将该记录读出；若对该记录做了修改，需要写到文件中时，也只要指出记录号即可，新记录将自动覆盖原有记录。所以，随机文件的访问速度快，读、写、修改灵活方便，但由于在每个记录前增加了记录号，从而使其占用的存储空间增大。

**　　2. 按文件数据的组织格式，文件可分为 ASCII 文件和二进制文件**

　　（1）ASCII 文件

　　ASCII 文件又称为文本文件，在这种文件中，每个字符存放一个 ASCII 码，输出时每个字节代表一个字符，便于对字节进行逐个处理，但这种文件一般占用的空间较大，并且转换时间较长。

　　（2）二进制文件

　　二进制存取文件简称为二进制文件，其中的数据均以二进制方式存储，存储的基本单位是字节。

　　在二进制文件中能够存取任意所需要的字节，可以把文件指针移到文件的任何地方，因此，这种存取方式最为灵活。

12.1.2　文件的属性

　　文件的属性用于描述文件本身的信息，主要包括以下几个方面。

　　（1）文件属性

　　文件属性有只读、隐藏和归档等类型。

　　（2）访问方式

　　文件的访问方式有读、读/写和写等类型。

　　（3）访问权限

　　文件的访问权限有读、写、追加数据等类型。

　　（4）共享权限

　　文件的共享权限有文件共享、文件不共享等类型。

12.1.3　文件的访问方式

　　在 C♯ 中可以通过.NET 的 System.IO 模型以流的方式对各种数据文件进行访问。

12.2　System.IO 模型

12.2.1　什么是 System.IO 模型

　　System.IO 模型提供了一个面向对象的方法来访问文件系统。System.IO 模型提供了很多针对文件、文件夹的操作功能，特别是以流（Stream）的方式对各种数据进行访问，这种访问方式不仅灵活,而且可以保证编程接口的统一。

System. IO 模型的实现包含在 System. IO 命名空间中,该命名空间包含允许读/写文件和数据流的类型以及提供基本文件和文件夹支持的各种类,也就是说,System. IO 模型是一个文件操作类库,包含的类可用于文件的创建、读/写、复制、移动和删除等操作,其中最常用的类如表 12.1 所示。

表 12.1　System. IO 命名空间中常用的类及其说明

类	说　　明
BinaryReader	用特定的编码将基元数据类型读作二进制值
BinaryWriter	以二进制形式将基元类型写入流,并支持用特定的编码写入字符串
BufferedStream	给另一流上的读/写操作添加一个缓冲层。无法继承此类
Directory	公开用于创建、移动和枚举通过目录和子目录的静态方法。无法继承此类
DirectoryInfo	公开用于创建、移动和枚举目录和子目录的实例方法。无法继承此类
DriveInfo	提供对有关驱动器的信息的访问
File	提供用于创建、复制、删除、移动和打开文件的静态方法,并协助创建 FileStream 对象
FileInfo	提供创建、复制、删除、移动和打开文件的实例方法,并且帮助创建 FileStream 对象。无法继承此类
FileStream	公开以文件为主的 Stream,既支持同步读/写操作,也支持异步读/写操作
Path	对包含文件或目录路径信息的 String 实例执行操作。这些操作以跨平台的方式执行
Stream	提供字节序列的一般视图
StreamReader	实现一个 TextReader,使其以一种特定的编码从字节流中读取字符
StreamWriter	实现一个 TextWriter,使其以一种特定的编码向流中写入字符
StringReader	实现从字符串进行读取的 TextReader
StringWriter	实现一个用于将信息写入字符串的 TextWriter。该信息存储在基础 StringBuilder 中
TextReader	表示可读取连续字符系列的读取器
TextWriter	表示可以编写一个有序字符系列的编写器。该类为抽象类

12.2.2　文件编码

文件编码也称为字符编码,用于指定在处理文本时如何表示字符。一种编码可能优于另一种编码,主要取决于它能处理或不能处理哪些语言字符,不过通常首选的是 Unicode。

在读取或写入文件时,未正确匹配文件编码的情况可能会导致发生异常或产生不正确的结果。

以前的字符编码标准包括传统的字符集,例如使用 8 位代码值或 8 位值组合来表示特定语言或地理区域中使用的字符的 Windows ANSI 字符集。

编码是一个将一组 Unicode 字符转换为一个字节序列的过程,解码是一个反向操作过程,即将一个编码字节序列转换为一组 Unicode 字符。System. IO 模型中的 Encoding 类表示字符编码,表 12.2 列出了该类的属性及其对应的文件编码方式。

表 12.2　文件编码类型及其说明

编码类型	说　　明
ASCII	获取 ASCII(7 位)字符集的编码
Default	获取系统的当前 ANSI 代码页的编码
Unicode	获取使用 Little-Endian 字节顺序的 UTF-16 格式的编码
UTF32	获取使用 Little-Endian 字节顺序的 UTF-32 格式的编码
UTF7	获取 UTF-7 格式的编码
UTF8	获取 UTF-8 格式的编码

12.2.3　C♯的文件流

C♯将文件看作顺序的字节流,也称为文件流。文件流是字节序列的抽象概念,文件可以看作存储在磁盘上的一系列二进制字节信息,C♯用文件流对其进行输入、输出操作,例如读取文件信息、向文件写入信息。

C♯提供的 Stream 类(System.IO 成员)是所有流的基类,由它派生出文件流 FileStream 和缓冲区流 BufferedStream。本章主要介绍 FileStream 文件流。

在 System.IO 模型中,文件操作的基本方式是用 File 类打开操作系统文件,建立对应的文件流,即 FileStream 对象,用 StreamReader/StreamWriter 类提供的方法对该文件流(文本文件)进行读/写或用 BinaryReader/BinaryWriter 类提供的方法对该文件流(二进制文件)进行读/写。

12.3　文件夹和文件的操作

12.3.1　文件夹的操作

Directory 类提供了文件夹操作的方法,表 12.3 列出了 Directory 类的常用方法。Directory 类内的方法是共享的,无须创建对象实体即可使用。

表 12.3　Directory 类的常用方法及其说明

Directory 类的常用方法	说　　明
CreateDirectory	创建所有目录或子目录
Delete	从指定路径删除目录
Exists	返回值确定给定路径是否现有目录
GetCreationTime	返回指定目录的创建日期和时间
GetCurrentDirectory	返回应用程序的当前工作目录
GetDirectories	返回值为指定目录中子目录的名称
GetFiles	返回指定目录中的文件的名称
GetFileSystemEntries	返回指定目录中所有文件和子目录的名称
GetLastAccessTime	返回上次访问指定文件或目录的日期和时间
GetLastWriteTime	返回上次写入指定文件或目录的日期和时间
GetLogicalDrives	返回此计算机上格式为"驱动器号:\"的逻辑驱动器的名称
GetParent	返回指定路径的父目录
Move	将文件或目录及其内容移到新位置
SetCreationTime	为指定的文件或目录设置创建日期和时间
SetCurrentDirectory	将应用程序的当前工作目录设置为指定的目录
SetLastAccessTime	设置上次访问指定文件或目录的日期和时间
SetLastWriteTime	设置上次写入目录的日期和时间

除了 Directory 类外,DirectoryInfo 类也提供了文件夹操作的方法,其使用方式与Directory 类相似。但 Directory 类的方法都是静态方法,如果只执行一次,使用前者对象来实现更好一些。另外,DirectoryInfo 类必须创建对象实体才能使用其方法。

12.3.2 文件的操作

File 类提供了文件操作的方法,并协助创建 FileStream 对象。File 类的常用方法如表 12.4 所示。和 Directory 类一样,File 类的方法是共享的,无须创建对象实体即可使用。

表 12.4 File 类的常用方法及其说明

File 类的方法	说　明
AppendAllText	将指定的字符串追加到文件中,如果文件还不存在则创建该文件
AppendText	创建一个 StreamWriter,它将 UTF-8 编码文本追加到现有文件中
Copy	将现有文件复制到新文件中
Create	在指定路径中创建文件
CreateText	创建或打开一个文件用于写入 UTF-8 编码的文本
Delete	删除指定的文件。如果指定的文件不存在,则不引发异常
Exists	确定指定的文件是否存在
GetAttributes	获取在此路径上的文件的 FileAttributes
GetCreationTime	返回指定文件或目录的创建日期和时间
GetLastAccessTime	返回上次访问指定文件或目录的日期和时间
GetLastWriteTime	返回上次写入指定文件或目录的日期和时间
Move	将指定文件移到新位置,并提供指定新文件名的选项
Open	打开指定路径上的 FileStream
OpenRead	打开现有文件以进行读取
OpenText	打开现有 UTF-8 编码文本文件以进行读取
OpenWrite	打开现有文件以进行写入
ReadAllBytes	打开一个文件,将文件的内容读入一个字符串,然后关闭该文件
ReadAllLines	打开一个文本文件,将文件的所有行都读入一个字符串数组,然后关闭该文件
ReadAllText	打开一个文本文件,将文件的所有行读入一个字符串,然后关闭该文件
Replace	使用其他文件的内容替换指定文件的内容,这一过程将删除原始文件,并创建被替换文件的备份

除了 File 类外,FileInfo 类都提供了文件操作的方法,它们的使用方式类似。但 File 类的方法都是静态方法,如果只执行一次,使用前者对象来实现更好一些。

【例 12.1】 设计一个窗体,显示指定目录中的所有文件的文件名、创建时间和文件属性。

解:新建项目 proj12-1(存放在"D:\C♯程序\ch12"文件夹中),向其中添加一个窗体 Form1(引用部分添加"using System.IO;"语句),该窗体的设计界面如图 12.3 所示。其中已经有一个标签 label1、一个文本框 textBox1、一个列表框 listBox1 和一个命令按钮 button1,另外放置一个 FolderBrowserDialog1 控件 folderBrowserDialog1(其功能和 OpenFileDialog 打开文件对话框相似,用于打开文件夹而不是文件)。

在该窗体上设计以下事件过程:

```
private void button1_Click(object sender, EventArgs e)
{   int i;
    string[] filen;
    string filea;
    listBox1.Items.Clear();
    folderBrowserDialog1.ShowDialog();
    textBox1.Text = folderBrowserDialog1.SelectedPath;
```

```
        if (folderBrowserDialog1.SelectedPath == "") return;
        if (!Directory.Exists(folderBrowserDialog1.SelectedPath))
            MessageBox.Show(folderBrowserDialog1.SelectedPath + "文件夹不存在",
                "信息提示", MessageBoxButtons.OK);
        else
        {   filen = Directory.GetFiles(folderBrowserDialog1.SelectedPath);
            for (i = 0; i <= filen.Length - 1; i++)
            {   filea = String.Format("{0}\t{1} {2}", filen[i],
                File.GetCreationTime(filen[i]), fileatt(filen[i]));
                listBox1.Items.Add(filea);
            }
        }
}
private string fileatt(string filename)                   //获取文件属性
{   string fa = "";
    switch(File.GetAttributes(filename))
    {
    case FileAttributes.Archive:
        fa = "存档";
        break;
    case FileAttributes.ReadOnly:
        fa = "只读";
        break;
    case FileAttributes.Hidden:
        fa = "隐藏";
        break;
    case FileAttributes.Archive | FileAttributes.ReadOnly:
        fa = "存档 + 只读";
        break;
    case FileAttributes.Archive | FileAttributes.Hidden:
        fa = "存档 + 隐藏";
        break;
    case FileAttributes.ReadOnly | FileAttributes.Hidden:
        fa = "只读 + 隐藏";
        break;
    case FileAttributes.Archive | FileAttributes.ReadOnly
        | FileAttributes.Hidden:
        fa = "存档 + 只读 + 隐藏";
        break;
    }
    return fa;
}
```

图 12.3　Form1 的设计界面

执行本窗体,单击"打开文件夹"命令按钮,在出现的"浏览文件夹"对话框(由 folderBrowserDialog1. ShowDialog()语句打开)中选择"D:\DB"文件夹,这时将在列表框中显示该文件夹中的所有文件,如图 12.4 所示。

图 12.4 Form1 的执行界面

12.4 FileStream 类

使用 FileStream 类可以产生文件流,以便对文件进行读取、写入、打开和关闭操作。FileStream 类提供的构造函数很多,最常用的构造函数如下:

```
public FileStream(string path,FileMode mode)
```

它使用指定的路径和创建模式初始化 FileStream 类的新实例。其中,path 指出当前 FileStream 对象封装的文件的相对路径或绝对路径。mode 指定一个 FileMode 常数,确定如何打开或创建文件,对 FileMode 常数的说明如表 12.5 所示。

表 12.5 FileMode 常数及其说明

成 员 名 称	说 明
Append	打开现有文件并查找到文件尾,或创建新文件。FileMode. Append 只能和 FileAccess. Write 一起使用
Create	指定操作系统应创建新文件。如果文件已存在,它将被改写。如果文件不存在,则使用 CreateNew,否则使用 Truncate
CreateNew	指定操作系统应创建新文件
Open	指定操作系统应打开现有文件
OpenOrCreate	指定操作系统应打开文件(如果文件存在),否则应创建新文件
Truncate	指定操作系统应打开现有文件。文件一旦打开,就将被截断为零字节大小

FileStream 类提供的常用方法如表 12.6 所示。

注意:FileStream 类是以字节文件编码方式进行数据读/写的。

表 12.6 FileStream 的常用方法及其说明

FileStream 的常用方法	说 明
BeginRead	开始异步读
BeginWrite	开始异步写

续表

FileStream 的常用方法	说　　明
Close	关闭当前流并释放与之关联的所有资源
EndRead	等待挂起的异步读取完成
EndWrite	结束异步写入，在 I/O 操作完成之前一直阻止
Flush	清除该流的所有缓冲区，使得所有缓冲的数据都被写入到基础设备中
Lock	允许读取访问的同时防止其他进程更改 FileStream
Read	从流中读取字节块并将该数据写入给定缓冲区中
ReadByte	从文件中读取一个字节，并将读取位置提升一个字节
Seek	将该流的当前位置设置为给定值
SetLength	将该流的长度设置为给定值
Unlock	允许其他进程访问以前锁定的某个文件的全部或部分
Write	使用从缓冲区读取的数据将字节块写入该流
WriteByte	将一个字节写入文件流的当前位置

12.5　文本文件的操作

文本文件的操作通过 StreamReader 和 StreamWriter 两个类提供的方法来实现。

12.5.1　StreamReader 类

从例 12.3 可以看到，在使用 FileStream 类时，其数据流是字节流，只能进行字节的读/写，这样很不方便。为此，System. IO 模型又提供了 StreamReader 类和 StreamWriter 类，它们分别提供了文本数据的读、写方法。

StreamReader 类以一种特定的编码从字节流中读取字符，其常用的构造函数如下。

* StreamReader(Stream)：为指定的流初始化 StreamReader 类的新实例。
* StreamReader(String)：为指定的文件名初始化 StreamReader 类的新实例。
* StreamReader（Stream，Encoding）：用指定的字符编码为指定的流初始化 StreamReader 类的一个新实例。
* StreamReader（String，Encoding）：用指定的字符编码为指定的文件名初始化 StreamReader 类的一个新实例。

StreamReader 类的常用方法如表 12.7 所示。

表 12.7　StreamReader 类的常用方法及其说明

StreamReader 的常用方法	说　　明
Close	关闭 StreamReader 对象和基础流，并释放与读取器关联的所有系统资源
Peek	返回下一个可用的字符，但不使用它
Read	读取输入流中的下一个字符或下一组字符
ReadBlock	从当前流中读取最大 count 的字符并从 index 开始将该数据写入 buffer
ReadLine	从当前流中读取一行字符并将数据作为字符串返回
ReadToEnd	从流的当前位置到末尾读取流

使用 Streamreader 类读取数据的过程如图 12.5 所示。首先通过 File 的 OpenRead 方法建立一个文件读取文件流，然后通过 StreamReader 类的方法将文件流中的数据读到 C# 编辑

控件中(如文本框等)。

图 12.5　读取数据的过程

【例 12.2】　设计一个窗体,在一个文本框中显示 MyTest. txt 文件中的数据(假设该文件已存在,其中有 3 行文字)。

解:在 proj12-1 项目中添加一个窗体 Form2,该窗体的设计界面如图 12.6 所示,其中有一个文本框 textBox1(其 MultiLine 属性设置为 true,Font 设置为楷体粗体五号)和一个命令按钮 button1。

在该窗体上设计以下事件过程:

```
private void button1_Click(object sender, EventArgs e)
{   string path = "D:\\C#程序\\ch12\\MyTest1.txt"; //文件名
    string mystr = "";
    FileStream fs = File.OpenRead(path);
    StreamReader sr = new StreamReader(fs, Encoding.Default);
                                           //指定打开文件
    fs.Seek(0, SeekOrigin.Begin);          //将文件流指针定位在开始位置
    while (sr.Peek() > -1)
        mystr = mystr + sr.ReadLine() + "\r\n";   //其中\r\n表示回车换行
    sr.Close();
    fs.Close();
    textBox1.Text = mystr;
}
```

执行本窗体,单击"显示文件"命令按钮,从该文件中读出数据并在文本框中输出,其结果如图 12.7 所示。

图 12.6　Form2 的设计界面

图 12.7　Form2 的执行界面

12.5.2　StreamWriter 类

StreamWriter 类以一种特定的编码输出字符,其常用的构造函数如下。

- StreamWriter(Stream):用 UTF-8 编码及默认缓冲区大小为指定的流初始化 StreamWriter 类的一个新实例。

- StreamWriter(String)：使用默认编码和缓冲区大小为指定路径上的指定文件初始化 StreamWriter 类的新实例。
- StreamWriter(Stream, Encoding)：用指定的编码及默认缓冲区大小为指定的流初始化 StreamWriter 类的新实例。
- public StreamWriter(string path, bool append)：path 表示要写入的完整文件路径。append 表示确定是否将数据追加到文件。如果该文件存在，并且 append 为 false，则该文件被改写；如果该文件存在，并且 append 为 true，则数据被追加到该文件中，否则将创建新文件。

StreamWriter 类的常用方法如表 12.8 所示。

表 12.8 **StreamWriter 类的常用方法及其说明**

StreamWriter 类的方法	说　　明
Close	关闭当前的 StreamWriter 对象和基础流
Write	写入流
WriteLine	写入重载参数指定的某些数据，后跟行结束符

StreamWriter 类的文件编码默认使用 UTF8Encoding 的实例，除非指定了其他编码。

使用 StreamWriter 类写入数据的过程如图 12.8 所示。首先通过 File 类的 OpenWrite 建立一个写入文件流，然后通过 StreamWriter 的 Write/WriteLine 方法将 C# 编辑控件（如文本框等）中的数据写入到该文件流中。

图 12.8　写入数据的过程

【**例 12.3**】　设计一个窗体，用于将一个文本框中的数据写入到 MyTest1. txt 文件中，并在另一个文本框中显示这些数据。

解：在 proj12-1 项目中添加一个窗体 Form3，该窗体的设计界面如图 12.9 所示，其中有两个文本框（textBox1 和 textBox2，它们的 MultiLine 属性均设置为 true）和两个命令按钮（button1 和 button2）。

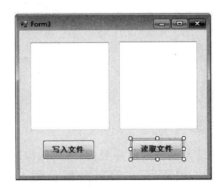

图 12.9　Form3 的设计界面

该窗体包含的代码如下：

```
using System;
using System.IO;                              //引用 System.IO 命名空间,新增
using System.Text;
using System.Windows.Forms;
namespace proj12_1
{   public partial class Form3 : Form
    {   string path = "D:\\C＃程序\\ch12\\MyTest1.txt"; //文件名
        public Form3()
        {   InitializeComponent(); }
        private void Form3_Load(object sender, EventArgs e)
        {   textBox1.Text = "";
            textBox2.Text = "";
            button1.Enabled = true;
            button2.Enabled = false;
        }
        private void button1_Click(object sender, EventArgs e)
        {   if (File.Exists(path))                    //存在该文件时删除它
                File.Delete(path);
            else
            {   FileStream fs = File.OpenWrite(path);
                StreamWriter sw = new StreamWriter(fs, Encoding.Default);
                sw.WriteLine(textBox1.Text);
                sw.Close();
                fs.Close();
                button2.Enabled = true;
            }
        }
        private void button2_Click(object sender, EventArgs e)
        {   string mystr = "";
            FileStream fs = File.OpenRead(path);
            StreamReader sr = new StreamReader(fs, Encoding.Default);
            while (sr.Peek() > -1)
                mystr = mystr + sr.ReadLine() + "\r\n";
            sr.Close();
            fs.Close();
            textBox2.Text = mystr;
        }
    }
}
```

执行本窗体,在 textBox1 文本框中输入几行数据,单击"写入文件"命令按钮将它们写入到指定的文件中。单击"读取文件"命令按钮从该文件中读出数据并在文本框 textBox2 中输出,其结果如图 12.10 所示。

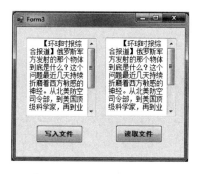

图 12.10 Form3 的执行界面

12.6　二进制文件的操作

二进制文件的操作是通过 BinaryReader 和 BinaryWriter 两个类提供的方法来实现的。

12.6.1　BinaryWriter 类

BinaryWriter 类以二进制形式将基元类型写入流，并支持用特定的编码写入字符串，数据写入过程和 StreamWriter 类相似，只是数据格式不同。BinaryWriter 类常用的构造函数如下。

- BinaryWriter()：初始化向流中写入的 BinaryWriter 类的新实例。
- BinaryWriter(Stream)：基于所提供的流用 UTF8 作为字符串编码来初始化 BinaryWriter 类的新实例。
- BinaryWriter(Stream, Encoding)：基于所提供的流和特定的字符编码初始化 BinaryWriter 类的新实例。

BinaryWriter 类的常用方法如表 12.9 所示。

表 12.9　BinaryWriter 类的常用方法及其说明

BinaryWriter 的方法	说　明
Close	关闭当前的 BinaryWriter 和基础流
Seek	设置当前流中的位置
Write	将值写入当前流

【例 12.4】　设计一个窗体，用于向指定的文件写入若干学生记录。

解：在 proj12-1 项目中添加一个窗体 Form4，该窗体的设计界面如图 12.11 所示，其中只有一个命令按钮 button1。

该窗体包含的代码如下：

```
using System;
using System.IO;                              //新增
using System.Text;
using System.Windows.Forms;
namespace proj12_1
{   public partial class Form4 : Form
    {   string path = "D:\\C#程序\\ch12\\MyTest2.dat"; //文件名
        const int stnum = 4;                          //学生人数常量
        struct Student                                //声明结构类型
        {   public int sno;
            public string sname;
            public double score;
        }
        Student[] st = new Student[stnum];            //定义结构数组
        public Form4()
        {   InitializeComponent(); }
        private void button1_Click(object sender, EventArgs e)
        {   st[0].sno = 1; st[0].sname = "王　华"; st[0].score = 90.2;
            st[1].sno = 3; st[1].sname = "陈红兵"; st[1].score = 87.5;
            st[2].sno = 4; st[2].sname = "刘　英"; st[2].score = 72.5;
            st[3].sno = 2; st[3].sname = "张晓华"; st[3].score = 88.5;
```

```
        int i;
        if (File.Exists(path))                    //存在该文件时删除它
            File.Delete(path);
        FileStream fs = File.OpenWrite(path);
        BinaryWriter sb = new BinaryWriter(fs, Encoding.Default);
        for (i = 0; i < stnum; i++)
        {   sb.Write(st[i].sno);
            sb.Write(st[i].sname);
            sb.Write(st[i].score);
        }
        sb.Close();
        fs.Close();
    }
  }
}
```

在上述代码中,使用 BinaryWriter 类的 Write 方法分别向 MyTest2.dat 文件写入学生记录。

执行本窗体,单击"建立二进制文件"命令按钮,生成 Mytest2.dat 文件,用记事本打开时显示的内容如图 12.12 所示,从中可以看到,它是一个二进制文件。

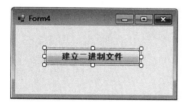

图 12.11　Form4 的设计界面

图 12.12　MyTest2.dat 文件内容

12.6.2　BinaryReader 类

BinaryReader 类用特定的编码将基元数据类型读作二进制值,数据读取过程和 StreamReader 类相似,只是数据格式不同。BinaryReader 类常用的构造函数如下。

- BinaryReader(Stream):基于所提供的流用 UTF8Encoding 初始化 BinaryReader 类的新实例。
- BinaryReader(Stream,Encoding):基于所提供的流和特定的字符编码初始化 BinaryReader 类的新实例。

BinaryReader 类的常用方法如表 12.10 所示。

表 12.10　BinaryReader 类的常用方法及其说明

BinaryReader 类的方法	说　　明
Close	关闭当前阅读器及基础流
PeekChar	返回下一个可用的字符,并且不提升字节或字符的位置
Read	从基础流中读取字符,并提升流的当前位置
ReadBoolean	从当前流中读取 Boolean 值,并使该流的当前位置提升 1 个字节
ReadByte	从当前流中读取下一个字节,并使流的当前位置提升 1 个字节
ReadBytes	从当前流中将 count 个字节读入字节数组,并使当前位置提升 count 个字节
ReadChar	从当前流中读取下一个字符,并根据所使用的 Encoding 和从流中读取的特定字符提升流的当前位置

续表

BinaryReader 类的方法	说　明
ReadChars	从当前流中读取 count 个字符,以字符数组的形式返回数据,并根据所使用的 Encoding 和从流中读取的特定字符提升当前位置
ReadDecimal	从当前流中读取十进制数值,并将该流的当前位置提升 16 个字节
ReadDouble	从当前流中读取 8 字节浮点值,并使流的当前位置提升 8 个字节
ReadSByte	从此流中读取一个有符号字节,并使流的当前位置提升 1 个字节
ReadSingle	从当前流中读取 4 字节浮点值,并使流的当前位置提升 4 个字节
ReadString	从当前流中读取一个字符串。字符串有长度前缀,每 7 位被编码为一个整数

【例 12.5】 设计一个窗体,在一个文本框中显示"D:\MyTest2.dat"文件中的数据。

解: 在 proj12-1 项目中添加一个窗体 Form5,该窗体的设计界面如图 12.13 所示。其中有一个文本框 textBox1(其 MultiLine 属性设置为 true)和一个命令按钮 button1。

该窗体包含的代码如下:

```
using System;
using System.IO;                                    //引用 System.IO 命名空间,新增
using System.Text;
using System.Windows.Forms;
namespace proj12_1
{   public partial class Form5 : Form
    {   public Form5()
        {   InitializeComponent(); }
        private void button1_Click(object sender, EventArgs e)
        {   string path = "D:\\C#程序\\ch12\\MyTest2.dat";
            string mystr = "";
            FileStream fs = File.OpenRead(path);
            BinaryReader sb = new BinaryReader(fs, Encoding.Default);
            fs.Seek(0, SeekOrigin.Begin);
            while (sb.PeekChar() > -1)
                mystr = mystr + sb.ReadInt32() + "\t" +
                    sb.ReadString() + "\t" + sb.ReadDouble() + "\r\n";
            sb.Close();
            fs.Close();
            textBox1.Text = mystr;
        }
    }
}
```

执行本窗体,单击"显示文件记录"命令按钮,从该文件读出数据并在文本框中输出,其结果如图 12.14 所示。

图 12.13　Form5 的设计界面

图 12.14　Form5 的执行界面

12.6.3　二进制文件的随机查找

System.IO 模型方便于二进制结构化数据的随机查找,其基本方法是用 BinaryReader 类的方法打开指定的二进制文件,并求出每个记录的长度 reclen,通过 Seek 方法将文件指针移动到指定的位置进行读操作。

【例 12.6】　设计一个窗体,用于实现 MyTest2.dat 文件记录(存放在二进制文件中)的按序号随机查找。

解:在 proj12-1 中添加一个窗体 Form6,该窗体的设计界面如图 12.15 所示。其中有 3 个标签、一个文本框(textBox1,其 MultiLine 属性设置为 true)和一个分组框,该分组框中包含一个组合框 comboBox1 和一个命令按钮 button1。

该窗体包含的代码如下:

```
using System;
using System.IO;                                    //引用 System.IO 命名空间,新增
using System.Text;
using System.Windows.Forms;
namespace proj12_1
{   public partial class Form6 : Form
    {   public Form6()
        {   InitializeComponent(); }
        private void Form6_Load(object sender, EventArgs e)
        {   comboBox1.Items.Add(1); comboBox1.Items.Add(2);
            comboBox1.Items.Add(3); comboBox1.Items.Add(4);
            comboBox1.Text = ""; textBox1.Text = "";
        }
        private void button1_Click(object sender, EventArgs e)
        {   string path = "D:\\C#程序\\ch12\\MyTest2.dat";
            int n, reclen, currp;
            textBox1.Text = "";
            if (comboBox1.Text != "")
            {   string mystr;
                FileStream fs = File.OpenRead(path);
                BinaryReader sb = new BinaryReader(fs, Encoding.Default);
                reclen = (int)(fs.Length / 4);          //每个记录的长度
                n = Convert.ToInt16(comboBox1.Text);
                currp = (n - 1) * reclen;               //计算第 n 个记录的起始位置
                fs.Seek(currp, SeekOrigin.Begin);       //将文件流指针定位在指定的位置
                mystr = sb.ReadInt32() + "\t" + sb.ReadString() + "\t"
                    + sb.ReadDouble();
                sb.Close();
                fs.Close();
                textBox1.Text = mystr;
            }
        }
    }
}
```

执行本窗体,从组合框中选择记录序号 3,单击"确定"命令按钮,其结果如图 12.16 所示,在文本框中显示第 3 个学生记录。

| 图 12.15 Form6 设计界面 | 图 12.16 Form6 执行界面 |

12.7 序列化和反序列化

序列化用于将对象的状态存储到文件中。在这一过程中,对象的公共字段和私有字段以及类的名称都被转换成字节流,然后写入数据流,在以后反序列化该对象时创建原始对象的精确副本。使用序列化可以将对象从一个应用程序传递给另一个应用程序。

12.7.1 序列化

在序列化过程中,对象的公有成员、私有成员和类名都转换成数据流的形式存储到文件中。序列化的一个类的最简单的方式是使用 Serializable 属性标记,例如,以下声明了一个可序列的类 Student:

```
public class Student
{   private int no;                          //学号
    private string name;                     //姓名
    public int pno                           //属性
    {   get { return no; }
        set { no = value; }
    }
    public string pname                      //属性
    {   get { return name; }
        set { name = value; }
    }
}
```

以下代码说明了该类对象是如何被序列化到一个二进制文件中的:

```
Student s = new Student();
s.pno = 100; s.pname = "John";
FileStream f = new FileStream(@"D:\C#程序\ch12\student.dat",FileMode.Create);
BinaryFormatter formatter = new BinaryFormatter();
formatter.Serialize(f,s);
f.Close();
```

在上述代码中,创建了流实例 f 和使用格式接口 formatter 后,对该格式接口调用 Serialize 方法,对象 s 中的所有成员变量都将被序列化,即使已被指定为私有字段。

12.7.2　反序列化

反序列化将对象还原至以前的状态,首先创建用于读取的文件流和格式接口,然后用格式接口反序列化该对象。以下代码说明了这一过程:

```
f = new FileStream(@"D:\C#程序\ch12\student.dat", FileMode.Open);
s = (Student)formatter.Deserialize(f);
f.Close();
```

其中,@表示后面是一个路径字符串。需要特别注意的是,在反序列化一个对象时不调用构造函数。

【例 12.7】 设计一个窗体,用于实现序列化和反序列若干学生记录。

解:在本章项目 proj12-1 中添加一个窗体 Form7,该窗体的设计界面如图 12.17 所示。其中有一个文本框(textBox1,其 MultiLine 属性设置为 true)和两个命令按钮(button1 和 button2)。

该窗体包含的代码如下:

```
using System;
using System.Windows.Forms;
using System.Collections;                          //新增
using System.IO;                                   //新增
using System.Runtime.Serialization;               //新增使用序列化引用的命名空间
using System.Runtime.Serialization.Formatters.Binary;
                                                   //新增使用序列化引用的命名空间
namespace proj12_1
{    public partial class Form7 : Form
    {    [Serializable]
        public class Student
        {    private int no;                        //学号
            private string name;                    //姓名
            public int pno
            {    get
                {    return no; }
                set
                {    no = value; }
            }
            public string pname
            {    get
                {    return name; }
                set
                {    name = value; }
            }
        }
        public Form7()
        {    InitializeComponent(); }
        private void Form7_Load(object sender, EventArgs e)
        {    button1.Enabled = true;
            button2.Enabled = false;
        }
        private void button1_Click(object sender, EventArgs e)
        {    ArrayList st = new ArrayList();
            Student s1 = new Student();
            s1.pno = 1; s1.pname = "王华";
            Student s2 = new Student();
```

```
            s2.pno = 8; s2.pname = "李明";
            st.Add(s1);
            st.Add(s2);
            FileStream f = new FileStream(@"D:\C#程序\ch12\student.dat",
                FileMode.Create);
            BinaryFormatter formatter = new BinaryFormatter();
            formatter.Serialize(f, st);
            f.Close();
            button1.Enabled = false;
            button2.Enabled = true;
        }
        private void button2_Click(object sender, EventArgs e)
        {   ArrayList st = new ArrayList();
            FileStream f = new FileStream(@"D:\C#程序\ch12\student.dat",
            FileMode.Open);
            st.Clear();
            BinaryFormatter formatter = new BinaryFormatter();
            st = (ArrayList)formatter.Deserialize(f);
            f.Close();
            textBox1.Text = "学号\t姓名" + "\r\n";
            foreach (Student s in st)
                textBox1.Text = textBox1.Text +
                    string.Format("{0}\t{1}", s.pno, s.pname) + "\r\n";
        }
    }
}
```

本例先声明一个学生类 Student，定义其两个对象，并添加到 ArrayList 对象 st 中，通过序列化将 st 保存到指定的文件中，然后通过反序列化读出其数据并在文本框中显示。

执行本窗体，单击"序列化"命令按钮，将两个对象写入文件，然后单击"反序列化"命令按钮从文件中读出对象并在文本框中显示，其结果如图 12.18 所示。

图 12.17　Form7 的设计界面

图 12.18　Form7 的执行界面

练 习 题 12

1. 单项选择题

（1）以下不属于文件访问方式的是_____。

　　A. 只读　　　　　　B. 只写　　　　　　C. 读/写　　　　　　D. 不读不写

（2）以下_____类提供了文件夹的操作功能。

　　A. File　　　　　　B. Directory　　　　C. FileStream　　　　D. BinaryWriter

（3）在用 FileStream 对象打开一个文件时，可用 FileMode 参数控制_____。

A. 对文件覆盖、创建、打开等选项中的哪些操作

B. 对文件进行只读、只写还是读/写

C. 其他 FileStream 对象对同一个文件所具有的访问类型

D. 对文件进行随机访问时的定位点

(4) 在使用 FileStream 对象打开一个文件时，通过使用 FileMode 枚举类型的_____成员来指定操作系统打开一个现有文件并把文件读/写指针定位在文件尾部。

　　　　A. Append　　　　　B. Create　　　　　C. CreateNew　　　　D. Truncate

(5) 假设要使用 C♯设计一个日志系统，要求程序运行时检查 system.log 文件是否存在，如果已经存在则直接打开，如果不存在则创建一个，为了实现这个目的，我们应该以 FileMode 的_____方式创建文件流。

　　　　A. CreateNew　　　　B. Open　　　　　C. OpenOrCreate　　　D. Create

(6) 将文件从当前位置一直到结尾的内容都读取出来应该使用_____方法。

　　　　A. StreamReader.ReadToEnd()　　　　　B. StreamReader.ReadLine()

　　　　C. StreamReader.ReadBlock()　　　　　D. StreamReader.WriteLine()

(7) FileStream 类的_____方法用于定位文件位置指针。

　　　　A. Close　　　　　B. Seek　　　　　C. Lock　　　　　D. Flush

(8) 关于以下 C♯代码的说法正确的是_____。

```
FileStream fs = new FileStream("D:\\music.txt",FileMode.OpenOrCreate);
```

A. 如果 D 盘根目录中没有文件 music.txt，则代码运行时出现异常

B. 如果 D 盘根目录中存在文件 music.txt，则代码运行时出现异常

C. 该语句存在语法错误

D. 代码执行后，D 盘根目录一定存在文件 music.txt

(9) 以下语句定义和初始化一个整型数组 a：

```
int[]a = new int[400];
for(int i = 0;i<400;i++)a[i]=i;
```

为了将数组 a 的所有元素值写入 FileStream 流中，可创建_____类的实例对该流进行写入。

　　　　A. BinaryWriter　　　　B. StreamWriter　　　　C. TextWriter　　　　D. StringWriter

(10) 在 C♯中类上加_____关键字来标记该类支持序列化。

　　　　A. [Serializable]　　　B. [Formatable]　　　C. [Stream]　　　D. [STAThread]

2. 回答题

(1) 简述 C♯中的文件类型。

(2) 简述 System.IO 模型的作用。

(3) 如何进行二进制文件的随机查找？

(4) 什么是序列化和反序列化？

3. 编程题

(1) 创建 Windows 窗体应用程序项目 exci12，添加一个窗体 Form1，用文本框输入若干文字，将它们存入到指定的文本文件中，执行界面如图 12.19 所示。

(2) 在 exci12 项目中设计一个窗体 Form2，读取编程题(1)中创建的文本文件内容并在一

个文本框中输出，执行界面如图 12.20 所示。

图 12.19　编程题(1)窗体的执行界面　　　图 12.20　编程题(2)窗体的执行界面

（3）在 exci12 项目中设计一个窗体 Form3，用数组 name 存放若干学生姓名，用 score 数组存放若干学生分数，将它们存入到指定的二进制文件中，执行界面如图 12.21 所示。

（4）在 exci12 项目中设计一个窗体 Form4，读取编程题(3)中创建的二进制文件内容并在一个文本框中输出，还需统计平均分，执行界面如图 12.22 所示。

图 12.21　编程题(3)窗体的执行界面　　　图 12.22　编程题(4)窗体的执行界面

4. 上机实验题

创建 Windows 窗体应用程序项目 experment12，设计一个窗体 Form1，左边的分组框用于输入学生信息(包括学号、姓名、性别、年龄和分数)，用户单击"添加"命令按钮时将当前学生信息添加到指定的文本文件中；右边的分组框用于显示所有存储在指定文件中的学生记录，其执行界面如图 12.23 所示。

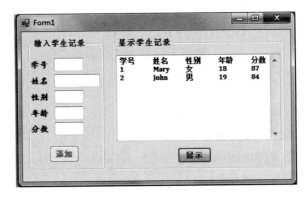

图 12.23　上机实验题窗体的执行界面

第13章

错误调试和异常处理

在程序设计中不可避免地会出现各种各样的错误,可以采用两类方法加以解决,一是程序员使用C♯的调试工具找出其中的错误并改正,尽可能使程序正确;二是在程序中加入异常处理的语句,使程序具有容错功能。

本章学习要点:

☑ 掌握C♯中程序错误的类型。

☑ 掌握C♯程序调试错误的各种方法。

☑ 掌握C♯中各种异常处理语句的特点及其使用方法。

13.1　错误的分类

C♯程序设计中的错误分成两类,即语法错误和逻辑错误。

1. 语法错误

语法错误也称为编译错误,是由于不正确地编写代码而产生的。如果错误地输入了关键字(例如,将 int 写为 Int)、遗露了某些必需的语句成分等,那么C♯在编译应用程序时就会检测到这些错误,并提示相应的错误信息。

例如,在 proj13-1 项目中一个窗体 Form1 上包含以下事件过程:

```
private void button1_Click(object sender, EventArgs e)
{    a = 1;
     int b[ ];
}
```

在编辑代码时,其错误列表窗口会显示相应的错误。图 13.1 所示为上述语法错误的错误列表窗口,当鼠标指针移动到代码中的 a 变量时编辑器指出不存在名称 a,因为 a 变量没有先声明。由于编辑器会指出语法错误的行号,所以为了方便修改,通常需要设置编辑器以显示代码的行号。

像上面这类十分明显的语法错误在编辑程序时就可以被编辑器发现,另一类是在程序执行时由编译器指出的语法错误。在C♯项目执行期间,当一个语句试图执行一个不能执行的操作时就会发生执行错误。例如,数据溢出、数组索引越界等。

例如,代码中有如下语句:

```
int n = int.Parse(Console.ReadLine());
```

在编辑代码时没有任何问题,但在执行时,如果输入的不是数字串,例如输入"abc",则会出现"字符串的格式不正确"的语法错误,因为不能将"abc"转换为整数。

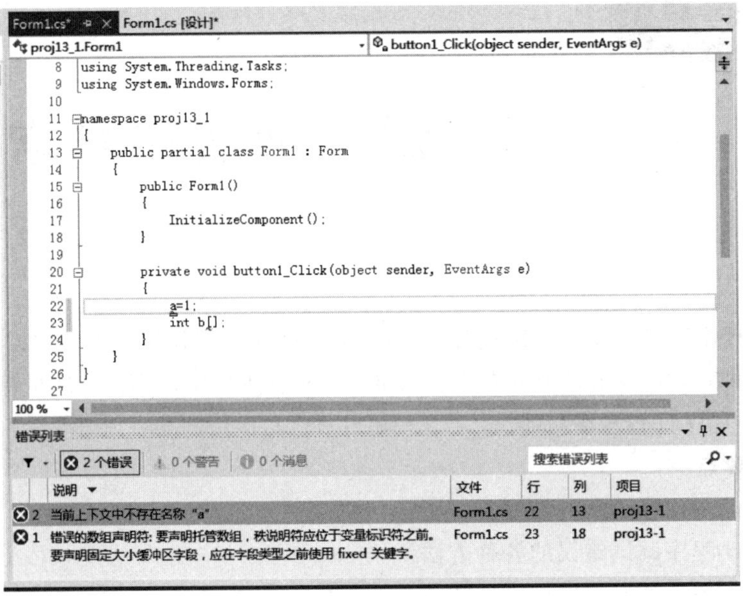

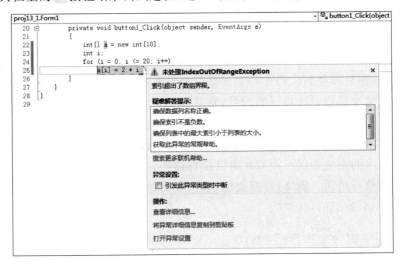

图 13.1　编译错误提示框

又如，Form1 窗体上包含以下事件过程：

```
private void button1_Click(object sender, EventArgs e)
{    int[] a = new int[10];
     int i;
     for (i = 0;i <= 20;i++)
         a[i] = 2 * i;
}
```

同样在编辑时没有错误，但当执行该窗体时会出现如图 13.2 所示的编译错误提示框，表示数组索引越界，并指出在代码编辑窗口中出错的代码行，此时会自动进入调试状态，可以单击"调试"工具栏上的 ■ 按钮结束调试过程，返回到正常状态后修改程序代码。

图 13.2　编译错误提示框

对于这一类错误,需要通过程序调试工具找出错误的原因才能修改为正确的程序。

2. 逻辑错误

逻辑错误主要表现在程序执行后没有提示任何错误信息且能够正常运行,但得到的结果与预期设想的不一致,这有可能是程序设计中出现了逻辑错误,这一类错误属算法设计错误,是最难纠正的,必须使用程序调试工具进行错误排查。

从以上可以看出,熟练地使用程序调试工具是程序员的基本要求,是开发和编写 C♯ 应用程序的基础。

13.2　程　序　调　试

C♯ 提供了强大的程序调试功能,使用其调试环境可以有效地完成程序的调试工作,从而有助于发现执行错误。

13.2.1　调试工具

1. "调试"工具栏

选择"视图|工具栏|调试"命令,出现"调试"工具栏,有关内容在第 1 章已介绍。

2. "调试"菜单

"调试"菜单提供了更完整的程序错误调试命令,如图 13.3 所示。

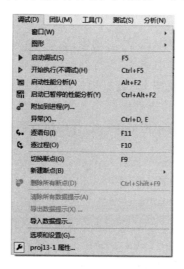

图 13.3　"调试"菜单

13.2.2　设置断点

程序调试的基础是设置断点,断点是在程序中设置的一个位置(程序行),程序执行到该位置时中断(或暂停)。断点的作用是在调试程序时,当程序执行到断点处语句时会暂停程序的执行,供程序员检查这一位置上程序元素的执行情况,这样有助于定位产生错误输出或出错的代码段。

设置和取消断点的方法如下:

① 右击某代码行,从出现的快捷菜单中选择"断点|插入断点"命令(设置断点)或者"断点|

删除断点"命令（取消断点）。

② 将光标移至需要设置断点的语句处，然后选择"调试"菜单中的"切换断点"命令或按 F9 键。

设置了断点的代码行最左端会出现一个红色的圆点，并且该代码行也呈现红色背景，例如，图 13.4 显示了在第 25 行处设有一个断点。用户可以在一个程序中设置多个断点。

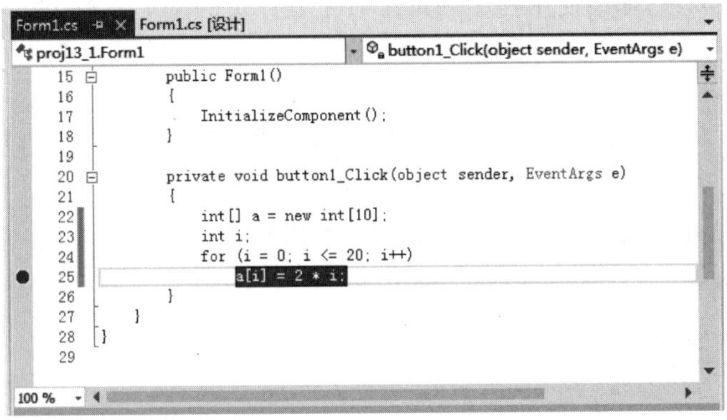

图 13.4　设置一个断点

13.2.3　调试过程

1. 开始调试过程

在设置断点后，从"调试"菜单中选择"启动调试"、"逐语句"或"逐过程"命令，或者在代码编辑窗口中右击，然后从快捷菜单中选择"运行到光标处"命令，即开始调试过程。

如果选择"启动调试"命令（或按 F5 键），则应用程序启动并一直执行到断点。用户可以在任何时刻中断执行以检查值或检查程序状态。例如，在设置图 3.4 所示的断点后，选择"调试 | 启动调试"命令，在窗体运行的单击 button1，程序执行到断点，如图 13.5 所示。

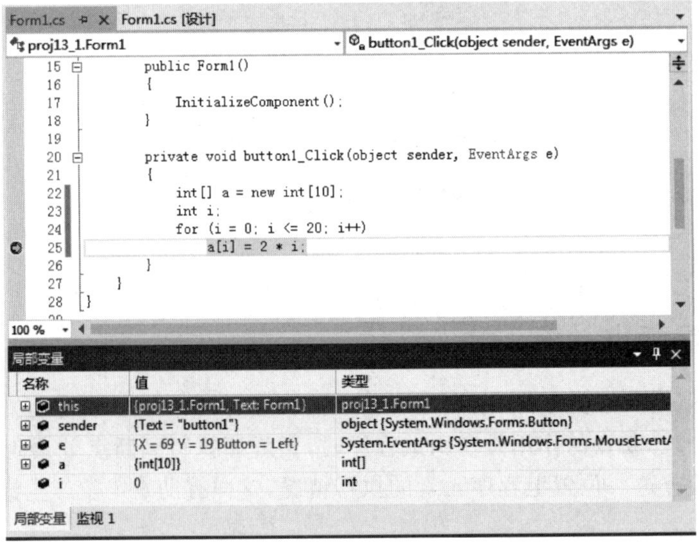

图 13.5　程序执行到断点

若选择"逐语句"或"逐过程"命令,应用程序启动并执行,然后在第一行中断。

如果选择"执行到光标处"命令,则应用程序启动并一直执行到断点或光标位置,具体看是断点在前还是光标在前,可以在源窗口中设置光标位置。在某些情况下不出现中断,这意味着执行始终未到达设置光标处的代码。

2. 查看调试信息

在程序调试的中断状态下可以通过多种窗口观察变量的值。例如,在图 13.5 中单击工具栏的"继续"按钮 10 次,此时通过如下窗口查看调试信息。

① 智能感知窗口:将鼠标指针放在希望观察的执行过语句的变量上,调试器会通过智能感知窗口自动显示执行到断点时该变量的值,如图 13.6 所示;甚至可以显示执行到断点时一个表达式的值,如将鼠标指针放在 $a[i]$ 上,再展开它,可以看到各数组元素的值,如图 13.7 所示。

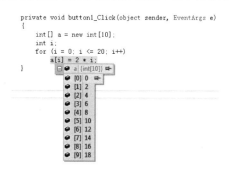

图 13.6　显示变量 i 的值

② 即时窗口:选择"调试|窗口|即时"命令,出现即时窗口,可以输入"?变量"或"?表达式"来显示变量或表达式的值,如图 13.8 所示。

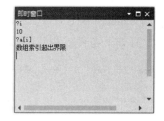

图 13.7　显示 a 数组元素的值　　　　图 13.8　即时窗口显示 i 和 $a[i]$ 的值

③ 局部变量窗口:选择"调试|窗口|局部变量"命令,出现局部变量窗口,它自动显示当前过程中所有的变量值,如图 13.9 所示。

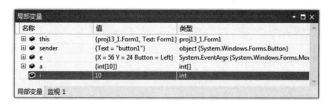

图 13.9　局部变量窗口显示变量 i 的值

④ 快速监视窗口:在某个对象上或空白处右击,从弹出的快捷菜单中选择"快速监视"命令,出现快速监视窗口,它用于显示用户在"表达式"文本框中输入的表达式的值,如图 13.10

所示。

图 13.10　快速监视窗口显示变量 i 的值

在程序开始调试过程后，每次处于中断状态时，用户通过上述窗口观察变量或表达式的值，然后按 F5 键继续，从而跟踪变量或表达式的变化过程，最终找出程序出错的原因。

需要注意的是，局部变量窗口和快速监视窗口不同于即时窗体，它具有跟踪变量的功能，当按 F5 键时程序继续执行，此时局部变量窗口和快速监视窗口的变量值会自动发生相应的改变，所以在程序调试中最常用的是这两个窗口。

下面通过一个示例进行说明。

【例 13.1】　创建 Windows 窗体应用程序项目 proj13-2（存放在"D:\C♯程序\ch13"文件夹中），其中有一个窗体 Form1，它的功能是求 10～20 的所有素数，其设计界面如图 13.11 所示。它有一个文本框 textBox1（其 MultiLine 属性设置为 true）和一个命令按钮 button1。

该窗体上有如下事件过程：

```
private void button1_Click(object sender, EventArgs e)
{    int i, j;
     bool flag;
     string mystr = "";
     for (i = 10; i <= 20; i++)
     {    flag = true;
          for (j = 3; j <= Math.Sqrt(i); j++)
              if (i % j == 0)
              {    flag = false;
                   break;
              }
          if (flag == true) mystr = mystr + i.ToString() + " ";
     }
     textBox1.Text = mystr;
}
```

执行该窗体，单击"求 10 到 20 的素数"命令按钮，结果如图 13.12 所示。从中可以看到结果是错误的，因为 10、14 均不是素数。

通过调试找出错误并改正。

解：打开代码编辑窗口，将 button1_Click 事件过程中的 if 行设置为断点，如图 13.13 所示。然后按 F5 键或单击 ▶ 启动 按钮启动本窗体，单击"求 10 到 20 的素数"命令按钮，程序执行到所设置的断点处中断,并进入中断状态。

　　　　图 13.11　Form1 窗体设计界面　　　　　　　　　图 13.12　Form1 窗体执行界面

图 13.13　设置断点

　　此时查看变量的值并查找出错原因。

　　① 智能感知窗口:将鼠标指针放在断点行的 i 变量上,智能感知窗口显示 i 变量的值,如图 13.14 所示,也可以查看此时变量 j 的值($j=4$)。

　　② 即时窗口:在即时窗口中输入"?flag"后按回车键,显示其值为 true,再输入"?i"后按回车键,显示 i 的值为 10,最后输入"?j"按回车键,显示 j 的值为 4,如图 13.15 所示。

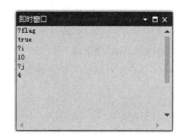

　　图 13.14　智能感知窗口显示的 i 变量的值　　　　　　　　　图 13.15　即时窗口

　　③ 局部变量窗口:此时局部变量窗口如图 13.16 所示。

　　④ 快速监视窗口:此时快速监视窗口如图 13.17 所示。

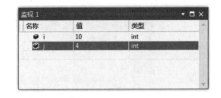

图 13.16　局部变量窗口　　　　　　　　　　图 13.17　监视窗口

从上可以看到,当 $i=10$ 时,$j=3\sim4$ 时,$i\%j$ 不为 0,从而得出 $i=10$ 为素数的结论。实际上,$i=10$ 为偶数,所有的偶数都不是素数,如果将 $j=3\sim4$ 的判断改为 $j=2\sim4$,则不可能得到 $i=10$ 为素数的错误结论。上述 4 种调试方法都可以找到错误的原因,只需将:

```
for (j = 3;j <= Math.Sqrt(i);j++)
```

改为:

```
for (j = 2;j <= Math.Sqrt(i);j++)
```

再执行程序,发生的错误修正了,执行结果正确。

13.3　异　常　处　理

一个编译没有错误的程序,在执行时可能出现错误,异常处理就是对这类情况进行检测并进行相应处理,以提高程序的强壮性。

13.3.1　异常概述

异常是指在程序执行期间发生的错误或意外情况,例如整数除零错误或内存不足警告时就会产生一个异常。如果给定异常没有异常处理程序,则程序将停止执行,并显示一条错误信息,因此对程序中的异常处理是非常重要的。一般情况下,在一个比较完整的程序中要尽量考虑可能出现的各种异常,这样当发生异常时控制流将立即跳转到关联的异常处理程序(如果存在)。

13.3.2　异常处理语句

在 C# 中提供了 4 个关键字,即用 try、catch、finally 和 throw 来管理异常处理。其中,try 用于执行可能导致异常的操作;catch 用于定义异常处理程序;finally 用于在引发异常时释放资源;throw 用于显式地引发异常。

1. try…catch 语句

try…catch 语句用于捕捉可能出现的异常,其使用语法格式如下:

```
try
{
    //可能产生异常的程序代码
}
catch(异常类型 1 异常类对象 1)
{
    //处理异常类型 1 的异常控制代码
}
```

```
    …
catch(异常类型 n 异常类对象 n)
{
    //处理异常类型 n 的异常控制代码
}
```

　　try 块包含可能导致异常的程序代码,也就是说,把可能出现异常的语句放在 try 块中。当这些语句在执行过程中出现异常的,try 块会捕捉到这些异常,然后转移到相应的 catch 块中。如果在 try 块中没有异常,就会执行 try…catch 语句后面的代码,而不会执行任何 catch 块中的代码。

　　通常情况下,try 块后有多个 catch 块,每一个 catch 块对应一个特定的异常,就像 switch…case 语句一样。

　　try…catch 语句的执行过程是,当位于 try 块中的语句产生异常(抛出异常)时,系统就会在它对应的 catch 块中进行查找,看是否有与抛出的异常类型相同的 catch 块,如果有,就会执行该块中的语句;如果没有,则到调用当前方法的方法中继续查找,该过程一直继续下去,直到找到一个匹配的 catch 块;如果一直没有找到,则在执行时将会产生一个未处理的异常错误。

　　catch 块在使用时可以不带任何参数,在这种情况下它捕获任何类型的异常,并被称为一般 catch 块。

　　注意:当没有 catch 或 finally 块,只有 try 块时会产生编译器错误。

　　当有多个 catch 块时,catch 块的顺序很重要,因为会按顺序检查 catch 块,将先捕获特定程度较高的异常,而不是特定程度较小的异常。

　　【例 13.2】　创建控制台应用程序 proj13-3 项目(存放在"D:\C♯程序\ch13"文件夹中),通过 try…catch 语句捕捉整数除零错误。

　　解:设计的控制台应用程序如下。

```
using System;
using System.Collections.Generic;
using System.Text;
namespace proj13_3
{   class Program
    {   static void Main(string[ ] args)
        {   int x = 5,y = 0;
            try                                    //try…catch 语句
            {
                x = x/y;                           //引发除零错误
            }
            catch (Exception err)                  //捕捉该错误
            {
                Console.WriteLine("{0}",err.Message);        //显示错误信息
            }
        }
    }
}
```

　　按 Ctrl+F5 组合键执行本项目,显示"尝试除以零。"的错误信息,这是由 catch 块捕捉到异常并显示错误的信息。

2. try…catch…finally 语句

同 try…catch 语句相比，try…catch…finally 语句增加了一个 finally 块，其作用是不管是否发生异常，即使没有 catch 块，也将执行 finally 块中的语句。也就是说，finally 块始终会执行，而与是否引发异常或者是否找到与异常类型匹配的 catch 块无关。其余与 try…catch 语句相同。finally 块通常用来释放资源，而不用等待由执行库中的垃圾回收器来终结对象。

归纳起来，在 try 块的代码出现异常后，其处理过程的顺序如下：

① try 块在发生异常的地方中断程序的执行。

② 如果有 catch 块，检查该块是否与已发生的异常类型匹配。

③ 如果有 catch 块，但它与已发生的异常类型不匹配，检查是否有其他 catch 块。

④ 如果有 catch 块与已发生的异常类型匹配，执行它包含的代码，再执行 finally 块（如果有）。

⑤ 如果所有 catch 块都与已发生的异常类型不匹配，执行 finally 块（如果有）。

【例 13.3】 创建控制台应用程序 proj13-4 项目（存放在"D:\C♯程序\ch13"文件夹中），说明 finally 块的作用。

解：设计的控制台应用程序如下。

```
using System;
using System.Collections.Generic;
using System.Text;
namespace proj13_4
{   class Program
    {   static void Main(string[] args)
        {   int s = 10, i;
            int[] a = new int[5] { 1, 2, 3, 0, 4 };
            try
            {   for (i = 0; i < a.Length; i++)
                    Console.Write("{0} ", s / a[i]);
                Console.WriteLine();
            }
            catch (Exception err)
            {   Console.WriteLine("{0}", err.Message); }
            finally
            {   Console.WriteLine("执行 finally 块"); }
        }
    }
}
```

图 13.18　例 13.3 项目的
执行结果

本程序用整数 s 除以 a 数组的每个元素，当遇到 a 数组元素 0 时出现异常，终止 for 循环的执行，并执行 catch 块，最后执行 finally 块，程序的执行结果如图 13.18 所示。

3. throw 语句

throw 语句有两种使用方式，一是直接抛出异常；二是在出现异常时，通过 catch 块对其进行处理同时使用 throw 语句重新把这个异常抛出，并让调用这个方法的程序进行捕捉和处理。throw 语句的使用语法格式如下：

throw [表达式];

其中，"表达式"类型必须是 System.Exception 或从 System.Exception 派生的类的类型。throw 语句也可以不带"表达式"，此时只能用在 catch 块中，在这种情况下，它重新抛出当前正由 catch 块处理的异常。

【例 13.4】 创建控制台应用程序项目 proj13-5(存放在"D:\C♯程序\ch13"文件夹中),说明 throw 语句的作用。

解:设计的控制台应用程序如下。

```
using System;
using System.Collections.Generic;
using System.Text;
namespace proj13_5
{   class Program
    {   static void fun()
        {   int x = 5, y = 0;
            try                                //try…catch 语句
            {
                x = x/y;                       //引发除零错误
            }
            catch (Exception err)              //捕捉该错误
            {   Console.WriteLine("fun:{0}", err.Message);
                throw;                         //重新抛出异常
            }
        }
        static void Main(string[] args)
        {   try
            {   fun();  }
            catch (Exception err)              //捕捉该错误
            {   Console.WriteLine("Main:{0}", err.Message); }
        }
    }
}
```

图 13.19　例 13.4 项目的执行结果

在本程序中,fun 静态方法包含用于捕捉整数除零异常的 catch 块,但其中又使用 throw 语句重新抛出该异常,被调用该方法的 Main 方法中的 catch 块捕捉到并进行处理。程序的执行结果如图 13.19 所示。

13.3.3　常用的异常类

C♯的常用异常类均包含在 System 命名空间中,主要有 Exception、DivideByZeroException(当试图用整数类型数据除以零时抛出)、OutOfMemoryException(当试图用 new 分配内存失败时抛出)等。

Exception 类是所有异常类的基类,当出现错误时,系统或当前执行的应用程序通过引发包含有关该错误信息的异常来报告错误。引发异常后,应用程序或默认异常处理程序将处理异常。Exception 类的公共属性如表 13.1 所示,用户通过这些属性可以获取错误信息等。

表 13.1　Exception 类的公共属性

名　称	说　明
Data	获取一个提供用户定义的其他异常信息的键/值对的集合
HelpLink	获取或设置指向此异常所关联帮助文件的链接
InnerException	获取导致当前异常的 Exception 实例

续表

名　　称	说　　明
Message	获取描述当前异常的消息
Source	获取或设置导致错误的应用程序或对象的名称
StackTrace	获取当前异常发生时调用堆栈上的帧的字符串表示形式
TargetSite	获取引发当前异常的方法

练 习 题 13

1. 单项选择题

(1) 程序执行过程中发生的错误称为_____。

　　A. 版本　　　　　　B. 断点　　　　　　C. 异常　　　　　　D. 属性

(2) 以下关于程序的各种错误中说法错误的是_____。

　　A. 只通过测试无法确保程序的运行完全正常

　　B. 通过异常处理可以捕获运行错误

　　C. 逻辑错误在编译时不会被发现，但是可以通过测试发现

　　D. 语法错误容易在运行时发现

(3) 程序调试的基础是设置断点，以下叙述中正确的是_____。

　　A. 在一个程序中只能设置一个断点

　　B. 在一个程序中可以设置一个或多个断点

　　C. 在一个程序中必须设置两个或两个以上的断点

　　D. 以上都不对

(4) 以下关于 C♯ 的异常处理的叙述中正确的是_____。

　　A. try 块后面必须跟 catch 块或 finally 块组合使用，不能单独使用

　　B. 一个 try 块后面只能跟随一个 catch 块

　　C. throw 语句中必须指出抛出的异常

　　D. 在 try…catch…finally 块中，当发生异常时不会执行 finally 块

(5) 在 C♯ 程序中可以使用 try…catch 机制处理程序出现的_____错误。

　　A. 语法　　　　　　B. 运行　　　　　　C. 逻辑　　　　　　D. 拼写

(6) 在 C♯ 中，在方法 MyFunc 内部的 try…catch 语句中，如果在 try 代码块中发生异常，并且在当前的所有 catch 块中都没有找到合适的 catch 块，则_____。

　　A. 系统运行时忽略该异常

　　B. 系统运行时马上强制退出该程序，指出未处理的异常

　　C. 系统运行时继续在 MyFunc 的调用堆栈中查找提供该异常处理的过程

　　D. 系统抛出一个新的"异常处理未找到"的异常

(7) 以下关于 try…catch…finally 语句的叙述中不正确的是_____。

　　A. catch 块可以有多个

　　B. finally 块最多只有一个

　　C. catch 块也是可选的

D. 可以只有 try 块，没有 catch 块和 finaly 块

（8）为了能够在程序中捕获所有的异常，在 catch 语句的括号中使用的类名为_____。

　　A. Exception　　　　　　　　　　　　B. DivideByZeroException
　　C. FormatException　　　　　　　　　D. 以上 3 个均可

（9）假设给出下面的代码：

```
try
{
    throw new OverflowException();
}
catch(FileNotFoundException e) { Console.Write("1 "); }
catch(OverflowException e){Console.Write("2 ");}
catch(SystemException e){Console.Write("3 ");}
catch {Console.Write("4 ");}
finally {Console.Write("5 ");}
```

执行时的输出结果是_____。

　　A. 1 5　　　　　　　B. 2 5　　　　　　　C. 3 5　　　　　　　D. 2 3

（10）有以下 C♯ 程序：

```
using System;
namespace aaa
{   public class Program
    {   public static void ThrowException()
        {   throw new Exception(); }
        public static void Main()
        {   try
            {   Console.Write("try ");
                ThrowException();
            }
            catch (Exception e)
            {   Console.Write("catch "); }
            finally
            {   Console.Write("finally "); }
        }
    }
}
```

该程序的运行结果是_____。

　　A. try catch finally　　　　　　　　B. try
　　C. try catch　　　　　　　　　　　　D. try finally

2. 问答题

（1）简述设置断点的作用。

（2）简述 C♯ 中异常处理的基本方法。

3. 编程题

（1）创建 Windows 窗体应用程序项目 exci13，添加一个窗体 Form1，有若干学生姓名和分数存放在 name 和 score 数组中，通过输入的序号（索引）显示对应的数据，使用 try…catch 语句处理索引不正确的情况。例如，输入不正确时的执行界面如图 13.20 所示。

（2）在项目 exci13 中添加一个窗体 Form2，说明在使用类对象数组时没有实例化每个数

组元素会出错，并使用 try…catch 语句检测出现的错误信息。例如，用消息框显示的错误信息如图 13.21 所示。

图 13.20　编程题(1)窗体的执行界面

图 13.21　编程题(2)窗体的执行界面

4. 上机实验题

创建 Windows 窗体应用程序项目 experment13，添加一个窗体 Form1，用来求指定文件夹中子文件夹的个数，要求采用 try…catch 语句进行异常处理，其不存在指定文件夹的执行界面如图 13.22 所示。

图 13.22　上机实验题窗体的执行界面

第 14 章

多线程和异步程序设计

除了前面介绍的基本知识外，C♯还提供了很多高级特性，多线程和异步执行便是两个C♯高级特性。在程序中采用多线程和异步执行方式，可以进一步提高程序执行的效率。本章主要讨论多线程和异步程序设计方法。

本章学习要点：
- ☑ 掌握多线程的概念和相关的类。
- ☑ 掌握实现多线程互斥和同步的程序设计方法。
- ☑ 掌握程序同步和异步执行过程。
- ☑ 掌握 TAP 异步程序设计方法。

14.1　多线程程序设计

Windows 是一个多任务的系统，可以通过任务管理器查看当前系统运行的程序和进程。本节介绍线程的概念及多线程编程。

14.1.1　多线程概述

当一个程序开始运行时，它就是一个进程，进程包括执行中的程序和程序所使用到的内存及系统资源，而一个进程又是由多个线程组成的，线程是程序中的一个执行流。系统为处理器执行所规划的单元是线程，每个线程都有自己的专有寄存器(栈指针、程序计数器等)，但代码区是共享的，即不同的线程可以执行同样的函数。多线程是指程序中包含多个执行流，即在一个程序中可以同时运行多个不同的线程来执行不同的任务，也就是说，允许单个程序创建多个并行执行的线程来完成各自的任务。例如，在 Windows 中可以一边播放音乐，一边在 Word中编辑文字等。

多线程的好处在于可以提高 CPU 的利用率。在多线程程序中，一个线程可能因请求某种资源而等待，此时 CPU 可以执行其他的线程而不是等待，这样就大大提高了程序的效率。

然而用户必须认识到线程本身可能影响系统性能的不利方面：
- 线程也是程序，所以线程需要占用内存，线程越多，占用的内存也越多。
- 多线程需要协调和管理，所以需要 CPU 时间跟踪线程。
- 线程之间对共享资源的访问会相互影响，必须解决竞用共享资源的问题。
- 线程太多会导致控制太复杂，最终可能造成很多错误。

14.1.2　线程命名空间

线程命名空间是 System.Threading，它提供了多线程程序设计的类和接口等，用于执行创建和启动线程、同步多个线程、挂起线程和中止线程等任务，其中有关线程方面的类如下。

- Thread 类：用于创建并控制线程、设置其优先级并获取其状态。
- Monitor 类：提供同步对对象访问的机制。
- Mutex 类：一个同步基元，也可用于进程间同步。
- ThreadAbortException 类：对 Abort 方法进行调用时引发的异常。无法继承此类。
- ThreadInterruptedException 类：中断处于等待状态的 Thread 时引发的异常。
- ThreadStartException 类：当基础操作系统线程已启动但该线程尚未准备好执行用户代码前，托管线程中出现错误，则会引发异常。
- ThreadStateException 类：当 Thread 处于对方法调用无效的 ThreadState 时引发的异常。

其中后 4 个类主要提供线程的异常处理。在线程程序设计中需要在引用部分添加以下语句引用线程命名空间：

```
using System.Threading;
```

14.1.3　Thread 类及其应用

1. Thread 类

Thread 类是最重要的线程类，它的常用属性如表 14.1 所示，其中 ThreadState 属性和 IsAlive 属性都指示当前线程的状态，但前者比后者能提供更多的特定信息。ThreadState 属性的取值及其说明如表 14.2 所示。

表 14.1　Thread 类的常用属性

属　　性	说　　明
CurrentThread	获取当前正在运行的线程
IsAlive	获取一个值，该值指示当前线程的执行状态
IsBackground	获取或设置一个值，该值指示某个线程是否为后台线程
IsThreadPoolThread	获取一个值，该值指示线程是否属于托管线程池
ManagedThreadId	获取当前托管线程的唯一标识符
Name	获取或设置线程的名称
Priority	获取或设置一个值，该值指示线程的调度优先级
ThreadState	获取一个值，该值包含当前线程的状态

表 14.2　ThreadState 属性的取值及其说明

成 员 名 称	说　　明
Aborted	线程已终止，但其状态尚未更改为 Stopped
AbortRequested	已对线程调用了 Abort 方法，正在请求终止
Background	线程正作为后台线程执行
Running	线程正在运行
Stopped	线程已停止
StopRequested	正在请求线程停止，这仅用于内部
Suspended	线程已挂起
SuspendRequested	正在请求线程挂起
Unstarted	线程尚未启动
WaitSleepJoin	由于调用 Thread.Sleep 或 Thread.Join 等线程已被阻止(等待或挂起)

Thread 类的常用方法如表 14.3 所示。在 .NET 中创建一个线程后,当线程执行完毕后一般会自动销毁,如果线程没有自动销毁可通过 Thread 类的 Abort 方法来手动销毁,但要注意的是,如果线程中使用的资源没有完全销毁,Abort 方法执行后也不能保证线程被销毁。

表 14.3　Thread 类的常用方法

方　　法	说　　明
Abort	终止线程,即永久性地停止线程,不能再启动
Interrupt	中断处于 WaitSleepJoin 状态的线程
Join	阻塞调用线程,直到某个线程终止时为止
Sleep	将当前线程阻塞指定的毫秒数
Start	启动线程,使线程得以按计划执行
ResetAbort	取消为当前线程请求的 Abort

ThreadState 为线程定义了一组所有可能的执行状态。线程从创建到终止,它一定处于某一个状态。当线程被创建时,它处在 Unstarted 状态,调用 Start() 方法后,它仍然处在 Unstarted 状态,紧接着线程开始运行(IsAlive 变为 true),线程状态变为 Running 状态(也可以理解为调用 Start() 方法后线程状态由 Unstarted 变为 Running)。线程将一直处于这样的状态,除非调用了相应的方法使其挂起、阻塞、销毁或者自然终止。一旦线程调用 Abort() 方法被终止,线程处于 Stopped 状态,处于这个状态的线程将不复存在,不能对其调用 Start() 方法。表 14.4 给出了导致状态更改的操作。

表 14.4　导致状态更改的操作

操　　作	当前线程的 ThreadState 状态值
在公共语言运行库中创建线程	Unstarted
线程调用 Start	Unstarted
线程开始运行	Running
线程调用 Sleep	WaitSleepJoin
线程对其他对象调用 Wait	WaitSleepJoin
线程对其他线程调用 Join	WaitSleepJoin
另一个线程调用 Interrupt	Running
另一个线程调用 Abort	AbortRequested
线程响应 Abort 请求	Stopped
线程被终止	Stopped

在某个给定时间线程可处于多个状态中。例如,一个线程被调用了 Sleep() 而处于阻塞,接着另外一个线程调用 Abort() 方法阻塞这个线程,这时候该线程将同时处于 WaitSleepJoin 和 AbortRequested 状态。C# 基本的线程状态转换如图 14.1 所示。

需要注意的是,如果代码中调用了某个线程对象的 Join 方法,那么当前代码所在的线程将被阻止,直到被调用线程终止后才恢复执行。也就是说,Join 方法将被调用线程合并到当前线程,强制等待被调用线程执行完毕,然后再继续当前线程。

同时,一旦启动线程,就不必保留对 Thread 对象的引用。线程将继续执行,直到该线程过程完成。

2. 创建和启动新线程

每个进程在启动时都将创建一个默认线程,这称为进程的主线程。对于 C# 程序,主线程

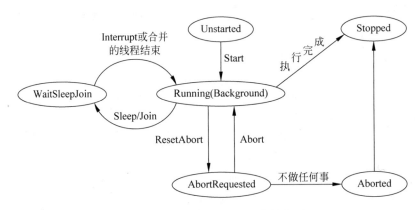

图 14.1　C♯ 基本的线程状态转换图

执行的就是 Main 方法的代码，主线程以外的线程一般称为工作线程。在 Main 方法中，可以通过 Thread 类的构造函数来创建工作线程。

Thread 类的主要构造函数如下：

① public Thread(ThreadStart start)

其中，参数 start 为 ThreadStart 委托，它表示此线程开始执行时要调用的方法。

② public Thread(ParameterizedThreadStart start)

其中，参数 start 为 ParameterizedThreadStart 委托，表示此线程开始执行时要调用的方法。它表示初始化 Thread 类的新实例，并指定允许对象在线程启动时传递给线程的委托。

第①个构造函数适合创建不带参数的线程，第②个构造函数适合创建带有参数的线程。如果不用委托，称为静态创建线程。

在创建工作线程后，通过 Start()方法启动工作线程。例如，有以下类：

```
class MyClass                              //声明包含方法的类
{    …
    public void method1()                  //不带参数的方法 method1
    {
        …
    }
    public void method2(object data)       //带参数的方法 method2
    {
        …
    }
    …
}
```

采用静态方式创建和启动工作线程的过程如下：

```
MyClass obj = new MyClass();                //创建 MyClass 的实例
Thread workth1 = new Thread(obj.method1);   //创建一个工作线程 workth1
workth1.Start();                            //启动工作线程 workth1
…
Thread workth2 = new Thread(obj.method1);   //创建一个工作线程 workth2
workth1.Start(10);                          //启动工作线程 workth2,其中 10 为实参
```

采用委托方式创建和启动工作线程的过程如下：

```
delegate void deletype1();                              //声明委托类型 deletype1
delegate void deletype2(object obj);                    //声明委托类型 deletype2
…
deletype1 mydele1;                                      //定义委托变量 mydele1
deletype2 mydele2;                                      //定义委托变量 mydele2
MyClass a = new MyClass();                              //创建 MyClass 类的实例
mydele1 = new deletype1(a.method1);
mydele2 = new deletype2(a.method2);
Thread workth1 = new Thread(new ThreadStart(mydele1));
                                                        //创建一个工作线程 workth1
workth1.Start();                                        //启动工作线程 workth1
Thread workth2 = new Thread(new ParameterizedThreadStart(mydele2));
                                                        //创建一个工作线程 workth2
workth2.Start(10);                                      //启动工作线程 workth2,其中 10 为实参
```

3. 暂停线程

一旦线程启动,就可以调用其方法来更改它的状态。例如,通过调用 Thread. Sleep( )可以使线程暂停一段时间(以毫秒为单位)。其使用语法格式如下:

```
Sleep(n);
```

其中,n 为挂起的毫秒数,即线程保持锁定状态的毫秒数。

如果使用参数 Infinite 调用 Sleep,则会导致线程休眠,直到调用 Interrupt 的另一个线程将其唤醒为止。

注意:一个线程不能针对另一个线程调用 Thread. Sleep( )方法。Thread. Sleep( )方法会使包含该代码的线程休眠。

4. 中断线程

Interrupt( )方法会将目标线程从其可能处于的任何等待状态中唤醒,并导致引发 ThreadInterruptedException 异常。

通过对被阻止的线程调用 Interrupt( )方法可以中断正在等待的线程,从而使该线程脱离造成阻止的调用。线程应该捕获 ThreadInterruptedException 异常并执行任何适当的操作以继续运行。如果线程忽略该异常,则运行库将捕获该异常并停止该线程。

5. 销毁线程

Abort( )方法用于永久地停止托管线程。在调用 Abort 时,公共语言运行库在目标线程中引发 ThreadAbortException,目标线程可捕捉此异常。

注意:一旦线程被中止,它将无法重新启动。如果线程已经终止,则不能通过 Start( )来启动。

Abort( )方法不直接导致线程中止,因为目标线程可捕捉 ThreadAbortException 并在 finally 块中执行任意数量的代码。如果需要等待线程结束,可调用 Join( )方法。Thread. Join( ) 是一种模块化调用,它在线程实际停止执行之前或可选超时间隔结束之前不会返回。等待 Join( )方法调用的线程可由其他线程调用 Interrupt( )来中断。

【例 14.1】　分析以下程序的执行结果(对应"D:\C♯程序\ch14"文件夹的项目 proj14-1)。

```
using System;
using System.Threading;                                 //新增引用
namespace proj14_1
{   public class A
    {   public void fun()                               //定义类 A 的方法
        {   while (true)
```

```
          { Console.WriteLine("工作线程:正在执行 A.fun 方法..."); }
        }
    };
    public class Program
    {   public static void Main()
        {   Console.WriteLine("主线程启动...");
            A a = new A();                          //创建 A 类的实例
            Thread workth = new Thread(new ThreadStart(a.fun));
                                                    //创建一个线程,使之执行 A 类的 fun()方法
            Console.WriteLine("工作线程启动...");
            workth.Start();                         //启动工作线程 workth
            while (!workth.IsAlive);                //循环,直到工作线程激活
            Console.WriteLine("主线程睡眠 1ms...");
            Thread.Sleep(1);                        //让主线程睡眠 1ms,以允许工作线程完成自己的工作
            Console.WriteLine("终止工作线程");
            workth.Abort();
            Console.WriteLine("阻塞工作线程");
            workth.Join();
            try
            {   Console.WriteLine("试图重新启动工作线程");
                workth.Start();
            }
            catch (ThreadStateException)            //捕捉 workth.Start()的异常
            {
                Console.WriteLine("终止后的线程不能重启,在重启时引发相关异常");
            }
            Console.WriteLine("主线程结束");
        }
    }
}
```

解: 执行 Main()方法创建了主线程,其中又创建了一个工作线程 workth,通过 Start()方法调用启动它,此时系统将启动工作线程的执行,但这是与主线程异步执行的,这意味着 Main 方法将在工作线程进行初始化的同时继续执行代码。为了保证 Main 方法不会尝试在工作线程有机会执行之前将它终止,Main 方法将一直循环,直到工作线程的 IsAlive 属性设置为 true。然后让主线程睡眠 1ms,这保证了工作线程的 fun 方法在 Main 方法执行其他任何命令之前在 fun 方法内部执行若干次循环。在 1ms 之后,Main 将通知工作线程,通过调用 Abort()和 Join()方法终止它。当试图再次启动已终止的工作线程时出现异常。Main()方法执行完毕,主线程已结束。程序的一次执行结果如图 14.2 所示。

说明: 本例有两个线程,每次执行的结果可能不完全相同,这便是多线程环境下的特点。

图 14.2 例 14.1 程序的执行结果

14.1.4 线程优先级和线程调度

每个线程都具有分配给它的线程优先级,通过 Thread 类的 Priority 属性设定,该属性是一个枚举值,如表 14.5 所示。

在 CLR 中创建的线程最初分配的优先级为 Normal。线程根据其优先级来调度执行。即使线程正在运行库中执行,所有线程都是由操作系统分配处理器时间片的。用于确定线程执行顺序的调度算法的详细情况随每个操作系统的不同而不同。在某些操作系统下,具有最高优先级(相对于可执行线程而言)的线程经过调度后总是首先运行。如果具有相同优先级的多个线程都可用,则调度程序将遍历处于该优先级的线程,并为每个线程提供一个固定的时间片来执行。只要具有较高优先级的线程可以运行,具有较低优先级的线程就不会执行。如果在给定的优先级上不再有可运行的线程,则调度程序将移到下一个较低的优先级并在该优先级上调度线程以执行。如果具有较高优先级的线程可以运行,则具有较低优先级的线程将被抢先,并允许具有较高优先级的线程再次执行。除此之外,当应用程序的用户界面在前台和后台之间移动时,操作系统还可以动态地调整线程优先级。其他操作系统可以选择使用不同的调度算法。

表 14.5 线程的优先级值

成员名	说 明
Lowest	可以将 Thread 安排在具有任何其他优先级的线程之后
BelowNormal	可以将 Thread 安排在具有 Normal 优先级的线程之后,在具有 Lowest 优先级的线程之前
Normal	可以将 Thread 安排在具有 AboveNormal 优先级的线程之后,在具有 BelowNormal 优先级的线程之前。默认情况下,线程具有 Normal 优先级
AboveNormal	可以将 Thread 安排在具有 Highest 优先级的线程之后,在具有 Normal 优先级的线程之前
Highest	可以将 Thread 安排在具有任何其他优先级的线程之前

【例 14.2】 分析以下程序的执行结果(对应"D:\C#程序\ch14"文件夹中的 proj14-2 项目)。

```
using System;
using System.Threading;
namespace proj14_2
{   class A                              //声明类A
    {   bool looptag;
        public A()                       //构造函数
        {   looptag = true; }
        public bool plooptag             //定义属性 plooptag
        {
            set { looptag = value; }
        }
        public void fun()                //定义类A的方法
        {   long thcount = 0;            //线程循环计数器
            while (looptag)
            {
                thcount++;               //累计循环次数
            }
            Console.WriteLine("{0}优先级为:{1,12},循环次数为:{2}",
                Thread.CurrentThread.Name,
                Thread.CurrentThread.Priority.ToString(),
                thcount.ToString());
```

```
        }
    }
class Program
{   static void Main()
    {   A a = new A();
        Thread workth1 = new Thread(a.fun);
        Console.WriteLine("启动主线程...");
        workth1.Name = "工作线程1";
        Thread workth2 = new Thread(a.fun);
        workth2.Name = "工作线程2";
        workth2.Priority = ThreadPriority.BelowNormal;
        Console.WriteLine("启动工作线程1...");
        workth1.Start();
        Console.WriteLine("启动工作线程2...");
        workth2.Start();
        Console.WriteLine("等待1秒以便执行工作线程...");
        Thread.Sleep(1000);                    //主线程睡眠1秒以便执行工作线程
        a.plooptag = false;                    //设为false使工作线程完成自动的工作
        Console.WriteLine("等待1秒以便输出统计结果...");
        Thread.Sleep(1000);                    //主线程睡眠1秒以便工作线程输出
        Console.WriteLine("终止工作线程1");
        workth1.Abort();
        workth1.Join();
        Console.WriteLine("终止工作线程2");
        workth2.Abort();
        workth2.Join();
        Console.WriteLine("主线程结束");
    }
    }
}
```

解：上述程序的主线程中创建了两个工作线程 workth1 和 workth2，在启动后等待它们执行 1 秒钟（这 1 秒钟都在执行 while 循环语句），然后中止各工作线程中的循环语句，再等待 1 秒钟输出（这 1 秒钟工作线程执行输出），最后终止工作线程。执行的一次结果如图 14.3 所示，从中可以看到 workth1 的优先级由系统设为 Normal，而 workth1 的优先级由系统设为 BelowNormal，因为 workth2 后启动。由于 workth1 的优先级较高，所以循环执行的次数也较多。

图 14.3　例 14.2 程序的执行结果

【**例 14.3**】　设计 Windows 应用程序项目 prog14-3，在窗体 Form1 上放置两个进度条（ProgressBar），单击"开始"命令按钮时两个进度条同时开始工作。

解：在"D:\C#程序\ch14"文件夹中建立一个名称为 prog14-3 的 Windows 应用程序项

目,添加一个窗体 Form1,其中有两个标签、两个进度条(progressBar1 和 progressBar2)和一个命令按钮 button1,设计界面如图 14.4 所示,对应的程序如下。

```
using System;
using System.Windows.Forms;
using System.Threading;
namespace Proj14_3
{    struct Mystruct                            //声明结构类型
    {    public ProgressBar pb;                  //进度条对象
        public int n;                            //睡眠时间
    }
    public partial class Form1 : Form
    {    delegate void deletype(ProgressBar p);   //声明委托类型 deletype
        deletype mydele;                         //定义委托变量
        private Thread workth1;                   //定义工作线程 1 变量
        private Thread workth2;                   //定义工作线程 2 变量
        Mystruct s;                               //定义结构变量
        public Form1()                            //构造函数
        {    InitializeComponent();   }
        private void button1_Click(object sender, EventArgs e)
        {    mydele = new deletype(setvalue);     //创建委托实例,让 mydele 指向 setvalue 方法
            workth1 = new Thread(new ParameterizedThreadStart(fun));   //创建工作线程 1
            workth2 = new Thread(new ParameterizedThreadStart(fun));   //创建工作线程 2
            s.pb = progressBar1;                 //给结构变量 s 赋值
            s.n = 100;
            workth1.Start(s);                    //启动工作线程 1
            s.pb = progressBar2;
            s.n = 200;
            workth2.Start(s);                    //启动工作线程 2
        }
        public void fun(object data)             //定义方法 fun
        {    Mystruct s1 = (Mystruct)data;       //将 data 参数强制转换为 Mystruct 类型
            ProgressBar p1 = s1.pb;              //获取当前的进度条控件
            int n = s1.n;
            while (p1.Value < 100)               //循环
            {    p1.Invoke(mydele, new object[]{p1});          //执行 setvalue 方法
                Thread.Sleep(n);                 //睡眠或等待指定的时间
            }
        }
        private void setvalue(ProgressBar p)     //进度条值增 1 的方法
        {    p.Value += 1;   }
        private void Form1_FormClosing(object sender, FormClosingEventArgs e)
        {    if (workth1.IsAlive) workth1.Abort();              //终止工作线程 1
            if (workth2.IsAlive) workth2.Abort();              //终止工作线程 2
        }
    }
}
```

执行本窗体,单击"开始"命令按钮,启动两个工作线程 workth1 和 workth2,工作线程每执行一次,相应的进度条前进一格,某一时刻的执行结果如图 14.5 所示,当用户关闭窗体时才终止这两个工作线程。

说明:进度条(ProgressBar)控件经常用来显示一个任务的进度,其主要属性有 Maximun(进度条代表的最大值,默认为 100)、Minimun(进度条代表的最小值,默认为 0)、Step(变化的

步长,默认值为 10)、Value(进度条当前位置代表的值,达到一个 Step,进度增加一格)。例 14.3 中用的进度条方法为 Invoke(),它在拥有此控件的线程上执行委托,有以下两种签名。

① Control. Invoke(Delegate):在拥有此控件的线程上执行指定的委托,其中委托所指向的方法不带参数。

② Control. Invoke(Delegate, Object[]):在拥有控件的线程上用指定的参数列表执行指定的委托,其中 Object 数组指定参数序列。

图 14.4　Form1 的设计界面

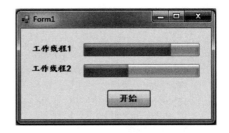

图 14.5　Form1 的执行界面

14.1.5　线程互斥

多个线程在同时修改共享数据时可能发生错误,这样的共享数据称为临界区。线程互斥是指某一资源同时只允许一个访问者对其进行访问,具有唯一性和排他性。但互斥无法限制访问者对资源的访问顺序,即访问是无序的。

下面通过一个示例说明多个线程同时修改共享数据可能发生错误。

【例 14.4】　在项目 prog14-3 中添加一个窗体 Form2,其上有一个命令按钮 button1 和一个列表框 listBox1,该窗体的程序如下。

```csharp
using System;
using System.Windows.Forms;
using System.Threading;
namespace proj14_3
{   public partial class Form2 : Form
    {   int x;
        Random r = new Random();              //定义随机数对象
        public Form2()
        {   InitializeComponent(); }
        private void button1_Click(object sender, EventArgs e)
        {   int i;
            Thread workth1, workth2;
            for (i = 0; i < 100; i++)          //循环 100 次
            {   x = 1;
                workth1 = new Thread(add);     //创建工作线程 1
                workth2 = new Thread(sub);     //创建工作线程 2
                workth1.Start();               //启动工作线程 1
                workth2.Start();               //启动工作线程 2
                Thread.Sleep(50);
                workth1.Abort();               //终止工作线程 1
                workth2.Abort();               //终止工作线程 2
                if (listBox1.FindString(x.ToString()) == -1)
                    listBox1.Items.Add(x);     //当在 listBox1 中未找到时将 x 添加进去
            }
            listBox1.Items.Add("执行完毕");
```

```
        }
        private void add()                          //方法 add()
        {   int n;
            n = x;                                  //取出 x 的值
            n++;
            Thread.Sleep(r.Next(5,10));             //睡眠 5～10ms
            x = n;                                  //存回到 x 中
        }
        private void sub()                          //方法 sub()
        {   int n;
            n = x;                                  //取出 x 的值
            n--;
            Thread.Sleep(r.Next(5,10));             //睡眠 5～10ms
            x = n;                                  //存回到 x 中
        }
    }
}
```

分析单击"开始"命令按钮后 listBox1 中可能显示的结果。

解：在上述程序中 Form2 窗体上有两个方法 add()和 sub()，分别用于对类中变量 x（初值为 1）实现加 1 和减 1 操作，创建它们对应的两个工作线程 workth1 和 workth2，让它们并发执行 100 次（每次启动这两个线程，然后均终止）。对这两个线程来说，x 是共享变量，例如某次的执行过程是，执行 add()的 $n=x(1)$ 和 $n++(n=2)$ 之后，再执行 sub()的 $n=x(1)$ 和 $n--(0)$，接着执行 add()的 $x=n(2)$ 和 sub()的 $x=n(0)$，最后 x 的值为 0。在每次循环中，只将不同的 x 值添加到列表框中。本程序的一次执行结果如图 14.6 所示，从中可以看到，x 的可能结果为 0、1 或 2，这显然是不正确的，原因是多个线程同时修改共享数据发生错误。

图 14.6　Form2 的执行界面

那么如何解决上述问题呢？使用线程互斥。下面介绍几种实现线程互斥的方法。

1. 用 lock 语句实现线程互斥

lock 语句将一个语句块标记为临界区，方法是获取给定对象的互斥锁，执行语句，然后释放该锁。此语句的一般形式如下：

```
Object thisLock = new Object();
lock(thisLock)
{
    //访问共享资源的代码
}
```

其中，lock 的参数指定要锁定的对象，锁定该对象内的所有临界区，必须是引用类型。例如控制台应用程序中一般像上述方式使用，而在窗体中一般将 thisLock 改为 this，表示引用当前窗体。

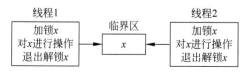

图 14.7　临界区的加锁和解锁

例如线程 1 在执行 lock 语句标记的临界区代码时，不允许其他线程对其临界区进行修改操作，如有线程 2 要修改临界区，系统将其阻塞，直到线程 1 退出临界区才允许线程 2 进行操作，如图 14.7 所示。

根据 lock 语句，可将例 14.4 程序中的 add( )和 sub( )方法的代码修改如下（对应 proj14-3 项目中的 Form3 窗体）：

```
public void add()                            //方法 add
{   int n;
    lock (this)
    {   n = x;                               //取出 x 的值
        n++;
        Thread.Sleep(r.Next(5, 10));         //睡眠 5～10ms
        x = n;                               //存回到 x 中
    }
}
public void sub()                            //方法 sub
{   int n;
    lock (this)
    {   n = x;                               //取出 x 的值
        n--;
        Thread.Sleep(r.Next(5, 10));         //睡眠 5～10ms
        x = n;                               //存回到 x 中
    }
}
```

图 14.8　修改后 Form3 的执行界面

其他地方不做改动，这样程序的执行结果如图 14.8 所示，x 的初值为 1，在加 1 减 1 后，x 的结果仍为 1。

2. 用 Mutex 类实现线程互斥

用户可以使用 Mutex 对象提供对资源的独占访问，线程调用 Mutex 的 WaitOne 方法请求所有权。该调用会一直阻塞到 mutex 可用，或直至达到可选的超时间隔。如果没有任何线程拥有它，则 Mutex 的状态为已发信号的状态。

线程通过调用 ReleaseMutex 方法释放 Mutex。Mutex 具有线程关联，即 Mutex 只能由拥有它的线程释放。如果线程释放不是它拥有的 Mutex，则会在该线程中引发 ApplicationException 异常。

使用 Mutex 类这样修改例 14.4 的程序，对应 proj14-3 项目中的 Form4 窗体，在 Form4 类中增加如下字段：

```
Mutex mut = new Mutex();
```

然后修改 add( )和 sub( )方法的代码如下：

```
public void add()                            //方法 add
{   int n;
    mut.WaitOne();                           //等待互斥体访问权
    n = x;                                   //取出 x 的值
    n++;
    Thread.Sleep(r.Next(5, 10));             //睡眠 5～10ms
    x = n;                                   //存回到 x 中
    mut.ReleaseMutex();                      //释放互斥体访问权
}
public void sub()                            //方法 sub
{   int n;
    mut.WaitOne();                           //等待互斥体访问权
    n = x;                                   //取出 x 的值
    n--;
```

```
Thread.Sleep(r.Next(5, 10));                    //睡眠 5～10ms
x = n;                                          //存回到 x 中
mut.ReleaseMutex();                             //释放互斥体访问权
}
```

其他地方不做改动,这样程序的执行结果如图 14.8 所示,从中可以看到实现了临界区的互斥操作。

3. 用 Monitor 类实现线程互斥

Monitor 类通过向单个线程授予对象锁来控制对对象的访问。对象锁提供限制访问代码块(通常称为临界区)的能力。当一个线程拥有对象的锁时,其他任何线程都不能获取该锁。用户还可以使用 Monitor 确保不会允许其他任何线程访问正在由锁的所有者执行的应用程序代码节,除非另一个线程正在使用其他的锁定对象执行该代码。Monitor 类的主要静态方法如下。

- Enter():获取对象锁,此操作同样会标记临界区的开头。其他任何线程都不能进入临界区,除非它使用其他锁定对象执行临界区中的指令。
- Wait():释放对象上的锁,以便允许其他线程锁定和访问该对象。在其他线程访问对象时,调用线程将等待。脉冲信号用于通知等待线程有关对象状态的更改。
- Pulse():向一个或多个等待线程发送信号,该信号通知等待线程锁定对象的状态已更改,并且锁的所有者准备释放该锁。等待线程被放置在对象的就绪队列中,以便它可以最后接收对象锁。一旦线程拥有了锁,它就可以检查对象的新状态,以查看是否达到所需的状态。
- Exit():释放对象上的锁,此操作还标记受锁定对象保护的临界区的结尾。

说明:Monitor 类和 Mutex 类相比,Mutex 类使用更多的系统资源,但可以跨应用程序域边界进行封送处理,可用于多个等待,并且可用于同步不同进程中的线程。

使用 Monitor 类这样修改例 14.4 的程序,对应 proj14-3 项目中的 Form5 窗体,修改 add() 和 sub() 方法的代码如下:

```
public void add()                               //方法 add
{    int n;
     Monitor.Enter(this);                       //加排他锁
     n = x;                                     //取出 x 的值
     n++;
     Thread.Sleep(r.Next(5, 10));               //睡眠 5～10ms
     x = n;                                     //存回到 x 中
     Monitor.Exit(this);                        //释放排他锁
}
public void sub()                               //方法 sub
{    int n;
     Monitor.Enter(this);                       //加排他锁
     n = x;                                     //取出 x 的值
     n--;
     Thread.Sleep(r.Next(5, 10));               //睡眠 5～10ms
     x = n;                                     //存回到 x 中
     Monitor.Exit(this);                        //释放排他锁
}
```

其他地方不做改动,这样程序的执行结果如图 14.8 所示,从中可以看到实现了临界区的互斥操作。

14.1.6 线程同步

线程同步是指多个相互关联的线程在某些确定点上协调工作，即需要互相等待或互相交换信息。假设有这样一种情况，两个线程同时维护一个队列，如果一个线程对队列中添加元素，而另外一个线程从队列中取用元素，那么称添加元素的线程为生产者，称取用元素的线程为消费者。生产者与消费者问题看起来很简单，却是多线程应用中的一个必须解决的问题，它涉及线程之间的同步和通信问题。

下面通过一个示例说明生产者与消费者线程不同步可能发生的错误。

【例 14.5】 在 proj14-3 项目中添加一个窗体 Form6，其中放置一个"开始"命令按钮 button1 和一个文本框 textBox1，对应的程序如下。

```
using System;
using System.Windows.Forms;
using System.Threading;
namespace proj14_3
{
    public partial class Form6 : Form
    {   int x = 0, sum = 0;
        Random r = new Random();
        public Form6()
        {   InitializeComponent(); }
        private void button1_Click(object sender, EventArgs e)
        {   Thread workth1 = new Thread(put);      //创建工作线程 1
            Thread workth2 = new Thread(get);      //创建工作线程 2
            workth1.Start();                       //启动工作线程 1
            workth2.Start();                       //启动工作线程 2
            Thread.Sleep(600);
            workth1.Abort();                       //终止工作线程 1
            workth2.Abort();                       //终止工作线程 2
            textBox1.Text = "消费总数 = " + sum.ToString();
        }
        public void put()                          //生产者
        {   int k;
            for (k = 1; k <= 4; k++)
            {   x = k;
                Thread.Sleep(r.Next(20, 30));      //睡眠 20～30ms
            }
        }
        public void get()                          //消费者
        {   int k;
            for (k = 1; k <= 4; k++)
            {   sum += x;
                Thread.Sleep(r.Next(20, 30));      //睡眠 20～30ms
            }
        }
    }
}
```

分析单击"开始"命令按钮后 textBox1 中显示的结果。

解：在上述程序中，工作线程 1 和工作线程 2 分别执行方法 put() 和 get()，分别称为生产者线程和消费者线程。生产者线程向 x 中放入 1、2、3、4，消费者线程从中取出 x 的数据并求

图 14.9 Form6 的执行界面

和 sum,最后主线程输出 sum,sum 的值应为 $1+2+3+4=10$。但问题是两个线程并发执行,不能保证每放入一个 x,等 x 取出后再放下一个 x,这样 sum 的结果可能小于 10,图 14.9 所示为一次执行结果。

如何解决这个问题呢?需要使这两个线程同步。实现线程同步的方法较多,下面提供一种解决方法。

使用 Monitor 类这样修改例 14.5 的程序,对应 proj14-3 项目中的 Form7 窗体,在窗体级增加以下字段:

```
bool mark = false;
```

mark 是逻辑变量,初值为 false 表示数据还未放到公共数据区(即 x 中),此时生产者线程可以放数据到公共数据区中,由于没有数据,消费者线程不能取数据,必须等待。mark 为 true 表示数据已放到公共数据区中,消费者线程还未取数据,生产者线程不能再放数据到公共数据区中,必须等待。由于有了数据,消费者线程可以取数据。为此修改 put()和 get()方法的代码如下:

```
public void put()                          //生产者
{    int k;
     for (k = 1; k <= 4; k++)
     {    Monitor.Enter(this);             //加排他锁
          if (mark)                        //若 mark 为 true,不能放数据,本线程等待
               Monitor.Wait(this);
          mark = !mark;                    //将 mark 由 false 改为 true
          x = k;                           //放数据
          Thread.Sleep(r.Next(20, 30));    //睡眠 20～30ms
          Monitor.Pulse(this);            //激活消费者线程
          Monitor.Exit(this);             //释放排他锁
     }
}
public void get()                          //消费者
{    int k;
     for (k = 1; k <= 4; k++)
     {    Monitor.Enter(this);             //加排他锁
          if (!mark)                       //若 mark 为 false,不能取数据,本线程等待
               Monitor.Wait(this);
          mark = !mark;                    //将 mark 由 true 改为 false
          sum += x;                        //累加数
          Thread.Sleep(r.Next(20, 30));    //睡眠 20～30ms
          Monitor.Pulse(this);            //激活生产者线程
          Monitor.Exit(this);             //释放排他锁
     }
}
```

图 14.10 Form7 的执行界面

其他地方不做改动,这样程序多次执行的结果都如图 14.10 所示,消费总数为 10,结果正确,从中可以看到两线程实现了同步操作。

14.1.7 volatile 关键字

C♯编译器提供了 volatile 关键字,该关键字告诉 C♯和 JIT 编译器不在 CPU 寄存器中缓存字段,从而确保字段的所有读/写操作都是对主存的读/写。

当多个线程同时访问一个变量时,CLR 为了效率,允许每个线程进行本地缓存,这就可能导致出现变量不一致的情况。volatile 关键字用于解决这个问题,用 volatile 修饰的变量不允许线程进行本地缓存,每个线程的读/写都是直接操作在共享主存上,这就保证了变量始终具有一致性,但也牺牲了部分效率。

看以下例子(对应 proj14-4 控制台项目):

```
using System;
using System.Threading;
namespace proj14_4
{   public class Worker
    {   private volatile bool isstop = false;  //volatile 变量,被多个线程访问
        public void DoWork1()
        {   while (!isstop)
                Console.WriteLine("工作线程 1: 工作中...");
            Console.WriteLine("工作线程 1 终止.");
        }
        public void DoWork2()
        {   while (!isstop)
                Console.WriteLine("工作线程 2: 工作中...");
            Console.WriteLine("工作线程 2 终止.");
        }
        public void RequestStop()
        {   isstop = true; }
    }
    public class Program
    {   static void Main()
        {   Console.WriteLine("主线程启动...");
            Worker workobj = new Worker();
            Thread workth1 = new Thread(workobj.DoWork1);
            Thread workth2 = new Thread(workobj.DoWork2);
            Console.WriteLine("主线程启动两个工作线程");
            workth1.Start();
            workth2.Start();
            Thread.Sleep(1);            //让主线程睡眠 1ms
            workobj.RequestStop();      //让工作线程自己停止
            workth1.Join();             //阻塞 workth1 线程
            workth2.Join();             //阻塞 workth2 线程
            Console.WriteLine("主线程: 工作线程已终止.");
        }
    }
}
```

上述程序的一次执行结果如图 14.11 所示。Worker 类有一个 volatile 变量 isstop,初值为 false。在 Main 方法中,创建 Worker 类对象 workobj,执行其两个方法的线程分别为 workth1 和 workth2,先创建并启动这两个线程,然后主线程睡眠 1ms 再运行它们,各自执行循环。由于 volatile 变量 isstop 被这两个线程访问,当执行 workobj.RequestStop()语句将 isstop 设置为 true 后,这两个线程均从内存获取到 isstop 的值为 true,从而结束循环。

读者可能发现,将上述程序中修饰变量 isstop 的 volatile 关键字除掉,其执行结果也差不多。这是因为执行环境简单的原因,其实两者是有差别的。

当不使用 volatile 关键字时,主线程和两个工作线程可以有它们自己的变量副本,而这个变量副本值可以和主存区域里存放的值不同,这些是 C# 编译器优化的结果。也就是说,当主线程执行 workobj.RequestStop() 语句将 isstop 设置为 true 后,这个改变还没来得及传递给主存区域时,两个工作线程仍然在运行。而改为使用 volatile 关键字后,isstop 变量不允许有不同于主存区域的变量副本,它只有主存区域一个存储位置,所有线程都从该位置获取其值,当主线程将 isstop 设置为 true 后,两个工作线程立即获取 isstop 的值为 true,然后结束循环。

图 14.11 proj14-4 程序的一次执行结果

换句话说,一个变量经 volatile 修饰后在所有线程中是同步的,在任何线程中改变了它的值,所有其他线程立即获取到了相同的值。

volatile 是最简单的一种同步方法,当然简单是要付出代价的,它只能在变量一级做同步。而且 volatile 并不能实现线程的真正同步,如果在单处理器系统中,可以这样实现线程同步,因为只有一个处理器,变量在主存中没有机会被其他程序修改。但在多处理器系统中,可能就会有问题,因为每个处理器都有自己的数据缓存,而且被更新的数据也不一定会立即写回到主存。

14.1.8 线程池

线程池是一种多线程处理形式,在处理过程中将任务添加到队列,在创建线程后自动启动这些任务。线程池线程都是后台线程。每个线程都使用默认的堆栈大小,以默认的优先级运行,并处于多线程单元中。

如果某个线程在托管代码中空闲(如正在等待某个事件),则线程池将插入另一个工作线程来使所有的处理器保持繁忙。如果所有线程池线程都始终保持繁忙,但队列中包含挂起的工作,则线程池将在一段时间后创建另一个工作线程,但线程的数目永远不会超过最大值。超过最大值的线程可以排队,但它们要等到其他线程完成后才启动。

一般使用 ThreadPool 类创建线程池。ThreadPool 类提供一个线程池,该线程池可用于执行任务、发送工作项、处理异步 I/O、代表其他线程等待以及处理计时器,该类的命名空间为 System. Threading。

ThreadPool 类的常用方法如下:

① GetMaxThreads 方法用于检索可以同时处于活动状态的线程池请求的数目。所有大于此数目的请求将保持排队状态,直到线程池线程变为可用。其使用格式如下:

```
public static void GetMaxThreads(out int workerThreads, out int completionPortThreads)
```

当该方法返回时,workerThreads 指定的变量包含线程池允许的工作线程的最大数目,而 completionPortThreads 指定的变量包含线程池允许的异步 I/O 线程的最大数目。用户可以将尽可能的线程池请求排入队列，只要系统内存允许。如果请求数多于线程池线程数，则额外的请求将保持排队状态直到线程池线程变为可用。

② GetMinThreads 方法用于检索在发出新的请求时切换到管理线程之前线程池按需创建的线程的最小数量。其用法与 GetMaxThreads 方法相似。

③ QueueUserWorkItem(WaitCallback, Object) 和 QueueUserWorkItem(WaitCallback) 方法将要执行的方法排入队列以便执行，并指定包含该方法所用数据的对象。其使用格式如下：

```
public static bool QueueUserWorkItem(WaitCallback callBack,Object state)
public static bool QueueUserWorkItem(WaitCallback callBack)
```

其中，callBack 参数的类型为 System. Threading. WaitCallback，表示要执行的方法。state 参数的类型为 System. Object，表示包含方法所用数据的对象。其返回值为布尔型，如果此方法成功排队，则为 true；如果无法将该工作项排队，则引发 NotSupportedException 异常。

WaitCallback 委托表示线程池线程要执行的回调方法。用户需要创建委托，将回调方法传递给 WaitCallback 的构造函数。通过将 WaitCallback 委托传递给 ThreadPool. QueueUserWorkItem 来将任务排入队列以便执行。该回调方法将在某个线程池线程可用时执行。

例如，以下代码使用 ThreadPool. QueueUserWorkItem(WaitCallback)方法将任务排入队列，由包装 ThreadProc 方法的 WaitCallback 表示，以便线程可用时执行该任务。

```
public class Example
{   public static void Main()
    {   ThreadPool.QueueUserWorkItem(new WaitCallback(ThreadProc));
        Console.WriteLine("主线程睡眠 1000ms");
        Thread.Sleep(1000);                    //主线程睡眠,启动线程池运行工作线程
        Console.WriteLine("主线程退出");
    }
    static void ThreadProc(Object stateInfo) //回调方法
    {
        Console.WriteLine("从线程池启动运行工作线程");
    }
}
```

【例 14.6】 现要计算 $f(x) = x^2 + \sqrt{x}$ 的值，将计算 x^2 的值和 $\sqrt{x}$ 的值分别作为两个线程放到线程池中。设计一个控制台应用程序项目完成该任务。

解：对应的控制台项目 proj14-5 的代码如下。

```
using System;
using System. Threading;
namespace proj14_5
{   class Program
    {   static double number1 = -1;         //存放要计算的数值的字段
        static double number2 = -1;
        public static void Main()
        {                                    // 获取线程池的最大线程数和维护的最小空闲线程数
            int maxThreadNum, portThreadNum;
            int minThreadNum;
            ThreadPool.GetMaxThreads(out maxThreadNum, out portThreadNum);
```

```
        ThreadPool.GetMinThreads(out minThreadNum, out portThreadNum);
        Console.WriteLine("最大线程数：{0}", maxThreadNum);
        Console.WriteLine("最小线程数：{0}", minThreadNum);
        int x = 64;                       //函数变量值
        Console.WriteLine("启动第一个任务：计算{0}的 2 次方", x);
        ThreadPool.QueueUserWorkItem(new WaitCallback(TaskProc1), x);
        Console.WriteLine("启动第二个任务：计算{0}的 2 次方根", x);
        ThreadPool.QueueUserWorkItem(new WaitCallback(TaskProc2), x);
        Thread.Sleep(1000);
        while (number1 == -1 || number2 == -1);          //等待直到两个数值都完成计算
        Console.WriteLine("f({0}) = {1}", x, number1 + number2);      //输出计算结果
    }
    static void TaskProc1(object o)       //计算 x 的 2 次方
    {   number1 = Math.Pow(Convert.ToDouble(o),2); }
    static void TaskProc2(object o)       //计算 x 的 2 次方根
    {   number2 = Math.Pow(Convert.ToDouble(o),1.0/2.0); }
    }
}
```

图 14.12　tmp 项目的执行结果

在上述代码中，先获取线程池允许的工作线程的最大数目和最小数目。TaskProc1 和 TaskProc2 为两个回调方法，使用 ThreadPool.QueueUserWorkItem 方法将相应的任务排入线程池队列，在主线程休眠时启动它们运行。当都执行完毕时，将求和结果输出。本项目的执行结果如图 14.12 所示。

14.2　异步程序设计

14.2.1　异步的概念

同步方法调用在程序继续执行之前需要等待同步方法执行完毕返回结果，而异步方法则在被调用之后立即返回以便程序在被调用方法完成其任务的同时执行其他操作。

C♯程序的异步操作由.NET Framework 支持，.NET Framework 提供了执行异步操作的 3 种模式：

- 基于任务的异步模式（Task-based Asynchronous Pattern，TAP）使用一种方法来表示异步操作的启动和完成。TAP 是在.NET Framework 4 中引入的。C♯中的 async 和 await 关键词为 TAP 添加了语言支持。
- 异步编程模型（Asynchronous Programming Model，APM）模式（也称 IAsyncResult 模式），在此模式中异步操作需要 Begin 和 End 方法（例如用于异步写入操作的 BeginWrite 和 EndWrite）。
- 基于事件的异步模式（Event-based Asynchronous Pattern，EAP），这种模式需要 Async 后缀，也需要一个或多个事件、事件处理程序委托类型和 EventArg 派生类型。

由于后两种模式是在早期版本中引入的，Visual Studio 建议对于新的开发工作不再采用它们，所以后面主要介绍 TAP 的异步程序设计方法。

14.2.2　同步和异步的差别

下面通过例子看看同步和异步的差别。

创建 Windows 应用程序项目 proj14-6，在其中添加一个 Form1 窗体，用于同步操作，其设计界面如图 14.13 所示，包含一个多行文本框 textBox1 和一个命令按钮 button1。对应的代码如下：

```
using System;
using System.Windows.Forms;
using System.Net;
using System.Diagnostics;
namespace proj14_5
{   public partial class Form1 : Form
    {   Stopwatch sw = new Stopwatch();
        public Form1()
        {   InitializeComponent(); }
        private void button1_Click(object sender, EventArgs e)
        {   textBox1.Clear();
            DoRun();
            textBox1.Text += " -- -- -执行完毕";
        }
        public void DoRun()
        {   sw.Start();
            CountCharacters("http://www.microsoft.com");
            CountCharacters("http://www.whu.edu.cn");
            CountTo(1, 6000000);
            CountTo(2, 7000000);
            CountTo(3, 8000000);
            CountTo(4, 9000000);
        }
        private void CountCharacters(string uristr)
        {   WebClient wc1 = new WebClient();
            textBox1.Text += string.Format("访问网站：{0}\r\n开始时刻：{1}ms\r\n",
                uristr,Math.Ceiling(sw.Elapsed.TotalMilliseconds).ToString());
            string result = wc1.DownloadString(new Uri(uristr));
            textBox1.Text += string.Format("结束时刻：{0}ms\r\n" ,
                Math.Ceiling(sw.Elapsed.TotalMilliseconds).ToString());
            textBox1.Text += "访问" + uristr + "的字符数：" +
                result.Length.ToString() + "\r\n";
        }
        private void CountTo(int id, int value)
        {   textBox1.Text += string.Format("计算{0}开始时刻：{1}ms\r\n",
                id, Math.Ceiling(sw.Elapsed.TotalMilliseconds).ToString());
            for (long i = 0; i < value; i++) ;
            textBox1.Text += string.Format("计算{0}结束时刻：{1}ms\r\n",
                id, Math.Ceiling(sw.Elapsed.TotalMilliseconds).ToString());
        }
    }
}
```

在上述代码中用到以下两个类：

- Stopwatch 类提供一组方法和属性，可用于准确地测量运行时间，其命名空间为 System.Diagnostics。它的构造函数为 Stopwatch()，提供的 Start 方法用于开始或继续测量某个时间间隔的运行时间。Elapsed 属性用于获取当前实例测量得出的总运行时间，是一个 TimeSpan 结构的值，而 TimeSpan 结构的 TotalMilliseconds 属性用于获取该结构的以毫秒数表示的值。

- WebClient 类提供用于将数据发送到由 URI 标识的资源及从这样的资源接收数据的常用方法，其命名空间为 System. Net。它的构造函数为 WebClient( )，提供的 DownloadString(Uri)方法以 string 形式下载请求的资源，其中 Uri 参数指定要下载的资源。DownloadStringAsync(Uri)是 DownloadString 的异步版本。

在代码中，CountCharacters(string uristr)方法的功能是访问指定 uristr 的网站，下载其主页，并在 textBox1 文本框中显示访问前后的时间和下载的字符数。

CountTo(int id，int value)方法采用 for 循环空转 value 次，并在 textBox1 文本框中显示 for 循环前后的时间。

DoRun( )方法调用两次 CountCharacters 方法以访问两个网站，调用 CountTo 方法空转 4 次，其计算任务编号为 1～4。

button1_Click 事件过程用于调用 DoRun( )方法。

启动 Form1 窗体，单击"开始"命令按钮，它的一次执行结果如图 14.14 所示(由于网站的状态不同，每一次的执行结果可能有差别)。从中可以看到，执行过程是按照代码的顺序进行的，如果访问的网站出现异常，程序也要等到该网站下载完成后才能执行下一步操作。这种执行方式为同步方式。

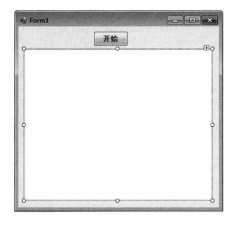

图 14.13　Form1 窗体的设计界面

图 14.14　Form1 窗体的执行界面

访问 http://www.microsoft.com 的开始时刻为 1ms，结束时刻为 408ms，用时 407ms，访问 http://www.whu.edu.cn 用时 247ms，4 个计算任务分别用时 25ms、22ms、21ms、22ms。总时间为 755ms。中间有一些输出消耗，总用时大致等于各任务用时之和，其中大部分时间都花费在等待网站的响应上。

说明：执行 Form1 窗体，单击"开始"命令按钮后，在网站访问结束前无法移动、最大化、最小化，甚至关闭显示窗口。如果网站没有响应，即使不想再继续等待，关闭程序都很困难。

现在改为异步方式。在 proj14-6 项目中添加一个 Form2 窗体，其设计界面与 Form1 相同。Form2 窗体的代码如下：

```
using System;
using System.Windows.Forms;
```

```
using System.Net;
using System.Threading.Tasks;
using System.Diagnostics;
namespace proj14_5
{   public partial class Form2 : Form
    {   Stopwatch sw = new Stopwatch();
        public Form2()
        {   InitializeComponent(); }
        private void button1_Click(object sender, EventArgs e)
        {   button1.Enabled = false;
            textBox1.Clear();
            DoRun();
            button1.Enabled = true;
        }
        public void DoRun()
        {   sw.Start();
            Task t1 = CountCharacters("http://www.microsoft.com");
            Task t2 = CountCharacters("http://www.whu.edu.cn");
            CountTo(1, 6000000);
            CountTo(2, 7000000);
            CountTo(3, 8000000);
            CountTo(4, 9000000);
        }
        private async Task CountCharacters(string uristr)
        {   WebClient wc1 = new WebClient();
            textBox1.Text += string.Format("访问{0}的开始时刻: {1}ms\r\n",
                uristr, Math.Ceiling(sw.Elapsed.TotalMilliseconds).ToString());
            string result = await wc1.DownloadStringTaskAsync(new Uri(uristr));
            textBox1.Text += string.Format("访问{0}的结束时刻: {1}ms\r\n",
                uristr, Math.Ceiling(sw.Elapsed.TotalMilliseconds).ToString());
            textBox1.Text += "访问" + uristr + "的字符数: " +
                result.Length.ToString() + "\r\n";
        }
        private void CountTo(int id, int value)
        {   textBox1.Text += string.Format("计算{0}的开始时刻: {1}ms\r\n",
                id, Math.Ceiling(sw.Elapsed.TotalMilliseconds).ToString());
            for (int i = 0; i < value; i++) ;
            textBox1.Text += string.Format("计算{0}的结束时刻: {1}ms\r\n",
                id, Math.Ceiling(sw.Elapsed.TotalMilliseconds).ToString());
        }
    }
}
```

Form2 用于异步操作,它与 Form1 的差别如下:

① 新引用了 System.Threading.Tasks 命名空间。

② CountCharacters(string uristr)方法的返回类型由 void 改为 Task,并使用了 async 关键字进行修饰,下载访问 wc1.DownloadStringTaskAsync(new Uri(uristr))前面加上了 await 关键字。

③ DoRun()方法中两次调用 CountCharacters 方法,返回值用 Task 修饰。

④ 在 button1_Click 事件过程中,调用 DoRun()前使 button1 命令按钮不可用,执行后使其生效。

这些差异将在后面讨论,先看执行的不同。启动 Form2 窗体,单击"开始"命令按钮,它的一次执行结果如图 14.15 所示(由于网站的状态不同,每一次的执行结果可能有差别)。从中可以看到,在启动两个网站的访问后并没有等到下载完成便开始调用 CountTo 方法执行计算任务。也就是说,执行过程不是完全按照代码的顺序进行的,这种执行方式为异步方式。

访问 http://www.microsoft.com 的开始时刻为 1ms,结束时刻为 406ms,用时 406ms,访问 http://www.whu.edu.cn 用时 375ms,4 个计算任务分别用时 11ms、13ms、15ms、15ms。总时间为 459ms。由于在等待网站响应的同时就开始后面的计算过程,所以总用时远小于各任务用时之和。与 Form1 窗体相比,Form2 窗体的执行时间减少了 296ms,速度提高了 39.2%。

图 14.15 Form2 窗体的执行界面

14.2.3 TAP 异步模式编程

1. async/await 关键字

async 和 await 关键字是在 Visual Studio 2012 中引入的,属于该版本的新特性。

async 关键字用于修饰异步方法。异步方法提供了一种简便方式完成可能需要长时间运行的工作,而不必阻止调用方的线程。也就是说,异步方法异步地执行其工作,然后立即返回到调用方法,异步方法的调用方可以继续工作,而不必等待异步方法完成。

await 关键字用于异步方法内部,它挂起该异步方法的执行直到等待任务完成。包含 await 关键字的方法为异步方法,带有 await 关键字的表达式称为 await 表达式,await 表达式表示被异步执行的任务。在一个异步方法内部可以有一个或多个 await 表达式。如果方法不包含 await 表达式,则它同步执行。如果一个方法用 async 关键字修饰,而又不包含任何 await 表达式,则编译器会提示警告信息。

在前面的 Form2 代码中,以下方法头部表示该方法为异步方法:

```
private async Task CountCharacters(string uristr)
```

其中包含如下用 await 表达式表示的被异步执行的任务:

```
string result = await wc1.DownloadStringTaskAsync(new Uri(uristr));
```

2. Task 类和 Task<TResult>类

Task 类用于表示一个异步操作,Task<TResult>类是 Task 类的泛型版本,TResult 类型为 Task 所调用方法的返回值。它们都位于 System. Threading. Tasks 命名空间,主要区别在于 Task 构造函数接受的参数是 Action 委托(用于封装一个方法,该方法不具有参数,并且不返回值),而 Task<TResult>接受的是 Func<TResult>委托(封装一个不具有参数但却返回 TResult 参数指定的类型值的方法)。

Task 类的基本构造函数为 Task(Action action),其中 action 是 Action 委托,用于封装一个方法。

Task 类的主要属性如表 14.6 所示,Task 类的常用方法如表 14.7 所示。

表 14.6　Task 类的常用属性

Task 类的属性	说　　明
Id	获取此 Task 实例的唯一 ID
IsCanceled	获取此 Task 实例是否由于被取消的原因已完成执行
IsCompleted	获取此 Task 是否已完成
IsFaulted	获取 Task 是否由于未经处理异常的原因而完成
Status	获取此任务的状态

表 14.7　Task 类的常用方法

Task 类的方法	说　　明
Delay(Int32)	创建将在时间延迟后完成的任务
Run(Action action)	将在线程池上运行的指定工作排队,并返回该工作的任务句柄
Run(Func<Task> function)	将在线程池上运行的指定工作排队,并返回 function 返回的任务的代理项
Run<TResult> (Func<Task<TResult>>)	将在线程池上运行的指定工作排队,并返回 function 返回的 Task(TResult)的代理项
Run<TResult>(Func<TResult>)	将在线程池上运行的指定工作排队,并返回该工作的 Task (TResult)句柄
Start()	启动 Task,并将它安排到当前的任务调度器中执行
Wait()	等待 Task 完成执行过程
WaitAll(Task[])	等待提供的所有 Task 对象完成执行过程

【例 14.7】　有以下控制台应用程序项目 proj14-7 的代码,分析执行结果。

```
using System;
using System. Threading. Tasks;
namespace proj14_7
{   class Program
    {   public static void Main()
        {   Action myaction = disp;
            Task task1 = new Task(myaction);
            task1. Start();
            Console. ReadKey();
        }
        public static void disp()
        {   Console. WriteLine("Task"); }
    }
}
```

或者直接使用 Lambda 表达式:

```
using System;
using System.Threading.Tasks;
namespace tmp
{   class Program
    {   public static void Main()
        {   Task task1 = new Task(() => Console.WriteLine("Task"));
            task1.Start();
            Console.ReadKey();
        }
    }
}
```

解：在 Main 方法中，通过实例化一个 Task 对象 task1，然后用 Start 方法启动执行，在屏幕上显示"Task"。用户也可以直接使用 Run 方法，以下等价 Main 方法的代码：

```
Action myaction = disp;
Task.Run(myaction);
Console.ReadKey();
```

需要注意的是，在默认情况下，Task 任务是由线程池线程异步执行的，若要知道 Task 任务是否完成，可以通过 IsCompleted 属性获得。该例若在 Main 方法末尾不加 Console.ReadKey()语句，按 Ctrl＋F5 组合键执行时用户看不到显示的"Task"。

若要获得任务的返回值，就要使用泛型版本 Task＜TResult＞类，其基本的构造函数为 public Task(Func＜TResult＞ function)，它使用指定的函数初始化新的 Task＜TResult＞，function 参数表示要在任务中执行的代码的委托。在完成此函数后，该任务的 Result 属性将被设置为返回此函数的结果值。

【**例 14.8**】　设计控制台应用程序项目 proj14-8，用 Task＜int＞对象求 $1＋2＋\cdots＋100$ 的值并检测相应的属性值。

解：对应的代码如下。

```
using System;
using System.Threading.Tasks;
namespace proj14_8
{   class Program
    {   public static void Main()
        {   Func<int> myfunc = comp;
            Task<int> task1 = Task.Run(myfunc);
            Console.WriteLine("task1.IsCompleted:{0}", task1.IsCompleted);
            Console.WriteLine("task1.IsCompleted:{0}", task1.Result);
                //如果 Run 方法未完成,则会等待计算完成,直到得到返回值才运行下去
            Console.WriteLine("task1.IsCompleted:{0}", task1.IsCompleted);
        }
        public static int comp()
        {   int sum = 0;
            for (int i = 1; i < 100; i++)
                sum += i;
            return sum;
        }
    }
}
```

上述程序的执行结果如图 14.16 所示，从中可以看到，Task.Run(myaction)是异步执行

图 14.16　程序的执行界面

的。当遇到这个语句时，将相应的 Task 任务线程排入线程池中，由任务调度器异步执行，并立即返回到主线程，此时由于该任务未完成，所以 task1.IsCompleted 返回 false。task1.Result 用于获取该任务的结果，它要等到该任务执行完毕，此时输出 4950，而 task1.IsCompleted 返回 true。

3. 异步方法设计

从前面的示例可以看出，异步方法在完成其工作之前即返回到调用方法，然后在调用方法继续执行的时候完成其工作。从语法上讲，异步方法具有如下特征：

① 方法头部中包含 async 修饰符。

② 包含一个或多个 await 表达式，表示可以异步完成的任务。

③ 异步方法的参数可以是任意个数、任意类型，但不能为 out 或 ref 参数。

④ 异步方法的返回类型如下。

- void：如果调用方法仅仅想执行异步方法，而不需要与它做任何交互，异步方法可以返回 void 类型，即不返回任何东西。所以，返回类型为 void 的异步方法中一般不包含 return 语句，即使有 return 语句，也不返回任何东西。

- Task：如果调用方法不需要从异步方法返回某个值，但需要检查异步方法的状态，那么异步方法可以返回一个 Task 类型的对象。所以，返回类型为 Task 的异步方法中一般不包含 return 语句，即使有 return 语句，也不返回任何东西。

- Task<T>：如果调用方法需要从异步方法返回某个 T 类型的值，异步方法的返回类型必须是 Task<T>。调用方法通过读取异步方法返回的 Task<T> 类型对象的 Result 属性来获取这个 T 类型的值。所以，返回类型为 Task<T> 的异步方法中应有返回 T 类型值的 return 语句。

4. await 表达式

await 表达式的一般格式如下：

```
await task
```

其中，task 指定一个异步任务，这个任务通常是一个 Task<T> 类型的对象。默认情况下，这个任务在当前线程异步运行。

一个 await 表达式并不阻止包含它的线程的执行。相反，它导致编译器注册异步方法的其余部分作为等待任务的后续部分，然后控制返回到异步方法的调用方。当任务完成时，将会调用其后续任务，并从它停止的位置恢复执行。

在 .NET Framework 4.5 版本中发布了大量的执行异步任务的异步方法。例如，前面 Form2 窗体中用到的 WebClient 类就提供了异步下载的 DownloadStringTaskAsync 方法，它们的名称都以 Async 为后缀。

说明：有些功能既可采用异步，也可采用非异步方式执行，这时异步版本名是相应非异步版本名后加上 Async，如 WebClient 类的 DownloadString(Uri)是以 String 形式下载请求资源的非异步版本，相应的异步版本为 DownloadStringAsync(Uri)。另外，有些功能只有异步版本，如 WebClient 类的 DownloadStringTaskAsync(Uri)。

除了使用 .NET Framework 4.5 版本中现成的异步方法外，用户可以编写自己的异步方法。最简单的方式是使用 Task.Run 方法来创建一个 Task。例如，以下是编者自己编写的异步方法（通常名称以 Async 为后缀）：

```
public async Task < string > methodAsync()
{   await Task.Delay(10000);              //延迟 10000ms
    return "Finished";
}
```

可以采用以下语句调用该异步方法：

```
string result = awaitmethodAsync();
```

5. 异步方法的控制流

一般情况下，一个异步方法包含 3 个不同的区域。

① 第一个 await 表达式之前的部分：从异步方法开始到第一个 await 表达式之间的所有代码。

② await 表达式：表示被异步执行的任务。

③ 后续部分：在 await 表达式之后的其余代码。

例如，一个异步方法 CharCountAsync 的上述 3 个部分如下：

```
async Task < int > CharCountAsync(string myuri)
{
    WebClient wc1 = new WebClient();                               第一个 await 表达
    Console.WriteLine("开始访问");                                 式之前的部分

    string result = await wc1.DownloadStringTaskAsync(new Uri(uristr));  await 表达式

    Console.WriteLine("访问结束");                                 后续部分
    return result.Length;
}
```

异步方法的控制流如图 14.17 所示。当调用异步方法时，从该异步方法的第一个 await 表达式之前的代码开始同步地执行直到遇见第一个 await 表达式，异步方法将控制返回到调用方法（此时 await 任务还没有完成）。当 await 任务完成时，调用方法将继续执行。如果又遇见 await 表达式，就重复上述过程。

例如，下面的过程启动 3 个异步 Web 下载，然后按调用它们的顺序等待：

```
string result1 = await wc1.DownloadStringTaskAsync("http://msdn.microsoft.com");
string result2 = await wc1.DownloadStringTaskAsync("http://www.hao123.com.com");
string result3 = await wc1.DownloadStringTaskAsync("http://www.9991.com");
```

需要注意的是，当运行程序时，任务并不会总是以创建和等待的顺序完成。它们在创建后立即开始运行，因此一个或多个任务在到达下一个 await 表达式之前可能已经完成。

6. 在调用方法中同步地等待异步任务

调用方法可以调用任意多个异步方法并接受它们返回的 Task 对象，然后代码会继续执行其他任务。但在某个点上可能会需要等待某个特殊的 Task 对象完成，然后再继续。为此，Task 类提供了 Wait 方法，可以在 Task 对象上调用该方法，用于等待该 Task 任务的完成（WaitAll 方法用于等待所有指定的 Task 任务的完成）。

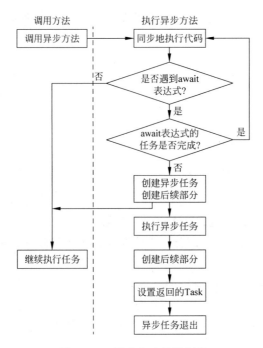

图 14.17　异步方法的控制流

【例 14.9】　设计控制台应用程序项目 proj14-9，说明在调用方法中同步地等待异步任务的实现过程。

解：对应的代码如下。

```
using System;
using System.Threading.Tasks;
using System.Net;
namespace proj14_9
{   class MyClass
    {   public void DoRun()
        {   Task < int > t1 = CountCharacters("https://jw.cicc.com.cn");
            t1.Wait();
            Task < int > t2 = CountCharacters("http://www.chinahr.com");
            t2.Wait();
            Console.WriteLine("t1 任务是否完成: {0}", t1.IsCompleted);
            Console.WriteLine("t2 任务是否完成: {0}", t2.IsCompleted);
            Console.WriteLine("返回的总字符数: {0}", t1.Result + t2.Result);
            Console.ReadKey();
        }
        private async Task < int > CountCharacters(string myuri)
        {   string result = await
                new WebClient().DownloadStringTaskAsync(new Uri(myuri));
            return result.Length;
        }
    }
    class Program
    {   static void Main(string[] args)
        {   MyClass s = new MyClass();
```

```
            s.DoRun();
        }
    }
}
```

在上述程序中,DoRun 调用方法有两处调用异步方法 CountCharacters,通过使用 Wait 方法,t1 任务完成后再执行 t2 任务,从而达到同步的目的。程序的一次执行结果如图 14.18 所示,从中可以看到,在输出返回的总字符数之前这两个异步方法调用都已完成。

图 14.18 例 14.9 程序的一次执行结果

练 习 题 14

1. 单项选择题

(1) 在.NET Framework 中,所有与多线程机制应用相关的类都放在_____命名空间中。

    A. System. Data   B. System. IO

    C. System. Threading   D. System. Reflection

(2) 在 C♯ 中,通过调用 Thread 类的 Sleep(int x)方法设置禁止线程运行的时间,其中 x 代表_____。

    A. 禁止线程运行的微秒数   B. 禁止线程运行的毫秒数

    C. 禁止线程运行的秒数   D. 禁止线程运行的 CPU 时间数

(3) 以下实现线程互斥的叙述中正确的是_____。

    A. 可以用 lock 语句实现线程互斥

    B. 可以用 Mutex 类实现线程互斥

    C. 可以用 Monitor 类实现线程互斥

    D. 以上都正确

(4) 异步方法在被调用之后_____,以便程序在被调用方法完成其任务的同时执行其他操作。

    A. 立即返回   B. 等待而不返回

    C. 不等待也不返回   D. 以上都不对

(5) 一个异步方法内部通常有_____ await 表达式。

    A. 一个   B. 一个或多个   C. 多个   D. 以上都不对

(6) 若要获得异步任务的返回值,应该使用_____类型。

    A. Task   B. void   C. Task<TResult>   D. 以上都不对

(7) 异步方法头部中应该包含_____修饰符。

    A. public   B. private   C. internal   D. async

（8）以下不属于异步方法的特征的是_____。

    A. 方法头部中包含 async 修饰符

    B. 包含一个或多个 await 表达式，表示可以异步完成的任务

    C. 异步方法的参数可以是任意个数、任意类型，但不能为 out 或 ref 参数

    D. 异步方法的返回类型必须是 Task<T>

2. 问答题

（1）为什么需要多线程程序设计？如何实现多线程互斥和同步？

（2）简述同步方法和异步方法的区别。

（3）程序异步执行有什么优点？

3. 编程题

（1）设计一个名称为 excil4-1 的控制台项目，工作线程的代码如下：

```
public static void ThreadProc()
{   for (int i = 0; i < 10; i++)
    {   Console.WriteLine("工作线程: {0}", i);
        Thread.Sleep(10);
    }
}
```

设计 Main 方法，使程序的一次执行结果如图 14.19 所示。

图 14.19　编程题(1)程序的一次执行结果

（2）设计一个名称为 excil4-2 的控制台项目，声明一个类 MyClass，其中有一个异步方法 AccessTheWebAsync(string uristr)，用于访问 uristr 指定的网站，并返回访问该网站的字符个数，用相关数据进行测试。

4. 上机实验题

创建一个名称为 experment14 的控制台项目，声明一个类 MyClass，其中有两个生产者 put1() 和 put2()，分别向公共数据区放置 1 和 2，还有两个消费者 get1() 和 get2()，分别取出公共数据区的数累加到 sum，在 Main() 方法中创建它们对应的 4 个工作线程，让它们并发执行，最后输出 sum 的值，要求实现线程同步，输出的 sum 值应为 3。

第 15 章

ADO.NET 数据库访问技术 ◂

ActiveX Data Objects(ADO)是 Microsoft 开发的面向对象的数据访问库,目前已经得到了广泛的应用。ADO. NET 是 ADO 的后续技术,并且做了非常大的改进。程序员利用 ADO. NET 可以非常简单、快速地访问数据库。本章先介绍数据库的概念,然后讨论 ADO. NET 访问 Access 2007 数据库的相关技术。

本章学习要点:

☑ 掌握数据库的基本概念,并使用 Access 2007 数据库管理系统创建数据库。

☑ 掌握实现数据库操作的基本 SQL 语句。

☑ 掌握 ADO. NET 的体系结构和访问数据库的方式。

☑ 掌握 ADO. NET 的数据访问对象,例如 OleDbConnection、OleDbCommand、DataReader 和 OleDbDataAdapter 等对象的使用方法。

☑ 掌握 DataSet 数据库访问组件的使用方法。

☑ 掌握数据操作界面的设计方法。

☑ 掌握各种数据绑定技术。

☑ 采用 Access+C♯ 开发较复杂的数据库应用系统。

15.1 数据库概述

数据库用于存储结构化数据。数据组织有多种数据模型,目前主要的数据模型是关系数据模型,以关系模型为基础的数据库就是关系数据库。

15.1.1 关系数据库的基本结构

关系数据库以表的形式(即关系)组织数据,关系数据库以关系的数学理论为基础。在关系数据库中,用户可以不必关心数据的存储结构,同时,关系数据库的查询可用高级语言来描述,这大大提高了查询效率。下面讨论关系数据库的基本术语。

1. 表

表用于存储数据,它以行列方式组织,可以使用 SQL 从中获取、修改和删除数据。表是关系数据库的基本元素。表在现实生活中随处可见,例如职工表、学生表和统计表等。表具有直观、方便和简单的特点。表 15.1 是一个学生情况表 student。表 15.2 是一个学生成绩表 score。从中可以看到表是一个二维结构,行和列的顺序并不影响表的内容。

表 15.1　学生情况表 student

学号	姓名	性别	民族	班号
1	王华	女	汉族	07001
3	李兵	男	汉族	07001
8	马棋	男	回族	07002
2	孙丽	女	满族	07002
6	张军	男	汉族	07001

表 15.2　学生成绩表 score

学号	课程名	分数
1	C 语言	80
3	C 语言	76
8	C 语言	88
2	C 语言	70
6	C 语言	90
1	数据结构	83
3	数据结构	70
8	数据结构	79
2	数据结构	52
6	数据结构	92

说明：采用 Access 2007 创建数据库文件 school.accdb，存放在"D:\C# 程序\ch15"文件夹中，它包含 student（包含表 15.1 的记录）和 score（包含表 15.2 的记录）两个表，并将 student 表的"学号"设置为"主键"，将 score 表的"学号＋课程名"设置为"主键"。后面的示例使用该样本数据介绍 C# 数据库编程方法。

2. 记录

记录是指表中的一行，在一般情况下，记录和行的意思是相同的。在表 15.1 中，每个学生占据的一行是一个记录，描述了一个学生的情况。

3. 字段

字段是表中的一列，在一般情况下，字段和列所指的内容是相同的。在表 15.1 中，例如"学号"列就是一个字段。

4. 关系

关系是一个从数学而来的概念，在关系代数中，关系是指二维表，表既可以用来表示数据，也可以用来表示数据之间的联系。

在数据库中，关系是建立在两个表之间的链接，以表的形式表示其间的链接，使数据的处理和表达有更大的灵活性。关系有 3 种，即一对一关系、一对多关系和多对多关系。

5. 索引

索引是建立在表上的单独的物理结构，基于索引的查询使数据的获取更加快捷。索引是表中的一个或多个字段，索引可以是唯一的，也可以是不唯一的，主要看这些字段是否允许重复。主索引是表中的一列和多列的组合，作为表中记录的唯一标识。外部索引是相关联的表的一列或多列的组合，通过这种方式建立多个表之间的联系。

6. 视图

视图是一个与真实表类似的虚拟表，用于限制用户可以看到和修改的数据量，从而简化数据的表达。

7. 存储过程

存储过程是一个编译过的 SQL 程序,在该过程中可以嵌入条件逻辑、传递参数、定义变量和执行其他编程任务。

15.1.2 结构化查询语言

结构化查询语言(SQL)是目前各种关系数据库管理系统广泛采用的数据库语言,很多数据库和软件系统都支持 SQL 或提供 SQL 语言接口。本节以 Access 数据库管理系统为例介绍 SQL 语句的使用。

说明:在这里读者只需了解 SQL 语言的基本知识,不需要完整地掌握 Access 数据库管理系统。

1. SQL 语言的组成

SQL 语言包含查询、操纵、定义和控制等几个部分。它们都是通过命令动词分开的,各种语句类型对应的命令动词如下:

- 数据查询的命令动词为 SELECT。
- 数据定义的命令动词为 CREATE、DROP。
- 数据操纵的命令动词为 INSERT、UPDATE、DELETE。
- 数据控制的命令动词为 GRANT、REVOKE。

2. 数据定义语言

(1) CREATE 语句

CREATE 语句用于建立数据表,其基本格式如下:

```
CREATE TABLE 表名
(列名 1 数据类型 1 [NOT NULL]
[,列名 2 数据类型 2 [NOT NULL]]…)
```

【例 15.1】 给出建立一个学生表 student 的 SQL 语句。

解:对应的 SQL 语句如下。

```
CREATE TABLE student
( 学号 CHAR(5),
  姓名 CHAR(10),
  性别 ChAR(2),
  民族 CHAR(10),
  班号 CHAR(6))
```

(2) DROP 语句

DROP 语句用于删除数据表,其基本格式如下:

```
DROP TABLE 表名
```

3. 数据操纵语言

(1) INSERT 语句

INSERT 语句用于在一个表中添加新记录,然后给新记录的字段赋值。其基本格式如下:

```
INSERT INTO 表名[(列名 1[,列名 2, …])]
VALUES(表达式 1[,表达式 2, …])
```

【例 15.2】 给出向 score 表中插入表 15.2 所示记录的 SQL 语句。

解:对应的 SQL 语句如下。

```
INSERT INTO score VALUES('1','C 语言',80)
INSERT INTO score VALUES('3','C 语言',76)
INSERT INTO score VALUES('6','C 语言',90)
INSERT INTO score VALUES('2','C 语言',70)
INSERT INTO score VALUES('8','C 语言',88)
INSERT INTO score VALUES('1','数据结构',83)
INSERT INTO score VALUES('3','数据结构',70)
INSERT INTO score VALUES('6','数据结构',92)
INSERT INTO score VALUES('2','数据结构',52)
INSERT INTO score VALUES('8','数据结构',79)
```

（2）UPDATE 语句

UPDATE 语句用新的值更新表中的记录,其基本格式如下:

```
UPDATE 表名
SET 列名 1 = 表达式 1
[,SET 列名 2 = 表达式 2]…
WHERE 条件表达式
```

（3）DELETE 语句

DELETE 语句用于删除记录,其基本格式如下:

```
DELETE FROM 表名
[WHERE 条件表达式]
```

4. 数据查询语句

SQL 的数据查询语句是使用很频繁的语句。SELECT 的基本格式如下:

```
SELECT 字段表
FORM 表名
WHERE 查询条件
GROUP BY 分组字段
HAVING 分组条件
ORDER BY 字段[ASC|DESC]
```

各子句的功能如下。

- SELECT：指定要查询的内容。
- FORM：指定从其中选定记录的表名。
- WHERE：指定所选记录必须满足的条件。
- GROUP BY：把选定的记录分成特定的组。
- HAVING：说明每个组需要满足的条件。
- ORDER BY：按特定的次序将记录排序。

其中,在"字段表"中可使用聚合函数对记录进行合计,它返回一组记录的单一值,可以使用的聚合函数如表 15.3 所示。"查询条件"由常量、字段名、逻辑运算符、关系运算符等组成,其中的关系运算符如表 15.4 所示。

表 15.3　SQL 的聚合函数

聚合函数	说　明
AVG	返回特定字段中值的平均数
COUNT	返回选定记录的个数
SUM	返回特定字段中所有值的总和

续表

聚合函数	说　明
MAX	返回特定字段中的最大值
MIN	返回特定字段中的最小值

表 15.4　关系运算符

符号	说　明
<	小于
<=	小于等于
>	大于
>=	大于等于
=	等于
<>	不等于
BETWEEN 值 1 AND 值 2	在两个数值之间
IN	(一组值)在一组值中
LIKE*	与一个通配符匹配

* 通配符可使用"?"代表一个字符位,"%"代表零个或多个字符位。

对于前面建立的 student 表(它包含表 15.1 中的记录)和 score 表完成以下各例题。

【例 15.3】　查询所有学生记录。

解：对应的 SQL 语句如下。

```
SELECT * FROM student
```

其执行结果如图 15.1 所示。

【例 15.4】　查询"07002"班的所有学生记录。

解：对应的 SQL 语句如下。

```
SELECT * FROM student WHERE 班号 = '07002'
```

其执行结果如图 15.2 所示。

图 15.1　SELECT 语句的执行结果一　　　　图 15.2　SELECT 语句的执行结果二

【例 15.5】　查询所有学生的学号、姓名、课程名和分数。

解：对应的 SQL 语句如下。

```
SELECT student.学号,student.姓名,score.课程名,score.分数
FROM student,score WHERE student.学号 = score.学号
```

其执行结果如图 15.3 所示。

【例 15.6】　查询所有学生的学号、姓名、课程名和分数,要求按学号排序。

解：对应的 SQL 语句如下。

```
SELECT student.学号,student.姓名,score.课程名,score.分数
FROM student,score WHERE student.学号 = score.学号 ORDER BY student.学号
```

其执行结果如图 15.4 所示。

学号	姓名	课程名	分数
1	王华	数据结构	83
1	王华	C语言	80
3	李兵	数据结构	70
3	李兵	C语言	76
8	马棋	数据结构	79
8	马棋	C语言	88
2	孙丽	数据结构	52
2	孙丽	C语言	70
6	张军	数据结构	92
6	张军	C语言	90

学号	姓名	课程名	分数
1	王华	C语言	80
1	王华	数据结构	83
2	孙丽	C语言	70
2	孙丽	数据结构	52
3	李兵	C语言	76
3	李兵	数据结构	70
6	张军	C语言	90
6	张军	数据结构	92
8	马棋	C语言	88
8	马棋	数据结构	79

图 15.3　SELECT 语句的执行结果三　　　图 15.4　SELECT 语句的执行结果四

【例 15.7】 查询分数在 80～90 分之间的所有学生的学号、姓名、课程名和分数。

解：对应的 SQL 语句如下。

```
SELECT student.学号,student.姓名,score.课程名,score.分数 FROM student,score
WHERE student.学号 = score.学号 AND score.分数 BETWEEN 80 AND 90
```

其执行结果如图 15.5 所示。

【例 15.8】 查询每个班每门课程的平均分。

解：对应的 SQL 语句如下。

```
SELECT student.班号,score.课程名,AVG(score.分数) AS 平均分
FROM student,score
WHERE student.学号 = score.学号
GROUP BY student.班号,score.课程名
```

其执行结果如图 15.6 所示。

学号	姓名	课程名	分数
1	王华	C语言	80
6	张军	C语言	90
8	马棋	C语言	88
1	王华	数据结构	83

班号	课程名	平均分
07001	C语言	82
07001	数据结构	81.6666666666667
07002	C语言	79
07002	数据结构	65.5

图 15.5　SELECT 语句的执行结果五　　　图 15.6　SELECT 语句的执行结果六

【例 15.9】 查询最高分的学生姓名和班号。

解：对应的 SQL 语句如下。

```
SELECT student.姓名,student.班号 FROM student,score
WHERE student.学号 = score.学号 AND score.分数 =
(SELECT MAX(分数) FROM score)
```

姓名	班号
张军	07001

图 15.7　SELECT 语句
的运行结果七

其执行结果如图 15.7 所示。

15.2　ADO.NET 模型

15.2.1　ADO.NET 简介

ADO.NET 是在.NET Framework 上访问数据库的一组类库，它利用.NET Data Provider（数据提供程序）进行数据库的连接与访问。换句话说，ADO.NET 定义了一个数据

库访问的标准接口,让提供数据库管理系统的各个厂商可以根据此标准开发对应的.NET Data Provider,这样编写数据库应用程序的人员不必了解各类数据库底层运作的细节,只要学会 ADO.NET 所提供对象的模型,便可轻易地访问所有支持.NET Data Provider 的数据库。

ADO.NET 是应用程序和数据源之间沟通的"桥梁"。通过 ADO.NET 所提供的对象,再配合 SQL 语句就可以访问数据库中的数据,而且凡是能通过 ODBC 或 OLEDB 接口访问的数据库(如 dBase、FoxPro、Excel、Access、SQL Server 和 Oracle 等),也可通过 ADO.NET 来访问。

15.2.2　ADO.NET 体系结构

ADO.NET 模型主要解决在处理数据的同时不要一直和数据库联机,而发生一直占用系统资源的现象。为了解决此问题,ADO.NET 将访问数据和数据处理的部分分开,以达到离线访问数据的目的,使得数据库能够执行其他工作。

因此将 ADO.NET 模型分成.NET Data Provider(数据提供程序)和 DataSet 数据集(数据处理的核心)两大主要部分,其中包含的主要组件及其关系如图 15.8 所示。

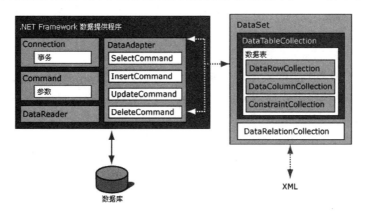

图 15.8　ADO.NET 组件结构模型

1..NET Data Provider

.NET Data Provider 是指访问数据源的一组类库,用于连接到数据库、执行命令和检索结果,它是为了统一对于各类型数据源的访问方式而设计的。当通过.NET Data Provider 检索到结果后,可以直接处理,也可以将结果放入 DataSet 对象中,以便与来自多个数据源的数据组合处理。.NET Data Provider 是轻量级的,它在数据源与代码之间创建了一个最小层,以便在不以牺牲功能为代价的前提下提高性能。

表 15.5 给出了.NET Data Provider 中包含的 4 个对象。

表 15.5　.NET Data Provider 中包含的 4 个对象及其说明

对象名称	功 能 说 明
Connection	提供和数据源的连接功能
Command	提供执行访问数据库命令、传送数据或修改数据功能,例如执行 SQL 命令和存储过程等
DataAdapter	DataSet 对象和数据库间的"桥梁"。它使用 4 个 Command 对象来执行查询、新建、修改、删除的 SQL 命令,把数据加载到 DataSet,或者把 DataSet 内的数据送回数据源
DataReader	通过 Command 对象执行 SQL 查询命令取得数据流,以便进行高速、只读的数据浏览

通过 Connection 对象可与指定的数据库进行连接；Command 对象用来执行相关的 SQL 命令（如 SELECT、INSERT、UPDATE 或 DELETE），以读取或修改数据库中的数据。通过 DataAdapter 对象中所提供的 4 个 Command 对象进行离线式的数据访问，这 4 个 Command 对象分别为 SelectCommand、InsertCommand、UpdateCommand 和 DeleteCommand，其中 SelectCommand 用来将数据库中的数据读出并放到 DataSet 对象中，以便进行离线式的数据访问，至于其他 3 个命令对象（InsertCommand、UpdateCommand 和 DeleteCommand）则是用来修改 DataSet 中的数据，并写回数据库中；通过 DataAdapter 对象的 Fill 方法可以将数据读到 DataSet 中；通过 Update 方法可以将 DataSet 对象的数据更新到指定的数据库中。

在使用程序访问数据库之前，要先确定使用哪个 Data Provider（数据提供程序）来访问数据库，Data Provider 是一组用来访问数据库的对象，在. NET Framework 中常用以下 4 组数据提供程序。

(1) SQL. NET Data Provider

它支持 Microsoft SQL Server 7.0 及以上版本，由于它使用自己的通信协议并且做过优化，所以可以直接访问 SQL Server 数据库，而不必使用 OLEDB 或 ODBC（开放式数据库连接层）接口，因此效果较佳。若程序中使用 SQL. NET Data Provider，则该 ADO. NET 对象名称之前都要加上 Sql，例如 SqlConnection、SqlCommand 等。

(2) OLEDB. NET Data Provider

它支持通过 OLEDB 接口来访问 dBase、FoxPro、Excel、Access、Oracle 以及 SQLServer 等各类型数据源。在程序中若使用 OLEDB. NET Data Provider，则 ADO. NET 对象名称之前要加上 OleDb，如 OleDbConnection、OleDbCommand 等。

(3) ODBC. NET Data Provider

它支持通过 ODBC 接口来访问 dBase、FoxPro、Excel、Access、Oracle 以及 SQL Server 等各类型数据源。在程序中若使用 ODBC. NET Data Provider，则 ADO. NET 对象名称之前要加上 Odbc，如 OdbcConnection、OdbcCommand 等。

(4) ORACLE. NET Data Provider

它支持通过 ORACLE 接口来访问 ORACLE 数据源。在程序中若使用 ORACLE. NET Data Provider，则 ADO. NET 对象名称之前要加上 Oracle，如 OracleConnection、OracleCommand 等。

从以上介绍可以看到，若访问 Access 数据库，可以使用 OLEDB. NET Data Provider 和 ODBC. NET Data Provider，前者可以直接访问 Access 数据库，若使用 ODBC. NET Data Provider，还需建立 Access 数据库对应的 ODBC 数据源。本书主要介绍使用 OLEDB. NET Data Provider 访问 Access 数据库的方法。

2. DataSet

DataSet（数据集）是 ADO. NET 离线数据访问模型中的核心对象，主要用于在内存中暂存并处理各种从数据源中取回的数据。DataSet 其实就是一个存放在内存中的数据暂存区，这些数据必须通过 DataAdapter 对象与数据库进行数据交换。在 DataSet 内部允许同时存放一个或多个不同的数据表（DataTable）对象。这些数据表是由数据列和数据域组成的，并包含主索引键、外部索引键、数据表间的关系（Relation）信息以及数据格式的条件限制（Constraint）。

DataSet 的作用如同内存中的数据库管理系统，因此在离线时 DataSet 也能独自完成数据的新建、修改、删除、查询等操作，而不必一直局限在和数据库联机时才能做数据维护的工作。DataSet 可以用来访问多个不同的数据源、XML 数据或者作为应用程序暂存系统状态的暂存区。

数据库通过 Connection 对象连接后,便可以通过 Command 对象将 SQL 语句(如 INSERT、UPDATE、DELETE 或 SELECT)交由数据库引擎执行,并通过 DataAdapter 对象将数据查询的结果存放到离线的 DataSet 对象中,进行离线数据修改,对降低数据库联机负担具有极大的帮助。至于数据查询部分,还通过 Command 对象设置 SELECT 查询语句和 Connection 对象设置数据库连接,执行数据查询后利用 DataReader 对象以只读的方式逐个从前向后浏览记录。

15.2.3　ADO.NET 数据库的访问流程

ADO.NET 数据库访问的一般流程如下:

① 建立 Connection 对象,创建一个数据库连接。

② 在建立连接的基础上可以使用 Command 对象对数据库发送查询、新增、修改和删除等命令。

③ 创建 DataAdapter 对象,从数据库中取得数据。

④ 创建 DataSet 对象,将 DataAdapter 对象填充到 DataSet 对象(数据集)中。

⑤ 如果需要,可以重复操作,在一个 DataSet 对象中可以容纳多个数据集合。

⑥ 关闭数据连接。

⑦ 在 DataSet 上进行所需要的操作。数据集的数据要输出到窗体中或者网页上面,需要设定数据显示控件的数据源为数据集。

15.3　ADO.NET 的数据访问对象

ADO.NET 的数据访问对象有 Connection、Command、DataReader 和 DataAdapter 等。由于每种.NET Data Provider 都有自己的数据访问对象,因此它们的使用方式相似。本节主要介绍 OLEDB.NET Data Provider 的各种数据访问对象的使用。

注意:OLEDB.NET 数据提供程序的命名空间是 System.Data.OleDb,在使用它时应在引用部分加"using System.Data.OleDb;"语句。

15.3.1　OleDbConnection 对象

在数据访问中首先必须建立到数据库的物理连接。OLEDB.NET Data Provider 使用 OleDbConnection 类的对象标识与一个数据库的物理连接。

1. OleDbConnection 类

OleDbConnection 类的常用属性如表 15.6 所示,其常用方法如表 15.8 所示。

表 15.6　OleDbConnection 类的常用属性及其说明

属　　性	说　　明
ConnectionString	获取或设置用于打开数据库的字符串
ConnectionTimeout	获取在尝试建立连接时终止尝试并生成错误之前所等待的时间
Database	获取当前数据库或连接打开后要使用的数据库的名称
DataSource	获取数据源的服务器名或文件名
Provider	获取在连接字符串的"Provider="子句中指定的 OLEDB 提供程序的名称
State	获取连接的当前状态,其取值及说明如表 15.7 所示

表 15.7 State 枚举成员值

成员	说　明
Connecting	连接对象正在与数据源连接（该值是为此产品的未来版本保留的）
Executing	连接对象正在执行命令（该值是为此产品的未来版本保留的）
Fetching	连接对象正在检索数据（该值是为此产品的未来版本保留的）
Open	连接处于打开状态

表 15.8 OleDbConnection 类的常用方法及其说明

方法	说　明
Open	使用 ConnectionString 所指定的属性设置打开数据库连接
Close	关闭与数据库的连接，这是关闭任何打开连接的首选方法
CreateCommand	创建并返回一个与 OleDbConnection 关联的 OleDbCommand 对象
ChangeDatabase	为打开的 OleDbConnection 更改当前数据库

2. 建立连接字符串 ConnectionString

建立连接的核心是建立连接字符串 ConnectionString，建立连接主要有两种方法。

（1）直接建立连接字符串

直接建立连接字符串的方式是先在窗体上放置一个 OleDbConnection 对象，然后设置它的 ConnectionString 属性。例如，将 ConnectionString 属性设置为如下值：

```
Provider = Microsoft.ACE.OLEDB.12.0;Data Source = D:\C#程序\ch15\school.accdb
```

其中，Provider 指定数据提供程序，Data Source 指定 Access 数据库，最后用 Open 方法打开连接。

说明：本章讨论的是访问 Access 数据库，访问 SQL Server 数据库的方式与之相似。例如，若访问服务器 LCB-PC 上的 SQL Server 数据库 school，假设登录名为"sa"、密码为"12345"，则 ConnectionString 属性设置为"Data Source＝LCB-PC；Initial Catalog＝school；Persist Security Info＝True；User ID＝sa；Password＝12345"。

【例 15.10】 设计一个窗体 Form1，说明直接建立连接字符串的连接过程。

解：创建 Windows 应用程序项目 proj15-1（存放在"D:\C#程序\ch15"文件夹中），添加一个窗体 Form1（在引用部分添加"using System.Data.OleDb;"），其中有一个命令按钮 button1 和一个标签 label1，如图 15.9 所示。

在该窗体上设计如下事件过程：

```
private void button1_Click(object sender, EventArgs e)
{   string mystr;
    OleDbConnection myconn = new OleDbConnection();
    mystr = @"Provider = Microsoft.ACE.OLEDB.12.0;
    Data Source = D:\C#程序\ch15\school.accdb";
    myconn.ConnectionString = mystr;
    myconn.Open();
    if (myconn.State == ConnectionState.Open)
        label1.Text = "成功连接到 Access 数据库";
    else
```

```
    label1.Text = "不能连接到 Access 数据库";
    myconn.Close();
}
```

执行本窗体,单击"连接"命令按钮,其结果如图 15.10 所示,说明连接成功。

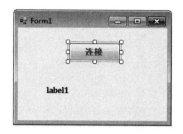

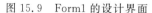

图 15.9　Form1 的设计界面　　　　图 15.10　Form1 的运行界面

（2）通过属性窗口建立连接字符串

要先在窗体上放置一个 OleDbConnection 控件,若在工具箱中找不到 OleDbConnection 控件,将鼠标指针移到"数据"选项卡,然后右击,在弹出的快捷菜单中选择"选择项"命令,打开如图 15.11 所示的"选择工具箱项"对话框,在其中勾选以 OleDb 开头的各项,单击"确定"按钮,此时"数据"选项卡中包含所有新选项,再将 OleDbConnection 控件拖放到窗体上。

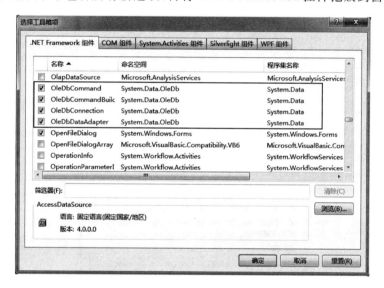

图 15.11　"选择工具箱项"对话框

在属性窗口中单击 OleDbConnection 控件的 ConnectionString 属性右侧的 按钮,从弹出的下拉列表中选择"新建连接"选项,打开如图 15.12 所示的"添加连接"对话框。

单击"更改"按钮,打开如图 15.13 所示的"更改数据源"对话框,选中"Microsoft Access 数据库文件"选项,单击"确定"按钮。

打开"添加连接"对话框,通过"浏览"按钮选择 Access 数据库文件为"D:\C#程序\ch15\school. accdb",如图 15.14 所示。单击"测试连接"按钮确定连接是否成功,在测试成功后单击"确定"按钮返回。此时,ConnectionString 属性值改为:

```
Provider = Microsoft.ACE.OLEDB.12.0;Data Source = D:\C#程序\ch15\school.accdb
```

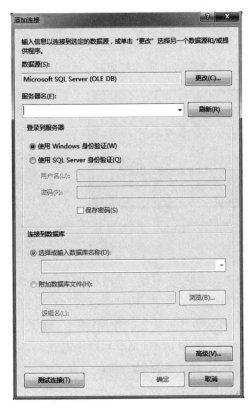

图 15.12 "添加连接"对话框

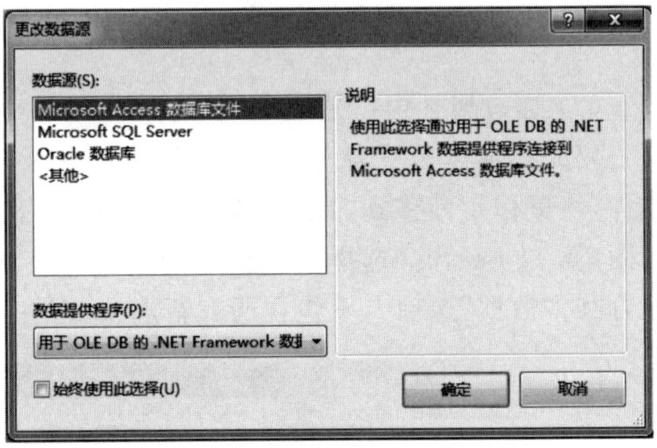

图 15.13 "更改数据源"对话框

从中可以看到，这种方法和第一种方法建立的连接字符串是相同的，只不过这里是通过操作来实现的，之后在窗体中就可以使用 OleDbConnection 控件了。

说明：上述操作在 proj15-1 项目中创建一个默认名称为 school.accdb 的数据连接，在其他窗体设计中可以直接使用这个数据连接。

图 15.14 "添加连接"对话框

【例 15.11】 设计一个窗体 Form2,说明通过属性窗口建立连接字符串的连接过程。

解: 在 proj15-1项目中设计一个窗体 Form2,其中有一个命令按钮 button1、一个标签 label1 和一个 OleDbConnection 控件 oleDbConnection1(采用前面介绍的过程建立连接字符串)。

在该窗体上设计如下事件过程:

```
private void button1_Click(object sender, EventArgs e)
{   oleDbConnection1.Open();
    if (oleDbConnection1.State == ConnectionState.Open)
        label1.Text = "成功连接到 Access 数据库";
    else
        label1.Text = "不能连接到 Access 数据库";
    oleDbConnection1.Close();
}
```

15.3.2   OleDbCommand 对象

在建立数据连接之后,就可以执行数据访问和修改操作了。一般对数据库的操作被概括为 CRUD—Create、Read、Update 和 Delete。在 ADO. NET 中使用 OleDbCommand 类执行这些操作。由于系统提供了OleDbCommand 控件,可以像OleDbConnection 控件那样在窗体中添加和使用 OleDbCommand 控件。

1. OleDbCommand 类的属性和方法

OleDbCommand 类有自己的属性,其属性包含对数据库执行命令所需要的全部信息,通常包括以下内容。

- 一个连接:命令引用一个连接,使用它与数据库通信。
- 命令的名称或者文本:包含某 SQL 语句的实际文本或者要执行的存储过程的名称。
- 命令类型:指明命令的类型,例如命令是存储过程还是普通的 SQL 文本。
- 参数:命令可能要求随令传递参数,命令还可能返回值或者通过输出参数的形式返回值。每个命令都有一个参数集合,可以分别设置或者读取这些参数以传递或接受值。

OleDbCommand 类的常用属性如表 15.9 所示,其常用方法如表 15.11 所示。

表 15.9   OleDbCommand 类的常用属性及其说明

属　　性	说　　明
CommandText	获取或设置要对数据源执行的 SQL 语句或存储过程
CommandTimeout	获取或设置在终止执行命令的尝试并生成错误之前的等待时间
CommandType	获取或设置一个值,该值指示如何解释 CommandText 属性,其取值如表 15.10 所示
Connection	数据命令对象所使用的连接对象
Parameters	参数集合(OleDbParameterCollection)

表 15.10   CommandType 枚举成员值

成　　员	说　　明
StoredProcedure	存储过程的名称
TableDirect	在将 CommandType 属性设置为 TableDirect 时,应将 CommandText 属性设置为要访问的一个或多个表的名称。如果已命名的任何表包含任何特殊字符,那么用户可能需要使用转义符语法或包括限定字符。当调用"执行"(Execute)方法时,将返回命名表的所有行和列。注意,只有 OLEDB. NET Framework 数据提供程序支持 TableDirect
Text	SQL文本命令(默认)

表 15.11　OleDbCommand 类的常用方法及其说明

方　　法	说　　明
CreateParameter	创建 OleDbParameter 对象的新实例
ExecuteNonQuery	针对 Connection 执行 SQL 语句并返回受影响的行数
ExecuteReader	将 CommandText 发送到 Connection 并生成一个 OleDbDataReader
ExecuteScalar	执行查询，并返回查询所返回的结果集中第一行的第一列，忽略其他列或行

2. 创建 OleDbCommand 对象

OleDbCommand 类的主要构造函数如下：

```
OleDbCommand();
OleDbCommand(cmdText);
OleDbCommand(cmdText, connection);
```

其中，cmdText 参数指定查询的文本，connection 参数指定一个到 Access 数据库的连接。例如，以下语句创建一个 OleDbCommand 对象 mycmd：

```
string mystr;
OleDbConnection myconn = new OleDbConnection();
mystr = @"Provider = Microsoft.ACE.OLEDB.12.0;Data Source = D:\C#程序\ch15\school.accdb";
myconn.ConnectionString = mystr;
myconn.Open();
OleDbCommand mycmd = new OleDbCommand("SELECT * FROM student",myconn);
```

3. 通过 OleDbCommand 对象返回单个值

在 OleDbCommand 的方法中，ExecuteScalar 方法执行返回单个值的 SQL 命令。例如，如果想获取 student 数据库中学生的总人数，则可以使用这个方法执行 SQL 查询 SELECT Count(*) FROM student。

【例 15.12】　设计一个窗体 Form3，通过 OleDbCommand 对象求 score 表中的平均分。

解： 在 proj15-1 项目中设计一个窗体 Form3（在引用部分添加"using System.Data.OleDb;"），设计界面如图 15.15 所示，其中有一个命令按钮 button1、一个标签 label1 和一个文本框 textBox1。

在该窗体上设计如下事件过程：

```
private void button1_Click(object sender, EventArgs e)
{   string mystr,mysql;
    OleDbConnection myconn = new OleDbConnection();
    OleDbCommand mycmd = new OleDbCommand();
    mystr = @"Provider = Microsoft.ACE.OLEDB.12.0;Data Source = D:\C#程序\ch15\school.accdb";
    myconn.ConnectionString = mystr;
    myconn.Open();
    mysql = "SELECT AVG(分数) FROM score";
    mycmd.CommandText = mysql;
    mycmd.Connection = myconn;
    textBox1.Text = mycmd.ExecuteScalar().ToString();
    myconn.Close();
}
```

上述代码采用直接建立连接字符串的方法建立连接，并通过 ExecuteScalar 方法执行 SQL 命令，将返回结果输出到文本框 textBox1 中。执行本窗体，单击"求平均分"命令按钮，其结果如

图 15.16 所示。

图 15.15 Form3 的设计界面

图 15.16 Form3 的执行界面

4. 通过 OleDbCommand 对象执行修改操作

在 OleDbCommand 的方法中,ExecuteNonQuery 方法执行不返回结果的 SQL 命令。该方法主要用来更新数据,通常使用它来执行 UPDATE、INSERT 和 DELETE 语句。该方法不返回数据行,对于 UPDATE、INSERT 和 DELETE 语句,返回值为该命令所影响的行数,对于所有其他类型的语句,返回值为-1。

【例 15.13】 设计一个窗体 Form4,通过 OleDbCommand 对象将 score 表中的所有分数增 5 分和减 5 分。

解:在 proj15-1 项目中设计一个窗体 Form4(在引用部分添加"using System. Data. OleDb;"),设计界面如图 15.17 所示,其中有两个命令按钮 button1(标题为"分数+5")和 button2(标题为"分数-5")。

设计该窗体字段如下:

```
OleDbCommand mycmd = new OleDbCommand();
OleDbConnection myconn = new OleDbConnection();
```

设计 Form4_Load 事件过程如下:

```
private void Form4_Load(object sender, EventArgs e)
{    string mystr;
     mystr = @"Provider = Microsoft. ACE. OLEDB. 12.0;
     Data Source = D:\C#程序\ch15\school.accdb";
     myconn.ConnectionString = mystr;
     myconn.Open();
}
```

设计 Form4_FormClosing 事件过程(在用户关闭窗体时引发)如下:

```
private void Form4_FormClosing(object sender, FormClosingEventArgs e)
{
     myconn.Close();
}
```

在两个命令按钮上设计如下事件过程:

```
private void button1_Click(object sender, EventArgs e)
{    string mysql;
     mysql = "UPDATE score SET 分数 = 分数 + 5";
     mycmd.CommandText = mysql;
```

```
    mycmd.Connection = myconn;
    mycmd.ExecuteNonQuery();
}
private void button2_Click(object sender, EventArgs e)
{   string mysql;
    mysql = "UPDATE score SET 分数 = 分数 - 5";
    mycmd.CommandText = mysql;
    mycmd.Connection = myconn;
    mycmd.ExecuteNonQuery();
}
```

上述代码采用直接建立连接字符串的方法建立连接 myconn，并通过 ExecuteNonQuery 方法执行 SQL 命令，不返回任何结果。执行本窗体，单击"分数＋5"命令按钮，此时 score 表中的所有分数都增加 5 分，为了保存 score 表不变，再单击"分数－5"命令按钮，此时 score 表中的所有分数都恢复成原来的数据，其执行界面如图 15.18 所示，最后关闭该窗体。

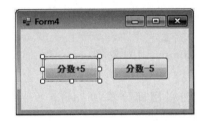

图 15.17　Form4 的设计界面

图 15.18　Form4 的执行界面

5. 在 OleDbCommand 对象的命令中指定参数

OLEDB.NET Data Provider 支持执行命令中包含参数的情况，也就是说，可以使用包含参数的数据命令或存储过程执行数据筛选操作和数据更新等操作，其主要流程如下：

① 创建 Connection 对象，并设置相应的属性值。

② 打开 Connection 对象。

③ 创建 Command 对象并设置相应的属性值，其中 SQL 语句含有占位符。

④ 创建参数对象，将建好的参数对象添加到 Command 对象的 Parameters 集合中。

⑤ 为参数对象赋值。

⑥ 执行数据命令。

⑦ 关闭相关对象。

例如，以下是一个更新语句：

```
UPDATE course SET cName = @Name WHERE cID = @ID
```

其中 course 是一个课程表，它有 cID(课程号)和 cName(课程名)两个列。该命令是将指定 cID 的课程记录的 cName 替换成指定的值。其中@ID 和@Name 均为参数，在执行该语句之前需要为参数赋值。

那么如何为参数赋值呢？OleDbCommand 对象的 Parameters 属性能够取得与 OleDbCommand 相关联的参数集合(也就是 OleDbParameterCollection)，从而通过调用其 Add 方法即可将 SQL 语句中的参数添加到参数集合中，每个参数都是一个 OleDbParameter 类对象，其常用属性及说明如表 15.12 所示。

表 15.12　**OleDbParameter 类的常用属性及其说明**

属　　　性	说　　　明
ParameterName	用于指定参数的名称
OleDbType	用于指定参数的数据类型,例如整型、字符型等
Value	设置输入参数的值
Size	设置数据的最大长度(以字节为单位)
Scale	设置小数位数
Direction	指定参数的方向,可以是下列值之一。
	① ParameterDirection. Input：指明为输入参数。
	② ParameterDirection. Output：指明为输出参数。
	③ ParameterDirection. InputOutput：指明既可以为输入参数,也可以为输出参数。
	④ ParameterDirection. ReturnValue：指明为函数等的返回值

例如,假设 mycmd 数据命令对象包含前面带参数的命令,可以使用以下命令向 Parameters 参数集合中添加参数值：

```
mycmd. Parameters. Add("@Name",OleDbType. VarChar,10). Value = Name1;
mycmd. Parameters. Add("@ID", OleDbType. VarChar,5). Value = ID1;
```

上面 Add 方法中的第 1 个参数为参数名,第 2 个参数为参数的数据类型,第 3 个参数为参数值的最大长度,并分别将参数值设置为 Name1 和 ID1 变量。上述语句也可以等价地改为：

```
OleDbParameter myparm1 = new OleDbParameter();    //创建一个参数对象 myparm1
myparm1. ParameterName = "@Name";                 //设置 myparm1 对象的相关属性
myparm1. OleDbType = OleDbType. VarChar;
myparm1. Size = 10;
myparm1. Value = Name1;                           //设置参数值
mycmd. Parameters. Add(myparm1);                   //将 myparm1 对象添加到参数属性中
OleDbParameter myparm2 = new OleDbParameter();    //创建一个参数对象 myparm2
myparm2. ParameterName = "@ID";                   //设置 myparm2 对象的相关属性
myparm2. OleDbType = OleDbType. VarChar;
myparm2. Size = 5;
myparm2. Value = ID1;                             //设置参数值
mycmd. Parameters. Add(myparm2);                   //将 myparm2 对象添加到参数属性中
```

【**例 15.14**】　设计一个窗体 Form5,通过 OleDbCommand 对象求出指定学号的学生的平均分。

解：在 proj15-1 项目中设计一个窗体 Form5（在引用部分添加“using System. Data. OleDb；”）,设计界面如图 15.19 所示,其中有两个文本框（textBox1 和 textBox2）、两个标签（label1 和 label2）和一个命令按钮 button1。

在该窗体上设计如下事件过程：

```
private void Form5_Load(object sender, EventArgs e)
{    textBox1. Text = "";
     textBox2. Text = "";
}
private void button1_Click(object sender, EventArgs e)
{    string mystr,mysql;
     OleDbConnection myconn = new OleDbConnection();
     OleDbCommand mycmd = new OleDbCommand();
```

```
mystr = @"Provider = Microsoft.ACE.OLEDB.12.0;
Data Source = D:\C#程序\ch15\school.accdb";
myconn.ConnectionString = mystr;
myconn.Open();
mysql = "SELECT AVG(分数) FROM score WHERE 学号 = @no";
mycmd.CommandText = mysql;
mycmd.Connection = myconn;
mycmd.Parameters.Add("@no", OleDbType.VarChar, 5).Value = textBox1.Text;
textBox2.Text = mycmd.ExecuteScalar().ToString();
if (textBox2.Text == "")                          //当没有计算出平均分时,表示学号输入不正确
    MessageBox.Show("不存在该学号的学生", "信息提示", MessageBoxButtons.OK);
myconn.Close();
}
```

上述代码采用直接建立连接字符串的方法来建立连接,并通过 ExecuteScalar 方法执行 SQL 命令,通过"@no"替换返回指定学号的平均分。执行本窗体,输入学号 8,单击"求平均分"命令按钮,执行界面如图 15.20 所示。

图 15.19　Form5 的设计界面　　　　　图 15.20　Form5 的执行界面

OLE DB.NET Framework 数据提供程序可以使用问号(?)来定位参数,以代替命名参数。例如,在例 15.14 的 button1_Click 事件过程中可以将如下语句

```
mysql = "SELECT AVG(分数) FROM score WHERE 学号 = @no";
```

改为

```
mysql = "SELECT AVG(分数) FROM score WHERE 学号 = ?";
```

其他代码不变,功能完全相同。

说明:本例用于介绍参数的使用方法,就功能实现而言可有多种手段,例如,将 SELECT 语句改为如下语句更简洁些:

```
mysql = "SELECT AVG(分数) FROM score WHERE 学号 = '" + textBox1.Text + "'";
```

15.3.3　OleDbDataReader 对象

在执行返回结果集的命令时,需要有一个方法从结果集中提取数据。处理结果集的方法有两个,一是使用 OleDbDataReader 对象(数据阅读器);二是同时使用 OleDbDataAdapter 对象(数据适配器)和 ADO.NET DataSet。本节介绍 DataReader 对象。

不过,使用 DataReader 对象可以从数据库中得到只读的、只能向前的数据流。使用 DataReader 对象还可以提高应用程序的性能,减少系统开销,因为在同一时间只有一条行记录在内存中。

1. OleDbDataReader 类的属性和方法

OleDbDataReader 类的常用属性如表 15.13 所示,其常用方法如表 15.14 所示。

表 15.13 OleDbDataReader 类的常用属性及其说明

属　　性	说　　明
FieldCount	获取当前行中的列数
IsClosed	获取一个布尔值,指出 OleDbDataReader 对象是否关闭
RecordsAffected	通过执行 SQL 语句获取更改、插入或删除的行数

表 15.14 OleDbDataReader 类的常用方法及其说明

方　　法	说　　明
Read	将 OleDbDataReader 对象前进到下一行并读取,返回布尔值指示是否有多行
Close	关闭 OleDbDataReader 对象
IsDBNull	返回布尔值,该值指示列中是否包含不存在的或已丢失的值
GetBoolean	返回指定列的值,类型为布尔值
GetString	返回指定列的值,类型为字符串
GetByte	返回指定列的值,类型为字节
GetInt32	返回指定列的值,类型为整型值
GetDouble	返回指定列的值,类型为双精度值
GetDataTime	返回指定列的值,类型为日期时间值
GetOrdinal	返回指定列的序号或数字位置(首列的序号为 0)

2. 创建 OleDbDataReader 对象

在 ADO.NET 中不会显式地使用 OleDbDataReader 对象的构造函数创建的 OleDbDataReader 对象,因为 OleDbDataReader 类没有提供公有的构造函数。通常调用 OleDbCommand 类的 ExecuteReader 方法返回一个 OleDbDataReader 对象。例如,以下代码创建一个 OleDbDataReader 对象 myreader:

```
OleDbCommand cmd = new OleDbCommand(CommandText, ConnectionObject);
OleDbDataReader myreader = cmd.ExecuteReader();
```

注意:OleDbDataReader 对象不能使用 new 来创建。

OleDbDataReader 对象最常见的用法就是检索 SQL 查询或存储过程执行后返回的记录集。另外,OleDbDataReader 是一个连接的、只向前的和只读的记录集。也就是说,当使用该对象时,必须保持连接处于打开状态。除此之外,可以从头到尾浏览记录集,而且也只能以这样的顺序浏览。这就意味着不能在某条记录处停下来向后移动。记录是只读的,因此 OleDbDataReader 类不提供任何修改数据库记录的方法。

注意:OleDbDataReader 对象使用底层的连接,连接是它专有的。当 OleDbDataReader 对象打开时,不能使用对应的连接对象执行其他任何任务,例如执行另外的命令等。当不再需要 OleDbDataReader 对象的记录时,应该立刻关闭它。

3. 遍历 OleDbDataReader 对象的记录

当 ExecuteReader 方法返回 OleDbDataReader 对象时,当前光标的位置在第一条记录的前面,必须调用 OleDbDataReader 对象的 Read 方法把光标移动到第一条记录,然后,第一条记录就变成当前记录。如果 OleDbDataReader 对象中包含的记录不止一条,Read 方法返回一个 Boolean 值 true。要想移动到下一条记录,需要再次调用 Read 方法。重复上述过程,直到最后

一条记录,此时 Read 方法将返回 false。经常使用 While 循环来遍历记录:

```
while (myreader.Read())
{
    //读取数据
}
```

只要 Read 方法返回的值为 true,就可以访问当前记录中包含的字段。

提示:OleDbDataReader 对象每次只能读取一行数据。

4. 访问字段中的值

使用以下语句获取一个 OleDbDataReader 对象:

```
OleDbDataReader myreader = mycmd.ExecuteReader();
```

ADO. NET 提供了两种方法来访问记录中的字段,第一种是 Item 属性,此属性返回由字段索引或字段名指定的字段值;第二种方法是 Get 方法,此方法返回由字段索引指定的字段的值。

1) Item 属性

每一个 OleDbDataReader 对象都定义了一个 Item 属性,此属性返回一个代码字段属性的对象。Item 属性是 OleDbDataReader 对象的索引。需要注意的是,Item 属性总是基于 0 开始编号的,例如:

```
myreader[字段名]
myreader[字段索引]
```

2) Get 方法

每一个 OleDbDataReader 对象都定义了一组 Get 方法,那些方法将返回适当类型的值。例如,GetInt32 方法把返回的字段值作为 32 位整数,每一个 Get 方法都将接受字段的索引。例如,在上面的示例中使用以下代码可以检索 ID 字段和 cName 字段的值:

```
myreader.GetInt32(0)
myreader.GetString(1)
```

【例 15.15】 设计一个窗体 Form6,通过 OleDbDataReader 对象输出所有的学生记录。

解:在 proj15-1 项目中设计一个窗体 Form6,设计界面如图 15.21 所示,其中有一个列表框 listBox1 和一个命令按钮 button1。

在该窗体上设计如下事件过程:

```
private void button1_Click(object sender, EventArgs e)
{   string mystr,mysql;
    OleDbConnection myconn = new OleDbConnection();
    OleDbCommand mycmd = new OleDbCommand();
    mystr = @"Provider = Microsoft.ACE.OLEDB.12.0;
    Data Source = D:\C#程序\ch15\school.accdb";
    myconn.ConnectionString = mystr;
    myconn.Open();
    mysql = "SELECT * FROM student";
    mycmd.CommandText = mysql;
    mycmd.Connection = myconn;
    OleDbDataReader myreader = mycmd.ExecuteReader();
    listBox1.Items.Add("学号\t 姓名\t 性别\t 民族\t 班号");
    listBox1.Items.Add(" ========================= ");
    while (myreader.Read())                    //循环读取信息
```

```
listBox1.Items.Add(String.Format("{0}\t{1}\t{2}\t{3}\t{4}",
    myreader[0].ToString(), myreader[1].ToString(),
    myreader.GetString(2), myreader.GetString(3),
    myreader.GetString(4)));
myconn.Close();
myreader.Close();
}
```

执行本窗体，单击"输出所有学生"命令按钮，执行界面如图 15.22 所示。

图 15.21　Form6 的设计界面

图 15.22　Form6 的执行界面

15.3.4　OleDbDataAdapter 对象

OleDbDataAdapter(数据适配器)对象可以执行 SQL 命令以及调用存储过程、传递参数，最重要的是获取数据结果集，在数据库和 DataSet(数据集)对象之间来回传输数据。

1. OleDbDataAdapter 类的属性和方法

OleDbDataAdapter 类的常用属性如表 15.15 所示，其常用方法如表 15.16 所示。

表 15.15　OleDbDataAdapter 类的常用属性及其说明

属　　性	说　　明
SelectCommand	获取或设置 SQL 语句或存储过程，用于选择数据源中的记录
InsertCommand	获取或设置 SQL 语句或存储过程，用于将新记录插入到数据源中
UpdateCommand	获取或设置 SQL 语句或存储过程，用于更新数据源中的记录
DeleteCommand	获取或设置 SQL 语句或存储过程，用于从数据集中删除记录
TableMappings	获取一个集合，它提供了源表和 DataTable 之间的主映射

表 15.16　OleDbDataAdapter 类的常用方法及其说明

方　　法	说　　明
Fill	用来自动执行 OleDbDataAdapter 对象的 SelectCommand 属性中对应的 SQL 语句，以检索数据库中的数据，然后更新数据集中的 DataTable 对象，如果 DataTable(数据表)对象不存在，则创建它
FillSchema	将 DataTable 添加到 DataSet 中，并配置架构以匹配数据源中的架构
GetFillParameters	获取执行 SQL SELECT 语句时由用户设置的参数
Update	用来自动执行 UpdateCommand、InsertCommand 或 DeleteCommand 属性对应的 SQL 语句，以使数据集中的数据更新数据库

实际上，使用 OleDbDataAdapter 对象的主要目的是获取 DataSet 对象，另外它还有一个功能，就是数据写回更新的自动化。由于 DataSet 对象为离线存取，因此数据的添加、删除、修

改都在 DataSet 中进行,当需要将数据分批次写回数据库时,OleDbDataAdapter 对象提供了一个 Update 方法,它会自动将 DataSet 中不同的内容取出,然后自动判断添加的数据并使用 InsertCommand 所指定的 INSERT 语句,修改记录使用 UpdateCommand 所指定的 UPDATE 语句,删除记录使用 DeleteCommand 指定的 DELETE 语句,以此更新数据库的内容。

在写回数据来源时,DataTable 与实际数据的数据表及列对应,可以通过 TableMappings 定义对应关系。

2. 创建 OleDbDataAdapter 对象

创建 OleDbDataAdapter 对象有两种方式,一是用语句直接创建 OleDbDataAdapter 对象;另一种是通过工具箱中的 OleDbDataAdapter 控件创建 OleDbDataAdapter 对象。

1)用程序代码创建 OleDbDataAdapter 对象

OleDbDataAdapter 类有以下构造函数:

```
OleDbDataAdapter();
OleDbDataAdapter(selectCommandText);
OleDbDataAdapter(selectCommandText,selectConnection);
OleDbDataAdapter((selectCommandText,selectConnectionString);
```

其中,selectCommandText 是一个字符串,包含 SQL SELECT 语句或存储过程。selectConnection 是当前连接的 OleDbConnection 对象,selectConnectionString 是连接字符串。

采用上述第 3 个构造函数创建 OleDbDataAdapter 对象的过程是先建立 OleDbConnection 连接对象,接着建立 OleDbDataAdapter 对象,在建立该对象的同时可以传递两个参数,即命令字符串(mysql)和连接对象(myconn)。例如:

```
string mystr,mysql;
OleDbConnection myconn = new OleDbConnection();
mystr = @"Provider = Microsoft.ACE.OLEDB.12.0;Data Source = D:\C#程序\ch15\school.accdb";
myconn.ConnectionString = mystr;
myconn.Open();
mysql = "SELECT * FROM student";
OleDbDataAdapter myadapter = new OleDbDataAdapter(mysql, myconn);
myconn.Close();
```

以上代码仅创建了 OleDbDataAdapter 对象,并没有使用它,在后面介绍 DataSet 对象时大量使用采用这种方式创建的 OleDbDataAdapter 对象。

2)通过设计工具创建 OleDbDataAdapter 控件

通过设计工具创建 OleDbDataAdapter 对象的步骤如下:

① 从工具箱的"数据"选项卡中选取 OleDbDataAdapter 控件并拖放到窗体中,这时会出现"数据适配器配置向导",如图 15.23 所示,要求选择一个连接。假设要新建连接,单击"新建连接"按钮,其操作步骤见例 15.11。

② 这里直接使用例 15.11 中创建的 school.accdb 连接,选中"是,在连接字符串中包含敏感数据"单选按钮,单击"下一步"按钮,然后在出现的提示框中单击"是"按钮。

③ 出现如图 15.24 所示的"选择命令类型"对话框,默认选中"使用 SQL 语句"单选按钮,单击"下一步"按钮。

④ 出现"生成 SQL 语句"对话框,可以在该对话框的文本框中输入 SQL 的查询语句,也可以单击"查询生成器"按钮生成查询命令。这里直接输入"SELECT * FROM student"语

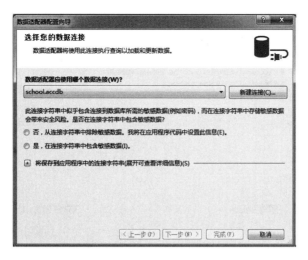

图 15.23　"选择您的数据连接"对话框

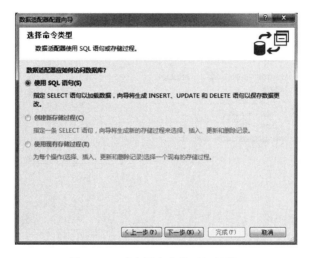

图 15.24　"选择命令类型"对话框

句,如图 15.25 所示,单击"下一步"按钮。

⑤ 出现如图 15.26 所示的"向导结果"对话框,单击"完成"按钮。

这样就创建了一个 OleDbDataAdapter 控件 oleDbDataAdapter1,同时在窗体中创建了一个 OleDbConnection 控件 oleDbConnection1。

3. 使用 Fill 方法

Fill 方法用于向 DataSet 对象填充从数据源中读取的数据。调用 Fill 方法的语法格式有多种,最常见的格式如下:

```
OleDbDataAdapter 对象名.Fill(DataSet 对象名,"数据表名");
```

其中第一个参数是数据集对象名,表示要填充的数据集对象;第二个参数是一个字符串,表示在本地缓冲区中建立的临时表的名称。例如,以下语句用 course 表数据填充数据集 mydataset1:

```
OleDbDataAdapter1.Fill(mydataset1,"course");
```

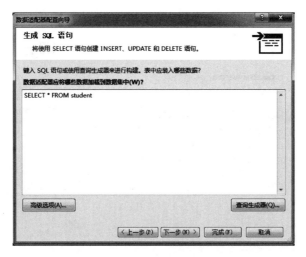

图 15.25 "生成 SQL 语句"对话框

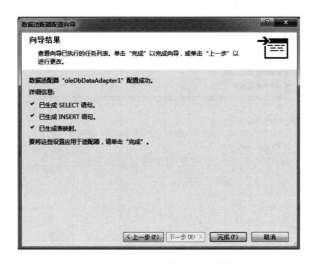

图 15.26 "向导结果"对话框

使用 Fill()方法要注意以下几点：

① 如果在调用 Fill()方法之前连接已关闭，先将其打开以检索数据，在数据检索完成后再将该连接关闭。如果在调用 Fill()方法之前连接已打开，该连接仍然会保持打开状态。

② 如果数据适配器在填充 DataTable 时遇到重复列，它们将以"columnname1"、"columnname2"、"columnname3"…形式命名后面的列。

③ 如果传入的数据包含未命名的列，它们将以"column1"、"column2"形式命名并存入 DataTable。

④ 在向 DataSet 添加多个结果集时，每个结果集都放在一个单独的表中。

⑤ 可以在同一个 DataTable 中多次使用 Fill()方法。如果存在主键，则传入的行会与已有的匹配行合并；如果不存在主键，则传入的行会追加到 DataTable 中。

4. 使用 Update 方法

Update()方法用于将数据集 DataSet 对象中的数据按 InsertCommand 属性、DeleteCommand

属性或 UpdateCommand 属性所指定的要求更新数据源,即调用 3 个属性中所定义的 SQL 语句来更新数据源。

Update()方法常见的调用格式如下:

```
OleDbDataAdapter 对象名.Update(DataSet 对象名,[数据表名]);
```

其中第一个参数是数据集对象名,表示要将哪个数据集对象中的数据更新到数据源中;第二个参数是一个字符串,表示临时表的名称。

由于 OleDbDataAdapter 对象介于 DataSet 对象和数据源之间,Update()方法只能将 DataSet 中的修改回存到数据源中,有关修改 DataSet 对象中数据的方法将在下一节介绍。当用户修改 DataSet 对象中的数据时,如何产生 OleDbDataAdapter 对象的 InsertCommand、DeleteCommand 和 UpdateCommand 属性呢?

系统提供了 OleDbCommandBuilder 类,它根据用户对 DataSet 对象数据的操作自动生成相应的 InsertCommand、DeleteCommand 和 UpdateCommand 属性值。该类的构造函数如下:

```
OleDbCommandBuilder(adapter);
```

其中,adapter 是一个 OleDbDataAdapter 对象的名称。例如,以下语句创建一个 OleDbCommandBuilder 对象 mycmdbuilder,用于产生 myadp 对象的 InsertCommand、DeleteCommand 和 UpdateCommand 属性值,然后调用 Update 方法执行这些修改命令以更新数据源:

```
OleDbCommandBuilder mycmdbuilder = new OleDbCommandBuilder(myadp);
myadp.Update(myds, "student");
```

15.4　DataSet 对象

DataSet 是 ADO.NET 数据库访问组件的核心,主要用来支持 ADO.NET 的不连贯连接及数据分布。它的数据驻留内存,可以保证和数据源无关的一致的关系模型,用于多个异种数据源的数据操作。

15.4.1　DataSet 对象概述

ADO.NET 包含多个组件,每个组件在访问数据库时具有自己的功能,如图 15.27 所示。首先通过 Connection 组件建立与实际数据库的连接,Command 组件发送数据库的操作命令。设计用户界面有两种方式,方式 1 是使用 DataReader 组件(含有执行命令所提取的数据库中的数据)与 C♯窗体显示控件进行数据绑定,即在窗体中显示 DataReader 组件中的数据集,这在 15.3 节已介绍过;方式 2 是通过 DataAdapter 组件将命令执行所提取的数据库中的数据填充到 DataSet 组件中,再通过 DataSet 组件和 C♯窗体控件进行数据绑定,这是本节要介绍的内容,这种方式功能更强大。

方式 2 又分为 DataSet 数据与窗体显示控件直接绑定和 DataSet 数据通过 DataView 控件与窗体显示控件绑定两种。

数据集 DataSet 对象可以分为类型化数据集和非类型化数据集两种。

- 类型化数据集:包含结构描述信息,它是结构描述文件所生成类的实例,C♯对类型化数据集提供了较多的可视化工具支持,使访问类型化数据集中的数据表和字段内容更

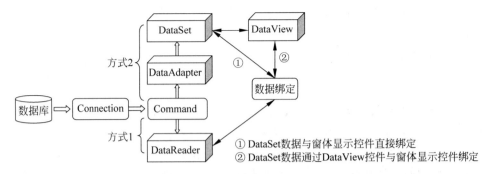

图 15.27　ADO.NET 组件访问数据库的方式

加方便、快捷且不容易出错。

- 非类型化数据集：没有对应的内建结构描述，本身所包括的表、字段等数据对象以集合的方式来呈现，对于动态建立的且不需要使用结构描述信息的对象则应该使用非类型化数据集。

创建 DataSet 对象有多种方法，既可以使用设计工具，也可以使用程序代码来创建 DataSet 对象。使用程序代码创建 DataSet 对象的语法格式如下：

```
DataSet 对象名 = new DataSet();
```

或

```
DataSet 对象名 = new DataSet(数据集名);
```

注意：DataSet 类的命名空间是 System.Data，在使用它时应在引用部分增加"using System.Data;"语句。

15.4.2　Dataset 对象的属性和方法

1. DataSet 对象的属性

DataSet 对象的常用属性如表 15.17 所示。DataSet 对象如同内存中的数据库，一个 DataSet 对象包含一个 Tables 属性(表集合)和一个 Relations 属性(表之间关系的集合)。

DataSet 对象的 Tables 集合属性的基本架构如图 15.28 所示，理解这种复杂的架构关系对于灵活地使用 DataSet 对象是十分重要的。实际上，DataSet 对象如同内存中的数据库(由多个表构成)，可以包含多个 DataTable 对象；一个 DataTable 对象如同数据库中的一个表，可以包含多个列和多个行，一个列对应一个 DataColumn 对象，一个行对应一个 DataRow 对象，而每个对象都有自己的属性和方法。

表 15.17　DataSet 对象的常用属性及其说明

属　　性	说　　明
CaseSensitive	获取或设置一个值，该值指示 DataTable 对象中的字符串比较是否区分大小写
DataSetName	获取或设置当前 DataSet 的名称
Relations	获取用于将表链接起来并允许从父表浏览到子表的关系的集合
Tables	获取包含在 DataSet 中的表的集合

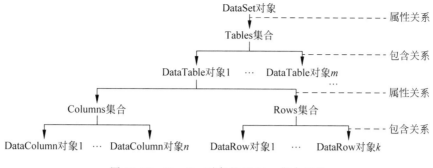

图 15.28　DataSet 对象的 Tables 集合属性

2. DataSet 对象的方法

DataSet 对象的常用方法如表 15.18 所示。

表 15.18　DataSet 对象的常用方法及其说明

方　　法	说　　明
AcceptChanges	提交自加载此 DataSet 对象或上次调用 AcceptChanges 以来对其进行的所有更改
Clear	通过移除所有表中的所有行来清除任何数据的 DataSet 对象
CreateDataReader	为每个 DataTable 对象返回带有一个结果集的 DataTableReader，顺序与 Tables 集合中表的显示顺序相同
GetChanges	获取 DataSet 对象的副本，该副本包含自上次加载以来或自调用 AcceptChanges 以来对该数据集进行的所有更改
HasChanges	获取一个值，该值指示 DataSet 是否有更改，包括新增行、已删除的行或已修改的行
Merge	将指定的 DataSet、DataTable 或 DataRow 对象的数组合并到当前的 DataSet 或 DataTable 对象中
Reset	将 DataSet 重置为其初始状态

15.4.3　Tables 集合属性和 DataTable 对象

DataSet 对象的 Tables 集合属性由若干个表组成，每个表是一个 DataTable 对象。实际上，每一个 DataTable 对象代表了数据库中的一个表，每个 DataTable 数据表都由相应的行和列组成。

一个 DataSet 对象由若干个 DataTable 对象组成，可以使用 DataSet.Tables["表名"]或 DataSet.Tables[表索引]来引用其中的 DataTable 对象。例如，dataset1.Tables["student"] 表示 dataset1 数据集的 student 表，dataset1.Tables[i]表示 dataset1 数据集的第 i 个表，其索引值从 0 开始编号。

1. Tables 集合属性的属性和方法

Tables 集合属性的常用属性如表 15.19 所示，其常用方法如表 15.20 所示。

表 15.19　Tables 集合属性的常用属性及其说明

属性	说　　明
Count	Tables 集合中表的个数
Item	检索 Tables 集合中指定索引处的表

表 15.20　Tables 集合属性的常用方法及其说明

方　　法	说　　明
Add	向 Tables 集合中添加一个表
AddRange	向 Tables 集合中添加一个表的数组
Clear	移除 Tables 集合中的所有表
Contains	确定指定表是否在 Tables 集合中
Equqls	判断是否等于当前对象
Insert	将一个表插入到 Tables 集合中指定的索引处
IndexOf	检索指定的表在 Tables 集合中的索引
Remove	从 Tables 集合中移除指定的表
RemoveAt	移除 Tables 集合中指定索引处的表

2. DataTable 对象

DataTable 对象表示一个表，其常用属性如表 15.21 所示。一个 DataTable 对象包含一个 Columns 属性（即列集合）和一个 Rows 属性（即行集合）。DataTable 对象的常用方法如表 15.22 所示。

表 15.21　DataTable 对象的常用属性及其说明

属　　性	说　　明
CaseSensitive	指示表中的字符串比较是否区分大小写
ChildRelations	获取此 DataTable 的子关系的集合
Columns	获取属于该表的列的集合
Constraints	获取由该表维护的约束的集合
DataSet	获取此表所属的 DataSet
DefaultView	返回可用于排序、筛选和搜索 DataTable 的 DataView
ExtendedProperties	获取自定义用户信息的集合
ParentRelations	获取该 DataTable 的父关系的集合
PrimaryKey	获取或设置充当数据表主键的列的数组
Rows	获取属于该表的行的集合
TableName	获取或设置 DataTable 的名称

表 15.22　DataTable 对象的常用方法及其说明

方　　法	说　　明
AcceptChanges	提交自上次调用 AcceptChanges 以来对该表进行的所有更改
Clear	清除所有数据的 DataTable
Compute	计算用来传递筛选条件的当前行上的给定表达式
CreateDataReader	返回与此 DataTable 中的数据相对应的 DataTableReader
ImportRow	将 DataRow 复制到 DataTable 中，保留任何属性设置以及初始值和当前值
Merge	将指定的 DataTable 与当前的 DataTable 合并
NewRow	创建与该表具有相同架构的新 DataRow
Select	获取 DataRow 对象的数组

3. 建立包含在数据集中的表

建立包含在数据集中的表的方法主要有以下两种。

（1）利用数据适配器的 Fill 方法自动建立 DataSet 中的 DataTable 对象

先通过 OleDbDataAdapter 对象从数据源中提取记录数据，然后调用其 Fill 方法，将所提取的记录存入 DataSet 中对应的表内，如果 DataSet 中不存在对应的表，Fill 方法会先建立表再将记录填入其中。例如，以下语句向 DataSet 对象 myds 中添加一个表 course 及其包含的数据记录：

```
DataSet myds = new DataSet();
OleDbDataAdapter myda = new OleDbDataAdapter("SELECT * From course",myconn);
myda.Fill(myds, "course");
```

可以在项目中设计以下通用的 Access 数据库操作类 Dbop，其中有一个静态方法 Exesql()，用于执行 SQL 命令，如果是更新类 SQL 命令，在调用它时自动进行数据更新；如果是 SELECT 语句，在调用它时返回包含查找结果的 DataTable 对象：

```
public class Dbop                                   //通用的 Access 数据库操作类
{   public static DataTable Exesql(string mysql)
    {   string mystr,sqlcomm;
        OleDbConnection myconn = new OleDbConnection();
        mystr = @"Provider = Microsoft.ACE.OLEDB.12.0;
        Data Source = D:\C# 程序\ch15\school.accdb";
        myconn.ConnectionString = mystr;
        myconn.Open();
        OleDbCommand mycmd = new OleDbCommand(mysql,myconn);
        sqlcomm = firststr(mysql);
        if (sqlcomm == "INSERT" || sqlcomm == "DELETE" || sqlcomm == "UPDATE")
        {                                           //执行 INSERT、DELETE 或 UPDATE 等 SQL 命令
            mycmd.ExecuteNonQuery();                 //执行查询
            myconn.Close();                          //关闭连接
            return null;                             //返回空
        }
        else                                        //执行 SELECT 查询命令
        {   DataSet myds = new DataSet();
            OleDbDataAdapter myadp = new OleDbDataAdapter();
            myadp.SelectCommand = mycmd;
            mycmd.ExecuteNonQuery();                 //执行查询
            myconn.Close();                          //关闭连接
            myadp.Fill(myds);                        //填充数据
            return myds.Tables[0];                   //返回表对象
        }
    }
    static string firststr(string mystr)            //提取字符串中的第一个字符串
    {   string [] strarr;
        strarr = mystr.Split(' ');
        return strarr[0].ToUpper().Trim();
    }
}
```

例如，以下代码根据用户在 textBox1 中输入的学号获取结果 DataTable 对象 mytable：

```
string mysql;
DataSet myds = new DataSet();
```

```
DataTable mytable = new DataTable();
mysql = "SELECT * FROM student WHERE 学号 = '" + textBox1.Text + "'";
mytable = Dbop.Exesql(mysql);
```

例如,以下代码根据用户在 textBox1 中输入的学号,将该学号的学生性别改为'女':

```
string mysql;
mysql = "UPDATE student SET 性别 = '女' WHERE 学号 = '" + textBox1.Text + "'";
Dbop.Exesql(mysql);
```

(2) 将建立的 DataTable 对象添加到 DataSet 中

先建立 DataTable 对象 mydt,然后调用 mydt 的表集合属性 Tables 的 Add 方法,将 mydt 对象添加到 DataSet 对象中。例如,以下语句向 DataSet 对象 myds 中添加一个表,并返回表的名称 course:

```
DataSet myds = new DataSet();
DataTable mydt = new DataTable("course");
myds.Tables.Add(mydt);
textBox1.Text = myds.Tables["course"].TableName;  //在文本框中显示"course"
```

15.4.4　Columns 集合属性和 DataColumn 对象

DataTable 对象的 Columns 属性是由若干个列组成的,每个列是一个 DataColumn 对象。DataColumn 对象描述数据表列的结构,要向数据表添加一个列,必须先建立一个 DataColumn 对象,设置其各项属性,然后将它添加到 DataTable 的列集合 DataColumns 中。

1. Columns 集合属性的属性和方法

Columns 集合属性的常用属性如表 15.23 所示,其常用方法如表 15.24 所示。

表 15.23　Columns 集合属性的常用属性及其说明

属　性	说　明
Count	Columns 集合中列的个数
Item	检索 Columns 集合中指定索引处的列

表 15.24　Columns 集合属性的常用方法及其说明

方　法	说　明
Add	向 Columns 集合中添加一个列
AddRange	向 Columns 集合中添加一个列的数组
Clear	移除 Columns 集合中的所有列
Contains	确定指定列是否在 Columns 集合中
Equqls	判断是否等于当前对象
Insert	将一个列插入到 Columns 集合中指定的索引处
IndexOf	检索指定的列在 Columns 集合中的索引
Remove	从 Columns 集合中移除指定的列
RemoveAt	移除 Columns 集合中指定索引处的列

2. DataColumn 对象

DataColumn 对象的常用属性如表 15.25 所示,其方法很少使用。

表 15.25　DataColumn 对象的常用属性及其说明

属　　性	说　　明
AllowDBNull	获取或设置一个值,该值指示对于属于该表的行,此列中是否允许空值
Caption	获取或设置列的标题
ColumnName	获取或设置 DataColumnCollection 中的列的名称
DataType	获取或设置存储在列中的数据的类型
DefaultValue	在创建新行时获取或设置列的默认值
Expression	获取或设置表达式,用于筛选行、计算列中的值或创建聚合列
MaxLength	获取或设置文本列的最大长度
Table	获取列所属的 DataTable
Unique	获取或设置一个值,该值指示列的每一行中的值是否必须是唯一的

例如,以下语句在内存中建立一个 DataSet 对象 myds,向其中添加一个 DataTable 对象 mydt,向 mydt 中添加 3 个列,列名分别为 ID、cName 和 cBook,数据类型均为 String。

```
DataTable mydt = new DataTable();
DataColumn mycol1 = mydt.Columns.Add("ID", Type.GetType("System.String"));
mydt.Columns.Add("cName", Type.GetType("System.String"));
mydt.Columns.Add("cBook", Type.GetType("System.String"));
```

15.4.5　Rows 集合属性和 DataRow 对象

DataTable 对象的 Rows 属性是由行组成的,每个行都是一个 DataRow 对象。DataRow 对象用来表示 DataTable 中单独的一条记录,每一条记录都包含多个字段,DataRow 对象的 Item 属性表示这些字段,Item 属性加上索引值或字段名表示指定的字段值。

1. Rows 集合属性的属性和方法

Rows 集合属性的常用属性如表 15.26 所示,其常用方法如表 15.27 所示。

表 15.26　Rows 集合属性的常用属性及其说明

属　　性	说　　明
Count	Rows 集合中行的个数
Item	检索 Rows 集合中指定索引处的行

表 15.27　Rows 集合属性的常用方法及其说明

方　　法	说　　明
Add	向 Rows 集合中添加一个行
AddRange	向 Rows 集合中添加一个行的数组
Clear	移除 Rows 集合中的所有行
Contains	确定指定行是否在 Rows 集合中
Equqls	判断是否等于当前对象
Insert	将一个行插入到 Rows 集合中指定的索引处
IndexOf	检索指定的行在 Rows 集合中的索引
Remove	从 Rows 集合中移除指定的行
RemoveAt	移除 Rows 集合中指定索引处的行

2. DataRow 对象

DataRow 对象的常用属性如表 15.28 所示，其方法如表 15.29 所示。

表 15.28　DataRow 对象的常用属性及其说明

属　　性	说　　明
item	获取或设置存储在指定列中的数据
ItemArray	通过一个数组获取或设置此行的所有值
Table	获取该行拥有其架构的 DataTable

表 15.29　DataRow 对象的常用方法及其说明

方　　法	说　　明
Delete	删除 DataRow
EndEdit	终止发生在该行的编辑
IsNull	获取一个值，该值指示指定的列是否包含空值

【例 15.16】　设计一个窗体 Form7，通过 DataSet 对象创建一个表并显示其中添加的记录。

解：在 proj15-1 项目中设计一个窗体 Form7（引用部分添加"using System. Data. OleDb;"），设计界面如图 15.29 所示，其中有一个 DataGridView 控件 dataGridView1（这里仅用于显示数据，将在后面详细介绍）和一个命令按钮 button1。

在该窗体上设计如下事件过程：

```
private void button1_Click(object sender, EventArgs e)
{   DataSet myds = new DataSet();
    DataTable mydt = new DataTable("course");
    myds.Tables.Add(mydt);
    DataColumn mycol1 = mydt.Columns.Add("ID", Type.GetType("System.String"));
    mydt.Columns.Add("cName", Type.GetType("System.String"));
    mydt.Columns.Add("cBook", Type.GetType("System.String"));
    DataRow myrow1 = mydt.NewRow();
    myrow1["ID"] = "101";
    myrow1["cName"] = "C 语言";
    myrow1["cBook"] = "C 语言教程";
    myds.Tables[0].Rows.Add(myrow1);
    DataRow myrow2 = mydt.NewRow();
    myrow2["ID"] = "120";
    myrow2["cName"] = "数据结构";
    myrow2["cBook"] = "数据结构教程";
    myds.Tables[0].Rows.Add(myrow2);
    dataGridView1.DataSource = myds.Tables["course"];
    //或 dataGridView1.DataSource = mydt;
}
```

上述事件过程在内存中建立一个 DataSet 对象 myds，向其中添加一个 DataTable 对象 mydt，向 mydt 中添加 3 个列，列名分别为 ID、cName 和 cBook，数据类型均为 String，再向 mydt 中添加两行数据。

执行本窗体,单击"显示数据"命令按钮,执行结果如图 15.30 所示。

说明:通常情况下,DataSet 对象的数据来源于数据库,本例说明也可以通过 DataSet 对象建立表和输入表记录,但这些数据仅存放在内存中。

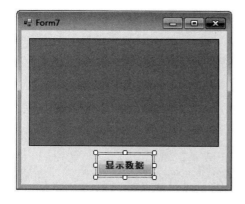

图 15.29　Form7 的设计界面

图 15.30　Form7 的执行界面

15.5　数 据 绑 定

数据绑定就是把数据连接到用户界面(如窗体)的过程。在数据绑定后,可以通过窗体界面操作数据库中的数据。

15.5.1　数据绑定概述

C♯的大部分控件都有数据绑定功能,例如 Label、TextBox、dataGridView 等控件。当控件进行数据绑定操作后,该控件即会显示所查询的数据记录。窗体控件的数据绑定一般可以分为两种方式,即单一绑定和复合绑定。

1. 单一绑定

所谓单一绑定是指将单一数据元素绑定到控件的某个属性。例如,将 TextBox 控件的 Text 属性与 student 数据表中的姓名列进行绑定。

单一绑定是利用控件的 DataBindings 集合属性来实现的,其一般形式如下:

```
控件名称.DataBindings.Add("控件的属性名称",数据源,"数据成员");
```

其中,"控件的属性名称"参数为字符串形式,指定绑定到控件的是哪一个属性,DataBindings 的集合属性允许让控件的多个属性与数据源进行绑定。

实际上,这 3 个参数构成了一个 Binding 对象,也可以先创建 Binding 对象,再使用 Add 方法将其添加到 DataBindings 集合属性中。Binding 对象的构造函数如下:

```
Binding("控件的属性名称",数据源,"数据成员");
```

例如,以下语句建立 myds 数据集的"student. 学号"列到一个控件 Text 属性的绑定。

```
DataSet myds = new dataSet();
…
Binding mybinding = new Binding("Text",myds,"student.学号");
```

【例 15.17】 设计一个窗体 Form8,用于显示 student 表中的第一个记录。

解:在 proj15-1 项目中设计一个窗体 Form8,设计界面如图 15.31 所示,其中有一个分组框 groupBox1,它有 5 个标签和 5 个文本框。

在该窗体上设计如下事件过程:

```
private void Form8_Load(object sender, EventArgs e)
{   string mystr,mysql;
    OleDbConnection myconn = new OleDbConnection();
    DataSet myds = new DataSet();
    mystr = @"Provider = Microsoft.ACE.OLEDB.12.0;
    Data Source = D:\C#程序\ch15\school.accdb";
    myconn.ConnectionString = mystr;
    myconn.Open();
    mysql = "SELECT * FROM student";
    OleDbDataAdapter myda = new OleDbDataAdapter(mysql, myconn);
    myda.Fill(myds, "student");                 //将 student 表填充到 myds 中
    Binding mybinding1 = new Binding("Text", myds, "student.学号");
    textBox1.DataBindings.Add(mybinding1);
    //或 textBox1.DataBindings.Add("Text", myds, "student.学号");
    Binding mybinding2 = new Binding("Text", myds, "student.姓名");
    textBox2.DataBindings.Add(mybinding2);
    //或 textBox2.DataBindings.Add("Text", myds, "student.姓名");
    Binding mybinding3 = new Binding("Text", myds, "student.性别");
    textBox3.DataBindings.Add(mybinding3);
    //或 textBox3.DataBindings.Add("Text", myds, "student.性别");
    Binding mybinding4 = new Binding("Text", myds, "student.民族");
    textBox4.DataBindings.Add(mybinding4);
    //或 textBox4.DataBindings.Add("Text", myds, "student.民族");
    Binding mybinding5 = new Binding("Text", myds, "student.班号");
    textBox5.DataBindings.Add(mybinding5);
    //或 textBox5.DataBindings.Add("Text", myds, "student.班号");
    myconn.Close();
}
```

在上述代码中创建了 5 个 Bindings 对象,然后将它们分别添加到 5 个文本框的 DataBindings 集合属性中。执行本窗体,其执行界面如图 15.32 所示。

图 15.31 Form8 的设计界面

图 15.32 Form8 的执行界面

在例 15.17 这种绑定方式中,每个文本框与一个数据成员进行绑定,不便于数据源的整体操作,为此 C#提供了 BindingSource 类(在工具箱中,对应该控件的图标为  BindingSource),它用于封装窗体的数据源,以实现对数据源的整体导航操作。

BindingSource 类的常用构造函数如下:

```
BindingSource();
BindingSource(dataSource, dataMember);
```

其中,dataSource 指出 BindingSource 对象的数据源。dataMember 指出要绑定的数据源中的特定列或列表名称,即用指定的数据源和数据成员初始化 BindingSource 类的新实例。

BindingSource 类的常用属性如表 15.30 所示,其常用方法如表 15.31 所示。通过一个 BindingSource 对象将一个窗体的数据源看成一个整体,可以对数据源进行记录定位(使用 Move 类方法),从而在窗体中显示不同的记录。

表 15.30 BindingSource 类的常用属性及其说明

属　　　性	说　　　明
AllowEdit	获取一个值,该值指示是否可以编辑基础列表中的项
Allownew	获取或设置一个值,该值指示是否可以使用 Addnew 方法向列表中添加项
AllowRemove	获取一个值,它指示是否可以从基础列表中移除项
Count	获取基础列表中的总项数
CurrencyManager	获取与此 BindingSource 关联的当前项管理器
Current	获取列表中的当前项
DataMember	获取或设置连接器当前绑定到的数据源中的特定列表
DataSource	获取或设置连接器绑定到的数据源
Filter	获取或设置用于筛选查看哪些行的表达式
IsSorted	获取一个值,该值指示是否可以对基础列表中的项排序
Item	获取或设置指定索引处的列表元素
List	获取连接器绑定到的列表
Position	获取或设置基础列表中当前项的索引
Sort	获取或设置用于排序的列名称以及用于查看数据源中的行的排列顺序
SortDirection	获取列表中项的排序方向
SortProperty	获取正在对列表进行排序的 PropertyDescriptor

表 15.31 BindingSource 类的常用方法及其说明

方　　　法	说　　　明
Add	将现有项添加到内部列表中
Addnew	向基础列表添加新项
ApplySort	使用指定的排序说明对数据源进行排序
CancelEdit	取消当前的编辑操作
Clear	从列表中移除所有元素
EndEdit	将挂起的更改应用于数据源
Find	在数据源中查找指定的项
IndexOf	搜索指定的对象,并返回整个列表中第一个匹配项的索引
Insert	将一项插入列表中指定的索引处
MoveFirst	移至列表中的第一项
MoveLast	移至列表中的最后一项
MoveNext	移至列表中的下一项
MovePrevious	移至列表中的上一项
Remove	从列表中移除指定的项
RemoveAt	移除此列表中指定索引处的项

方　　法	说　　明
RemoveCurrent	从列表中移除当前项
RemoveFilter	移除与 BindingSource 关联的筛选器
RemoveSort	移除与 BindingSource 关联的排序

【例 15.18】 设计一个窗体 Form9，用于实现对 student 表中的所有记录进行浏览操作。

解：在 proj15-1 项目中设计一个窗体 Form9，设计界面如图 15.33 所示，其中有一个分组框 groupBox1，它有 5 个标签和 5 个文本框，另外增加 4 个导航命令按钮（从左到右分别为 button1～button4）。

在该窗体上设计如下事件过程：

```
using System;
using System.Data;
using System.Windows.Forms;
using System.Data.OleDb;                        //新增引用
namespace proj15_1
{   public partial class Form9 : Form
    {   BindingSource mybs = new BindingSource(); //类字段
        public Form9()
        {   InitializeComponent(); }
        private void Form9_Load(object sender, EventArgs e)
        {   string mystr,mysql;
            OleDbConnection myconn = new OleDbConnection();
            DataSet myds = new DataSet();
            mystr = @"Provider = Microsoft.ACE.OLEDB.12.0;
            Data Source = D:\C# 程序\ch15\school.accdb";
            myconn.ConnectionString = mystr;
            myconn.Open();
            mysql = "SELECT * FROM student";
            OleDbDataAdapter myda = new OleDbDataAdapter(mysql, myconn);
            myda.Fill(myds, "student");
            mybs = new BindingSource(myds, "student");
            //用数据源 myds 和表 student 创建新实例 mybs
            Binding mybinding1 = new Binding("Text", mybs, "学号");
            textBox1.DataBindings.Add(mybinding1);
            //将 student.学号 与 textBox1 文本框绑定起来
            Binding mybinding2 = new Binding("Text", mybs, "姓名");
            textBox2.DataBindings.Add(mybinding2);
            Binding mybinding3 = new Binding("Text", mybs, "性别");
            textBox3.DataBindings.Add(mybinding3);
            Binding mybinding4 = new Binding("Text", mybs, "民族");
            textBox4.DataBindings.Add(mybinding4);
            Binding mybinding5 = new Binding("Text", mybs, "班号");
            textBox5.DataBindings.Add(mybinding5);
            myconn.Close();
        }
        private void button1_Click(object sender, EventArgs e)
        {   if (mybs.Position != 0)
                mybs.MoveFirst();                   //移到第一个记录
        }
        private void button2_Click(object sender, EventArgs e)
        {   if (mybs.Position != 0)
                mybs.MovePrevious();                //移到上一个记录
        }
```

```
private void button3_Click(object sender, EventArgs e)
{    if (mybs.Position != mybs.Count - 1)
         mybs.MoveNext();                      //移到下一个记录
}
private void button4_Click(object sender, EventArgs e)
{    if (mybs.Position != mybs.Count - 1)
         mybs.MoveLast();                      //移到最后一个记录
}
    }
}
```

在上述代码中创建了一个 BingingSource 对象,其数据源为 student 表,再创建 5 个 Binging 对象,它们对应 BingingSource 对象中数据源的不同列,然后将它们分别添加到 5 个文本框的 DataBindings 集合属性中。执行本窗体,通过单击其中的命令按钮进行记录导航,其执行界面如图 15.34 所示。

说明:通过使用 BingingSource 对象使 Form9 窗体中的所有文本框显示同一个学生的信息。

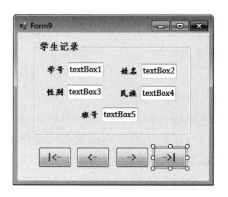

图 15.33　Form9 的设计界面

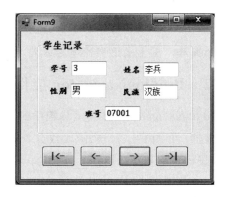

图 15.34　Form9 的执行界面

2. 复合绑定

所谓复合绑定是指一个控件和一个以上的数据元素进行绑定,通常是指将控件和数据集中的多个数据记录或者多个字段值、数组中的多个数组元素进行绑定。

ComboBox、ListBox 和 CheckedListBox 等控件都支持复合数据绑定。在实现复合绑定时,关键的属性是 DataSource 和 DataMember(或 DisplayMember)等。

复合绑定的语法格式如下:

```
控件对象名称.DataSource = 数据源
控件对象名称.DisplayMember = 数据成员
```

例如,一个窗体 myForm 中有一个组合框 comboBox1,在该窗体中设计以下 Load 事件过程:

```
private void myForm_Load(object sender, EventArgs e)
{    string mystr,mysql;
    OleDbConnection myconn = new OleDbConnection();
    DataSet myds = new DataSet();
    mystr = @"Provider = Microsoft.ACE.OLEDB.12.0;
    Data Source = D:\C#程序\ch15\school.accdb";
    myconn.ConnectionString = mystr;
```

```
myconn.Open();
mysql = "SELECT distinct 民族 FROM student";
OleDbDataAdapter myda = new OleDbDataAdapter(mysql, myconn);
myda.Fill(myds, "student");
comboBox1.DataSource = myds;
comboBox1.DisplayMember = "student.民族";
myconn.Close();
}
```

图 15.35 组合框的执行结果

在上述代码中先建立与 school. mdb 数据库的连接,然后通过相关的 SQL 语句建立数据适配器 myda,并将 student 表中相应的记录填充到 myds 中,最后通过复合绑定设置 comboBox1 的数据源为 myds、显示字段为"student. 民族"。该窗体的执行结果如图 15.35 所示。

说明:在单一绑定中显示控件与数据源中的数据元素是一对一的关系,如一个姓名文本框中仅显示 student 表中一个记录的姓名。而复合绑定中显示控件与数据源中的数据元素是一对多的关系,如一个民族组合框中可以显示 student 表中多个记录的民族。至于采用哪种绑定方式,根据设计需要来确定。

15.5.2 BindingNavigator 控件

BindingNavigator 控件在工具箱中的图标为 ![] **BindingNavigator** 。BindingNavigator 控件是一个导航器,可以浏览、新建、修改数据表记录的工具栏,让程序员不用编写程序即可浏览、新建、修改窗体上的数据。BindingNavigator 控件与数据源采用的是单一绑定方式。

在大多数情况下,BindingNavigator 控件(绑定到导航工具栏)与 BindingSource 控件(绑定到数据源)成对出现,用于浏览窗体上的数据记录,并与它们交互。在这些情况下,BindingSource 属性被设置为作为数据源的关联 BindingSource 控件(或对象)。

在默认情况下,BindingNavigator 控件的用户界面(UI)由一系列 ToolStrip 按钮、文本框和静态文本元素组成,用于进行大多数常见的数据相关操作(如添加数据、删除数据和在数据中导航等)。每个控件都可以通过 BindingNavigator 控件的关联成员进行检索或设置。类似地,还与以编程方式执行相同功能的 BindingSource 类的成员存在一一对应关系,如表 15.32 所示。

表 15.32 BindingNavigator 成员和 BindingSource 成员的对应关系

UI 控件	BindingNavigator 成员	BindingSource 成员
移到最前面	MoveFirstItem	MoveFirst
前移一步	MovePreviousItem	MovePrevious
当前位置	PositionItem	Current
统计	CountItem	Count
移到下一条记录	MoveNextItem	MoveNext
移到最后	MoveLastItem	MoveLast
新添	AddNewItem	AddNew
删除	DeleteItem	RemoveCurrent

在将 BindingNavigator 控件添加到窗体并绑定到数据源中（例如 BindingSource）时，将自动在此表中建立关系。

BindingNavigator 控件的所有构造函数都调用 AddStandardItems 方法将标准的 UI 控件集与导航工具栏关联起来，可使用以下技术之一自定义此工具栏：

- 创建带有 BindingNavigator(Boolean)构造函数的 BindingNavigator 对象，此构造函数接受 Boolean 型的 addStandardItems 参数，并将此参数设置为 false，然后将需要的 ToolStripItem 对象添加到 BindingNavigator 控件的 Items 集合中。
- 如果需要进行大量的自定义设置，或者重复使用自定义设置，应从 BindingNavigator 类派生一个类并重写 AddStandardItems 方法以定义附加标准项或替换标准项。

BindingNavigator 控件的常用属性及说明如表 15.33 所示，其常用方法及说明如表 15.34 所示。

表 15.33 BindingNavigator 控件的常用属性及其说明

属 性	说 明
AddNewItem	获取或设置表示"新添"按钮的 ToolStripItem
BindingSource	获取或设置 System. Windows. Forms. BindingSource 组件，它是数据的来源
CountItem	获取或设置 ToolStripItem，它显示关联的 BindingSource 中的总项数
DataBindings	为该控件获取数据绑定
DeleteItem	获取或设置与"删除"功能关联的 ToolStripItem
Dock	获取或设置哪些 ToolStrip 边框停靠到其父控件上，以及确定 ToolStrip 的大小如何随其父控件一起调整，其取值如下。 ① Bottom：该控件的下边缘停靠在其包含控件的底部 ② Fill：控件的各个边缘分别停靠在其包含控件的各个边缘，并且适当调整大小 ③ Left：该控件的左边缘停靠在其包含控件的左边缘 ④ None：该控件未停靠 ⑤ Right：该控件的右边缘停靠在其包含控件的右边缘 ⑥ Top：该控件的上边缘停靠在其包含控件的顶端
Enabled	获取或设置一个值，该值指示控件是否可以对用户交互做出响应
Items	获取属于 ToolStrip 的所有项
MoveFirstItem	获取或设置与"移到第一条记录"功能关联的 ToolStripItem
MoveLastItem	获取或设置与"移到最后"功能关联的 ToolStripItem
MoveNextItem	获取或设置与"移到下一条记录"功能关联的 ToolStripItem
MovePreviousItem	获取或设置与"移到上一条记录"功能关联的 ToolStripItem
PositionItem	获取或设置 ToolStripItem，它显示 BindingSource 中的当前位置
ShowItemToolTips	获取或设置一个值，该值指示是否要在 ToolStrip 项上显示工具提示
Text	获取或设置与此控件关联的文本

表 15.34 BindingNavigator 控件的常用方法及其说明

方 法	说 明
AddStandardItems	将一组标准导航项添加到 BindingNavigator 控件中
Contains	检索一个值，该值指示指定控件是否为一个控件的子控件
Show	向用户显示控件
Update	使控件重绘其工作区内的无效区域
Validate	导致进行窗体验证并返回指示验证是否成功的信息

【例 15. 19】 设计一个窗体 Form10,通过 BindingNavigator 控件实现对 student 表中的所有记录进行浏览操作。

解:在 proj15-1 项目中设计一个窗体 Form10(在引用部分添加"using System. Data. OleDb;"),设计界面如图 15.36 所示,其中有一个分组框 GroupBox1,它有 5 个标签、3 个文本框和两个组合框,另外增加一个 BindingNavigator 控件 bindingNavigator1(默认时在窗体的上方)。

在该窗体上设计如下事件过程:

```
private void Form10_Load(object sender, EventArgs e)
{   OleDbConnection myconn = new OleDbConnection("Provider = Microsoft.ACE.OLEDB.12.0;"
        + @"Data Source = D:\C#程序\ch15\school.accdb");
    OleDbDataAdapter myda = new OleDbDataAdapter("SELECT * FROM student", myconn);
    DataSet myds = new DataSet();
    BindingSource mybs = new BindingSource();
    myconn.Open();
    myda.Fill(myds, "student");
    mybs = new BindingSource(myds, "student");
    //用数据源 myds 和表 student 创建新实例 mybs
    Binding mybinding1 = new Binding("Text", mybs, "学号");
    textBox1.DataBindings.Add(mybinding1);
    //将 student.学号与 textBox1 文本框绑定起来
    Binding mybinding2 = new Binding("Text", mybs, "姓名");
    textBox2.DataBindings.Add(mybinding2);
    Binding mybinding3 = new Binding("Text", mybs, "性别");
    comboBox1.DataBindings.Add(mybinding3);
    Binding mybinding4 = new Binding("Text", mybs, "民族");
    comboBox2.DataBindings.Add(mybinding4);
    Binding mybinding5 = new Binding("Text", mybs, "班号");
    textBox3.DataBindings.Add(mybinding5);
    bindingNavigator1.Dock = DockStyle.Bottom;
    bindingNavigator1.BindingSource = mybs;
    myconn.Close();
    comboBox1.Items.Add("男"); comboBox1.Items.Add("女");
    comboBox2.Items.Add("汉族");comboBox2.Items.Add("回族");
    comboBox2.Items.Add("满族");comboBox2.Items.Add("土家族");
}
```

先采用例 15.18 的方法创建 BindingSource 对象 mybs,然后指定 bindingNavigator1 控件的 BindingSource 属性为 mybs,将 bindingNavigator1 的 Dock 属性设置为 DockStyle.Bottom,使其显示在窗体的下方。执行本窗体,其界面如图 15.37 所示。通过 bindingNavigator1 控件的相关按钮实现数据记录的操作。

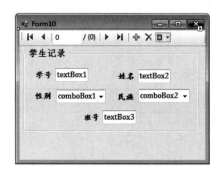

图 15.36 Form10 的设计界面

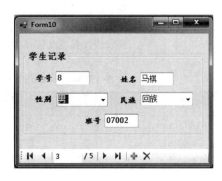

图 15.37 Form10 的执行界面

15.6　DataView 对象

DataView 对象能够创建 DataTable 中所存储数据的不同视图,用于对 DataSet 中的数据进行排序、过滤和查询等操作。在前面介绍过,DataSet 中的数据可以直接与窗体中的显示控件绑定,但不便于复杂的数据处理(如排序等)。用户可以将 DataSet 中的数据置于一个 DataView 对象中,DataView 对象提供了复杂的数据处理功能,然后将 DataView 对象与窗体中的显示控件绑定,从而大大简化了复杂数据处理的编程。

15.6.1　DataView 对象概述

DataView 对象类似于数据库中的 View 功能,提供 DataTable 列(Column)排序、过滤记录(Row)及记录的搜索,它的一个常见用法是为控件提供数据绑定。

DataView 对象的构造函数如下:

```
DataView()
DataView(table)
DataView(table, RowFilter, Sort, RowState)
```

其中,table 参数指出要添加到 DataView 的 DataTable；RowFilter 参数指出要应用于 DataView 的 RowFilter；Sort 参数指出要应用于 DataView 的 Sort；RowState 参数指出要应用于 DataView 的 DataViewRowState。

为给定的 DataTable 创建一个新的 DataView,可以声明该 DataView,把 DataTable 的一个引用 mydt 传给 DataView 构造函数。例如:

```
DataView mydv = new DataView(mydt);
```

在第一次创建 DataView 时,DataView 默认为 mydt 中的所有行,用过滤条件属性可以得到 DataView 中数据行的一个子集合,也可以为这些数据排序。

DataTable 对象提供 DefaultView 属性返回默认的 DataView 对象。例如:

```
DataView mydv = new DataView();
mydv = myds.Tables["student"].DefaultView;
```

上述代码从 myds 数据集中取得 student 表的默认内容,再利用相关控件(如 DataGridView)显示内容,指定数据来源为 mydv。

DataView 对象的常用属性如表 15.35 所示,其常用方法如表 15.36 所示。

表 15.35　DataView 对象的常用属性及其说明

属　　性	说　　明
AllowDelete	设置或获取一个值,该值指示是否允许删除
AllowEdit	获取或设置一个值,该值指示是否允许编辑
Allownew	获取或设置一个值,该值指示是否可以使用 Addnew 方法添加新行
ApplyDefaultSort	获取或设置一个值,该值指示是否使用默认排序
Count	在应用 RowFilter 和 RowStateFilter 之后获取 DataView 中记录的数量
Item	从指定的表获取一行数据
RowFilter	获取或设置用于筛选在 DataView 中查看哪些行的表达式

续表

属　　性	说　　明
RowStateFilter	获取或设置用于 DataView 中的行状态筛选器
Sort	获取或设置 DataView 的一个或多个排序列以及排列顺序
Table	获取或设置源 DataTable

表 15.36　DataView 的常用方法及其说明

方法	说　　明
Addnew	将新行添加到 DataView 中
Delete	删除指定索引位置的行
Find	按指定的排序关键字值在 DataView 中查找行
FindRows	返回 DataRowView 对象的数组,这些对象的列与指定的排序关键字值匹配
ToTable	根据现有 DataView 中的行创建并返回一个新的 DataTable

15.6.2　DataView 对象的列排序设置

DataView 对象取得一个表之后,利用 Sort 属性指定依据某些列(Column)排序,Sort 属性允许复合键的排序,列之间使用逗号隔开即可。排序的方式又分为升序(Asc)和降序(Desc),在列之后接 Asc 或 Desc 关键字即可。

【例 15.20】 设计一个窗体 Form11,使用 DataView 对象在列表框中按学号升序、分数降序排序显示所有成绩记录。

解: 在 proj15-1 项目中设计一个窗体 Form11(在引用部分添加"using System. Data .OleDb;"),其中只有一个列表框 listBox1。

在该窗体上设计如下事件过程:

```
private void Form11_Load(object sender, EventArgs e)
{    string mystr,mysql;
     OleDbConnection myconn = new OleDbConnection();
     DataSet myds = new DataSet();
     mystr = @"Provider = Microsoft. ACE. OLEDB. 12. 0;
     Data Source = D:\C#程序\ch15\school.accdb";
     myconn. ConnectionString = mystr;
     myconn. Open();
     mysql = "SELECT * FROM score";
     OleDbDataAdapter myda =
     new OleDbDataAdapter(mysql, myconn);
     myda. Fill(myds, "score");
     myconn. Close();
     DataView mydv = new DataView(myds. Tables["score"]);
     mydv. Sort = "学号 ASC,分数 DESC";
     listBox1. Items. Add("学号\t 课程名\t\t 分数");
     for (int i = 0; i < mydv. Count; i++)
     {    listBox1. Items. Add(String. Format("{0}\t{1, - 15}\t{2}",
             mydv[i]["学号"], mydv[i]["课程名"],
             mydv[i]["分数"]));
     }
}
```

图 15.38　Form11 的执行界面

本窗体的执行结果如图 15.38 所示。

15.6.3　DataView 对象的过滤条件设置

获取数据的子集合可以用 DataView 类的 RowFilter 属性或 RowStateFilter 属性来实现。

RowFilter 属性用于提供过滤表达式。RowFilter 表达式可以非常复杂,也可以包含涉及多个列中的数据和常数的算术计算与比较。

RowFilter 属性的值是一个条件表达式。和查询语句的模糊查询一样,该属性也支持 Like 子句及 % 字符。

RowStateFilter 属性指定从 DataTable 中提取特定数据子集合的值,表 15.37 中列出了 RowStateFilter 属性的可取值。

表 15.37　RowStateFilter 属性的可取值及其说明

属 性 值	说 明
CurrentRows	显示当前行,包括未改变的行、新行和已修改的行,但不显示已终止的行
Deleted	显示已终止的行。注意如果使用了 DataTable 或 DataView 方法终止了某一行,该行才被认为已终止。从 Rows 集合中终止行不会把这些行标记为已终止
ModifiedCurrent	显示带有当前版本的数据的行,这些数据不同于该行中的源数据
ModifiedOrginal	显示已修改的行,但显示数据的版本(即使数据行已被改变,其中已有另一个当前版本的数据)。注意在这些行中,当前版本的数据可以用 ModifiedCurrent 设置来提取
Added	显示新行,这些行是用 DataView 的 Addnew() 方法添加的
None	不显示任何行,在用户选择显示选项前可以使用这个设置初始化控件的 DataView
OriginalRows	显示所有带有源数据版本的行,包括未改变的行和已终止的行
Unchanged	显示未修改的行

【例 15.21】　设计一个窗体 Form12,使用 DataView 对象在列表框中显示分数大于 80 且未修改的记录。

解:在 proj15-1 项目中设计一个窗体 Form12(在引用部分添加"using System. Data. OleDb;"),其中只有一个列表框 listBox1。

在该窗体上设计如下事件过程:

```
private void Form12_Load(object sender, EventArgs e)
{   string mystr,mysql;
    OleDbConnection myconn = new OleDbConnection();
    DataSet myds = new DataSet();
    mystr = @"Provider = Microsoft.ACE.OLEDB.12.0;
    Data Source = D:\C# 程序\ch15\school.accdb";
    myconn.ConnectionString = mystr;
    myconn.Open();
    mysql = "SELECT * FROM score";
    OleDbDataAdapter myda = new OleDbDataAdapter(mysql, myconn);
    myda.Fill(myds, "score");
    myconn.Close();
    DataView mydv = new DataView(myds.Tables["score"]);
    mydv.Sort = "学号 ASC,分数 DESC";
    mydv.RowFilter = "分数>80";
    mydv.RowStateFilter = DataViewRowState.Unchanged;
```

```
listBox1.Items.Add("学号\t 课程名\t\t 分数");
for (int i = 0; i < mydv.Count; i++)
{   listBox1.Items.Add(
    String.Format("{0}\t{1, -15}\t{2}",
        mydv[i]["学号"], mydv[i]["课程名"],
        mydv[i]["分数"]));
}
}
```

图 15.39　Form12 的执行界面

本窗体的执行结果如图 15.39 所示。

15.7　DataGridView 控件

DataGridView 控件在工具栏上的图标为 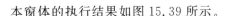，它是标准控件 DataGrid 的升级，用于在窗体中显示表格数据，具有强大的界面设计功能。

15.7.1　创建 DataGridView 对象

通常使用设计工具创建 DataGridView 对象，其操作步骤如下：

① 从工具箱中将 DataGridView 控件拖放到窗体上，此时在 DataGridView 控件的右侧会出现如图 15.40 所示的"DataGridView 任务"菜单。

注意：使用 DataGridView 控件右上方的▶按钮可以启动或关闭"DataGridView 任务"菜单。

② 单击"选择数据源"组合框的✔按钮，打开"选择数据源"对话框，若已经建好数据源，可从中选择一个。这里没有任何数据源。

③ 单击"添加项目数据源"，打开如图 15.41 所示的"选择数据源类型"对话框，从中选择"数据库"项，单击"下一步"按钮，在出现的"选择数据库模型"对话框选择"数据集"项，单击"下一步"按钮。

图 15.40　"DataGridView 任务"菜单　　　　　图 15.41　"选择数据源类型"对话框

④ 打开如图 15.42 所示的"选择您的数据连接"对话框,若组合框中没有合适的连接,单击"新建连接"按钮,这里已建有与 school.accdb 数据库的连接,选中它,单击"下一步"按钮。

图 15.42 "选择您的数据连接"对话框

⑤ 打开如图 15.43 所示的"将连接字符串保存到应用程序配置文件中"对话框,保持默认名称,单击"下一步"按钮。

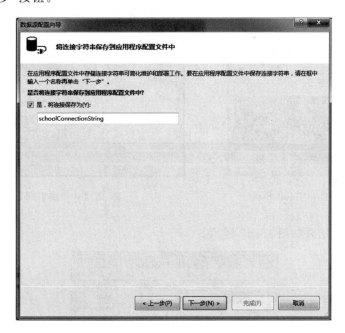

图 15.43 "将连接字符串保存到应用程序配置文件中"对话框

⑥ 打开如图 15.44 所示的"选择数据库对象"对话框,选中 student 表,单击"完成"按钮,此时创建的 DataGridView 控件 dataGridView1 如图 15.45 所示。

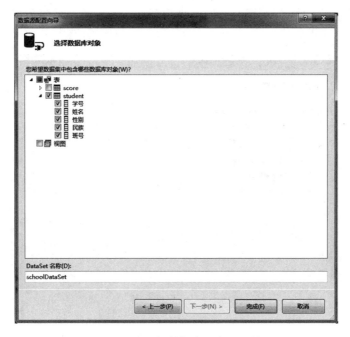

图 15.44　"选择数据库对象"对话框

⑦ 选中 DataGridView1 控件，然后右击，在弹出的快捷菜单中选择"编辑列"命令，打开如图 15.46 所示的"编辑列"对话框，将每个列的 AutoSizeMode 属性设置为 AllCells，还可以改变每个列的样式等，单击"确定"按钮返回。

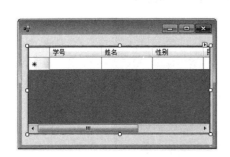

图 15.45　DataGridView1 控件

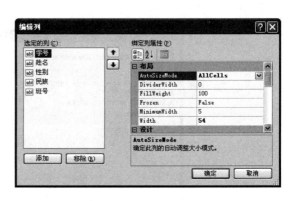

图 15.46　"编辑列"对话框

执行本窗体，其结果如图 15.47 所示。

图 15.47　窗体的执行结果

15.7.2　DataGridView 的属性、方法和事件

　　DataGridView 对象的常用属性如表 15.38 所示,其中 Columns 属性是一个列集合,由 Column 列对象组成,每个 Column 列对象的常用属性如表 15.39 所示。

　　DataGridView 对象的常用方法如表 15.40 所示,其常用事件如表 15.41 所示。

表 15.38　DataGridView 常用属性及其说明

属　　性	说　　明
AllowUserToAddRows	获取或设置一个值,该值指示是否向用户显示添加行的选项
AllowUserToDeleteRows	获取或设置一个值,该值指示是否允许用户从 DataGridView 中删除行
ColumnCount	获取或设置 DataGridView 中显示的列数
ColumnHeadersHeight	获取或设置列标题行的高度(以像素为单位)
Columns	获取一个包含控件中所有列的集合
ColumnHeadersDefaultCellStyle	获取或设置应用于 DataGridView 中列标题的字体等样式
DataBindings	为该控件获取数据绑定
DataMember	获取或设置数据源中 DataGridView 显示其数据的列表或表的名称
DataSource	获取或设置 DataGridView 所显示数据的数据源
DefaultCellStyle	获取或设置应用于 DataGridView 中的单元格的默认单元格字体等样式
FirstDisplayedScrollingColumnIndex	获取或设置某一列的索引,该列是显示在 DataGridView 上的第一列
GridColor	获取和设置网格线的颜色,网格线对 DataGridView 的单元格进行分隔
ReadOnly	获取一个值,该值指示用户是否可以编辑 DataGridView 控件的单元格
Rows	获取一个集合,该集合包含 DataGridView 控件中的所有行。例如,Rows[2]表示第 2 行,Rows[2].Cells[0]表示第 2 行的第 1 个列,Rows[2].Cells[0].Vlaue 表示第 2 行的第 1 个列值
RowCount	获取或设置 DataGridView 中显示的行数
RowHeadersWidth	获取或设置包含行标题的列的宽度(以像素为单位)
ScrollBars	获取或设置要在 DataGridView 控件中显示的滚动条的类型
SelectedCells	获取用户选定的单元格的集合
SelectedColumns	获取用户选定的列的集合
SelectedRows	获取用户选定的行的集合
SelectionMode	获取或设置一个值,该值指示如何选择 DataGridView 的单元格
SortedColumn	获取 DataGridView 内容的当前排序所依据的列
SortOrder	获取一个值,该值指示是按升序或降序对 DataGridView 控件中的项进行排序,还是不排序

表 15.39　Columns 的常用属性及其说明

属　　性	说　　明
HeaderText	获取或设置列标题文本
Width	获取或设置当前列的宽度
DefaultCellStyle	获取或设置列的默认单元格样式
AutoSizeMode	获取或设置模式,通过该模式列可以自动调整宽度

表 15.40 DataGridView 常用方法及其说明

方　法	说　明
Sort	对 DataGridView 控件的内容进行排序
CommitEdit	将当前单元格中的更改提交到数据缓存,但不结束编辑模式

表 15.41 DataGridView 常用事件及其说明

事　件	说　明
Click	在单击控件时发生
DoubleClick	在双击控件时发生
CellContentClick	在单元格中的内容被单击时发生
CellClick	在单元格的任何部分被单击时发生
CellContentDoubleClick	在用户双击单元格的内容时发生
ColumnAdded	在向控件添加一列时发生
ColumnRemoved	在从控件中移除列时发生
RowsAdded	在向 DataGridView 中添加新行之后发生
Sorted	在 DataGridView 控件完成排序操作时发生
UserDeletedRow	在用户完成从 DataGridView 控件中删除行时发生

在前面使用设计工具创建 DataGridView 对象时设计了 DataGridview1 对象的属性,也可以通过程序代码设置其属性等。

1. 基本数据的绑定

例如,在窗体 myForm1 上拖放一个 DataGridView1 对象,不设计其任何属性,可以使用以下程序代码实现基本数据的绑定:

```
private void myForm1_Load(object sender, EventArgs e)
{   string mystr,mysql;
    OleDbConnection myconn = new OleDbConnection();
    DataSet myds = new DataSet();
    mystr = @"Provider = Microsoft.ACE.OLEDB.12.0;
    Data Source = D:\C#程序\ch15\school.accdb";
    myconn.ConnectionString = mystr;
    myconn.Open();
    mysql = "SELECT * FROM student";
    OleDbDataAdapter myda = new OleDbDataAdapter(mysql, myconn);
    myda.Fill(myds, "student");
    dataGridView1.DataSource = myds.Tables["student"];
}
```

上述代码通过其 DataSource 属性设置将其绑定到 student 表中。

2. 设计显示样式

用户可以通过 GridColor 属性设置其网格线的颜色。例如,设置 GridColor 颜色为蓝色:

```
DataGridView1.GridColor = Color.Blue;
```

通过 BorderStyle 属性设置网格的边框样式,其枚举值为 FixedSingle、Fixed3D 和 none。通过 CellBorderStyle 属性设置其网格单元的边框样式等。

【例 15.22】 设计一个窗体 Form13,采用 DataGridView 控件对 student 表中的所有记录进行浏览操作。

解：在 proj15-1 项目中设计一个窗体 Form13（在引用部分添加"using System. Data. OleDb;"），设计界面如图 15.48 所示，其中有一个 DataGridView 控件 dgv1 和一个标签 label1。

在该窗体上设计如下事件过程：

```
private void Form13_Load(object sender, EventArgs e)
{   string mystr,mysql;
    OleDbConnection myconn = new OleDbConnection();
    DataSet myds = new DataSet();
    mystr = @"Provider = Microsoft. ACE. OLEDB. 12.0;
    Data Source = D:\C♯程序\ch15\school.accdb";
    myconn.ConnectionString = mystr;
    myconn.Open();
    mysql = "SELECT * FROM student";
    OleDbDataAdapter myda = new OleDbDataAdapter(mysql, myconn);
    myda.Fill(myds, "student");
    dgv1.DataSource = myds.Tables["student"];
    dgv1.GridColor = Color.RoyalBlue;
    dgv1.ScrollBars = ScrollBars.Vertical;
    dgv1.CellBorderStyle = DataGridViewCellBorderStyle.Single;
    dgv1.ReadOnly = true;                       //设置为只读的
    dgv1.SelectionMode = DataGridViewSelectionMode.FullRowSelect;
    dgv1.Columns[0].AutoSizeMode = DataGridViewAutoSizeColumnMode.AllCells;
    dgv1.Columns[1].AutoSizeMode = DataGridViewAutoSizeColumnMode.AllCells;
    dgv1.Columns[2].AutoSizeMode = DataGridViewAutoSizeColumnMode.AllCells;
    dgv1.Columns[3].AutoSizeMode = DataGridViewAutoSizeColumnMode.AllCells;
    dgv1.Columns[4].AutoSizeMode = DataGridViewAutoSizeColumnMode.AllCells;
    myconn.Close();
    label1.Text = "";
}
private void dgv1_CellClick(object sender,DataGridViewCellEventArgs e)
{   try
    {   if (e.RowIndex < dgv1.RowCount - 1)
            label1.Text = "选择的学生学号为:" +
                dgv1.Rows[e.RowIndex].Cells[0].Value;
    }
    catch(Exception ex)
    {   MessageBox.Show("需选中一个学生记录", "信息提示"); }
}
```

在上述代码中，通过属性设置 DataGridView1 控件的基本绑定数据和各列标题的样式，并设计 dataGridView1_CellClick 事件过程显示用户单击某个学生记录的学号。执行本窗体，在 DataGridView1 控件上单击某记录，在标签中显示相应的信息，其执行界面如图 15.49 所示。

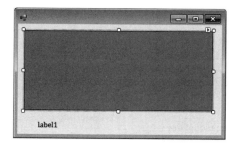

图 15.48　Form13 的设计界面

图 15.49　Form13 的执行界面

15.7.3 DataGridView 与 DataView 对象结合

DataGridView 对象用于在窗体上显示记录数据，而 DataView 对象可以方便地对源数据记录进行排序等操作，两者结合可以设计复杂的应用程序。本节通过一个示例说明两者的结合。

【例 15.23】 设计一个窗体，用于实现对 student 表中记录的通用查找和排序操作。

解： 在 proj15-1 项目中设计一个窗体 Form14，设计界面如图 15.50 所示，其中有一个 DataGridView 控件 dgv1 和两个分组框，分组框 groupBox1 用于查询条件的设置，其中有 5 个标签、两个文本框、3 个组合框和两个命令按钮（button1 和 button2），分组框 groupBox2 用于排序条件的设置，其中有一个组合框、两个单选按钮（radioButton1 和 radioButton2）和一个命令按钮（button3）。

在该窗体上设计如下代码：

```
using System;
using System.Data.OleDb;                    //新增引用
using System.Windows.Forms;
using System.Data;
using System.Drawing;
namespace proj15_1
{   public partial class Form14 : Form
    {   DataView mydv = new DataView();
        public Form14()
        {   InitializeComponent(); }
        private void Form14_Load(object sender, EventArgs e)
        {   string mystr;
            OleDbConnection myconn = new OleDbConnection();
            DataSet myds = new DataSet();
            DataSet myds1 = new DataSet();
            DataSet myds2 = new DataSet();
            DataSet myds3 = new DataSet();
            mystr = @"Provider = Microsoft.ACE.OLEDB.12.0;
            Data Source = D:\C#程序\ch15\school.accdb";
            myconn.ConnectionString = mystr;
            myconn.Open();
            OleDbDataAdapter myda = new OleDbDataAdapter("SELECT" + " * FROM student", myconn);
            myda.Fill(myds, "student");
            mydv = myds.Tables["student"].DefaultView; //获得 DataView 对象 mydv
            //以下设置 ComboBox1 的绑定数据
            OleDbDataAdapter myda1 = new OleDbDataAdapter(
                "SELECT distinct 性别 FROM student", myconn);
            myda1.Fill(myds1, "student");
            comboBox1.DataSource = myds1.Tables["student"];
            comboBox1.DisplayMember = "性别";
            //以下设置 ComboBox2 的绑定数据
            OleDbDataAdapter myda2 = new OleDbDataAdapter(
                "SELECT distinct 民族 FROM student", myconn);
            myda2.Fill(myds2, "student");
            comboBox2.DataSource = myds2.Tables["student"];
            comboBox2.DisplayMember = "民族";
            //以下设置 ComboBox3 的绑定数据
            OleDbDataAdapter myda3 = new OleDbDataAdapter(
                "SELECT distinct 班号 FROM student", myconn);
            myda3.Fill(myds3, "student");
            comboBox3.DataSource = myds3.Tables["student"];
```

```
            comboBox3.DisplayMember = "班号";
            //以下设置 DataGridView1 的属性
            dgv1.DataSource = mydv;
            dgv1.GridColor = Color.RoyalBlue;
            dgv1.ScrollBars = ScrollBars.Vertical;
            dgv1.CellBorderStyle = DataGridViewCellBorderStyle.Single;
            dgv1.Columns[0].AutoSizeMode = DataGridViewAutoSizeColumnMode.AllCells;
            dgv1.Columns[1].AutoSizeMode = DataGridViewAutoSizeColumnMode.AllCells;
            dgv1.Columns[2].AutoSizeMode = DataGridViewAutoSizeColumnMode.AllCells;
            dgv1.Columns[3].AutoSizeMode = DataGridViewAutoSizeColumnMode.AllCells;
            dgv1.Columns[4].AutoSizeMode = DataGridViewAutoSizeColumnMode.AllCells;
            myconn.Close();
            comboBox4.Items.Add("学号"); comboBox4.Items.Add("姓名");
            comboBox4.Items.Add("性别"); comboBox4.Items.Add("民族");
            comboBox4.Items.Add("班号");
            radioButton1.Checked = true; radioButton2.Checked = false;
            textBox1.Text = ""; textBox2.Text = "";
            comboBox1.Text = ""; comboBox2.Text = "";
            comboBox3.Text = ""; comboBox4.Text = "";
        }
        private void button1_Click(object sender, EventArgs e)
        {   string condstr = "";
            //以下根据用户的输入求得条件表达式 condstr
            if (textBox1.Text != "")
                condstr = "学号 Like '" + textBox1.Text + "%'";
            if (textBox2.Text != "")
                if (condstr != "")
                    condstr = condstr + " AND 姓名 Like '" + textBox2.Text + "%'";
                else
                    condstr = "姓名 Like '" + textBox2.Text + "%'";
            if (comboBox1.Text != "")
                if (condstr != "")
                    condstr = condstr + " AND 性别 = '" + comboBox1.Text + "'";
                else
                    condstr = "性别 = '" + comboBox1.Text + "'";
            if (comboBox2.Text != "")
                if (condstr != "")
                    condstr = condstr + " AND 民族 = '" + comboBox2.Text + "'";
                else
                    condstr = "民族 = '" + comboBox2.Text + "'";
            if (comboBox3.Text != "")
                if (condstr != "")
                    condstr = condstr + " AND 班号 = '" + comboBox3.Text + "'";
                else
                    condstr = "班号 = '" + comboBox3.Text + "'";
            mydv.RowFilter = condstr; //过滤 DataView 中的记录
        }
        private void button2_Click(object sender, EventArgs e)
        {   textBox1.Text = ""; textBox2.Text = "";
            comboBox1.Text = ""; comboBox2.Text = "";
            comboBox3.Text = "";
        }
        private void button3_Click(object sender, EventArgs e)
        {   string orderstr = "";
            //以下根据用户的输入求得排序条件表达式 orderstr
            if (comboBox4.Text != "")
                if (radioButton1.Checked)
                    orderstr = comboBox4.Text + " ASC";
```

```
        else
            orderstr = comboBox4.Text + " DESC";
        mydv.Sort = orderstr;              //对 DataView 中的记录排序
    }
  }
}
```

执行本窗体，在班号组合框中选择"07002"，单击该分组框中的"确定"命令按钮，其执行界面如图 15.51 所示（在 dgv1 中只显示 07002 班学生的记录）。在排序组合框中选择"学号"，并选中"升序"，单击该分组框中的"确定"命令按钮，其执行界面如图 15.52 所示（在 dgv1 中对 07002 班学生的记录按学号升序排序）。

图 15.50　Form14 的设计界面

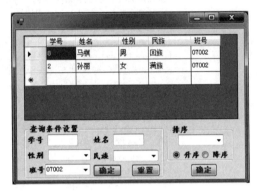

图 15.51　Form14 的执行界面(1)

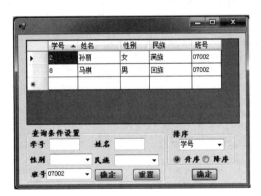

图 15.52　Form14 执行界面(2)

15.7.4　通过 DataGridView 对象更新数据源

当执行含有 DataGridView 对象的窗体时，用户可以修改该对象中的数据，但此时只是内存中的数据发生了更改，该 DataGridView 对象绑定的数据源中的数据并没有改动，为了更新数据源，需要对该 DataGridView 对象关联的 OleDbDataAdapter 对象执行 Update 方法。其基本语句如下：

```
OleDbCommandBuilder mycmdbuilder = new OleDbCommandBuilder(myda);
myda.Update(myds,数据表名);
```

第一个语句用于捕获用户在 DataGridView 对象中的数据修改，自动构造 SQL 语句并放置在 mycmdbuilder 对象中,第二个语句实现对相关数据的修改。

本节通过一个示例来说明更新数据源的方法。

【例 15.24】 设计一个窗体,用于实现对 student 表中记录的修改操作。

解:在 proj15-1 项目中设计一个窗体 Form15,设计界面如图 15.53 所示,其中有一个 DataGridView 控件 dgv1 和一个命令按钮(Button1)。

在该窗体上设计如下代码:

```
using System;
using System.Data.OleDb;
using System.Windows.Forms;
using System.Data;
using System.Drawing;
namespace proj15_1
{   public partial class Form15 : Form
    {   OleDbDataAdapter myda = new OleDbDataAdapter();
        DataSet myds = new DataSet();
        public Form15()
        {   InitializeComponent(); }
        private void Form15_Load(object sender, EventArgs e)
        {   string mystr,mysql;
            OleDbConnection myconn = new OleDbConnection();
            mystr = @"Provider = Microsoft.ACE.OLEDB.12.0;
            Data Source = D:\C# 程序\ch15\school.accdb";
            myconn.ConnectionString = mystr;
            myconn.Open();
            mysql = "SELECT * FROM student";
            myda = new OleDbDataAdapter(mysql, myconn);
            myda.Fill(myds, "student");
            dgv1.DataSource = myds.Tables["student"];
            dgv1.ColumnHeadersDefaultCellStyle.Font =
                new Font("隶书", 11);              //设置标题字体
            dgv1.AlternatingRowsDefaultCellStyle.ForeColor = Color.Red;
            dgv1.GridColor = Color.RoyalBlue;
            dgv1.ScrollBars = ScrollBars.Vertical;
            dgv1.CellBorderStyle = DataGridViewCellBorderStyle.Single;
            dgv1.Columns[0].AutoSizeMode = DataGridViewAutoSizeColumnMode.AllCells;
            dgv1.Columns[1].AutoSizeMode = DataGridViewAutoSizeColumnMode.AllCells;
            dgv1.Columns[2].AutoSizeMode = DataGridViewAutoSizeColumnMode.AllCells;
            dgv1.Columns[3].AutoSizeMode = DataGridViewAutoSizeColumnMode.AllCells;
            dgv1.Columns[4].AutoSizeMode = DataGridViewAutoSizeColumnMode.AllCells;
        }
        private void button1_Click(object sender, EventArgs e)
        {   OleDbCommandBuilder mycmdbuilder = new OleDbCommandBuilder(myda);
            //获取对应的修改命令
            if (myds.HasChanges())                //如果有数据改动
            {   try
                {   myda.Update(myds, "student"); //更新数据源 }
                catch(Exception ex)
                {
                    MessageBox.Show("数据修改不正确,如学号重复等","信息提示");
                }
            }
        }
    }
}
```

执行本窗体,输入一个新的学生记录,单击"更改"命令按钮,对应的 student 表记录也发生了更新,其执行界面如图 15.54 所示。

图 15.53　Form15 的设计界面

图 15.54　Form15 的执行界面

练 习 题 15

1. 单项选择题

(1) 在 . NET Framework 中可以使用_____对象连接和访问数据库。

    A. MDI　　　　　　B. JIT　　　　　　C. ADO. NET　　　　D. System. ADO

(2) 以下_____是 ADO. NET 的两个主要组件。

    A. Command 和 DataAdapter　　　　　B. DataSet 和 DataTable

    C. . NET 数据提供程序和 DataSet　　　D. . NET 数据提供程序和 DataAdapter

(3) 在 ADO. NET 中,OleDbConnection 类所在的命名空间是_____。

    A. System　　　　　　　　　　　　　B. System. Data

    C. System. Data. OleDb　　　　　　　D. System. Data. SqlClient

(4) Connection 对象的_____方法用于打开与数据库的连接。

    A. Close　　　　B. ConnectionString　C. Open　　　　D. Database

(5) 以下_____类的对象是 ADO. NET 在非连接模式下处理数据内容的主要对象。

    A. Command　　　B. Connection　　　C. DataAdapter　　D. DataSet

(6) 在 ADO. NET 中,以下关于 DataSet 类的叙述错误的是_____。

    A. 可以向 DataSet 的表集合中添加新表

    B. DataSet 支持 ADO. NET 的不连贯连接及数据分布

    C. DataSet 就好像是内存中的一个临时数据库

    D. DataSet 中的数据是只读的,并且是只进的

(7) 在 ADO. NET 中,下列代码运行后的输出结果是_____。

```
DataTable dt = new DataTable();
dt.Columns.Add("编号",typeof(System.Int16));
dt.Columns.Add("成绩",typeof(System.Single));
Console.WriteLine(dt.Columns[1].DataType);
```

    A. System. Int16　　　　　　　　　　B. System. Single

    C. 编号　　　　　　　　　　　　　　D. 成绩

(8) _____方法执行指定为 Command 对象的命令文本的 SQL 语句,并返回受 SQL 语

句影响或检索的行数。

  A. ExecuteNonQuery   B. ExecuteReader

  C. ExecuteQuery   D. ExecuteScalar

（9）看代码回答问题。

建表的 SQL 语句如下：

```
CREATE TABLE stuInfo
(    stuId int not null,
     stuName varchar(30) not null,
     stuAddress varchar(30),
)
```

有以下 C# 代码，其功能是要读取表中的第一列数据（已知 myreader 为 OleDbDataReader 对象），选择填空为_____。

```
while (myreader.  ①  )
{
    Console.WriteLine(myreader.  ②  );
}
```

  A. ①Read() ②GetString[0]   B. ①Next() ②GetString[0]

  C. ①Read() ②GetInt32[1]   D. ①Read() ②GetInt32[0]

（10）在窗体上拖放一个 DataAdapter 对象后，可使用_____来配置其属性。

  A. 数据适配器配置向导   B. 数据窗体向导

  C. 服务器资源管理器   D. 对象浏览器

（11）在 ADO.NET 中，执行数据库的某个存储过程，至少需要创建_____并设置它们的属性、调用合适的方法。

  A. 一个 Connection 对象和一个 Command 对象

  B. 一个 Connection 对象和 DataSet 对象

  C. 一个 Command 对象和一个 DataSet 对象

  D. 一个 Command 对象和一个 DataAdapter 对象

（12）在使用 ADO.NET 编写连接到 SQL Server 数据库的应用程序时，从提高性能角度考虑，应创建_____类的对象，并调用其 Open 方法连接到数据库。

  A. Connection   B. SqlConnection

  C. OleDbConnection   D. OdbcConnection

（13）在 ADO.NET 中，DataAdapter 对象的_____属性用于将 DataSet 中的新增记录保存到数据源。

  A. SelectCommand   B. InsertCommand

  C. UpdateCommand   D. DeleteCommand

（14）ADO.NET 中的 DataView 控件可以用来筛选数据集中的数据项，以下代码用来选择数据集中年龄小于 24 的员工：

```
DataView mydv = new DataView(mydataSet.Tables[0]);
  ①
```

则①处应该填写的正确代码为_____。

A. mydv. RowFilter = "age < 24";

B. mydv. RowFilter = "SELECT age FROM mydv WHERE age < 24";

C. mydv. Excute("SELECT age FROM mydv WHERE age < 24");

D. mydv. Excute("age < 24");

2. 问答题

(1) 简述数据库中有哪些基本对象。

(2) 简述 ADO. NET 模型的体系结构。

(3) 简述 ADO. NET 的数据访问对象。

(4) 简述 DataSet 对象的特点。

3. 编程题

(1) 创建 Windows 窗体应用程序项目 exci15,添加一个窗体 Form1,在列表框中显示所有学生的学号、姓名、课程名和分数,并按照学号次序排列,其执行界面如图 15.55 所示。

(2) 在项目 exci15 中设计一个窗体 Form2,用于浏览 score 表中的所有记录,其执行界面如图 15.56 所示。

图 15.55　编程题(1)窗体的执行界面　　　　图 15.56　编程题(2)窗体的执行界面

(3) 在项目 exci15 中设计一个窗体 Form3,通过 BindingNavigator 控件对 score 表中的所有记录进行浏览操作,其执行界面如图 15.57 所示。

(4) 在项目 exci15 中设计一个窗体 Form4,采用 DataGridView 控件对 score 表中的所有记录进行浏览操作,其执行界面如图 15.58 所示。

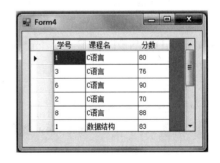

图 15.57　编程题(3)窗体的执行界面　　　　图 15.58　编程题(4)窗体的执行界面

4. 上机实验题

创建 Windows 窗体应用程序项目 experment15,设计一个窗体 Form1,用于实现对 score

表中记录的通用查找和排序操作。例如,选择所有"数据结构"课程并按"分数"降序排列的结果如图 15.59 所示。

图 15.59　上机实验题窗体的执行界面

第 16 章

XML 及其应用

作为一种标准数据交换格式,XML 主要用在不同系统中交换数据,以及在网络上传递大量的结构化数据。XML 简单易学,本章介绍 XML 的概念以及在.NET Framework 中使用 XML 的方法等。

本章学习要点:

☑ 掌握 XML 文档的基本概念。

☑ 掌握 XML 文档的语法格式。

☑ 掌握 XPath 的使用方法。

☑ 掌握使用.NET Framework 中的相关类操作 XML 文档的方法。

☑ 掌握 DataSet 数据集和 XML 文档的相互转换方法。

16.1 XML 概述

XML 即可扩展标记语言(eXtensible Markup Language),它是从 SGML 中简化修改出来的。标记是指计算机所能理解的信息符号,通过此种标记,在计算机之间可以处理包含各种信息的文章等。那么如何定义这些标记,既可以选择国际通用的标记语言,比 HTML,也可以使用 XML 这样由全球信息网络协会制定的新标记语言。

简单地说,XML 是一种基于文本格式的标记语言,它注重对数据结构和数据意义的描述,实现了数据内容和显示样式的分离,而且是与平台无关的。正是因为 XML 注重对数据内容的描述,因而对于数据的检索非常有意义,不会再像 HTML 那样检索出无关的信息。另一方面,XML 文档是数据的载体,利用 XML 作为数据库不需要访问任何数据库系统,可以使用任意 Web 技术来显示数据,例如 HTML、FlashMX 等。由于世界各大计算机公司积极参与,XML 正日益成为基于互联网的数据格式的新一代标准。

XML 文档的常见应用如下:

- XML 存放整个文档的 XML 数据,然后进行解析和转换,最终成为 HTML,显示在浏览器上。
- XML 作为微型数据库。
- 作为通信数据,最典型的就是 Web 服务,利用 XML 来传递数据。
- 作为一些应用程序的配置信息数据。
- 其他一些文档的 XML 格式,如 Word、Excel 等。

需要注意的是,XML 并不是 HTML 的替代产品,也不是 HTML 的升级,它只是 HTML 的补充,为 HTML 扩展更多功能。用户不能用 XML 直接制作网页,即便是包含了 XML 数据,依然要转换成 HTML 格式才能在浏览器上显示。所以 XML 没有固定的标记,不能描述网页的具体外观,它只描述内容的数据形式和结构。因此,XML 和 HTML 的一个质的区别是 HTML 网页将数据和显示混在一起,而 XML 将数据和显示分开来。

XML 文档的主要优点如下。

- XML 把数据从 HTML 分离出来:通过 XML,数据能够存储在独立的 XML 文件中,这样程序员可以专注于使用 HTML/CSS 进行显示和布局,并确保修改底层数据不再需要对 HTML 进行任何改变。

- XML 简化数据共享:XML 数据以纯文本格式进行存储,因此提供了一种独立于软件和硬件的数据存储方法,这让不同应用程序共享的数据变得更加容易。

- XML 简化数据传输:由于可以通过各种不兼容的应用程序来读取数据,因此以 XML 交换数据降低了这种复杂性。

- XML 简化平台变更:XML 数据以文本格式存储,这使得 XML 在不损失数据的情况下更容易扩展或升级到新的操作系统、新的应用程序或新的浏览器。

- XML 使数据更有用:不同的应用程序都能够访问 XML 数据,不仅仅在 HTML 页中,也可以从 XML 数据源中进行访问。各种阅读设备都可以使用 XML 数据。

- XML 用于创建新的互联网语言:很多新的互联网语言是通过 XML 创建的。

16.2　XML 语法规则

16.2.1　XML 文档中的有关术语

先看一个具体的 XML 文档 stud.xml,它采用记事本进行编辑,存放在"D:\C♯程序\ch16"文件夹中,其内容如下:

```
<?xml version = "1.0" encoding = "GB2312"?>
<!DOCTYPE 学生[
    <!ELEMENT 学生 (学号,姓名,性别,民族,班号)>
    <!ELEMENT 学号 (♯PCDATA)>
    <!ELEMENT 姓名 (♯PCDATA)>
    <!ELEMENT 性别 (♯PCDATA)>
    <!ELEMENT 民族 (♯PCDATA)>
    <!ELEMENT 班号 (♯PCDATA)>
]>
<学生表>
    <学生>
        <学号>1</学号>
        <姓名>王华</姓名>
        <性别>女</性别>
        <民族>汉族</民族>
        <班号>07001</班号>
    </学生>
    <学生>
        <学号>3</学号>
        <姓名>李兵</姓名>
        <性别>男</性别>
        <民族>汉族</民族>
        <班号>07001</班号>
    </学生>
    <学生>
```

```
        <学号>8</学号>
        <姓名>马棋</姓名>
        <性别>男</性别>
        <民族>回族</民族>
        <班号> 07002 </班号>
    </学生>
    <学生>
        <学号>2</学号>
        <姓名>孙丽</姓名>
        <性别>女</性别>
        <民族>满族</民族>
        <班号> 07002 </班号>
    </学生>
    <学生>
        <学号>6</学号>
        <姓名>张军</姓名>
        <性别>男</性别>
        <民族>汉族</民族>
        <班号> 07001 </班号>
    </学生>
</学生表>
```

从中可以看到，XML 文档结构具有很强的层次性，很容易转化为类似于图 16.1 所示的具有层次结构的树，其中叶子结点对应属性值。

打开 IE 浏览器，输入"D:\C♯程序\ch16\stud.xml"地址，出现的结果如图 16.2 所示（从这个显示结果可以看出 XML 文档是为了传输和存储数据，而非显示数据，其焦点是数据的内容）。

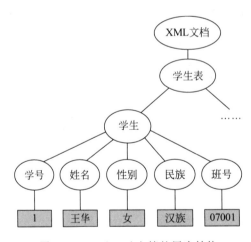

图 16.1　stud.xml 文档的层次结构

XML 文档中的有关术语如下。

1. 标记（或标签）

标记是用来定义元素的。在 XML 中，标记必须成对出现，将数据包围在中间。标记的名称和元素的名称是一样的。例如，在元素"＜姓名＞"王华"＜/姓名＞"中"＜姓名＞"就是标记。

与 HTML 标记唯一不同是，在 HTML 中标记是固定的，而在 XML 中标记需要用户自己创建。

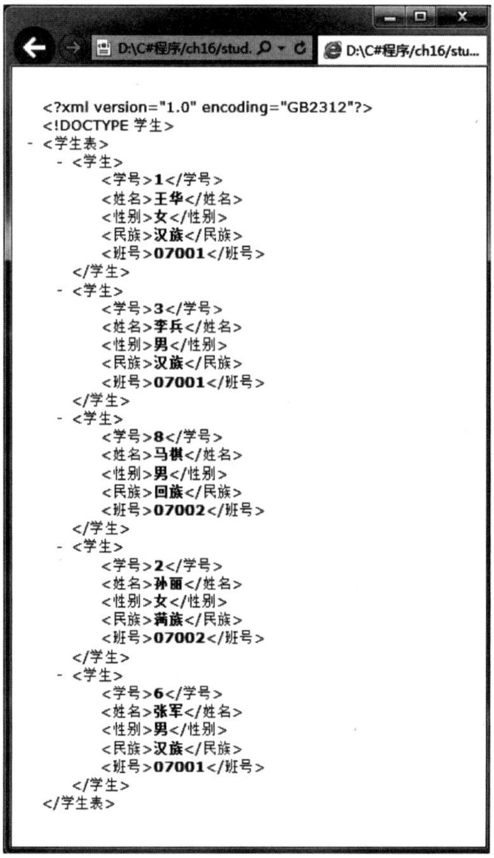

```
<?xml version="1.0" encoding="GB2312"?>
<!DOCTYPE 学生>
- <学生表>
  - <学生>
      <学号>1</学号>
      <姓名>王华</姓名>
      <性别>女</性别>
      <民族>汉族</民族>
      <班号>07001</班号>
    </学生>
  - <学生>
      <学号>3</学号>
      <姓名>李兵</姓名>
      <性别>男</性别>
      <民族>汉族</民族>
      <班号>07001</班号>
    </学生>
  - <学生>
      <学号>8</学号>
      <姓名>马棋</姓名>
      <性别>男</性别>
      <民族>回族</民族>
      <班号>07002</班号>
    </学生>
  - <学生>
      <学号>2</学号>
      <姓名>孙丽</姓名>
      <性别>女</性别>
      <民族>满族</民族>
      <班号>07002</班号>
    </学生>
  - <学生>
      <学号>6</学号>
      <姓名>张军</姓名>
      <性别>男</性别>
      <民族>汉族</民族>
      <班号>07001</班号>
    </学生>
  </学生表>
```

图 16.2　在浏览器中打开 stud.xml 文档

2. 元素(Element)

元素是组成 HTML 文档的最小单位，在 XML 中也一样。一个元素由一个标记来定义，包括开始和结束标记以及其中的内容。通常，XML 文档包含一个或多个元素。例如，"＜姓名＞"王华"＜/姓名＞"就是一个元素。

XML 元素指的是从(且包括)开始标记到(且包括)结束标记的部分。一个元素可以包含其他元素、文本或属性等。

3. 结点(Node)

在 XML 文档中，每一项都可以被认为是一个结点，共有 7 种类型的结点，即元素、属性、文本、命名空间、处理指令、注释以及文档结点(或根结点)。XML 文档是被作为结点树来对待的。例如，在 stud.xml 文档中，"＜学生表＞"为根结点，"＜学号＞3＜/学号＞"为元素结点。

4. 属性(Attribute)

属性是对标记的进一步描述和说明，一个标记可以有多个属性，例如 font 的属性还有 size。XML 中的属性与 HTML 中的属性是一样的，每个属性都有它自己的名称和值，属性是标记的一部分。例如，在元素"＜图书 书名="C＃程序设计"作者="孙强"＞"中，标记"图书"有两个属性"书名"和"作者"。

5. 声明

在所有 XML 文档的第一行都有一个 XML 声明，这个声明表示这个文档是一个 XML 文档，它遵循的是哪个 XML 版本的规范。声明语句将在后面介绍。

6. 文件类型定义（DTD）

DTD 是用来定义 XML 文档中的元素、属性以及元素之间的关系的。

通过 DTD 文件可以检测 XML 文档的结构是否正确。但建立 XML 文档并不一定需要 DTD 文件，对于 DTD 的详细内容将在下面介绍。

7. 良好格式的 XML（Well-formed XML）

一个遵守 XML 语法规则，并遵守 XML 规范的文档称为良好格式的 XML 文档。如果所有的标记都严格遵守 XML 规范，那么该 XML 文档不一定需要 DTD 文件来定义它。

在书写良好格式的 XML 文档的内容时必须遵守 XML 语法。

8. 有效的 XML（Valid XML）

一个遵守 XML 语法规则，并遵守相应 DTD 规范的 XML 文档称为有效的 XML 文档。注意良好格式的 XML 和有效的 XML 的最大的差别在于一个完全遵守 XML 规范，另一个则有自己的"文件类型定义"（DTD）。

9. DOM（Document Object Model）

DOM（文档对象模型）是英文文档对象模型的缩写，符合 W3C（万维网联合会）规范。DOM 是一种与浏览器、平台、语言无关的接口。DOM 是以层次结构组织的结点或信息片段的集合，这个层次结构允许开发人员在树中导航寻找特定信息。由于它是基于信息层次的，因而 DOM 被认为是基于树的。通常，一个 XML 文档对应一个 DOM。

16.2.2　XML 文档的结构

一个完整的 XML 文档分为 3 个主要部分，即声明区、定义区和文件主体。

1. 声明区

XML 文档的第一行必须是 XML 的声明行，其语法格式如下：

```
<?xml version = "1.0" encoding = "GB 2312"?>
```

其中，<?表示指令的开始；xml 声明该文件为 XML 文档，xml 要用小写字母表示；version 为 XML 文档的版本，version＝"1.0"表示当前文件为 XML 1.0 版本；encoding 设定 XML 文档的语言，encodong＝"GB 2312"表示 XML 文档以中文 GB 2312 来编码；?>表示指令的结束。

该声明行必须说明文档遵守的 XML 版本，目前是 1.0；如果要使用内定的字符集，可以省略 encodong 的设定，变为：

```
<?xml version = "1.0"?>
```

注意：默认的 XML 文档使用的语言编码为 UTF-8，如果使用中文，需要设置为 GB 2312。

2. 定义区

定义区用来设定文件的格式等，也称为 Document Type Definition（文档类型定义）。定义区必须包含在<！DOCTYPE[…]>段落中，例如：

```
<!DOCTYPE Element - name [
```

```
    ...
]>
```

其中：

- <!DOCTYPE：表示开始设定 DTD，注意 DOCTYPE 要大写。
- Element-name：指定该 DTD 的根元素（XML 标记一般称为元素）的名称，一个 XML 文档只能有一个根元素。
- […]：在[]的标记中定义 XML 文档所使用的元素。其中元素的定义格式为<!ELEMENT elememt-name element-definition>，<!ELEMENT 表示开始元素定义。

例如：

```
<!DOCTYPE 学生 [
    <!ELEMENT 学生 （学号,姓名,性别,民族,班号）>
    <!ELEMENT 学号 （♯PCDATA）>
    <!ELEMENT 姓名 （♯PCDATA）>
    <!ELEMENT 性别 （♯PCDATA）>
    <!ELEMENT 民族 （♯PCDATA）>
    <!ELEMENT 班号 （♯PCDATA）>
]>
```

其中，<!ELEMENT 学生(学号,姓名,性别,民族,班号)>声明了"学生"这个元素，并且它是作为"学号"等 5 个元素的父元素；而<!ELEMENT 学号(♯PCDATA)>声明了"学号"元素，此元素仅包含一般文字，是基本元素，这是由♯PCDATA 关键字定义的。

设计 DTD 主要有下面两种方式。

（1）直接包含在 XML 文档内的 DTD

只要在 DOCTYPE 声明中插入一些特别的说明就可以了。例如，有一个 XML 文档：

```
<?xml version = "1.0" encoding = "GB 2312"?>
<教师>
    <姓名>"陈明"</姓名>
    <职称>"副教授"</职称>
</教师>
```

在第一行后面插入下面的代码就可以了：

```
<!DOCTYPE 教师 [
<!ELEMENT 姓名 （♯PCDATA）>
<!ELEMENT 职称 （♯PCDATA）>
]>
```

（2）调用独立的 DTD 文件

将 DTD 文档存放在扩展名为.dtd 的文件中，然后在 DOCTYPE 声明行中调用。例如，将下面的代码存为 teacher.dtd：

```
<?xml version = "1.0" encoding = "GB 2312"?>
<!ELEMENT 教师 （姓名,职称）>
<!ELEMENT 姓名 （♯PCDATA）>
<!ELEMENT 职称 （♯PCDATA）>
```

然后在 XML 文档中调用，在第一行后插入：

```
<!DOCTYPE 教师 SYSTEM "teacher.dtd">
```

通过 DTD 文件可以检测 XML 文档的结构是否正确。建立 XML 文档并不一定需要 DTD 文件,但是指定定义区会使 XML 文档的 DOM(文档对象模型)更清晰。

3. 文件的主体

XML 文档的主体部分由成对的标记组成,而最上层的标记是根元素。根元素在 XML 文档中必须是独一无二的,并且不能被其他元素所包含。

XML 文档的主体采用结构化排列数据,即所有的数据按某种关系排列。结构化的原则如下:

- 每一部分(每一个元素)都和其他元素有关联,关联的级数就形成了结构。
- 标记本身的含义与它描述的信息相分离。

16.2.3 XML 文档的语法规定

1. 注释

添加注释是为了使文档便于阅读和理解,在 XML 文档添加的附加信息不会被程序解释或者浏览器显示。注释的语法如下:

```
<!-- 这里是注释信息 -->
```

可以看到,它和 HTML 中的注释语法是一样的,非常容易。养成良好的注释习惯将使你的文档更加便于维护、共享,看起来也更专业。

2. XML 文档必须使用正确的嵌套结构

在 XML 文档中标记可以嵌套,但必须是合理的嵌套。

嵌套需满足以下规则:

- 所有 XML 文档都从一个根结点开始,根结点包含了一个根元素。
- 文档内的所有其他元素必须包含在根元素中。
- 嵌套在内的是子元素,同一层的互为兄弟元素。
- 子元素还可以包含子元素。
- 包含子元素的元素称为分支,没有子元素的元素称为树叶。

例如,以下是正确的:

```
<b><u>C# 程序设计</u></b>
```

以下是错误的:

```
<b><u>C# 程序设计</b></u>
```

3. 成对的标记

在 XML 文档中标记大多是成对出现的。例如:

```
<title>网页标题</title>
```

4. 非成对的标记

XML 允许创造新的标记。若使用非成对的标记,必须在该标记后加上“/”。例如,非成对的标记<Name>必须写成<Name/>。

5. XML 标记的命名

XML 标记必须遵循下面的命名规则:

- 标记名中可以包含字母、数字以及其他字母。
- 标记名不能以数字或"_"(下划线)开头。
- 标记名不能以字母 XML(或 XmL 或 Xml)开头。
- 标记名中不能包含空格。
- 标记名大小写视为不同,例如<Name>标记不同于<name>。

6. 属性值必须使用双引号或单引号括起来

属性属于某个标记,定义属性的语法格式如下:

```
<标记名称 属性名称 1 = "属性值 1" 属性名称 2 = "属性值 2" …>
```

在 XML 文档中,标记的属性值必须用双引号或单引号括起来。例如,一个 XML 文档的内容如下:

```
<?xml version = "1.0" encoding = "GB 2312"?>
<学生>
    <学生 1 学号 = "100" 姓名 = "张三"></学生 1>
</学生>
```

建议尽量不在 XML 中使用属性,而将属性改成子元素。例如,上面的代码可以改成这样:

```
<?xml version = "1.0" encoding = "GB 2312"?>
<学生>
    <学生 1>
        <学号>"100"</学号>
        <姓名>"张三"</姓名>
    </学生 1>
</学生>
```

改为子元素的原因是因为属性不易扩充和被程序操作,而子元素具有良好的层次性。

7. XML 文档的命名

XML 文档可以采用任何文本编辑器编写,但必须以扩展名.xml 来保存。

8. XML 文档中的内部实体

XML 中的内部实体(ENTITY)类似于一般程序设计中所使用的常量,也就是用一个实体名称来代表某常用的数据,然后在一个文档中多次调用,或者在多个文档中调用同一个实体。其语法格式如下:

```
<!DOCTYPE Element – name [
    …
    <!ENTITY 实体名称 设定值>
    …
]>
```

在 XML 文档中用"& 实体名称;"来引用它。实体可以包含字符、文字等,使用实体的好处在于,一是可以减少差错,文档中多个相同的部分只需要输入一遍就可以了;二是提高维护效率。例如,有 40 个文档都包含 copyright 的实体,如果需要修改 copyright,不需要修改所有的文件,只要修改最初定义的实体语句就可以了。

例如 XML 文档 tech. xml,它采用记事本进行编辑,存放在"D:\C♯程序\ch16"文件夹中,其内容如下:

```
<?xml version = "1.0" encoding = "GB 2312"?>
<!DOCTYPE 教师 [
<!ELEMENT 姓名 (#PCDATA)>
<!ELEMENT 职称 (#PCDATA)>
<!ENTITY 部门 "计算机系">
]>
<教师表>
    <教师 1>
        <姓名>"陈明"</姓名>
        <职称>"副教授"</职称>
        <部门>&部门;</部门>
    </教师 1>
    <教师 2>
        <姓名>"李清"</姓名>
        <职称>"教授"</职称>
        <部门>&部门;</部门>
    </教师 2>
</教师表>
```

其中定义了一个内部实体"部门"，在两个教师中引用该实体，浏览器中的结果如图 16.3 所示。

图 16.3　在浏览器中打开 tech.xml 文档

16.3　XPath 表达式

XPath 表达式是指符合 W3C XPath 2.0 建议的字符串表达式，目的是为了在匹配 XML 文档结构树时能够准确地找到某一个结点元素。可以把 XPath 比作文件管理路径，通过文件管理路径可以按照一定的规则查找到所需要的文件；同样，依据 XPath 所制定的规则也可以很方便地找到 XML 结构文档树中的任何一个结点。

说明： XQuery 1.0 和 XPath 2.0 分享相同的数据模型，并支持相同的函数和运算符。

下面介绍 XPath 中结点匹配的基本方法，本节以 example.xml 文档为例进行说明，其内容如下：

```
<?xml version = "1.0" encoding = "GB 2312"?>
<A id = "a1">
```

```
        <B id = "b1" name = "B1">
            <C id = "c1">
                <B id = "b2" name = "B2"> b2 </B>
                <D id = "d1"> d1 </D>
                <E id = "e1"> e1 </E>
                <E id = "e2"> e2 </E>
                <E> e3 </E>
            </C>
        </B>
        <B id = "b3" name = "B3"> b3 </B>
        <C id = "c2">
            <D id = "d2"> d2 </D>
            <E id = "e3"> e3 </E>
        </C>
    </A>
```

16.3.1　路径匹配

路径匹配和文件路径的表示相似,通常使用以下几个符号。

- /:选取根结点。如果一个路径以"/"开头,那么它必须是表述该结点所在的绝对路径;如果不以"/"开头,那么它表述是该结点的相对路径,与当前结点有关。
- //:选取文档中所有符合条件的结点,不管该结点位于何处。
- .:选取当前结点。
- ..:选取当前结点的父结点。
- |:条件之间逻辑或连接。

结合 example.xml 文档给出以下示例:

- /A/B/C/E:选取 A→B→C 下的 3 个 E 结点。
- //B/C:选取所有父结点为 B 的 C 结点,即 id 属性值为 c1 的结点。
- //B | //C:所有 B 元素和 C 元素,共有 5 个结点。

16.3.2　谓词

谓词用来查找某个特定的结点或者包含某个指定值的结点,谓词被嵌在方括号中。

对于每一个结点,它的各个子结点是有序的,每个子结点对应一个"位置值",它从 1 开始顺序编号。用户可以使用以下方式来指定某些结点。

- [位置值]:选取指定位置值的某个结点。
- [last()]:选取最后一个结点。
- [position() 比较运算符 位置值]:选取满足位置条件的所有结点。
- [标记 比较运算符 文本值]:选取标记满足条件的所有元素。

其中,"比较运算符"有＝(等于)、!＝(不等于)、＜(小于)、＜＝(小于等于)、＞(大于)和＞＝(大于等于)等。

结合 example.xml 文档给出以下示例。

- /A/B/C/E[1]:选取 A→B→C 下的第一个 E 结点,即 id 属性值为 e1 的结点。
- /A/B/C/E[last()]:选取 A→B→C 下的最后一个 E 结点,即没有属性值的 E 结点。
- /A/B/C/E[last()−1]:选取 A→B→C 下的倒数第二个 E 结点,即 id 属性值为 e2 的结点。

- /A/B/C/E[position()＞1]：选取 A→B→C 下的后两个 E 结点，即 id 属性值为 e2 的结点和没有属性值的 E 结点。
- /A/B/C[E='e1']：选取所有 A→B→C 元素，且在这样的 C 元素下存在值为'e1'的 E 元素。
- /A/C[D='d2']/E：选取 A→C→E 元素，且 C 元素下存在值为'd2'的 D 元素。

16.3.3 属性匹配

属性匹配常用的符号为"@"，即在属性名前加"@"前缀。"@ ＊"表示选取所有具有属性的结点，"not(@ ＊)"表示选取所有不具有属性的结点。

结合 example.xml 文档给出以下示例。

- //@id：选择所有的 id 属性，共有 11 个结点。
- //B[@id]：选取所有具有属性 id 的 B 结点，共有 3 个结点。
- //E[@id='e2']：选取 id 属性值为 e2 的 E 结点，共有 1 个结点。
- /A/B[@name='B1']/C/E：选取 A→B→C 下的所有 E 结点，且其中的 B 结点的 name 属性值为"B1"，它共有 3 个结点。

16.3.4 通配符

在 XML 文档中可以使用以下通配符。

- ＊：匹配任何元素结点。
- @ ＊：匹配任何属性结点。
- node()：匹配任何类型的结点。

结合 example.xml 文档给出以下示例：

- //＊：选取所有的结点，它共有 12 个结点。
- //D[@ ＊]：选取所有具有属性的 D 结点，共有两个结点。
- //E[not(@ ＊)]：选取所有不具有属性的 E 结点，共有一个结点。

16.3.5 XPath 轴

轴用于定义与当前结点相关的属性，常用的轴如下。

- ancestor：选取上下文结点的祖先结点。
- ancestor-or-self：选取上下文结点的祖先结点和结点自身。
- attribute：选取上下文结点的所有属性。
- child：选取上下文结点的所有子结点。作为默认的轴，可以忽略不写。
- descendant：选取上下文结点的所有子孙结点。
- descendant-or-self：选取上下文结点的所有子孙结点和结点自身。
- following：选取上下文结点结束标记前的所有结点。
- following-sibling：选取位于上下文结点后的所有兄弟类结点。
- parent：选取上下文结点的父结点。
- preceding：选取文档中所有位于上下文结点开始标记前的结点。
- preceding-sibling：选取位于上下文结点前的所有兄弟类结点。
- self：选取上下文结点。

结合 example. xml 文档给出以下示例：

- /child：：A：等价于/A，选取所有的 A 结点，共有一个结点。
- /child：：A/child：：B：等价于/A/B，选取 A 下所有的 B 结点，共有两个结点。
- /descendant：：∗：选择根元素的所有后代，即选择所有的元素，共有 12 个结点。
- /A/B/descendant：：∗：选择/A/B 的所有后代元素，共有 6 个结点(C、B、D、E、E、和 E 元素)。
- //C/descendant：：∗：选择在祖先元素中有 C 的所有元素，共有 7 个结点(B、D、E、E、E、D 和 E 元素)。
- //C/descendant：：D：选择所有以 C 为祖先元素的 D 元素，共有两个结点(D、D 元素)。
- //D/parent：：∗：选择 D 元素的所有父结点，共有两个结点(C、C 元素)。
- /A/B/C/D/ancestor：：∗：选择 D 元素的所有祖先结点，共有 3 个结点(A、B 和 C 元素)。
- //D/ancestor：：∗：选择 D 元素的所有祖先结点，共有 4 个结点(A、B、C 和 C 元素)。
- /A/B/following-sibling：：∗：选取 A 下 B 后的所有兄弟结点，共有两个结点(B 和 C 元素)。

16.4 用. NET Framework 类操作 XML 文档

16.4.1 XML 文档操作类

在. NET Framework 中，System. Xml 命名空间为处理 XML 提供了基于标准的支持。其中包含的常用类如下。

- XmlAttribute：表示一个属性。此属性的有效值和默认值在文档类型定义(DTD)或架构中进行定义。
- XmlAttributeCollection：表示可以按名称或索引访问的属性的集合。
- XmlDataDocument：允许通过相关的 DataSet 存储、检索和操作结构化数据。
- XmlDeclaration：表示 XML 声明结点，即<? xml version＝'1.0'…? ＞。
- XmlDocument：表示 XML 文档。
- XmlDocumentType：表示文档类型声明。
- XmlElement：表示一个元素。
- XmlEntity：表示实体声明，例如<！ENTITY…＞。
- XmlNode：表示 XML 文档中的单个结点。
- XmlNodeList：表示排序的结点集合。
- XmlReader：表示提供对 XML 数据进行快速、非缓存、只进访问的读取器。
- XmlText：表示元素或属性的文本内容。
- XmlTextReader：表示提供对 XML 数据进行快速、非缓存、只进访问的读取器。
- XmlTextWriter：表示提供快速、非缓存、只进方法的编写器，该方法生成包含 XML 数据(这些数据符合 W3C 即万维网联合会 XML 1.0 和"XML 中的命名空间"建议)的流或文件。
- XmlWriter：表示一个编写器，该编写器提供一种快速、非缓存和只进的方式来生成包含 XML 数据的流或文件。

下面介绍一些主要的 XML 文档操作类。

1. XmlDocument 类

XmlDocument 类表示 XML 文档,该类提供了加载、新建、存储 XML 文档的相关操作。其常用的属性如表 16.1 所示。常用的方法如表 16.2 所示。

表 16.1　XmlDocument 类常用的属性及其说明

属　　性	说　　明
ChildNodes	获取结点的所有子结点
DocumentElement	获取文档的根元素
FirstChild	获取结点的第一个子级
HasChildNodes	获取一个值,该值指示结点是否有任何子结点
InnerText	获取或设置结点及其所有子结点的串联值
InnerXml	获取或设置表示当前结点子级的标记
Item	获取指定的子元素
LastChild	获取结点的最后一个子级
Name	获取结点的限定名
NextSibling	获取紧接在该结点之后的结点
OuterXml	获取表示此结点及其所有子结点的标记
ParentNode	获取该结点(对于可以具有父级的结点)的父级
PreviousSibling	获取紧接在该结点之前的结点
Value	获取或设置结点的值

表 16.2　XmlDocument 类常用的方法及其说明

方　　法	说　　明
AppendChild	将指定的结点添加到该结点的子结点列表的末尾
CreateAttribute	创建具有指定名称的 XmlAttribute
CreateElement	创建 XmlElement
CreateNode	创建 XmlNode
CreateTextNode	创建具有指定文本的 XmlText
ImportNode	将结点从另一个文档导入到当前文档中
InsertAfter	将指定的结点紧接着插入指定的引用结点之后
InsertBefore	将指定的结点紧接着插入指定的引用结点之前
Load	加载指定的 XML 数据
LoadXml	从指定的字符串加载 XML 文档
ReadNode	根据 XmlReader 中的信息创建一个 XmlNode 对象。读取器必须定位在结点或属性上
RemoveChild	移除指定的子结点
ReplaceChild	用 newChild 结点替换子结点 oldChild
Save	将 XML 文档保存到指定的位置
SelectNodes	选择匹配 XPath 表达式的结点列表
SelectSingleNode	选择匹配 XPath 表达式的第一个 XmlNode

【**例 16.1**】　设计一个窗体,显示 stud. xml 文档中所有结点的值。

解: 新建 Windows 应用程序项目 proj16-1(存放在"D:\C#程序\ch16"文件夹中)。添加一个窗体 Form1(在引用部分添加"using System. Xml;"),其中仅包含一个多行文本框 textBox1。

在该窗体上设计如下事件过程：

图 16.4　Form1 的执行结果

```
private void Form1_Load(object sender, EventArgs e)
{   XmlDocument myxmldoc = new XmlDocument();
    myxmldoc.Load(@"D:\C# 程序\ch16\stud.xml");
    textBox1.Text = myxmldoc.InnerText;
    //InnerText 属性获取所有结点的值
}
```

执行本窗体，其结果如图 16.4 所示。

2. XmlNode 类

前面介绍过，XML 文档中的每一项都可以认为是一个结点，结点具有一组方法和属性等。一个 XmlNode 对象表示 XML 文档中的一个结点，它包括 XmlElement（元素）和 XmlAttribute（属性）等。XmlNode 类的常用属性如表 16.3 所示，其常用方法如表 16.4 所示。

注意：XmlNode 类是一个抽象类，不能直接创建它的实例。

表 16.3　XmlNode 类常用的属性及其说明

属　　性	说　　明
Attributes	获取一个 XmlAttributeCollection，它包含该结点的属性
ChildNodes	获取结点的所有子结点
FirstChild	获取结点的第一个子级
HasChildNodes	获取一个值，该值指示结点是否有任何子结点
InnerText	获取或设置结点及所有子结点的串联值
InnerXml	获取或设置仅代表该结点的子结点的标记
Item	获取指定的子元素
LastChild	获取结点的最后一个子级
Name	获取结点的限定名，对于元素即为标记名
NextSibling	获取紧接在该结点之后的结点
NodeType	获取当前结点的类型。其常用取值及说明如表 16.5 所示
OuterXml	获取表示此结点及其所有子结点的标记
ParentNode	获取该结点（对于可以具有父级的结点）的父级
PreviousSibling	获取紧接在该结点之前的结点
Value	获取或设置结点的值

表 16.4　XmlNode 类常用的方法及其说明

方　　法	说　　明
AppendChild	将指定的结点添加到该结点的子结点列表的末尾
InsertAfter	将指定的结点紧接着插入指定的引用结点之后
InsertBefore	将指定的结点紧接着插入指定的引用结点之前
PrependChild	将指定的结点添加到该结点的子结点列表的开头
RemoveAll	移除当前结点的所有子结点或属性
RemoveChild	移除指定的子结点
ReplaceChild	用 newChild 结点替换子结点 oldChild
SelectNodes	选择匹配 XPath 表达式的结点列表
SelectSingleNode	选择匹配 XPath 表达式的第一个 XmlNode
WriteContentTo	当在派生类中被重写时，该结点的所有子结点会保存到指定的 XmlWriter 中
WriteTo	当在派生类中被重写时，将当前结点保存到指定的 XmlWriter 中

表 16.5　NodeType 属性取值及其说明

属　性　值	说　　　　明
Attribute	属性(例如,id＝'123')
Comment	注释(例如,<!-- my comment -->)
Document	作为文档树的根的文档对象提供对整个 XML 文档的访问
DocumentType	由以下标记指示的文档类型声明(例如,<!DOCTYPE…>)
Element	元素(例如,<item>)
EndElement	末尾元素标记(例如,</item>)
Entity	实体声明(例如"<!ENTITY…>")
EntityReference	实体引用(例如"#")
Text	结点的文本内容
Whitespace	标记间的空白
XmlDeclaration	XML 声明(例如,<?xml version＝'1.0'? >)

3. XmlNodeList 类

一个 XmlNodeList 对象表示排序的结点集合,每个结点为一个 XmlNode 对象。XmlNodeList 类的常用属性如表 16.6 所示。其常用方法如表 16.7 所示。

表 16.6　XmlNodeList 类常用的属性及其说明

属　　性	说　　　　明
Count	获取 XmlNodeList 中的结点数
ItemOf	检索给定索引处的结点

表 16.7　XmlNodeList 类常用的方法及其说明

方　　法	说　　　　明
GetEnumerator	在 XmlNodeList 中的结点集合上提供一个简单的 foreach 样式迭代
Item	检索给定索引处的结点

【例 16.2】 设计一个窗体,根据用户选择的学号显示 stud. xml 文档中该学生的所有信息。

解：在 proj16-1 项目中添加一个窗体 Form2(在引用部分添加"using System. Xml;"),其中有一个标记(label1)、一个组合框(comboBox1)、一个命令按钮(button1)和一个多行文本框 textBox1,如图 16.5 所示。

在该窗体上设计如下事件过程：

```
private void button1_Click(object sender, EventArgs e)
{   if (comboBox1.Text!= "")
    {   string xpath = "/学生表/学生[学号＝'" + comboBox1.Text + "']/descendant:: * ";
        XmlDocument myxmldoc = new XmlDocument();
        myxmldoc.Load(@"D:\C# 程序\ch16\stud.xml");
        XmlNodeList mynodes = myxmldoc.SelectNodes(xpath);
        textBox1.Text = "";
        foreach (XmlNode item in mynodes)
            textBox1.Text += item.Name + ":" + item.InnerText + "\r\n";
    }
    else
```

```
        MessageBox.Show("必须选择一个学号","信息提示");
    }
    private void Form2_Load(object sender, EventArgs e)
    {   comboBox1.Items.Add("1"); comboBox1.Items.Add("2");
        comboBox1.Items.Add("3"); comboBox1.Items.Add("6");
        comboBox1.Items.Add("8"); comboBox1.Text = "";
    }
```

其中，xpath 根据用户的选择构成一个条件表达式，在执行 XmlDocument 对象的 SelectNodes(xpath)方法时选取指定学生的 5 个结点，并将其放在 mynodes 对象中，每个结点为一个 XmlNode 对象，通过 foreach 语句在文本框 textBox1 中输出各结点的名称和值。

执行本窗体，选取学号 3，单击"确定"命令按钮，其结果如图 16.6 所示。

图 16.5　Form2 的设计界面

图 16.6　Form2 的执行结果

4. XmlElement 类

XmlElement 类表示一个元素，它是 XmlNode 类的子类。其常用属性如表 16.8 所示，其常用方法如表 16.9 所示。

表 16.8　XmlElement 类常用的属性及其说明

属　　性	说　　明
Attributes	获取包含该结点属性列表的 XmlAttributeCollection
ChildNodes	获取结点的所有子结点
FirstChild	获取结点的第一个子级
InnerText	获取或设置结点及其所有子级的串联值
InnerXml	获取或设置只表示此结点子级的标记
Item	获取指定的子元素
LastChild	获取结点的最后一个子级
Name	获取结点的限定名，即该元素的标记名
NextSibling	获取紧接在该元素后面的 XmlNode
NodeType	获取当前结点的类型
OuterXml	获取表示此结点及其所有子结点的标记
ParentNode	获取该结点的父结点
PreviousSibling	获取紧接在该结点之前的结点
Value	获取或设置结点的值

表 16.9　XmlElement 类常用的方法及其说明

方　　法	说　　明
AppendChild	将指定的结点添加到该结点的子结点列表的末尾
InsertAfter	将指定的结点紧接着插入指定的引用结点之后
InsertBefore	将指定的结点紧接着插入指定的引用结点之前
PrependChild	将指定的结点添加到该结点的子结点列表的开头
RemoveAll	移除当前结点的所有指定属性和子级，不移除默认属性
RemoveAllAttributes	从元素移除所有指定的属性，不移除默认属性
RemoveAttribute	移除指定的属性（如果移除的属性有一个默认值，则立即予以替换）
RemoveAttributeAt	从元素中移除具有指定索引的属性结点（如果移除的属性有一个默认值，则立即予以替换）
RemoveAttributeNode	移除 XmlAttribute
RemoveChild	移除指定的子结点
ReplaceChild	用 newChild 结点替换子结点 oldChild
SelectNodes	选择匹配 XPath 表达式的结点列表
SelectSingleNode	选择匹配 XPath 表达式的第一个 XmlNode
SetAttribute	设置指定属性的值
SetAttributeNode	添加一个新的 XmlAttribute
WriteContentTo	将结点的所有子级保存到指定的 XmlWriter 中
WriteTo	将当前结点保存到指定的 XmlWriter 中

【例 16.3】　设计一个窗体，在文本框中显示 stud. xml 文档的第一个学生的相关信息。

解：在 proj16-1 项目中添加一个窗体 Form3（在引用部分添加"using System. Xml;"），其中仅有一个文本框 textBox1（其 MultiLine 属性设置为 true）。

在该窗体上设计如下事件过程：

```
private void Form3_Load(object sender, EventArgs e)
{   XmlDocument myxmldoc = new XmlDocument();
    myxmldoc.Load(@"D:\C#程序\ch16\stud.xml");
    XmlElement myelem = (XmlElement)myxmldoc.DocumentElement.FirstChild;
    textBox1.Text = "Name:" + myelem.Name + "\r\n";
    textBox1.Text += "NodeType:" + myelem.NodeType + "\r\n";
    textBox1.Text += "InnerText:" + myelem.InnerText + "\r\n";
    textBox1.Text += "InnerXml:" + myelem.InnerXml + "\r\n";
    textBox1.Text += "OuterXml:" + myelem.OuterXml + "\r\n";
}
```

其中，(XmlElement)myxmldoc. DocumentElement. FirstChild 是获取 XML 文档根结点的第一个子结点并将其强制转换为 XmlElement 类型，然后调用 XmlElement 类的相关属性获取结果。

执行本窗体，其结果如图 16.7 所示。

5. XmlReader 类

XmlReader 类提供对 XML 数据进行快速、非缓存、只进访问的读取器。其常用属性如表 16.10 所示，其常用方法如表 16.11 所示。

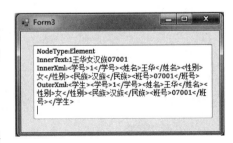

图 16.7　Form3 的执行结果

XmlReader 类是一个抽象类,由它派生出 XmlTextReader 类。XmlTextReader 类具有返回有关内容和结点类型等数据的方法。

表 16.10　XmlReader 类常用的属性及其说明

属　性	说　明
AttributeCount	获取当前结点上的属性数
Depth	获取 XML 文档中当前结点的深度
EOF	获取一个值,该值指示此读取器是否定位在流的结尾
Item	获取此属性的值
Name	获取当前结点的限定名
NodeType	获取当前结点的类型
ReadState	获取读取器的状态
Value	获取当前结点的文本值

表 16.11　XmlReader 类常用的方法及其说明

方　法	说　明
Close	当在派生类中被重写时,将 ReadState 更改为 Closed
Create	创建一个新的 XmlReader 实例
GetAttribute	获取属性的值
Read	从流中读取下一个结点
ReadInnerXml	将所有内容(包括标记)当作字符串读取
ReadOuterXml	读取表示该结点和它的所有子级的内容(包括标记)
ReadString	将元素或文本结点的内容当作字符串读取
ReadToFollowing	一直读取,直到找到命名元素
ReadToNextSibling	让 XmlReader 前进到下一个匹配的同级元素
Skip	跳过当前结点的子级

【例 16.4】 设计一个窗体,在文本框中显示 stud. xml 文档的所有学生的相关信息。

解:在 proj16-1 项目中添加一个窗体 Form4(在引用部分添加"using System. Xml;"),其中仅有一个多行文本框 textBox1。

在该窗体上设计如下事件过程:

```
private void Form4_Load(object sender, EventArgs e)
{   string fpath = @"D:\C#程序\ch16\stud.xml";
    XmlTextReader myreader = new XmlTextReader(fpath);
    textBox1.Text = "";
    while (myreader.Read())
    {   if (myreader.NodeType == XmlNodeType.Element)   //元素结点
        {   for (int i = 0; i < myreader.Depth; i++)
                textBox1.Text += " ";
            textBox1.Text += myreader.Name + ":";
            myreader.Read();                            //读下一个结点
            if (myreader.NodeType == XmlNodeType.Text)
                    //该结点有内容,输出内容并换行
                textBox1.Text += myreader.Value + "\r\n";
            else                                        //该结点没有内容,换一行
                textBox1.Text += "\r\n";
        }
```

```
    }
        myreader.Close();
    }
```

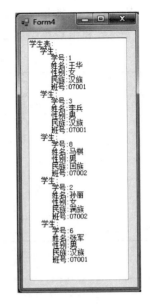

在上述事件过程中循环调用 XmlTextReader 类的 Read 方法读取 stud. xml 文档的结点，对于元素结点，先根据其深度输出表示深度的若干空格，再输出其 Name 属性值，然后读取该结点的文本内容，若没有，只输出一个回车换行符，若有文本内容，输出文本内容后再输出一个回车换行符。

执行本窗体，其结果如图 16.8 所示。

16.4.2　XML 文档的结点操作

前面通过多个示例介绍了 XML 文档的查找操作，本节将介绍使用相关类创建、修改和删除 XML 文档结点的方法。

1. 创建 XML 结点

用户可以通过向 XML 中插入新的结点来修改文档，首先需要创建新的结点，可以使用 XmlDocument 的 Create * 系列方法来实现这个功能。

图 16.8　Form4 的执行结果

针对不同的结点类型，Create * 系列方法有所不同，但都以 Create 开头，并以结点的类型结尾，如 CreateComment（创建注释）、CreateTextNode（创建叶子结点）等。另外，还可以使用 CreateNode 方法结合结点类型参数建立各种类型的结点，形式如下：

```
public virtual XmlNode CreateNode(XmlNodeType type,
string name, string namespaceURI);
```

其中，type 表示新结点的 XmlNodeType；name 表示新结点的标记名；namespaceURI 表示新结点的命名空间。

【例 16.5】　设计一个窗体，在 stud. xml 文档中学生姓名为"李兵"的元素之后插入籍贯为"北京"的元素，并在文本框中显示该学生的相关信息。

解：在 proj16-1 项目中添加一个窗体 Form5（在引用部分添加"using System. Xml;"），其中有一个多行文本框 textBox1 和一个命令按钮 button1。

在该窗体上设计如下事件过程：

```
private void button1_Click(object sender, EventArgs e)
{    string xpath = "/学生表/学生[姓名 = '李兵']/姓名";
     XmlDocument myxmldoc = new XmlDocument();
     myxmldoc.Load(@"D:\C # 程序\ch16\stud.xml");
     XmlNode mynode = myxmldoc.SelectSingleNode(xpath);
     XmlNode newnode = myxmldoc.CreateNode(XmlNodeType.Element, "籍贯", null);
     newnode.InnerText = "北京";
     mynode.ParentNode.InsertAfter(newnode, mynode);
     textBox1.Text = mynode.ParentNode.InnerXml;
}
```

在上述事件过程中，先建立 newnode 结点（要插入的结点），找到姓名为"李兵"的元素（用 mynode 指示），然后使用 XmlDocument 类的 InsertAfter 方法插入。由于只能在父结点中插入子结点，所以使用了 mynode. ParentNode. InsertAfter（newnode, mynode）语句，而不是

mynode. InsertAfter(newnode,mynode)语句。

　　执行本窗体,单击"插入结点"命令按钮,其结果如图 16.9 所示。从中可以看到李兵的信息发生了改变,但 stud. xml 文件并没有同步改变。如果要改变 stud. xml 文件,可在上述事件过程的最后加上 myxmldoc. Save(@"D:\C♯程序\ch16\stud. xml")语句。

图 16.9　Form5 的执行结果

2. 修改 XML 结点

　　修改 XML 结点的方法有很多,常用的方法有以下几种:

　　① 使用 XmlNode. InnerText 属性修改结点的值。

　　② 通过修改 XmlNode. InnerXml 属性来修改结点标记或其值。

　　③ 使用 XmlNode. ReplaceChild 方法用新的结点来替换现有结点。

　　【例 16.6】　设计一个窗体,采用前面介绍的 3 种方法修改 stud. xml 文档中学生姓名为"李兵"的元素。

　　解:在 proj16-1 项目中添加一个窗体 Form6(在引用部分添加"using System. Xml;"),其中有 3 个多行文本框 textBox1～textBox3 和一个命令按钮 button1。

　　在该窗体上设计如下事件过程:

```
private void button1_Click(object sender, EventArgs e)
{    string xpath = "/学生表/学生[姓名 = '李兵']/姓名";
     XmlDocument myxmldoc = new XmlDocument();
     myxmldoc. Load(@"D:\C♯程序\ch16\stud. xml");
     XmlNode mynode = myxmldoc. SelectSingleNode(xpath);
     mynode. InnerText = "李宾";                        //第 1 种修改方法
     textBox1. Text = mynode. ParentNode. InnerXml;
     mynode. InnerXml = "<姓名>李滨</姓名>";            //第 2 种修改方法
     textBox2. Text = mynode. ParentNode. InnerXml;
     XmlNode newnode = myxmldoc. CreateNode(XmlNodeType. Element,"姓名", null);
                                                        //第 3 种修改方法
     newnode. InnerXml = "<姓名>李斌</姓名>";
     mynode. ParentNode. ReplaceChild(newnode, mynode);
     textBox3. Text = newnode. ParentNode. InnerXml;
}
```

　　执行本窗体,单击"修改结点"命令按钮,其结果如图 16.10 所示。3 种方法修改结点后的结果分别在 3 个文本框中显示出来,从中可以看到这 3 种方法均可以修改 XML 结点。

3. 删除 XML 结点

　　删除一个结点非常简单,在使用 XPath 检索结点的基础上,可以使用 XmlDocument 或 XmlNode 对象的 RemoveChild 方法删除一个指定的结点。如果想删除所有的子孙结点,可以使用 RemoveAll 方法。

　　【例 16.7】　设计一个窗体,在 stud. xml 文档中删除姓名为"李兵"的元素。

　　解:在 proj16-1 项目中添加一个窗体 Form7(在引用部分添加"using System. Xml;"),其中有一个文本框 textBox1(其 MultiLine 属性设置为 true)和一个命令按钮 button1。

　　在该窗体上设计如下事件过程:

```
private void button1_Click(object sender, EventArgs e)
```

```
{    string xpath = "/学生表/学生[姓名 = '李兵']/姓名";
     XmlDocument myxmldoc = new XmlDocument();
     myxmldoc.Load(@"D:\C#程序\ch16\stud.xml");
     XmlNode mynode = myxmldoc.SelectSingleNode(xpath);
     mynode.ParentNode.RemoveChild(mynode);
     XmlNode mynode1 = myxmldoc.SelectSingleNode("/学生表/学生[学号 = '3']");
     textBox1.Text = mynode1.InnerXml;
}
```

执行本窗体，单击"删除结点"命令按钮，其结果如图 16.11 所示，可以看到已经从中删除了"姓名"结点。

图 16.10　Form6 的执行结果

图 16.11　Form7 的执行结果

16.5　DataSet 和 XML 文档的相互转换

在实际的应用程序开发中，开发人员经常会遇到 DataSet 数据集和 XML 文件相互转换的问题，本节通过示例介绍它们之间的相互转换方法。

16.5.1　将 XML 文档转换成 DataSet 数据

将 XML 文档转换成 DataSet 数据的方法是先建立一个空的 DataSet 数据集，然后使用 DataSet 类的 ReadXml 方法将指定的 XML 文件的数据读入该数据集。

【例 16.8】　设计一个窗体，将 stud.xml 文件中的数据转换到一个 DataSet 数据集中，并在一个文本框中显示该数据集中的所有数据。

解：在 proj16-1 项目中添加一个窗体 Form8（在引用部分添加"using System. Data. OleDb;"），其中有一个多行文本框 textBox1 和一个命令按钮 button1。

在该窗体上设计如下事件过程：

```
private void button1_Click(object sender, EventArgs e)
{    DataSet myds = new DataSet();
     myds.ReadXml(@"D:\C#程序\ch16\stud.xml");
     foreach (DataTable table in myds.Tables)
     {    textBox1.Text = "表名:" + table.TableName + "\r\n";
          foreach (DataRow row in table.Rows)
          {    foreach (DataColumn column in table.Columns)
                    textBox1.Text += "\t" + row[column];
               textBox1.Text += "\r\n";
```

```
        }
    }
}
```

执行本窗体,单击"读取数据"命令按钮,其结果如图 16.12 所示。其中,文本框中的数据是从 DataSet 数据集中提取的。

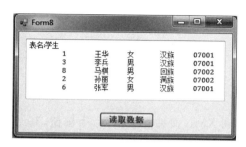

图 16.12 Form8 的执行结果

16.5.2 将 DataSet 数据转换成 XML 文件

将 DataSet 数据转换成 XML 文件的方法是先建立一个 DataSet 数据集并填充相关数据,然后使用 DataSet 类的 WriteXml 方法将其中的数据写入到指定的 XML 文件中。

【例 16.9】 设计一个窗体,将 school.mdb 数据库中 student 表的所有记录转换成 stud1.xml 文件。

解:在 proj16-1 项目中添加一个窗体 Form9(在引用部分添加"using System.Xml;"和"using System.Data.OleDb;"),其中有一个多行文本框 textBox1 和一个命令按钮 button1。

在该窗体上设计如下事件过程:

```
private void button1_Click(object sender, EventArgs e)
{   string mystr, mysql;
    OleDbConnection myconn = new OleDbConnection();
    mystr = @"Provider = Microsoft.ACE.OLEDB.12.0;
    Data Source = D:\C#程序\ch15\school.accdb";
    myconn.ConnectionString = mystr;
    myconn.Open();
    mysql = "SELECT * FROM student";
    OleDbDataAdapter myda = new OleDbDataAdapter(mysql, myconn);
    DataSet myds = new DataSet();
    myda.Fill(myds);
    myds.WriteXml(@"D:\C#程序\ch16\stud1.xml");
    myconn.Close();
    Print();
}
private void Print()                            //输出 XML 文档内容
{   string fpath = @"D:\C#程序\ch16\stud1.xml";
    XmlTextReader myreader = new XmlTextReader(fpath);
    textBox1.Text = "";
    int n = 1;
    while (myreader.Read())
    {   if (myreader.NodeType == XmlNodeType.Element)   //元素结点
        {   if (myreader.Name == "Table")
            {   textBox1.Text += "\r\n";
```

```
                    textBox1.Text += myreader.Name + n.ToString() + " ";
                    n++;
                }
                else
                {
                    textBox1.Text += myreader.Name + ":";
                    myreader.Read();                    //读下一个结点
                    if (myreader.NodeType == XmlNodeType.Text)
                        textBox1.Text += myreader.Value;
                }
            }
            myreader.Close();
        }
}
```

执行本窗体，单击"写入到 XML 文件并显示"命令按钮，其结果如图 16.13 所示。其中，文本框中的数据是从 stud1.xml 文件中提取的。

图 16.13　Form9 的执行结果

练 习 题 16

1. 单项选择题

（1）XML 是_____。

    A. 一种标准标记语言　　　　　　　　B. 一种扩展标记语言

    C. 一种超文本标记语言　　　　　　　D. 都不是

（2）以下关于 XML 的叙述错误的是_____。

    A. XML 是 HTML 的升级产品　　　　B. XML 文件中的结点区分大小写

    C. XML 结点是成对出现的　　　　　　D. XML 结点是可扩展的

（3）XML 文档操作类的命名空间是_____。

    A. System.Data　　　　　　　　　　B. System.Xml

    C. System.Data.Xml　　　　　　　　D. System.Xml.Data

（4）以下关于 XPath 的叙述错误的是_____。

    A. XPath 表达式是指符合 W3C XPath 2.0 建议的字符串表达式

    B. XPath 表达式用于在匹配 XML 文档结构树时能够准确地找到结点元素

    C. 可以将 XPath 比作文件管理路径

    D. 以上都不对

（5）在将 XML 文档转换成 DataSet 数据时需使用 DataSet 类的_____方法。

A. Open   B. Read   C. ReadXml   D. WriteXml

2. 问答题

（1）XML 文档和 HTML 文档有什么差别？

（2）简述 XmlDocument 类的功能。

（3）如何实现 DataSet 和 XML 文档的相互转换。

3. 编程题

（1）创建 Windows 应用程序项目 exci16，添加一个窗体 Form1，在 stud.xml 文档中查找学号为"6"的学生并显示，其执行界面如图 16.14 所示。

（2）在项目 exci16 中设计一个窗体 Form2，在 stud.xml 文档中查找所有"汉族"学生并显示，其执行界面如图 16.15 所示。

图 16.14　编程题(1)窗体的执行结果

图 16.15　编程题(2)窗体的执行结果

（3）在项目 exci16 中设计一个窗体 Form3，在 stud.xml 文档中统计"07001"班的所有学生人数并显示，其执行界面如图 16.16 所示。

（4）在项目 exci16 中设计一个窗体 Form4，在 stud.xml 文档中的最后一个学生之后添加一个学号为"10"的学生并显示该学生的数据，其执行界面如图 16.17 所示。

图 16.16　编程题(3)窗体的执行结果

图 16.17　编程题(4)窗体的执行结果

（5）在项目 exci16 中设计一个窗体 Form5，在 school 数据库中查询 score 表中所有的成绩数据，将结果保存到 stud1.xml 文档中，其执行界面如图 16.18 所示。

图 16.18　编程题(5)窗体的执行结果

4. 上机实验题

创建 Windows 应用程序项目 experment16,在其中添加一个窗体 Form1,完成以下功能:

(1) 从 school 数据库中查询所有学生的学号、姓名、课程名和分数,并以学号升序排序,另外查询所有学生的平均分,将这些结果保存到 stud1.xml 文档中。

(2) 从组合框中选择一个学生学号,单击"确定"命令按钮后在一个文本框中显示该学生的所有成绩记录和平均分。

例如,选择学号"6"后的结果如图 16.19 所示。

图 16.19　上机实验题窗体的执行结果

第 17 章

LINQ 技术

LINQ(Language-Integrated Query,语言集成查询)是从 . NET Framework 3.5 开始引入的一组功能。LINQ 提供了标准的、易于学习的查询和更新数据模式,大大提高了程序的数据处理能力和开发效率。本章介绍 LINQ 技术和基本的使用方法。

本章学习要点:

☑ 掌握 LINQ 的基本概念和特点。

☑ 掌握 LINQ to Objects 中各种子句的使用方法。

☑ 灵活使用 LINQ to Objects 实现各种较复杂的数据查询。

17.1 LINQ 概述

17.1.1 什么是 LINQ

LINQ 使程序员可以使用类似 SQL 的语言来操作多种数据源。例如,可以使用 C♯ 来查询 Access 数据库、ADO. NET 数据集、XML 文档以及任何实现 IEnumerable 接口或 IEnumerable<T>泛型接口的 . NET Framework 集合类。

LINQ 定义了一组可以在 . NET Framework 3.5 及以上版本中使用的通用标准查询运算符,使用这些标准查询运算符可以投影、筛选和遍历内存中的上述数据集中的数据。

LINQ 有几个优点,说明如下。

- 集成性:把查询语法集成到 C♯ 语言中,成为 C♯ 的一种语法;把以前复杂查询前的工作都集成封装起来,让开发人员侧重于查询。
- 统一性:对于支持的数据源使用统一的查询语法,使代码维护变得更加简单。
- 可扩展性:LINQ 提供了 LINQ provider model,可以为 LINQ 创建或提供 provider 让 LINQ 支持更多的数据源,例如 LINQ to JavaScript 和 LINQ to MySQL 等。
- 说明式编程:开发人员只要告诉程序做什么,程序自己判断怎么做,从而提高了开发速度。
- 抽象性:使用面向对象的方式抽象数据,LINQ 通过所谓的 O-R Mapping 方式把关系型转换成对象与对象方式描述数据。
- 可组成性:LINQ 可以把一个复杂的查询拆分成多个简单查询。LINQ 返回的结果都是基于 IEnumerable<T>接口,因此能对查询结果继续查询。
- 可转换性:LINQ 能把一种数据源的内容转换到其他数据源,方便用户做数据移植。

17.1.2 LINQ 提供程序

LINQ 提供程序将 LINQ 查询映射到要查询的数据源。在编写 LINQ 查询时,提供程序接受该查询并将其转换为数据源能够执行的命令。提供程序还将数据源中的数据转换为组成查询结果的对象。最后，当向数据源发送更新时，它能够将对象转换为数据。C♯包含以下LINQ 提供程序。

1. LINQ to Objects

使用 LINQ to Objects 提供程序可以查询内存中的集合和数组。如果对象支持IEnumerable 或 IEnumerable＜T＞接口，则可以使用 LINQ to Objects 提供程序对其进行查询。用户可以通过导入 System. Linq 命名空间来启用 LINQ to Objects 提供程序，在默认情况下为所有的 C♯项目导入该命名空间。

2. LINQ to DataSet

使用 LINQ to DataSet 提供程序可以查询和更新 ADO. NET 数据集中的数据，可以将LINQ 功能添加到使用数据集的应用程序中，以便简化和扩展对数据集中的数据进行查询、聚合和更新的功能。

3. LINQ to SQL

使用 LINQ to SQL 提供程序可以查询和修改 SQL Server 数据库中的数据，这样就可以轻松地将应用程序的对象模型映射到数据库中的表和对象。

C♯通过包含对象关系设计器(O/R 设计器)使 LINQ to SQL 更加易于使用，此设计器用于在应用程序中创建映射到数据库中的对象的对象模型。

说明：从. NET Framework 3.5 开始，LINQ to SQL 被 LINQ to Entities 替代，微软宣布不再提供 LINQ to SQL 更新，但它仍然被支持。

4. LINQ to Entities

在使用 LINQ to Entities 时，LINQ 查询在后台转换为 SQL 查询，并在需要数据的时候执行，即开始枚举结果的时候执行。LINQ to Entities 还为获取的所有数据提供变化追踪，也就是说，可以修改查询获得的对象，然后整批同时把更新提交到数据库。

5. LINQ to XML

使用 LINQ to XML 提供程序可以查询和修改 XML，既可以修改内存中的 XML，也可以从文件加载 XML 以及将 XML 保存到文件中。

本章通过 LINQ to Objects 技术介绍 LINQ 的使用方法。

17.2　使用 LINQ to Objects

LINQ to Objects 可以直接对任意 IEnumerable 或 IEnumerable＜T＞集合(可枚举的)使用 LINQ 查询，即使用 LINQ 来查询任何可枚举的集合，例如 List＜T＞或 Array 等。从根本上说，LINQ to Objects 是一种新的处理集合的方法。

17.2.1　LINQ 的基本操作

LINQ 查询通常称为"查询表达式"，它由标识查询数据源的查询子句和标识查询迭代变量的查询子句组合而成。查询表达式还可以包含对源数据进行排序、筛选、分组和连接的指令或要应用于源数据的计算。查询表达式语法类似于 SQL 的语法。

LINQ 查询分为 3 个基本阶段，即获取数据源、创建查询，然后执行查询。

1. 获取数据源

数据源是 LINQ 查询对象。例如，可以定义如下整型数组 numbers 作为数据源：

```
int [] numbers = new int[10]{1,2,3,4,5,6,7,8,9,10};
```

2. 创建查询

创建查询主要是定义查询表达式，查询表达式指定如何从数据源中检索信息，并对其排序、分组和结构化。创建查询的一般格式如下：

```
var 查询变量 = from … where … select … ;
```

其中，查询变量是一个匿名类型的变量，并使用查询表达式对其进行初始化。from 子句指定数据源，where 子句指定筛选条件，select 子句指定返回元素的类型。例如：

```
var numQuery =
    from num in numbers
    where (num % 2) == 0
    select num;
```

这里 numQuery 是一个匿名类型的查询变量，查询表达式是从 numbers 数据源中获取偶数元素。实际上，查询变量为可枚举类型 IEnumerable<T>，上述匿名类型声明也可以改为如下显式声明：

```
IEnumerable < int > numQuery =
    from num in numbers
    where (num % 2) == 0
    select num;
```

其中，IEnumerable<T> 的 T 类型应与 select 子句获取数据的类型相一致。查询表达式的注意事项如下：

- 子句必须按照一定的顺序出现。
- from 和 select 子句是必需的，select 子句在表达式最后。
- 其他子句是可选的。

3. 执行查询

在 LINQ 中，查询变量本身只是存储查询命令，创建查询仅仅声明查询变量，并不执行任何操作，也不返回任何数据，只有执行查询才会执行查询变量中声明的查询操作，并返回结果数据，这称为延迟执行。例如，以下语句执行前面声明的查询：

```
foreach (var x in numQuery)
    textBox1.Text += x.ToString() + " ";
```

其结果是在 textBox1 中显示"2 4 6 8 10"。它的执行过程是，foreach 循环一次，从 numQuery 中取出一个元素。迭代变量 num 保存了返回的序列中的每个值（一次保存一个值）。

17.2.2　LINQ 查询子句

1. from 子句

form 子句用来标识查询的数据源，以及用来分别引用数据源中每个元素的变量，这些变量称为迭代变量。from 子句的基本格式如下：

```
from [类型]迭代变量 in 数据源
```

其中，"类型"是可选的，如果不指定，则从"数据源"推断迭代变量的类型。在前面的例子中，num 是采用匿名类型隐式定义的，也可以显式地定义如下：

```
var numQuery =
     from int num in numbers
     where (num % 2) == 0
     select num;
```

【例 17.1】 创建 proj17-1 的 Windows 应用程序项目（存放在"D:\C # 程序\ch17"文件夹中），添加一个类文件 Class1.cs，包含如下类声明。

```
class Student                                //声明 Student 类
{   public int 学号;                          //定义公有字段
    public string 姓名;
    public string 性别;
    public string 民族;
    public string 班号;
    public Student(int xh, string xm, string xb, string mz, string bh)
    {   学号 = xh;
        姓名 = xm;
        性别 = xb;
        民族 = mz;
        班号 = bh;
    }
}
class Score                                  //声明 Score 类
{   public int 学号;                          //定义公有字段
    public string 课程名;
    public int 分数;
    public Score(int xh, string kcm, int fs)
    {   学号 = xh;
        课程名 = kcm;
        分数 = fs;
    }
};
```

设计一个窗体 Form1，定义两个 ArrayList 对象 arrList1 和 arrList2，分别建立表 15.1 和 15.2 所示的学生和成绩数据作为数据源，并采用 LINQ 查询 arrList1 中的数据。

解：设计 Form1 的界面，如图 17.1 所示，其中有一个多行文本框 textBox1 和两个命令按钮 button1、button2。

定义如下两个类字段：

```
ArrayList arrList1 = new ArrayList();         //定义学生动态数组
ArrayList arrList2 = new ArrayList();         //定义学生成绩动态数组
```

建立数据源的 Form1_Load 事件过程如下：

```
private void Form1_Load(object sender, EventArgs e)
{   Student [ ] st = {   new Student(1,"王华","女","汉族","07001"),
                         new Student(3,"李明","男","汉族","07001"),
                         new Student(8,"马棋","男","回族","07002"),
                         new Student(2,"孙丽","女","满族","07002"),
```

```
                    new Student(6,"张军","男","汉族","07001")};
    foreach(Student s in st)                     //向 arrList1 中添加 5 个学生记录
        arrList1.Add(s);
    Score [] sc = {   new Score(1,"C 语言",80),new Score(3,"C 语言",76),
                    new Score(6,"C 语言",90),new Score(2,"C 语言",70),
                    new Score(8,"C 语言",88),new Score(1,"数据结构",83),
                    new Score(3,"数据结构",70),new Score(6,"数据结构",92),
                    new Score(2,"数据结构",52),new Score(8,"数据结构",79)};
    foreach(Score c in sc)                       //向 arrList2 中添加 10 个学生成绩记录
        arrList2.Add(c);
}
```

设计 button1 的事件过程如下：

```
private void button1_Chick(object sender,EventArgs e)
{   var mydata = from Student st in arrList1 select st;
    textBox1.Text = "学号\t 姓名\t 性别\t 民族\t 班号\r\n";
    foreach(var x in mydata)
        textBox1.Text += x.学号.ToString() + "\t" + x.姓名 + "\t" + x.性别
            + "\t" + x.民族 + "\t" + x.班号 + "\r\n";
}
```

设计 button2 的事件过程如下：

```
private void button2_Click(object sender, EventArgs e)
{   var mydata = from Score sc in arrList2 select sc;
    textBox1.Text = "学号\t 课程名\t 分数\r\n";
    foreach (var x in mydata)
        textBox1.Text += x.学号.ToString() + "\t" + x.课程名 + "\t"
            + x.分数.ToString() + "\r\n";
}
```

其中，mydata 是查询变量，from 子句中的迭代变量 st 必须指定类型 Student，迭代变量 sc 必须指定类型 Score。启动本窗体，单击“显示学生记录”命令按钮，其结果如图 17.2 所示。

图 17.1　Form1 窗体的设计界面　　　图 17.2　Form1 窗体的执行界面

在一个查询表达式中可以使用多个 from 子句。例如：

```
List < string > phrases = new List < string >(){ "an apple", "the quick brown fox" };
var query = from phrase in phrases
                from word in phrase.Split(' ')
                select word;
foreach (string s in query)
    textBox1.Text += s + " ";                    //显示结果为"an apple the quick brown fox"
```

其中，phrases 数据源存放两个字符串的英文语句，迭代变量 phrase 从数据源中获取数据（即英文语句），迭代变量 words 从迭代变量 phrase 中获取每个英文语句的单词。

当第 1 次执行 foreach 循环时，phrases 为"an apple"，含两个单词，word 分别获取单词"an"和"apple"。所以第 1 次 for 循环中 s="an"，第 2 次 for 循环中 s="apple"。

当第 3 次执行 foreach 循环时，phrases 为"the quick brown fox"，含 4 个单词，word 分别获取这 4 个单词，通过第 3 次～第 6 次 foreach 循环分别取出。

从中可以看到，由于查询表达式中使用两个 from 子句，foreach 循环执行 6 次而不是两次，每次取出一个单词。如果将"select word"子句改为"select phrase"，foreach 循环仍然执行 6 次，前两次均为"an apple"，后 4 次均为"the quick brown fox"。

2. select 子句

在查询表达式中，select 子句可以指定将在执行查询时产生的值的类型。该子句的结果将基于前面所有子句的计算结果以及 select 子句本身中的所有表达式，查询表达式必须以 select 子句或 group 子句结束。

LINQ 查询返回的对象集合称为源系列，源系列是结构化的数据，通常由一个或多个元素构成，每个元素由一个或多个字段构成。通过 select 子句指定希望在源系列中出现的字段，也可以选择所有源系列字段的子集。选择源系列字段的子集有两种主要方法：

① 若只选择源系列字段的一个字段，可以使用点运算。

例如在例 17.1 中，若想单击 button1 命令按钮只显示学生姓名，只需将该事件过程改为：

```
private void button1_Click(object sender, EventArgs e)
{   var mydata = from Student st in arrList1 select st.姓名;
    textBox1.Text = "姓名\r\n";
    foreach (var x in mydata)
        textBox1.Text += x + "\r\n";              //直接用 x 获取姓名
}
```

② 若选择源系列的多个字段，需使用"select new {迭代变量.字段 1,迭代变量.字段 2,…}"的格式。

例如在例 17.1 中，若希望单击 button1 命令按钮显示学生学号、姓名和班号，只需将该事件过程改为：

```
private void button1_Click(object sender, EventArgs e)
{   var mydata = from Student st in arrList1 select new { st.学号,st.姓名,st.班号 };
    textBox1.Text = "学号\t 姓名\t 班号\r\n";
    foreach (var x in mydata)
        textBox1.Text += x.学号.ToString() + "\t" + x.姓名 + "\t" + x.班号 + "\r\n";
```

还可以为选择的源系列字段定义别名，其基本格式为"别名＝迭代变量.字段"。例如，上述代码与以下指定别名的代码等价：

```
private void button1_Click(object sender, EventArgs e)
{   var mydata = from Student st in arrList1 select new {f1 = st.学号,f2 = st.姓名,f3 = st.班号};
    textBox1.Text = "学号\t 姓名\t 班号\r\n";
    foreach (var x in mydata)
        textBox1.Text += x.f1.ToString() + "\t" + x.f2 + "\t" + x.f3 + "\r\n";
}
```

3. where 子句

where 子句指定查询的筛选条件。筛选指将结果集限制为只包含那些满足指定条件的元素的操作，它又称为选择。where 子句的基本格式如下：

where 条件表达式

其中，"条件表达式"是必选项，它确定是否在输出结果中包含源系列中当前项的值。该表达式的计算结果必须为布尔值，如果为 true，则在查询结果中包含该元素，否则从查询结果中排除该元素。一个查询表达式可以包含多个 where 子句，一个子句可以包含多个谓词子表达式。

在单一 where 子句中，可以使用 && 和 || 运算符根据需要指定任意多个谓词。where 子句可以包含一个或多个返回布尔值的方法。

例如，若定义以下方法：

```
private bool IsEven(int i)
{   return i % 2 = = 0; }
```

则 17.2.1 节中的 numQuery 查询变量可以等价地改为：

```
var numQuery =
    from int num in numbers
    where IsEven(num)
    select num;
```

【例 17.2】　设计一个窗体 Form2，以例 17.1 中的数据为基础，显示所有"男"学生的记录和"C 语言"的成绩记录。

解： 在 proj17-1 项目中添加一个 Form2 窗体，其中有一个多行文本框 textBox1 和两个命令按钮 button1、button2，其类字段和 Load 事件过程与 Form1 的相同。

设计两个命令按钮的事件过程如下：

```
private void button1_Click(object sender, EventArgs e)
{   var mydata = from Student st in arrList1 where st.性别 == "男" select st;
    textBox1.Text = "学号\t 姓名\t 性别\t 民族\t 班号\r\n";
    foreach (var x in mydata)
        textBox1.Text += x.学号.ToString() + "\t" + x.姓名 + "\t"
            + x.性别 + "\t" + x.民族 + "\t" + x.班号 + "\r\n";
}
private void button2_Click(object sender, EventArgs e)
{   var mydata = from Score sc in arrList2 where sc.课程名 == "C 语言" select sc;
    textBox1.Text = "学号\t 课程名\t 分数\r\n";
    foreach (var x in mydata)
        textBox1.Text += x.学号.ToString() + "\t" + x.课程名 + "\t"
            + x.分数.ToString() + "\r\n";
}
```

启动本窗体，单击"显示男学生记录"命令按钮，其结果如图 17.3 所示。单击"显示 C 语言成绩记录"命令按钮，其结果如图 17.4 所示。

图 17.3　Form2 窗体的执行结果一

图 17.4　Form2 窗体的执行结果二

4. let 子句

在查询表达式中,存储子表达式的结果有时很有用,这样可以在随后的子句中使用。用户可以使用 let 子句完成这一工作,该子句可以创建一个新的迭代变量,并且用提供的表达式的结果初始化该变量。一旦用值初始化了该迭代变量,它就不能用于存储其他值。但如果该迭代变量存储的是可查询的类型,则可以对其进行查询。let 子句的基本格式如下:

let 迭代变量 = 表达式

例如,在下面的代码中以两种方式使用了 let,第一次创建一个可以查询自身的可枚举类型的迭代变量 word,第二次使查询对迭代变量 word 调用一次 ToLower 方法,产生另一个迭代变量 w:

```
string[] strings = {"A penny saved is a penny earned.",
        "The early bird catches the worm.",
        "The pen is mightier than the sword."};
var earlyBirdQuery =
    from sentence in strings
    let words = sentence.Split(' ')
    from word in words
    let w = word.ToLower()
    where w[0] == 'a' || w[0] == 'e' || w[0] == 'i' || w[0] == 'o' || w[0] == 'u'
    select word;
foreach (var v in earlyBirdQuery)        //在文本框中显示"A is a earned. early is"
    textBox1.Text += v + "  ";
```

其中,查询变量 earlyBirdQuery 的数据来自 word 迭代变量,而不是 w 迭代变量。如果改为"select w",则 textBox1 中显示的结果为"a is a earned. early is"。

5. orderby 子句

在查询表达式中,orderby 子句可使返回序列或子序列(组)按升序或降序排序。用户可以指定多个键,以便执行一个或多个次要排序操作。排序是由针对元素类型的默认比较器执行的。默认排序顺序为升序,用户也可以指定自定义比较器。但是,只能通过基于方法的语法使用它。orderby 子句的基本格式如下:

orderby 排序表达式[ascending | descending]

其中,"排序表达式"是必选项,指出当前查询结果中的一个或多个字段,用于标识对返回值进行排序的方式。当有多个排序字段时,必须以逗号分隔。ascending 和 descending 关键字分别指定对字段进行升序或降序排序,如果未指定,则默认排序顺序为升序。排序字段的优先级从左到右依次降低。

【例 17.3】 设计一个窗体 Form3,以例 17.1 中的数据为基础,按学号升序显示所有学生记录,按课程名默认排序、同一课程名按分数降序显示所有成绩记录。

解:在 proj17-1 项目中添加一个 Form3 窗体,其中有一个多行文本框 textBox1 和两个命令按钮 button1、button2,其类字段和 Load 事件过程与 Form1 的相同。

设计两个命令按钮的事件过程如下:

```
private void button1_Click(object sender, EventArgs e)
{   var mydata = from Student st in arrList1 orderby st.学号 select st;
    textBox1.Text = "学号\t姓名\t性别\t民族\t班号\r\n";
```

```
        foreach (var x in mydata)
            textBox1.Text += x.学号.ToString() + "\t" + x.姓名 + "\t"
                + x.性别 + "\t" + x.民族 + "\t" + x.班号 + "\r\n";
    }
    private void button2_Click(object sender, EventArgs e)
    {   var mydata = from Score sc in arrList2 orderby sc.课程名,sc.分数 descending select sc;
        textBox1.Text = "学号\t 课程名\t 分数\r\n";
        foreach (var x in mydata)
            textBox1.Text += x.学号.ToString() + "\t" + x.课程名 + "\t"
                + x.分数.ToString() + "\r\n";
    }
```

　　启动本窗体,单击"显示学生记录"命令按钮,其结果如图 17.5 所示。单击"显示成绩记录"命令按钮,其结果如图 17.6 所示。

图 17.5　Form3 窗体的执行结果一

图 17.6　Form3 窗体的执行结果二

6. join 子句

　　join 子句接受两个数据源作为输入,每个数据源中的元素都必须是可以和另一个数据源中的元素进行比较的字段,进行这样比较的字段称为键(key)。join 子句使用特殊的 equals 关键字比较指定的键是否相等。join 子句执行的所有连接都是同等连接。join 子句的基本格式如下:

```
join 迭代变量 1 in 数据源 1 on key1 equals key2 [ … ]
```

　　其中,"key1 equals key2"用于标识要连接的键,必须使用 equals 运算符比较要连接的键,可以使用 C♯ 的逻辑运算符来标识多个键,可以组合连接条件。

　　【例 17.4】　设计一个窗体 Form3,以例 17.1 中的数据为基础,按学号升序显示所有学生记录,按课程名默认排序、同一课程名按分数降序显示所有成绩记录。

　　解:在 proj17-1 项目中添加一个 Form3 窗体,其中有一个多行文本框 textBox1 和一个命令按钮 button1,其类字段和 Load 事件过程与 Form1 的相同。

　　设计命令按钮的事件过程如下:

```
private void button1_Click(object sender, EventArgs e)
{   var mydata = from Student st in arrList1
                 join Score sc in arrList2 on st.学号 equals sc.学号
                 where st.班号 == "07001"
                 select new { st.学号,st.姓名,sc.课程名,sc.分数};
    textBox1.Text = "学号\t 姓名\t 课程名\t 分数\r\n";
    foreach (var x in mydata)
```

```
textBox1.Text += x.学号.ToString() + "\t" + x.姓名 + "\t"
        + x.课程名 + "\t" + x.分数.ToString() + "\r\n";
}
```

启动本窗体,单击"显示 07001 班学生成绩记录"命令按钮,其结果如图 17.7 所示。

7. group by 子句

group by 子句用于对查询结果的元素进行分组,分组操作基于一个或多个键。group by 子句的基本格式如下:

group 迭代变量 by 分组的键

在查询结果中每一个分组由一个被称为键的字段区分,每一个分组本身是可枚举类型。例如,以下代码对整型数组 numbers 中的整数按奇偶性分组:

```
int[] numbers = new int[10] { 1, 2, 3, 4, 5, 6, 7, 8, 9, 10 };
var numQuery =
    from num in numbers
    group num by (num % 2) == 0;
textBox1.Text = "";
foreach (var x in numQuery)
{   textBox1.Text += "\r\n" + (x.Key ? "偶数:" : "奇数:");
    foreach (var y in x)
        textBox1.Text += y.ToString() + " ";
}
```

其中,分组操作键值为(num ％2)＝＝0,系统用 key 表示,共分为 key＝false(奇数组)和 key＝true(偶数组)。查询结果不是对象集合,而是对象集合的集合,如图 17.8 所示。通过两重 foreach 循环获取所有的对象,外 foreach 循环遍历各个分组,内 foreach 循环遍历分组内的对象。执行上述代码在文本框 textBox1 中显示如下结果:

奇数:1 3 5 7 9
偶数:2 4 6 8 10

图 17.7　Form4 窗体的执行界面

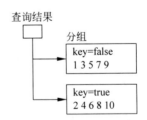

图 17.8　group by 子句返回对象集合的集合

【**例 17.5**】　设计一个窗体 Form5,以例 17.1 中的数据为基础,按班号分组显示所有学生记录,按课程名分组显示所有成绩记录。

解:在 proj17-1 项目中添加一个 Form5 窗体,其中有一个多行文本框 textBox1 和两个命令按钮 button1、button2,其类字段和 Load 事件过程与 Form1 的相同。

设计两个命令按钮的事件过程如下:

```
private void button1_Click(object sender, EventArgs e)
```

```
{   var mydata = from Student st in arrList1 group st by st.班号;
    textBox1.Text = "";
    foreach (var x in mydata)
    {   textBox1.Text += "班号: " + x.Key + "\r\n";
        textBox1.Text += "学号\t姓名\t性别\t民族\r\n";
        foreach (var y in x)
            textBox1.Text += y.学号.ToString() + "\t" + y.姓名 + "\t"
                + y.性别 + "\t" + y.民族 + "\r\n";
    }
}
private void button2_Click(object sender, EventArgs e)
{   var mydata = from Score sc in arrList2 group sc by sc.课程名;
    textBox1.Text = "";
    foreach (var x in mydata)
    {   textBox1.Text += "课程名: " + x.Key + "\r\n";
        textBox1.Text += "学号\t分数\r\n";
        foreach (var y in x)
            textBox1.Text += y.学号.ToString() + "\t" + y.分数.ToString() + "\r\n";
    }
}
```

　　启动本窗体,单击"显示学生记录"命令按钮,其结果如图 17.9 所示;单击"显示成绩记录"命令按钮,其结果如图 17.10 所示。

图 17.9　Form5 窗体的运行结果一

图 17.10　Form5 窗体的运行结果二

17.2.3　方法查询

1. 方法查询概述

　　在 LINQ 查询中大多数查询都是使用 LINQ 声明式查询语法,在编译时这些查询语法必须转换为 CLR 的方法调用。这些方法调用涉及标准查询运算符,例如 Where、Select、GroupBy、Join、Max 和 Average。用户可以直接调用这些方法来代替查询语法,在 LINQ 查询中使用方法来代替查询语法称为方法语法。

　　查询语法和方法语法的语义相同,但是查询语法更简单、更易于阅读。有些查询必须采用方法调用,例如必须使用方法调用来检索满足指定条件的元素个数或最大值。这些标准查询运算符包含在 System.Linq 命名空间中。

　　例如在声明了一个查询变量 numQuery 之后,在输入 numQuery. 时,智能感知会自动弹出可以使用的标准查询运算符,如图 17.11 所示。

实际上，查询变量属于 IEnumerable＜T＞类型变量，而 IEnumerable＜T＞类型提供了标准查询运算符的方法（称为 IEnumerable＜T＞接口的扩展方法），其中常用的标准查询运算符及其说明如表 17.1 所示。

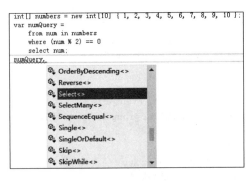

图 17.11　智能感知弹出的标准查询运算符

表 17.1　常用的标准查询运算符

运算符	说　　明
All	确定序列中的所有元素是否满足条件
Any	确定序列是否包含任何元素
Average	计算 Decimal 值序列的平均值，该值可通过调用输入序列的每个元素的转换函数获取
Count	返回序列中的元素数量
Distinct	通过使用默认的相等比较器对值进行比较，返回序列中的非重复元素
ElementAt	返回序列中指定索引处的元素
First	返回序列中的第一个元素
GroupBy	根据指定的键选择器函数对序列中的元素进行分组
Intersect	通过使用默认的相等比较器对值进行比较，生成两个序列的交集
Join	基于默认的相等比较器对两个序列的元素进行连接
Last	返回序列的最后一个元素
LongCount	返回一个 Int64 数表示序列中的元素的总数量
Max	返回泛型序列中的最大值
Min	返回泛型序列中的最小值
OrderBy	根据键按升序对序列的元素排序
Reverse	反转序列中元素的顺序
Select	将序列中的每个元素投影到新表中
SelectMany	将序列的每个元素投影到 IEnumerable＜T＞，并将结果序列合并为一个序列
Skip	跳过序列中指定数量的元素，然后返回剩余的元素
Sum	计算 Decimal 值序列的和，这些值是通过对输入序列中的每个元素调用转换函数得来的
Where	基于谓词筛选值序列

2. 标准查询运算符的参数类型

标准查询运算符的参数类型有两种，即 Lambda 表达式参数形式和使用委托参数形式。例如，以下事件过程采用 Lambda 表达式参数形式获取 numbers 中的偶数：

```
private void button1_Click(object sender, EventArgs e)
{   int[] numbers = new int[10] { 1, 2, 3, 4, 5, 6, 7, 8, 9, 10 };
    var numQuery = numbers.Where(num => num % 2 == 0).OrderBy(n => n);
```

```
        textBox1.Text = "";
        foreach (var x in numQuery)
            textBox1.Text += "\r\n" + x.ToString();
}
```

若使用委托参数形式,等价的代码如下:

```
private void button1_Click(object sender, EventArgs e)
{   Func < int, bool > mydel1 = new Func < int, bool >(wheremethod);
    // Func < int, bool >中的第一个参数表示输入类型为 int,第二个参数表示返回类型为 bool
    Func < int, int > mydel2 = new Func < int, int >(ordermethod);
    int[] numbers = new int[10] { 1, 2, 3, 4, 5, 6, 7, 8, 9, 10 };
    var numQuery = numbers.Where(mydel1).OrderBy(mydel2);
    textBox1.Text = "";
    foreach (var x in numQuery)
        textBox1.Text += "\r\n" + x.ToString();
}
private bool wheremethod(int num)
{   return num % 2 == 0; }
private int ordermethod(int n)
{   return n; }
```

3. into 子句

用户可以使用 into 上下文关键字创建一个临时标识符,以便将 group、join 或 select 子句的结果存储到新的标识符中。此标识符本身可以是附加查询命令的生成器。

例如,有以下代码:

```
int[] numbers = new int[10] { 1, 2, 3, 4, 5, 6, 7, 8, 9, 10 };
var numQuery =
        from num in numbers
        group num by (num % 2) == 0 into num1
        select new { f1 = num1.Key, f2 = num1.Count() };
textBox1.Text = "";
foreach (var x in numQuery)
    textBox1.Text += "\r\n" + (x.f1 ? "偶数:" : "奇数:") + x.f2.ToString();
```

迭代变量 num 从数据源 numbers 中获取所有元素,按奇、偶性分组,并将结果存放到临时标识符 num1 中;select 子句选取每个分组的键值和元素个数。在执行时文本框的显示结果为:

```
奇数:5
偶数:5
```

4. 聚合运算符

在标准查询运算符中有一部分是聚合运算符,例如 Sum 等。聚合运算符是从值集合计算单个值,而不是一系列结果,所以使用它们会强制立即执行查询,而不是延迟执行。

例如,以下代码使用聚合运算符求元素的个数和最大值等:

```
int[] numbers = new int[10] { 1, 2, 3, 4, 5, 6, 7, 8, 9, 10 };
var numQuery = from num in numbers
                where num > 3
                select num;
textBox1.Text = "个 数:" + numQuery.Count().ToString() + "\r\n";
```

```
textBox1.Text += "最大值: " + numQuery.Max().ToString() + "\r\n";
textBox1.Text += "最小值: " + numQuery.Min().ToString() + "\r\n";
textBox1.Text += "平均值: " + numQuery.Average().ToString() + "\r\n";
textBox1.Text += "总 和: " + numQuery.Sum().ToString() + "\r\n";
```

在文本框中显示结果如下：

```
个   数: 7
最大值: 10
最小值: 4
平均值: 7
总  和: 49
```

【例 17.6】 设计一个窗体 Form6，以例 17.1 中的数据为基础完成以下功能。

① 显示各课程最高分。

② 显示各课程平均分。

③ 显示所有班号。

解：在 proj17-1 项目中添加一个 Form6 窗体，其中有一个多行文本框 textBox1 和 3 个命令按钮 button1～button3，如图 17.12 所示，其类字段和 Load 事件过程与 Form1 的相同。设计 3 个命令按钮的事件过程如下：

```
private void button1_Click(object sender, EventArgs e)
{   var mydata = from Score sc in arrList2
                 group sc by sc.课程名 into fs
                 select new
                 {   f1 = fs.Key,
                     f2 = fs.Max(sc => sc.分数)
                 };
    textBox1.Text = "课程名\t最高分\r\n";
    foreach (var x in mydata)
        textBox1.Text += x.f1 + "\t" + x.f2.ToString() + "\r\n";
}
private void button2_Click(object sender, EventArgs e)
{   var mydata = from Score sc in arrList2
                 group sc by sc.课程名 into fs
                 select new
                 {   f1 = fs.Key,
                     f2 = fs.Average(sc => sc.分数)
                 };
    textBox1.Text = "课程名\t平均分\r\n";
    foreach (var x in mydata)
        textBox1.Text += x.f1 + "\t" + x.f2.ToString() + "\r\n";
}
private void button3_Click(object sender, EventArgs e)
{   var mydata = (from Student st in arrList1
                  select st.班号).Distinct();
    textBox1.Text = "班号\r\n";
    foreach (var x in mydata)
        textBox1.Text += x + "\r\n";
}
```

启动本窗体，单击"各课程最高分"命令按钮，其结果如图 17.13 所示。单击"各课程平均分"命令按钮，其结果如图 17.14 所示。单击"所有班号"命令按钮，其结果如图 17.15 所示。

图 17.12 Form6 窗体的设计界面

图 17.13 Form6 窗体的运行结果一

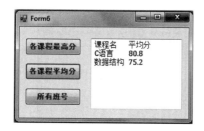

图 17.14 Form6 窗体的运行结果二

图 17.15 Form6 窗体的运行结果三

练 习 题 17

1. 单项选择题

(1) LINQ to Objects 提供程序的命名空间是_____。

　　A. System　　　　　B. System. IO　　　C. System. Linq　　　D. Linq

(2) 使用 LINQ 可以查询许多不同的数据源,但这些数据源不包括_____。

　　A. Access 数据库　　　　　　　　　B. SQL Server 数据库

　　C. 数组　　　　　　　　　　　　　D. List<T>集合

(3) LINQ 查询由多个子句构成,其中_____用于指定数据源。

　　A. from 子句　　　　B. where 子句　　　C. select 子句　　　D. orderby 子句

(4) LINQ 查询由多个子句构成,其中_____用于指定条件。

　　A. from 子句　　　　B. where 子句　　　C. select 子句　　　D. orderby 子句

(5) LINQ 查询由多个子句构成,其中_____用于选择字段。

　　A. from 子句　　　　B. where 子句　　　C. select 子句　　　D. orderby 子句

(6) LINQ 查询由多个子句构成,其中_____用于排序查询结果。

　　A. from 子句　　　　B. where 子句　　　C. select 子句　　　D. orderby 子句

(7) 在 LINQ 查询表达式中,group 子句的作用是_____。

　　A. 指定数据源　　　B. 对查询结果排序　　C. 数据连接　　　D. 数据分组

(8) 在 LINQ 查询表达式中,join 子句的作用是_____。

　　A. 指定数据源　　　B. 对查询结果排序　　C. 数据连接　　　D. 数据分组

2. 问答题

(1) LINQ 有什么优点?

(2) LINQ 查询语法和方法语法有什么异同?

（3）简述 LINQ 查询表达式中 from、select、where 子句的作用。

3. 编程题

（1）有以下分数数组：

```
int[] scores = new int[] {56,97,82,92,57,81,63,60,95,48};
```

创建 Windows 应用程序项目 exci17，添加一个窗体 Form1，在一个多行文本框中显示所有的不及格分数，如图 17.16 所示。

（2）在项目 exci17 中设计一个窗体 Form2，在一个多行文本框中显示所有的及格分数，并按降序排列，如图 17.17 所示。

图 17.16　编程题（1）窗体的执行结果　　图 17.17　编程题（2）窗体的执行结果

（3）在项目 exci17 中设计一个窗体 Form3，在一个文本框中显示分数大于等于 90 的人数，如图 17.18 所示。

（4）在项目 exci17 中设计一个窗体 Form4，在一个文本框中显示平均分，如图 17.19所示。

图 17.18　编程题（3）窗体的执行结果　　图 17.19　编程题（4）窗体的执行结果

4. 上机实验题

有以下学生类 Student 和相应的成绩数据：

```
class Student                                    //学生类
{   public int no { get; set; }                  //学号属性
    public string name { get; set; }             //姓名属性
    public List<int> scores;                     //成绩表
}
students = new List<Student>
{   new Student {no = 120, name = "Terry", scores = new List<int>{ 99, 81}},
    new Student {no = 116, name = "Fadi", scores = new List<int>{ 99, 86, 90, 94}},
    new Student {no = 117, name = "Hanying", scores = new List<int>{93, 92, 80, 87}},
    new Student {no = 114, name = "Cesar", scores = new List<int>{ 97, 89, 85, 82}},
    new Student {no = 115, name = "Debra", scores = new List<int>{ 35, 72, 91, 70}},
    new Student {no = 118, name = "Hugo", scores = new List<int>{ 92, 90, 83, 78}},
```

```
    new Student {no = 113, name = "Sven", scores = new List < int >{ 88, 94, 65, 91}},
    new Student {no = 112, name = "Claire", scores = new List < int >{75, 84}},
    new Student {no = 111, name = "Svetlana", scores = new List < int >{81, 60}},
    new Student {no = 119, name = "Lance", scores = new List < int >{ 68, 79}},
    new Student {no = 122, name = "Michael", scores = new List < int >{ 94}},
    new Student {no = 121, name = "Eugene", scores = new List < int >{ 96, 80, 91}}
};
```

创建 Windows 应用程序项目 experment17,在其中添加一个窗体 Form1,采用 LINW 查询完成以下功能:

(1) 求所有学生的平均分,并按学号升序排列,如图 17.20 所示。

(2) 求平均分大于 80 的所有学生及其平均分,并按学号升序排列,如图 17.21 所示。

(3) 求所有学生选修的课程数,并按选修课程数降序排列,如图 17.22 所示。

图 17.20　上机实验题窗体的执行结果一

图 17.21　上机实验题窗体的执行结果二

图 17.22　上机实验题窗体的执行结果三

第 18 章

Web 应用程序设计

ASP. NET 是. NET Framework 的组成部分,作为 Internet/Intranet 开发 Web 应用程序(网站)的新一代工具,ASP. NET 兼容. NET 公共语言执行库所支持的任何语言,包括 C♯、VB 等。本章将介绍 C♯创建动态 Web 应用程序的方法。

本章学习要点:
☑ 掌握 ASP. NET 的基本概念。
☑ 掌握开发 Web 应用程序的步骤。
☑ 掌握常用的 Web 服务器控件的使用方法。
☑ 使用 ASP. NET＋C♯开发较复杂的动态网站。

18.1 ASP. NET 概述

18.1.1 ASP. NET 的发展历程

ASP. NET 是作为. NET Framework 体系结构的一部分推出的。2000 年 ASP. NET 1.0 正式发布,2003 年 ASP. NET 升级为 1.1 版本,2005 年发布 ASP. NET 2.0,2008 年发布 ASP. NET 3.5,2010 年发布 ASP. NET 4.0,2012 年发布 ASP. NET 4.5。

ASP. NET 是一种建立在 CLR 上的编程框架,可用于在服务器上开发功能强大的 Web 应用程序。ASP. NET 4.5 不仅执行效率大幅度提高,还更好地实现了对代码的控制,具有高安全性、易管理性和高扩展性等特点。

18.1.2 ASP. NET 网页的组成

在 ASP. NET 网页中,用户的编程工作分为两个部分,即可视元素和逻辑。

可视元素由一个包含静态标记(例如 HTML 或 ASP. NET 服务器控件或两者)的文件组成。ASP. NET 网页用作要显示的静态文本和控件的容器。

ASP. NET 网页的逻辑由代码组成,这些代码由用户创建与页进行交互。代码可以驻留在页的 script 块中或者单独的类中。如果代码在单独的类文件中,则该文件称为"代码隐藏"文件。在本书中代码隐藏文件的代码使用 C♯语言编写,也可以使用 VB 等语言编写。

ASP. NET 网页编译为动态链接库(. dll)文件。使用者第一次浏览. aspx 网页时,ASP. NET 自动生成表示该网页的. NET 类文件,然后编译此文件。. dll 文件在服务器上执行,并动态生成网页的 HTML 输出。该执行过程是在服务器端执行的,使用者只在客户端接收最后生成的 HTML 输出,而不用考虑基于 Web 的应用程序中固有的客户端和服务器隔离的实现细节。

18.1.3 ASP. NET 网页的执行方式

ASP. NET 网页作为代码在服务器上执行。因此,要得到处理,网页必须配置为当使用者引发交互时提交到服务器。每次网页都会传回服务器,以便再次执行其服务器代码,然后向使用者呈现其自身的新版本。ASP. NET 网页的执行方式如图 18.1 所示。

只要使用者在该网页中操作,此循环就会继续。使用者每次单击按钮,网页中的信息就会发送到 Web 服务器中,然后该网页再次执行,每个循环称为一次"往返行程"。由于网页处理发生在 Web 服务器上,因此网页执行的每个操作需要一次到服务器的往返行程。ASP. NET 网页可以执行客户端脚本。客户端脚本不需要到服务器的往返行程,这对于使用者输入验证和某些类型的用户界面编程十分有用。

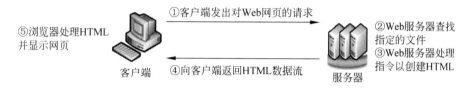

图 18.1 ASP. NET 网页的执行方式

18.1.4 ASP. NET 网页的代码编写模型

ASP. NET 提供两种代码编写模型,即单文件页模型和代码隐藏页模型。这两个模型功能相同,在两种模型中可以使用相同的控件和代码。

1. 单文件页模型

在单文件页模型中,页的标记及其编程代码位于同一个.aspx 文件中。编程代码位于script 块中,该块包含 runat="server"属性,此属性将其标记为 ASP. NET 应执行的代码。

2. 代码隐藏页模型

通过代码隐藏页模型可以在一个文件(.aspx)中保留标记,并在另一个文件中保留编程代码。代码文件的名称会根据所使用的编程语言有所变化。这种模型的优点是可以清楚地分隔标记(HTML 代码)和代码(程序代码),适用于包含大量代码或多个开发人员共同创建网站的Web 应用程序,以便于程序的维护和升级。

18.2 创建一个简单的 Web 应用程序

本节通过一个实例说明在 Visual Studio 2012 中如何创建 ASP. NET Web 应用程序。

【例 18.1】 创建一个 Web 窗体 WebForm1,根据用户输入的 Access 数据库名称(在网站主目录的 App_Data 文件夹中查找该数据库文件)连接到该数据库。

解:操作步骤如下。

① 启动 Visual Studio 2012,选择"文件|新建|网站"命令,打开"新建网站"对话框,选择"Visual C#"语言(默认值),在中间"已安装的模板"列表中选择"ASP. NET Web 窗体网站",在"Web 位置"下拉列表中选择"文件系统"(默认值),单击"浏览"按钮选择"D:\C# 程序\ch18"文件夹(存放网站的位置),如图 18.2 所示,这样将创建一个名称为 ch18 的 Web 项目。

说明:在"Web 位置"下拉列表中可以选择"文件系统"、"HTTP"或"FTP"。若选中"文件

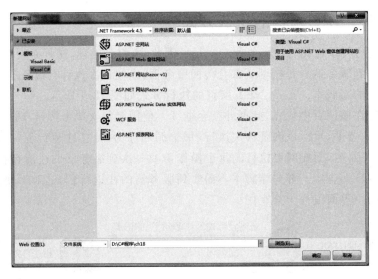

图 18.2 "新建网站"对话框

系统",则表示建立文件系统网站,此时可以在任何所需的文件夹中创建和编辑文件,其位置可以在本地计算机上或是在通过网络共享访问的另一台计算机上的文件夹中,无须在计算机上执行 IIS,但可以发布到一个 HTTP 网站。若选中"HTTP",表示创建从其他计算机访问的网站,必须具有管理员权限才能创建或调试 IIS 网站。若选中"FTP",则表示创建 FTP 服务器,可以依照 FTP 协议提供服务。

② 单击"确定"按钮,系统自动在指定的位置创建一个网站,包含一系列文件夹和文件,例如 App_Data 文件夹用于存放数据,这里可以将第 15 章的 school.accdb 文件复制到该文件夹中;并自动生成一个名称为 Default.aspx 的 Web 窗体文件(通常作为网站的主页),首先出现该 Web 窗体的代码窗口,如图 18.3 所示。

说明:若在图 18.2 中选择"ASP.NET 空网站"模板,则所创建的网站仅仅包含一个 Web.config 配置文件,不包含其他文件夹。本例网站的 URL 为 http://localhost:52985,其端口号 52985 是 Visual Studio 随机指定的。

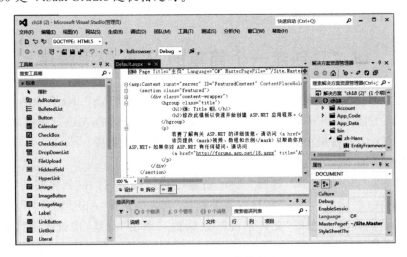

图 18.3 Default.aspx 的代码窗口

③ Default.aspx 网页是 Visula Studio 系统自动采用系统母版页创建的,看上去比较复杂,这里新建一个 Web 窗体 WebForm1。其步骤是选择"网站|添加新项"命令,出现如图 18.4 所示的对话框,选择中间列表的"Web 窗体"项,修改"名称"为"WebForm1.aspx",采用默认的"将代码放在单独的文件中",不选择右下方的"选择母版页"复选框,单击"添加"按钮。

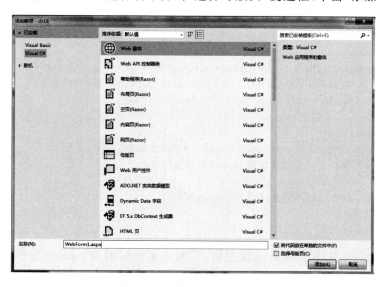

图 18.4 "添加新项"对话框

④ 进入 WebForm1 窗体的设计界面,单击中部下方的 **设计** 按钮,切换到 Web 窗体设计模式,从工具箱中拖动两个标签控件(默认名称为 Label1 和 Label2,在 Web 程序设计中控件名默认以大写字母开头)和一个文本框控件(默认名称为 TextBox1)到该 Web 窗体上,再拖动一个 Button 控件(默认名称为 Button1)到该 Web 窗体上,将这些控件的宽度分别拉到适当的尺寸。

右击上方的 Label1 控件,从弹出的快捷菜单中选择"属性"命令,在属性窗口中单击 Font 属性,其下方会出现 Size(字体大小)属性,将其设置为 Small,将 Name 改为"楷体"、Bold 改为 True,将 ForeColor 改为 Blue,再将 Text 改为"数据库名称:"。采用同样的方式更改 Label2 控件和 Button1 控件的字体和颜色属性。该 Web 窗体的设计界面如图 18.5 所示。

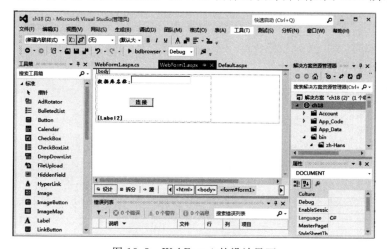

图 18.5 WebForm1 的设计界面

⑤ 在 Web 窗体设计模式中双击 Button1 控件，出现代码编辑窗口，在引用部分添加以下语句：

```
using System.Data.OleDb;
```

设计该命令按钮的单击事件过程如下：

```
protected void Button1_Click(object sender, EventArgs e)
{   string mystr;
    OleDbConnection myconn = new OleDbConnection();
    mystr = @"Provider = Microsoft.ACE.OLEDB.12.0;Data Source = " +
        Server.MapPath("App_Data") + "\\" + TextBox1.Text;
    myconn.ConnectionString = mystr;
    myconn.Open();
    if (myconn.State == System.Data.ConnectionState.Open)
        Label2.Text = "成功连接到 Access 数据库";
    else
        Label2.Text = "不能连接到 Access 数据库";
    myconn.Close();
}
```

上述代码就是该 Web 窗体的编程逻辑，它和前面介绍的 Windows 窗体代码十分相似。这样就将可视元素和编程逻辑两部分分开了，下面程序员的主要工作就是设计这类编程逻辑代码。

在上述代码中，Server 是服务器类，其 MapPath 方法返回其参数文件的实际物理路径。例如，这里的 Server.MapPath("App_Data") 返回 "D:\C# 程序\ch18\App_Data" 位置。

⑥ 该窗体设计完成后，单击中部下方的 ◆▶ 源 按钮可以看到上述设计对应的源代码，其源代码窗口如图 18.6 所示。如果想同时看到设计部分和源代码，可以单击中部下方的 ▤ 拆分 按钮。

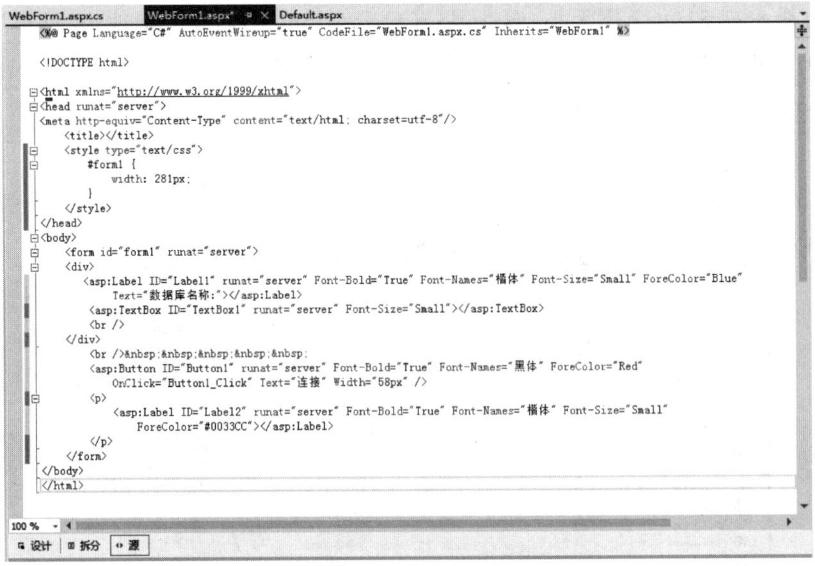

图 18.6　WebForm1 的源代码窗口

⑦ 单击工具栏中的 ▶ bdbrowser（如果计算机设置百度浏览器为默认浏览器）按钮或 ▶ Internet Explorer（如果计算机设置了 IE 为默认浏览器）按钮（或按 F5 键）执行 Web 窗体。第一次执行时将有提示对话框出现，其界面如图 18.7 所示，选中修改项（默设值），表示以调试方法执行 Web 窗体。然后单击"确定"按钮，出现如图 18.8 所示的浏览器界面，在文本框中输入 school.accdb，单击"连接"按钮，其执行界面如图 18.9 所示，表示连接成功。

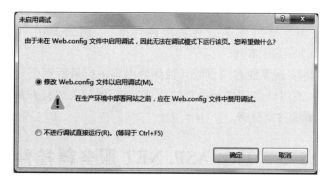

图 18.7　"未启用调试"对话框

图 18.8　WebForm1 窗体的执行界面一　　　图 18.9　WebForm1 窗体的执行界面二

⑧ 关闭该网页后，在"解决方案资源管理器"中会出现 Web.config 文件，它是网站配置文件，双击打开，可以看到其中的一行已改为如下：

```
<compilation debug = "true"/>
```

⑨ 再次启动浏览器，输入地址"http://localhost:52985/WebForm1.aspx"，按回车键后同样会执行该网页。

在上述网页的可视代码中，第 1 行是 ASP.NET 页面指令。ASP.NET 页面支持多个页面指令，其中@Page 用于定义 ASP.NET 页分析器和编译器使用的页特定（.aspx 文件）属性。例如：

```
<% @ Page Language = "C#" AutoEventWireup = "true" CodeFile = "WebForm1.aspx.cs"
Inherits = "WebForm1" %>
```

以上代码表示使用的语言为 C#，自动绑定页的事件，代码隐藏类文件为 WebForm1-1.aspx.cs，对应的类为 WebForm1-1。也就是说，WebForm1-1 网页由 WebForm1-1.aspx 和 WebForm1-1.aspx.cs 两部分组成，前者包含该网页的 HTML 部分，后者包含该网页的源代码部分。

在 ASP. NET 网页生命周期的每个阶段中，网页将引发相应的事件过程。常用的网页生命周期事件如下。

① Page_PreInit：通过检查 IsPostBack 属性来确定是不是第一次处理该网页，创建或重新创建动态控件等。

② Page_Init：读取或初始化控件属性。

③ Page_Load：读取和更新控件属性。

④ 控件事件：使用这些事件来处理特定控件事件，例如 Button 控件的 Click 事件、TextBox 控件的 TextChanged 事件。

⑤ Page_PreRender：该事件对网页或其控件的内容进行最后更改。

⑥ Page_Unload：使用该事件执行最后的清理工作，例如关闭打开的文件和数据库连接，完成日志记录或其他请求特定任务。

18.3　基本 ASP. NET 服务器控件

在上一节的示例中使用了标记、文本框和命令按钮控件，这些都是 Web 控件。本节介绍 ASP. NET 中的 Web 窗体中使用的一些基本控件。所有的 Web 窗体控件都有 ID 属性，用于唯一标识该控件，另外各个控件都有自己的属性。

18.3.1　服务器控件概述

1. 什么是服务器控件

ASP. NET 提供了多种服务器控件。服务器控件是指在服务器上执行程序逻辑的组件。这些组件可能生成一定的用户界面，也可能不包括用户界面。每个服务器控件都包含一些属性、事件和方法等。

通常情况下，服务器控件都包含在 ASP. NET 网页中。当执行网页时，. NET 执行引擎将根据控件对象和程序逻辑完成一定的功能。例如在客户端呈现用户界面，这时用户可与控件发生交互行为，当网页被用户提交时，控件可在服务器端引发事件，并由服务器端根据相关事件处理程序进行事件处理。服务器控件是 Web 窗体编程模型的重要元素，它们构成了一个新的基于控件的表单程序的基础。通过这种方式可以简化 Web 应用程序的开发，从而提高应用程序的开发效率。

服务器控件根据定义方式可分为 HTML 服务器控件、Web 标准服务器控件和自定义服务器控件：

① HTML 服务器控件：这类服务器控件在命名空间 Sytsem.Web.UI.HtmlControls 中定义。它们由普通的 HTML 控件转换而来，其呈现输出基本上和普通 HTML 控件一样。

② Web 标准服务器控件：这类服务器控件在命名空间 Sytsem.Web.UI.WebControls 中定义。所谓"标准"是指这些服务器控件内置于 ASP. NET 框架中，是预先定义的。它们比 HTML 服务器控件的功能更丰富。

③ 自定义服务器控件：这类服务器控件在命名空间 Syatem.Web.UI.Control 或 Syatem.Web.UI.WebControls 中定义，它们由开发人员自行开发。

2. 服务器控件的属性、方法和事件

所有的服务器控件都继承自 Control 类（Control 类在 System.Web.UI 命名空间中定义）。

实际上 Control 类代表了服务器控件应该有的最小的功能集合,下面列出服务器控件共有的一些属性、方法和事件。服务器控件的属性主要用来设置控件的外观,如颜色、大小、字体等。服务器控件共有的常用属性如表 18.1 所示。

表 18.1　服务器控件共有的常用属性

常用属性	说　　明
ID	控件标识
Font-Bold	字体是否为粗体
Font-Italic	字体是否为斜体
Font-Name	字体名
Font-Size	字体大小
Text	控件上显示的文本
Visible	控件是否显示
BackColor	控件的背景色
ForeColor	控件的前景色

服务器控件的方法主要用来完成某些特定的任务,如获取控件的类型、使服务器控件获得集点等。服务器控件共有的常用方法如表 18.2 所示。服务器控件的事件在服务器进行到某个时刻引发从而完成某些任务。服务器控件共有的常用事件如表 18.3 所示。

表 18.2　服务器控件共有的常用方法

常用方法	说　　明
DataBind	完成数据绑定
Focus	获得焦点
GetType	获取当前实例的类型

表 18.3　服务器控件共有的常用事件

常用事件	说　　明
DataBinding	当一个控件上的 DataBind 方法被调用并且该控件被绑定到一个数据源时引发该事件
Init	控件被初始化时引发该事件
Load	控件被装入网页时引发该事件,在 Init 后引发
Unload	从内存中卸载时引发该事件

3. 服务器控件的相关操作

下面主要介绍如何向网页中添加服务器控件和删除服务器控件。

(1)向网页中添加服务器控件

ASP.NET 的强大功能和便捷离不开工具箱中控件的支持,开发人员可以通过以下 3 种方法添加服务器控件。

① 双击实现添加控件:在 Web 网页上,把光标停留在要添加控件的位置。在工具箱中找到想要添加的服务器控件后双击,服务器控件就会呈现在 Web 网页上光标停留的位置。

② 拖曳实现添加控件:在工具箱中找到想要添加的控件,然后拖曳到 Web 页想要添加控件的位置。

③ 使用代码添加控件:用户还可以通过添加代码实现添加控件,可以在 HTML 视图下想要添加控件的位置输入相应控件的代码。例如,添加一个文本输入框的代码如下。

```
<asp:TextBox id = "TextBox1" runat = "server"></asp.TextBox>
```

（2）删除网页中的服务器控件

删除网页中的控件有两种方法，一种方法是选中该控件，按键盘上的 Delete 键；另一种方法是选择该控件并右击，在弹出的快捷菜单中选择"删除"命令。

18.3.2　Label、Button 和 TextBox 控件

从本节开始介绍一些常用的 Web 标准服务器控件，这里介绍 Label、Button 和 TextBox 服务器控件。

① Label 服务器控件（其在工具箱的"标准"选项卡中的图标为 **A Label**）提供了一种以编程方式设置 Web 窗体页中文本的方法，这些文本在网页上是静态的，用户无法编辑，用户还可以将 Label 控件的 Text 属性绑定到数据源，以在网页上显示数据库信息。

② Button 服务器控件（其在工具箱的"标准"选项卡中的图标为 **ab Button**）通过用户操作完成特定工作和事务逻辑，其常用的事件有 Click（在单击 Button 控件时引发）。

③ TextBox 服务器控件（其在工具箱的"标准"选项卡中的图标为 **abl TextBox**）为用户提供了一种向 Web 窗体输入信息（包括文本、数字和日期）的方法。通过对 TextBox 的 TextMode 属性进行设置可以得到不同的 TextBox 类型，如表 18.4 所示。另外，当用户更改 TextBox 的文本时引发 TextChanged 事件。

表 18.4　TextBox 的 TextMode 属性的常见值

TextMode 值	含义	说　　明
SingleLine	单行	用户只能在一行中输入信息，还可以选择限制控件接受的字符数
MultiLine	多行	用户在显示多行并允许文本换行的框中输入信息
Password	密码	与单行 TextBox 控件类似，但用户输入的字符将用星号（＊）屏蔽，以隐藏这些信息

18.3.3　DropDownList 控件

DropDownList（下拉列表框）服务器控件（其在工具箱的"标准"选项卡中的图标为 **DropDownList**）允许用户从预定义列表中选择某一项，其项列表在用户单击下拉列表以前一直保持隐藏状态。DropDownList 控件的其他常用属性如表 18.5 所示。

表 18.5　DropDownList 控件的其他常用属性

属　　性	说　　明
DataMember	当数据源包含多个不同的数据项列表时，获取或设置数据绑定控件绑定到的数据列表的名称
DataSource	获取或设置对象，数据绑定控件从该对象中检索其数据项列表
DataTextField	获取或设置为列表项提供文本内容的数据源字段
DataValueField	获取或设置为各列表项提供值的数据源字段
Items	获取列表控件项的集合
SelectedIndex	获取或设置 DropDownList 控件中的选定项的索引
SelectedItem	获取列表控件中索引最小的选定项
SelectedValue	获取列表控件中选定项的值，或选择列表控件中包含指定值的项

DropDownList 控件的 Items 属性是一个项集合,它的常用属性和方法分别如表 18.6 和图 18.7 所示,而 Items 集合中的每个项又是一个 Item 对象,Item 对象的常用属性如表 18.8 所示。

表 18.6　Items 集合的常用属性及其说明

Items 集合的属性	说　明
Count	Items 集合中项的个数
Item	检索 Items 集合中指定索引处的项

表 18.7　Items 集合的常用方法及其说明

Items 集合的方法	说　明
Add	向 Items 集合中添加一个项
AddRange	向 Items 集合中添加一个项的数组
Clear	移除 Items 集合中的所有项
Contains	确定指定项是否在 Items 集合中
Insert	将一个项插入到 Items 集合中指定的索引处
IndexOf	检索指定的项在 Items 集合中的索引
Remove	从 Items 集合中移除指定的项
RemoveAt	移除 Items 集合中指定索引处的项

表 18.8　DropDownList 控件中项的属性

属　　性	说　明
Text	列表中显示的文本
Value	与某个项关联的值,设置此属性可将该值与特定的项关联而不显示该值。例如,可以将 Text 属性设置为某个学生的姓名,而将 Value 属性设置为该学生的学号
Selected	布尔值,指示该项是否被选定

【**例 18.2**】　设计一个 Web 窗体 WebForm2,当用户从下拉列表中选择学生姓名和班号时,程序将用户选择的学生姓名和班号显示出来。

解：具体步骤如下。

①　在 ch18 的 Web 项目中添加一个名称为 WebForm2 的 Web 网页。

②　设计 WebForm2 的网页,添加 3 个 Label 控件(其中 Label1 的 Text 为"姓名",Label2 的 Text 为"班号")、两个 DropDownList 控件(从上到下分别为 DropDownList1 和 DropDownList2)和一个 Button 控件(其 Text 为"班号"),并适当调整位置,如图 18.10 所示。

③　在该窗体上设计如下代码：

```
using System
using System.Web;
using System.Data.OleDb;                        //新增引用
public partial class WebForm2 : System.Web.UI.Page
{   protected void Page_Init(object sender, EventArgs e)
    {   string mystr;
        OleDbConnection myconn = new OleDbConnection();
        mystr = @"Provider = Microsoft.ACE.OLEDB.12.0;Data Source = " +
            Server.MapPath("App_Data") + "\\school.accdb";
        myconn.ConnectionString = mystr;
        OleDbCommand mycmd = new OleDbCommand("SELECT 姓名 FROM student", myconn);
        myconn.Open();
```

```
        OleDbDataReader myreader = mycmd.ExecuteReader();
        DropDownList1.DataSource = myreader;
        DropDownList1.DataTextField = "姓名";
        DropDownList1.DataBind();                    //上面的绑定在调用该方法时才执行
        OleDbCommand mycmd1 = new OleDbCommand("SELECT distinct 班号 " +
            "FROM student", myconn);
        OleDbDataReader myreader1 = mycmd1.ExecuteReader();
        DropDownList2.DataSource = myreader1;
        DropDownList2.DataTextField = "班号";
        DropDownList2.DataBind();                    //上面的绑定在调用该方法时才执行
        myreader.Close();
        myreader1.Close();
        myconn.Close();
        Label3.Text = "";
    }
    protected void Button1_Click(object sender, EventArgs e)
    {   Label3.Text = "学生'" + DropDownList1.Text + "'属于'" +
            DropDownList2.SelectedValue + "'班";
    }
}
```

④ 执行本窗体，在"姓名"下拉列表框中选择"马棋"，在"班号"下拉列表框中选择 "07002"，单击"提交"命令按钮，其结果如图 18.11 所示。

图 18.10　WebForm2 的设计界面

图 18.11　WebForm2 的执行界面

18.3.4　CheckBox、CheckBoxList、RadioButton 和 RadioButtonList 控件

CheckBox（复选框，其在工具箱的"标准"选项卡中的图标为 ☑ CheckBox ）和 CheckBoxList（复选框组，其在工具箱的"标准"选项卡中的图标为 ☷ CheckBoxList ）服务器控件 为用户提供了一种在真/假、是/否或开/关选项之间切换的方法。前者包含一个复选框，后者 由一组复选框组成。

CheckBox 控件的常用属性如表 18.9 所示。CheckBoxList 控件的常用属性如表 18.10 所示。 其中 Items 属性是 CheckBox 对象的集合，Items 的属性和方法与表 18.6 和表 18.7 类似。

表 18.9　CheckBox 控件的常用属性及其说明

属　性	说　明
Checked	获取或设置一个值，该值指示是否已选中 CheckBox 控件
TextAlign	获取或设置与 CheckBox 控件关联的文本标记的对齐方式

表 18.10　CheckBoxList 控件的常用属性及其说明

属　　　性	说　　　明
DataMember	获取或设置数据绑定控件绑定到的数据列的名称
DataSource	获取或设置对象,数据绑定控件从该对象中检索其数据项列表
DataTextField	获取或设置为列表项提供文本内容的数据源字段
DataValueField	获取或设置为各列表项提供值的数据源字段
Items	获取列表控件项的集合
SelectedIndex	获取或设置列表中选定项的最低序号索引
SelectedItem	获取列表控件中索引最小的选定项
SelectedValue	获取列表控件中选定项的值,或选择列表控件中包含指定值的项

RadioButton(单选按钮,其在工具箱的"标准"选项卡中的图标为 ◉ RadioButton)和 RadioButtonList(单选按钮组,其在工具箱的"标准"选项卡中的图标为 ⦂≣ RadioButtonList)服务器控件允许用户从一个预定义的选项中选择一项。它们之间的关系与 CheckBox/CheckBoxList 类似,这里不多介绍。

【例 18.3】　设计一个 Web 窗体 WebForm3,用户可以选择学生的相关信息并提交。

解:具体步骤如下。

① 在 ch18 的 Web 项目中添加一个名称为 WebForm3 的 Web 网页。

② 设计 WebForm3 的网页,选择"表|插入表"命令,在网页中插入一个 5 行 2 列的表。

选中第 1 行的两列,然后右击,在弹出的快捷菜单中选择"修改|合并单元格"命令,将两个列合并,并在其中添加两个 RadioButton 控件(其中 RadioButton1 的 Text 为"男",RadioButton2 的 Text 为"女")。

在第 2 行的第 1 列中放入一个 RadioButtonList 控件 RadioButtonList1(在其属性窗口中单击 Items 属性进入"ListItem 集合编辑器"对话框,设置它的各项如图 18.12 所示);在第 2 行的第 2 列中放入一个 CheckButtonList 控件 CheckButtonList1(在其属性窗口中单击 Items 属性进入"ListItem 集合编辑器"对话框,设置它的各项如图 18.13 所示)。

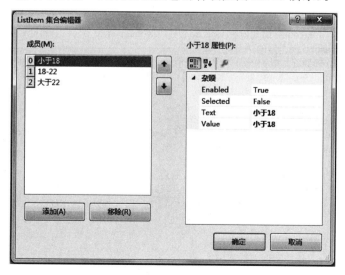

图 18.12　设置 RadioButtonList 控件的项

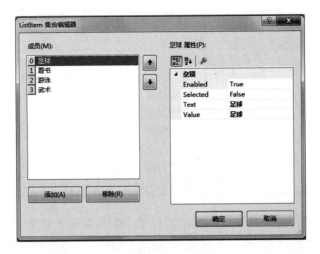

图 18.13　设置 CheckButtonList 控件的项

合并第 3 行的两列,在其中放入一个 CheckBox 控件 CheckBox1(其 Text 属性改为"是否三好生")。

合并第 4 行的两列,在其中放入一个 Button 控件 Button1(其 Text 属性改为"提交",前景色设置为红色)。

合并第 5 行的两列,在其中放入一个 Label 控件 Label1(其 Text 属性改为空)。

将所有控件的字体大小改为 Small,并设置相应的字体和前景色,最后设计的窗体界面如图 18.14 所示。

③ 在该窗体上设计以下代码:

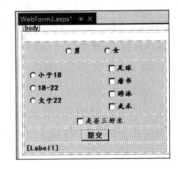

图 18.14　WebForm3 的设计界面

```csharp
using System;
using System.Web;
public partial class WebForm3 : System.Web.UI.Page
{   protected void Page_Init(object sender, EventArgs e)
    {   RadioButton1.Checked = true; }
    protected void Button1_Click(object sender, EventArgs e)
    {   string result = "你的选择:<br>";
        if (RadioButton1.Checked)                    //判断性别
            result += "   性别:男<br>";    //<br>为屏幕换行
        else
            result += "   性别:女<br>";
        if (RadioButtonList1.SelectedItem != null)    //判断年龄
            result += "   年龄:" + RadioButtonList1.SelectedItem.Text + "<br>";
        if (CheckBoxList1.SelectedIndex > -1)          //读取爱好信息
        {   result += "   爱好:";
            for (int i = 0; i <= CheckBoxList1.Items.Count - 1; i++)
                if (CheckBoxList1.Items[i].Selected)
                    result += CheckBoxList1.Items[i].Text + " ";
            result += "<br>";
        }
        if (CheckBox1.Checked)                          //是否为三好生
            result += "   该生是三好生";
        Label1.Text = result;
    }
}
```

④ 执行本窗体,选择一些项后单击"提交"命令按钮,其结果如图 18.15 所示。

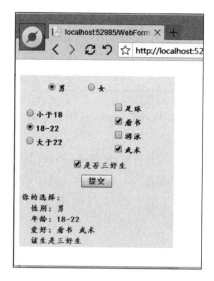

图 18.15 WebForm3 的执行界面

18.3.5 数据验证控件

在 ASP. NET 中提供了以下 6 种数据验证控件(它们位于工具箱的"验证"部分,可以拖放到 Web 窗体上)。

① RequiredFieldValidator:又称非空验证控件(其在工具箱的"验证"选项卡中的图标为 ![RequiredFieldValidator]),用于确保用户在 Web 窗体页上输入数据时不会跳过必填字段。也就是说,检查被验证控件的输入是否为空,如果为空,则在网页中显示提示信息。

② CompareValidator:又称比较验证控件(其在工具箱的"验证"选项卡中的图标为 ![CompareValidator]),用于将用户的输入与常数值(由 ValueToCompare 属性指定)、另一个控件(由 ControlToCompare 属性指定)的属性值进行比较,若不相同,则在网页中显示提示信息。

③ RangeValidator:又称范围验证控件(其在工具箱的"验证"选项卡中的图标为 ![RangeValidator]),用于确保用户输入的值在指定的上、下限范围之内,当输入不在验证的范围内时,则在网页中显示提示信息。

④ RegularExpressionValidator:又称正则表达式验证控件(其在工具箱的"验证"选项卡中的图标为 ![RegularExpressionValidator]),用于确保用户输入信息匹配的正则表达式指定的模式(由 ValidationExpression 属性指定)。例如,要验证用户输入的是否为 E-mail 地址,只要使用 E-mail 的正则表达式来验证用户输入即可,若不符合,则在网页中显示提示信息。

⑤ CustomValidator:又称自定义验证控件(其在工具箱的"验证"选项卡中的图标为 ![CustomValidator]),用于确保用户输入的内容符合自己创建的验证逻辑。

⑥ ValidationSummary:又称错误总结控件(其在工具箱的"验证"选项卡中的图标为 ![ValidationSummary]),用于提供一个集中显示验证错误信息的地方,将本网页中的所有验证控件错误信息组织好并一同显示出来。

其中常用的为前 5 种控件,最后一个主要用于集中显示信息。对于前 5 种控件而言,它们具备一些相同且重要的属性,这些属性以及含义如表 18.11 所示。

表 18.11 验证控件的重要属性

属　　性	意　　义
ControlToValidate	正在验证的控件的 ID
ErrorMessage	验证失败时要显示的错误的文本

【例 18.4】 设计一个 Web 窗体 WebForm4,说明数据验证控件的使用方法。

解: 具体步骤如下。

① 在 ch18 的 Web 项目中添加一个名称为 WebForm4 的 Web 网页。

② 设计 WebForm4 网页的界面如图 18.16 所示。其中有一个 6 行 3 列的表,在它前 4 行的第 1 列中输入文本,如"姓名"等,在它前 4 行的第 2 列中均添加一个文本框,分别为 TextBox1~TextBox4,另有一个命令按钮 Button1 和一个标记 Label1,它们的属性如表 18.12 所示。

图 18.16 WebForm4 的设计界面

然后在 WebForm4 窗体中添加两个 RequiredFieldValidator 控件、一个 CompareValidator 控件和一个 RegularExpressionValidator 控件(表的前 4 行第 3 列放置这些控件),其属性设置如表 18.13 所示。

表 18.12 控件属性

ID 属性	Text 属性	其他属性
TextBox1	空	
TextBox2	空	TextMode：Password
TextBox3	空	TextMode：Password
TextBox4	空	
Button1	提交	
Label1	空	

表 18.13 验证控件属性

ID 属性	ControlToValidate	ErrorMessage	其 他 属 性
RequiredFieldValidator1	TextBox1	姓名必须填写	
RequiredFieldValidator2	TextBox2	密码必须填写	
CompareValidator1	TextBox3	两次密码不匹配	ControlToCompare：TextBox2
RegularExpressionValidator1	TextBox4	邮箱格式错误	ValidationExpression：Internet 电子邮件地址

③ 在该窗体上设计以下代码:

```csharp
using System;
using System.Web;
public partial class WebForm4 : System.Web.UI.Page
{   protected void Page_Init(object sender, EventArgs e)
    {   Label1.Text = ""; }
    protected void Button1_Click(object sender, EventArgs e)
    {   if (Page.IsValid) //用户输入均有效
        {   Label1.Text += TextBox1.Text + " ";
            Label1.Text += "的密码为:" + TextBox2.Text + " ";
            Label1.Text += "邮箱为:" + TextBox4.Text;
        }
    }
}
```

④ 执行本窗体,在输入时若两次输入密码不对,其结果如图 18.17 所示。若邮箱输入不对,其结果如图 18.18 所示。若输入均正确,单击"提交"命令按钮,其结果如图 18.19 所示。

图 18.17 WebForm4 的执行界面一   图 18.18 WebForm4 的执行界面二

图 18.19 WebForm4 的执行界面三

18.3.6 链接控件

在 ASP. NET 中,链接控件主要有 LinkButton、ImageButton 和 HyperLink 控件。

① LinkButton:又称链接按钮控件(其在工具箱的"标准"选项卡中的图标为 `LinkButton`),该控件在功能上与 Button 控件相似,但 LinkButton 控件以超链接的形式显示。

② ImageButton:又称图像按钮控件(其在工具箱的"标准"选项卡中的图标为 `ImageButton`),用于显示图像,在功能上与 Button 控件相同。

③ HyperLink:又称超链接控件(其在工具箱的"标准"选项卡中的图标为 `HyperLink`),其在功能上与 HTML 的"<a href="">"相似。

LinkButton、ImageButton 和 HyperLink 控件的常用属性分别如表 18.14～表 18.16 所示。

表 18.14 LinkButton 控件的常用属性及其说明

属　　性	说　　明
CausesValidation	获取或设置一个值,该值指示在单击 LinkButton 控件时是否执行验证
OnClientClick	获取或设置在引发某个 LinkButton 控件的 Click 事件时所执行的客户端脚本
PostBackUrl	获取或设置单击 LinkButton 控件时从当前页发送到的网页的 URL

表 18.15 ImageButton 控件的常用属性及其说明

属　　性	说　　明
CausesValidation	获取或设置一个值,该值指示在单击 ImageButton 控件时是否执行验证
ImageAlign	获取或设置 Image 控件相对于网页上其他元素的对齐方式
ImageUrl	获取或设置在 Image 控件中显示的图像的位置
OnClientClick	获取或设置在引发 ImageButton 控件的 Click 事件时所执行的客户端脚本
PostBackUrl	获取或设置单击 ImageButton 控件时从当前页发送到的网页的 URL

表 18.16 HyperLink 控件的常用属性及其说明

属　　性	说　　明
ImageUrl	获取或设置为 HyperLink 控件显示的图像的路径
NavigateUrl	获取或设置单击 HyperLink 控件时链接到的 URL
Target	获取或设置单击 HyperLink 控件时显示链接到的网页内容的目标窗口或框架,可取以下值。 ① _blank:将内容呈现在一个没有框架的新窗口中。 ② _parent:将内容呈现在上一个框架集父级中。 ③ _search:在搜索窗口中呈现内容。 ④ _self:将内容呈现在含焦点的框架中。 ⑤ _top:将内容呈现在没有框架的全窗口中

【例 18.5】 设计一个 Web 窗体 WebForm5,放置 LinkButton1、ImageButton1 和 HyperLink1 等控件,单击时分别转向 WebForm2、WebForm3 和 WebForm4 网页。

解:具体步骤如下。

① 在 ch18 的 Web 项目中添加一个名称为 WebForm5 的 Web 网页。

② 在"D:\C♯程序\ch18\images"文件夹中放置一个"转向 WebForm3"字样的图像文件

pic. jpg。

③ 在该 Web 窗体中添加 LinkButton1、ImageButton1 和 HyperLink1 共 3 个控件。

将 LinkButton1 控件的 PostBackUrl 属性指定为“～/WebForm2 . aspx”，将 Text 属性设置为“转向 WebForm2”。

将 ImageButton1 控件的 ImageUrl 属性指定为“～/images/ pic. jpg”，将 PostBackUrlt 属性指定为“/WebForm3. aspx”。

将 HyperLink1 控件的 NavigateUrl 属性指定为“～/WebForm4 . aspx”，将 Text 属性设置为“转向 WebForm4”。

并调整这些控件的位置和 Font 属性。

④ 执行本窗体，其结果如图 18.20 所示。单击各控件会转向相应的 Web 窗体，即网页。

图 18.20　WebForm5 的执行界面

18.4　高级 ASP. NET 服务器端控件

本节所介绍的高级控件指的是 ASP. NET 中的数据控件 SqlDataSource、GridView、DetailsView 和 Repeater 等。第一个控件用于数据库的连接与操作，后 3 个都可以用来非常方便地显示数据。

18.4.1　SqlDataSource 控件

SqlDataSource 控件是使用数据库的数据源控件，它在工具箱的“数据”选项卡中的图标为 **SQL** SqlDataSource 。它可以连接到 Access 数据库或 SQL Server 数据库等，从中检索数据，并使得其他数据显示控件（如 GridView 等控件）可以绑定到该数据源。

使用 SqlDataSource 控件访问数据只需要提供用于连接到数据库的连接字符串，并定义访问数据的 SQL 语句或存储过程，在执行时，SqlDataSource 控件会自动打开与数据库的连接，执行相应的 SQL 语句或存储过程，完成数据访问后会自动关闭连接。

1. SqlDataSource 控件的常用属性和方法

SqlDataSource 控件的常用属性如表 18.17 所示。其常用方法如表 18.18 所示。

表 18.17　SqlDataSource 控件的常用属性

属　　性	说　　明
ConnectionString	获取或设置特定于 ADO. NET 提供程序的连接字符串，SqlDataSource 控件使用该字符串连接基础数据库
DeleteCommand	获取或设置 SqlDataSource 控件从基础数据库删除数据所用的 SQL 字符串
DeleteCommandType	获取或设置一个值，该值指示 DeleteCommand 属性中的文本是 SQL 语句还是存储过程的名称
InsertCommand	获取或设置 SqlDataSource 控件将数据插入基础数据库所用的 SQL 字符串
InsertCommandType	获取或设置一个值，该值指示 InsertCommand 属性中的文本是 SQL 语句还是存储过程的名称
SelectCommand	获取或设置 SqlDataSource 控件从基础数据库检索数据所用的 SQL 字符串
SelectCommandType	获取或设置一个值，该值指示 SelectCommand 属性中的文本是 SQL 查询还是存储过程的名称

续表

属　　性	说　　明
UpdateCommand	获取或设置 SqlDataSource 控件更新基础数据库中的数据所用的 SQL 字符串
UpdateCommandType	获取或设置一个值,该值指示 UpdateCommand 属性中的文本是 SQL 语句还是存储过程的名称

表 18.18　SqlDataSource 控件的常用方法

方　　法	说　　明
DataBind	将数据源绑定到被调用的服务器控件及其所有子控件
Delete	使用 DeleteCommand SQL 字符串和相关参数执行删除操作
Insert	使用 InsertCommand SQL 字符串和相关参数执行插入操作
Select	使用 SelectCommand SQL 字符串和相关参数从基础数据库中检索数据
Update	使用 UpdateCommand SQL 字符串和相关参数执行更新操作

2. 配置 SqlDataSource 控件的过程

配置 SqlDataSource 控件的步骤如下:

① 将一个 SqlDataSource 控件 SqlDataSource1 放到窗体中,然后单击 SqlDataSource1 控件的任务框中的 ▷ 按钮,选择"配置数据源"选项,如图 18.21 所示,打开用于配置数据源的向导,在出现的"选择您的数据连接"对话框中单击"新建连接"按钮。

② 出现"添加连接"对话框,单击"浏览"按钮,选择 school. accdb 数据库,如图 18.22 所示,单击"确定"按钮返回。

图 18.21　SqlDataSource 控件的任务框　　　　图 18.22　"添加连接"对话框

③ 单击"下一步"按钮,在出现的对话框中保持默认的配置文件不变,单击"下一步"按钮。

④ 出现"配置 Select 语句"对话框,选择 student 表和它的所有列,如图 18.23 所示,单击"下一步"按钮。

⑤ 出现"测试查询"对话框,单击"测试查询"按钮,将查询结果显示在窗口中,如图 18.24 所示。单击"完成"按钮,完成数据源配置及连接数据库。

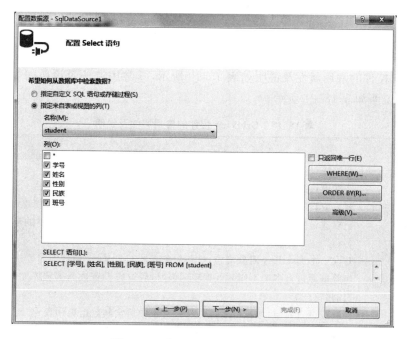

图 18.23 "配置 Select 语句"对话框

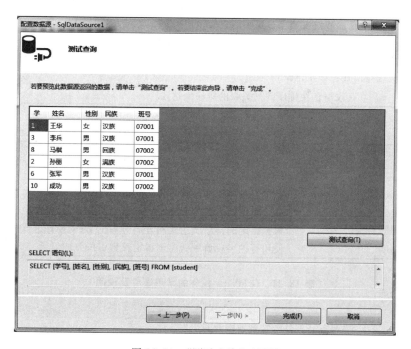

图 18.24 "测试查询"对话框

18.4.2 GridView 控件

GridView 控件可以将各种数据源中的数据以表格的形式显示在网页中,它位于工具箱的"数据"选项卡中,其图标为 GridView 。这些数据源可以是数据库或 XML 文件等,并且用户可以对这些数据进行编辑和删除操作,还可以很方便地对数据进行分页、排序、选择操作。另外,Visual Studio 还为该控件提供了多种套用格式,只需要简单的选择,便可以完成一个漂亮的 Web 网页。

1. GridView 控件的常用属性、方法和事件

GridView 控件的常用属性及说明如表 18.19 所示,其常用方法及说明如表 18.20 所示,其常用事件及说明如表 18.21 所示。

表 18.19　GridView 控件的常用属性及说明

属　　性	说　　明
AllowPaging	获取或设置一个值,该值指示是否启用分页功能
AllowSorting	获取或设置一个值,该值指示是否启用排序功能
AutoGenerateColumns	获取或设置一个值,该值指示是否为数据源中的每个字段自动创建绑定字段
DataKeyNames	获取或设置一个数组,该数组包含了显示在 GridView 控件中的项的主键字段的名称
DataKeys	获取一个 DataKey 对象集合,这些对象表示 GridView 控件中的每一行的数据键值
DataMember	当数据源包含多个不同的数据项列表时,获取或设置数据绑定控件绑定到的数据列表的名称
DataSource	获取或设置对象,数据绑定控件从该对象中检索其数据项列表
DataSourceID	获取或设置控件的 ID,数据绑定控件从该控件中检索其数据项列表
HorizontatAlign	获取或设置 GridView 控件在网页上的水平对齐方式
PageCount	获取在 GridView 控件中显示数据源记录所需的页数
PageIndex	获取或设置当前显示页的索引
PageSize	获取或设置 GridView 控件在每页上显示的记录的数目
SortDirection	获取正在排序的列的排序方向,值取可以 Ascending(从小到大排序)或 Descending(从大到小排序)
SortExpression	获取与正在排序的列关联的排序表达式

表 18.20　GridView 控件的常用方法及说明

方　　法	说　　明
DeleteRow	从数据源中删除位于指定索引位置的记录
HasControls	确定服务器控件是否包含任何子控件
IsBindableType	确定指定的数据类型是否能绑定到 GridView 控件中的列
Sort	根据指定的排序表达式和方向对 GridView 控件进行排序
UpdateRow	使用行的字段值更新位于指定行索引位置的记录

表 18.21　GridView 控件的常用事件及说明

事　　件	说　　明
DataBinding	当服务器控件绑定到数据源时引发
DataBound	在服务器控件绑定到数据源后引发
PageIndexChanged	在 GridView 控件处理分页操作之后引发
PageIndexChanging	在 GridView 控件处理分页操作之前引发
RowCancelingEdit	单击编辑模式中某一行的"取消"按钮以后,在该行退出编辑模式之前引发
RowCommand	当单击 GridView 控件中的按钮时引发
RowCreated	在 GridView 控件中创建行时引发
RowDataBound	在 GridView 控件中将数据行绑定到数据时引发

事　　件	说　　明
RowDeleted	单击某一行的"删除"按钮时,在 GridView 控件删除该行之后引发
RowDeleting	单击某一行的"删除"按钮时,在 GridView 控件删除该行之前引发
RowEditing	单击某一行的"编辑"按钮后,在 GridView 控件进入编辑模式之前引发
RowUpdated	单击某一行的"更新"按钮,在 GridView 控件对该行进行更新之后引发
RowUpdating	单击某一行的"更新"按钮后,在 GridView 控件对该行进行更新之前引发
SelectedIndexChanged	单击某一行的"选择"按钮后,在 GridView 控件对相应的选择操作进行处理之后引发
SelectedIndexChanging	单击某一行的"选择"按钮后,在 GridView 控件对相应的选择操作进行处理之前引发
Sorted	单击用于列排序的超链接时,在 GridView 控件对相应的排序操作进行处理之后引发
Sorting	单击用于列排序的超链接时,在 GridView 控件对相应的排序操作进行处理之前引发

在单击 GridView 控件中的按钮时将引发 RowCommand 事件,可以提供一个这样的事件处理方法,即每次发生此事件时执行一个事件过程,但需要设置 GridView 控件中按钮(如 Button 按钮)的 CommandName 属性值,CommandName 属性值及其说明如表 18.22 所示。

表 18.22　CommandName 属性值及其说明

CommandName 值	说　　明
Cancel	取消编辑操作并将 GridView 控件返回为只读模式。引发 RowCancelingEdit 事件
Delete	删除当前记录。引发 RowDeleting 和 RowDeleted 事件
Edit	将当前记录置于编辑模式。引发 RowEditing 事件
Page	执行分页操作。将按钮的 CommandArgument 属性设置为 First、Last、Next、Prev 或页码,以指定要执行的分页操作类型。引发 PageIndexChanging 和 PageIndexChanged 事件
Select	选择当前记录。引发 SelectedIndexChanging 和 SelectedIndexChanged 事件
Sort	对 GridView 控件进行排序。引发 Sorting 和 Sorted 事件
Update	更新数据源中的当前记录。引发 RowUpdating 和 RowUpdated 事件

2. 使用 GridView 控件绑定数据源

【例 18.6】　设计一个 Web 窗体 WebForm6,利用 SqlDataSource 控件配置访问 student 表的数据源,并使用 GridView 控件绑定到该数据源中。

解:其操作步骤如下。

① 在 ch18 的 Web 项目中添加一个名称为 WebForm6 的 Web 网页。

② 向其中添加一个 GridView 控件 GridView1 和一个 SqlDataSource 控件 SqlDataSource1,采用图 18.21～图 18.24 所示的步骤配置该控件。

③ 将获取的数据源绑定到 GridView 控件上。GridView 的属性设置如表 18.23 所示。

表 18.23　GridView 控件的属性设置及其用途

属性名称	属性设置	用　　途
AutoGenerateColumns	False	不为数据源中的每个字段自动创建绑定字段
DataSourceID	SqlDataSource1	GridView 控件从 SqlDataSource1 控件中检索其数据项列表
DataKeyNames	ID	显示在 GridView 控件中的项的主键字段的名称

④ 单击 GridView 控件右上方的 ▶ 按钮,弹出一个快捷菜单,从数据源组合框中选择"SqlDataSource1",如图 18.25 所示。

图 18.25　指定数据源

⑤ 然后选择"编辑列"选项,打开如图 18.26 所示的"字段"对话框,将每个"BoundField"控件绑定字段的 HeaderText 属性设置为该列头标题名,把 DataField 属性设置为字段名,这里均取默认值。

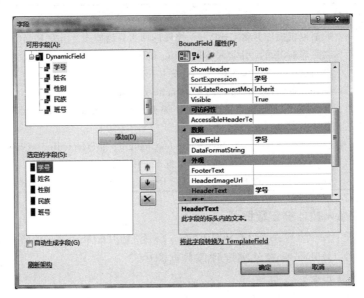

图 18.26　"字段"对话框

图 18.27　WebForm6 的执行结果

⑥ 执行本窗体,其结果如图 18.27 所示。

说明:本例是通过操作实现数据绑定的,也可以用代码的实现数据绑定,采用代码的方式见例 18.7。

3. 设置 GridView 控件的外观

在默认状态下,GridView 控件是简单的表格。为了美化网页的界面,丰富网页的显示效果,开发人员可以通过 BackColor、BackImageUrl、BorderStyle、GridLines 等属性来美化 GridView 控件的外观。

　　用户也可以直接通过操作来设置 GridView 控件的外观,单击 GridView 控件右上方的 ▶ 按钮,在弹出的快捷菜单中选择"自动套用格式"命令,在打开的对话框中选择一种合适的格式,图 18.28 所示为选择"红糖"架构后的结果。

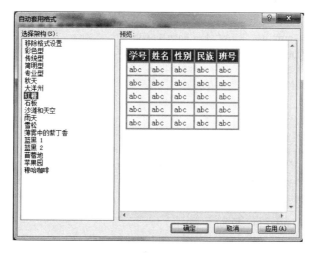

图 18.28 "自动套用格式"对话框

4. 使用 GridView 控件分页显示数据

　　由于 GridView 控件中的记录过多,表格会变长,这样网页会不美观。对于这种情况可以使用 GridView 控件的分页功能,这样查看信息更为方便。通常利用 PageIndexChanging 事件来实现 GridView 控件的分页功能。

　　【**例 18.7**】 设计一个 Web 窗体 WebForm7,实现 GridView 控件(数据源对应 student 表)的分页功能。

　　解: 其操作步骤如下。

　　① 在 ch18 的 Web 项目中添加一个名称为 WebForm7 的 Web 网页。

　　② 向其中添加一个 GridView 控件 GridView1。

　　③ 将 GridView1 控件的自动套用格式设置为"沙滩和天空",其他不做设置。

　　④ 在该窗体上设计以下代码:

```
using System;
using System.Linq;
using System.Data;                              //新增引用
using System.Data.OleDb;                        //新增引用
public partial class WebForm7 : System.Web.UI.Page
{    DataSet myds = new DataSet();
     DataView mydv = new DataView();
     protected void Page_Load(object sender, EventArgs e)
     {    OleDbConnection myconn = new OleDbConnection();
          myconn.ConnectionString = " Provider = Microsoft.ACE.OLEDB.12.0;Data Source = " +
               Server.MapPath("App_Data") + "\\school.accdb";
          myconn.Open();
          OleDbDataAdapter myda = new OleDbDataAdapter("SELECT * FROM student", myconn);
          myda.Fill(myds, "student");
          mydv = myds.Tables["student"].DefaultView;
          myconn.Close();
```

```
        GridView1.AllowPaging = true;              //允许分页
        GridView1.PageSize = 3;                    //每页 3 个记录
        GridView1.DataSource = mydv;               //数据源为 mydv
        GridView1.DataBind();
        GridView1.GridLines = System.Web.UI.WebControls.GridLines.Both;
    }
    protected void GridView1_PageIndexChanging(object sender,
            System.Web.UI.WebControls.GridViewPageEventArgs e)
    {   GridView1.PageIndex = e.NewPageIndex;
        GridView1.DataBind();
    }
}
```

⑤ 执行本窗体,其结果如图 18.29 所示。

用户还可以使用 GridView 控件的 PageSettings 属性的子属性,例如使用 FirstPageText、LastPageText、NextPageText 和 PreviousPageText 等设置分页提示文本等。

图 18.29 WebForm7 的执行界面

5. 在 GridView 控件中排序数据

GridView 控件还提供了内置排序功能,通过为列设置自定义 SortExpression 属性值并使用 Sorting 和 Sorted 事件来实现数据排序。

最简单的数据排序方法是,在设计 GridView 控件时,当指定数据源后,其快捷菜单中会出现"启用排序"复选框,选中它,如图 18.30 所示,这样在执行时每个列标题呈现 LinkButton 控件形式,可以单击列标题按递增或递减排序。

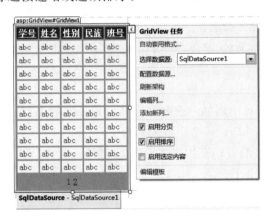

图 18.30 选择"启用排序"复选框

6. 在 GridView 控件中对数据进行编辑操作

同样,GridView 控件内置了数据编辑功能。在 GridView 控件的按钮列中包括"编辑"、"更新"、"取消"按钮,这 3 个按钮分别引发 GridView 控件的 RowEditing、RowUpdating 和 RowCancelingEdit 事件,从而完成对指定项的编辑、更新和取消操作。

【例 18.8】 设计一个 Web 窗体 WebForm8,用 GridView 控件实现对 student 表中数据的编辑功能。

解: 其操作步骤如下。

① 在 ch18 的 Web 项目中添加一个名称为 WebForm8 的 Web 网页。

② 采用与例 18.6 相同的操作步骤,只是在图 18.23 中配置 Select 语句时需单击"高级"

按钮,打开"高级 SQL 生成选项"对话框,选择"生成 INSERT、UPDATE 和 DELETE 语句"复选框,如图 18.31 所示,单击"确定"按钮(在对应的表上设置有主键时才能使用此高级功能)。

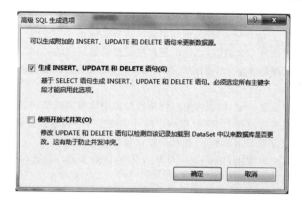

图 18.31 "高级 SQL 生成选项"对话框

③ 这样创建 GridView1 控件后,单击 GridView 控件右上方的 ▸ 按钮,在弹出的快捷菜单中选择"启用排序"、"启用编辑"和"启用删除"等复选框,如图 18.32 所示。

注意:将图 18.32 和图 18.25 对比,可以看出只有选择"生成 INSERT、UPDATE 和 DELETE 语句"复选框,GridView 任务中才包含"启用编辑"和"启用删除"复选框。

④ 执行本窗体,其结果如图 18.33 所示。用户可以单击"编辑"命令按钮对当前记录进行编辑,也可以单击"删除"命令按钮删除当前记录。

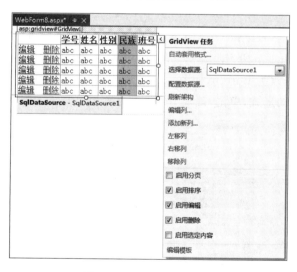

图 18.32 GridView 任务

图 18.33 WebForm8 的执行界面

18.4.3 DetailsView 控件

DetailsView 控件在表格中显示数据源的单个记录,此表格中的每个数据行表示记录中的一个字段,使用它可以编辑、删除和插入记录。DetailsView 控件位于工具箱的"数据"选项卡中,其图标为 ![DetailsView图标] DetailsView 。

DetailsView 控件的常用属性如表 18.24 所示,其常用方法如表 18.25 所示。

表 18.24　DetailsView 控件的常用属性及其说明

属　　性	说　　明
AllowPaging	获取或设置一个值,该值指示是否启用分页功能
DataKey	获取一个 DataKey 对象,该对象表示所显示的记录的主键
DataKeyNames	获取或设置一个数组,该数组包含数据源的键字段的名称
DataMember	当数据源包含多个不同的数据项列表时,获取或设置数据绑定控件绑定到的数据列表的名称
DataSource	获取或设置对象,数据绑定控件从该对象中检索其数据项列表
DataSourceID	获取或设置控件的 ID,数据绑定控件从该控件中检索其数据项列表
DefaultMode	获取或设置 DetailsView 控件的默认数据输入模式
EditRowStyle	获取一个对 TableItemStyle 对象的引用,该对象允许设置在 DetailsView 控件处于编辑模式时数据行的外观

表 18.25　DetailsView 控件的方法及其说明

方　　法	说　　明
DeleteItem	从数据源中删除当前记录
InsertItem	将当前记录插入到数据源中
UpdateItem	更新数据源中的当前记录

【例 18.9】　设计一个 Web 窗体 WebForm9,实现 student 表记录的插入、编辑和删除功能。

解：其操作步骤如下。

① 在 ch18 的 Web 项目中添加一个名称为 WebForm9 的 Web 网页。

② 采用与例 18.8 相同的操作步骤,然后单击 GridView1 控件右上方的 ▶ 按钮,在弹出的快捷菜单中选择"编辑列"命令,打开"字段"对话框,从"选定的字段"列表框中选中 CommandField,将其 ButtonType 属性修改为 Button,如图 18.34 所示,将 GridView1 控件中的"编辑"和"删除"超链接改为命令按钮的形式,单击"确定"按钮返回。

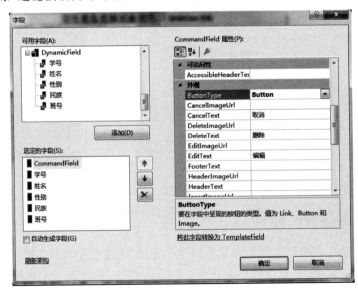

图 18.34　"字段"对话框

③ 在窗体中添加一个 DetailsView 控件 DetailsView1。单击该控件右上方的 ▶ 按钮,在弹出的快捷菜单中选择数据源为 SqlDataSource1,选择"启用插入"复选框,如图 18.35 所示,再选择"编辑字段"命令。

图 18.35　DetailsView 任务

④ 打开 DetailsView1 的"字段"对话框,从"选定的字段"列表中选中"新建"、"插入"、"取消"项,将其 ButtonType 属性修改为 Button,如图 18.36 所示,单击"确定"按钮。

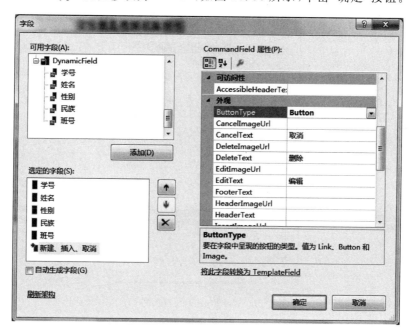

图 18.36　"字段"对话框

⑤ 调整各控件的位置,其设计界面如图 18.37 所示。

⑥ 执行本窗体,单击 DetailsView1 控件的"新建"命令按钮,输入一个学生记录,如图 18.38 所示。再单击"插入"命令按钮,GridView1 控件中显示刚插入的学生记录,如图 18.39 所示。用户可以通过 GridView1 控件编辑和删除记录。

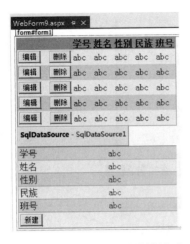

图 18.37　WebForm9 的设计界面

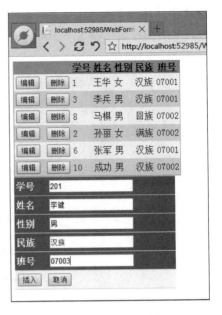

图 18.38　WebForm9 的执行界面一

图 18.39　WebForm9 的执行界面二

练 习 题 18

1. 单项选择题

(1) Web 窗体文件的扩展名为_____。

　　A．.asp　　　　　　　B．.aspx　　　　　　　C．.ascx　　　　　　　D．.html

(2) 以下关于 ASP.NET 网页结构的叙述正确的是_____。

　　A. 单文件页模型是将标记保存在.aspx 文件中,将编程代码保存在.cs 文件中

　　B. 代码隐藏页模型是将标记保存在.aspx 文件中,将编程代码保存在.cs 文件中

　　C. 单文件页模型的所有代码都保存在.cs 文件中

　　D. 代码隐藏页模型的所有代码都保存在.aspx 文件中

（3）关于 ASP.NET 窗体应用程序,下列说法正确的是_____。

　　A. Web 窗体是在浏览器中进行解释执行的

　　B. Web 窗体程序中的脚本和代码必须严格分开

　　C. Web 窗体程序产生的 HTML 网页只能运行于 IE 浏览器

　　D. Web 窗体程序的代码只能用 C♯语言编写

（4）以下关于服务器控件的叙述正确的是_____。

　　A. 服务器控件就是 HTML 标记

　　B. 服务器控件只能在客户机上运行

　　C. 服务器控件只能在服务器上运行

　　D. 一个网页上的控件只能是服务器控件

（5）Web 标准服务器控件的命名空间是_____。

　　A. System.Web　　　　　　　　　　B. System.Web.UI

　　C. System.Web.UI.WebControls　　　D. System.Web.UI.Control

（6）DataGridView 和 GridView 控件的区别是_____。

　　A. DataGridView 控件用于设计 Windows 窗体,而 GridView 控件用于设计 Web 网页

　　B. DataGridView 和 GridView 控件都可以用于设计 Windows 窗体

　　C. DataGridView 和 GridView 控件都可以用于设计 Web 网页

　　D. DataGridView 和 GridView 控件的功能完全相同

（7）所有的数据验证控件都要设置_____属性。

　　A. Data　　　　　　　　　　　　　B. DataSource

　　C. ControlToCompare　　　　　　　D. ControlToValidate

2. 问答题

（1）简述 Web 网页的执行方式与 Windows 窗体有什么不同。

（2）简述服务器控件与 HTML 标记的区别。

（3）简述数据验证控件的作用。

3. 编程题

（1）在“D:\C♯编程题\ch18”文件夹中新建一个网站,添加一个网页 WebForm1,用 GridView 控件显示 score 表中的数据,如图 18.40 所示。

（2）在（1）创建的网站中添加一个网页 WebForm2,实现对 score 表中数据显示的分页功能（每页显示 4 个记录）,如图 18.41 所示。

（3）在（1）创建的网站中添加一个网页 WebForm3,实现对 score 表中数据的分页（每页显示 4 个记录）、编辑和删除功能,如图 18.42 所示。

4. 上机实验题

　　在“D:\C♯实验\ch18”文件夹中新建一个网站,添加一个网页 WebForm1,实现对 score 表中数据的插入、编辑和删除功能,其网页的执行界面如图 18.43 所示。

图 18.40   编程题(1)的执行结果

图 18.41   编程题(2)的执行结果

图 18.42   编程题(3)的执行结果

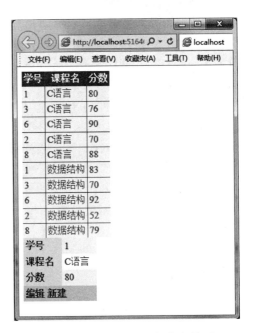

图 18.43   WebForm1 的执行界面

参 考 文 献

［1］ Daniel M. Solis. C♯图解教程.姚琪琳,苏林,朱晔,等译.北京:人民邮电出版社,2013.

［2］ Karli Watson,Jacob Vibe Hammer,JonD. Reid,等.C♯入门经典.齐立波,黄俊伟译. 6 版.北京:清华大学出版社,2014.

［3］ 刘甫迎.C♯程序设计教程.2 版.北京:电子工业出版社,2008.

［4］ 江红,余青松.C♯.NET 程序设计教程.北京:清华大学出版社,2010.

［5］ 靳华,胡鑫鑫.C♯与.NET 程序员面试宝典.北京:清华大学出版社,2010.

［6］ 耿肇英,耿燚.C♯应用程序设计教程.北京:人民邮电出版社,2007.

［7］ 郑宇军.C♯语言程序设计基础.2 版.北京:清华大学出版社,2011.

［8］ Matthew MacDonald,Adam Freeman,Mario Szpuszta. ASP. NET 4 高级程序设计.博思工作室译. 4 版.北京:人民邮电出版社,2011.

［9］ Charles Wright. C♯ Tips & Techniques. The McGraw-Hill Companies,Inc. 2002.

［10］ 李春葆. ASP. NET 动态网站设计教程——基于 C♯＋SQL Server.北京:清华大学出版社,2011.

［11］ 李春葆. ASP. NET 2.0 动态网站设计教程——基于 C♯＋Access.北京:清华大学出版社,2010.

［12］ 张跃廷,房大伟,苏宇. ASP. NET 2.0 网络编程自学手册.北京:人民邮电出版社,2008.

［13］ 王院峰.零基础学 ASP. NET 2.0.北京:机械工业出版社,2008.

［14］ 唐植华,郭兴峰. ASP. NET 2.0 动态网站开发基础教程.北京:清华大学出版社,2008.

［15］ 陈承欢. ADO. NET 数据库访问技术案例教程.北京:人民邮电出版社,2008.

教 学 资 源 支 持

敬爱的教师：

感谢您一直以来对清华版计算机教材的支持和爱护。为了配合本课程的教学需要，本教材配有配套的电子教案(素材)，有需求的教师请扫描下方的"书圈"微信公众号二维码，在图书专区下载，也可以拨打电话或发送电子邮件咨询。

如果您在使用本教材的过程中遇到了什么问题，或者有相关教材出版计划，也请您发邮件告诉我们，以便我们更好地为您服务。

我们的联系方式：

地　　址：北京海淀区双清路学研大厦 A 座 707

邮　　编：100084

电　　话：010－62770175－4604

课件下载：http://www.tup.com.cn

电子邮件：weijj@tup.tsinghua.edu.cn

教师交流 QQ 群：136490705

教师服务微信：itbook8

教师服务 QQ：883604

(申请加入时，请写明您的学校名称和姓名)

用微信扫一扫右边的二维码，即可关注计算机教材公众号"书圈"。

课件下载、样书申请

书 圈